工程应用型高分子材料与工程专业系列教材

天然高分子材料

胡玉洁　何春菊　张瑞军　等编著

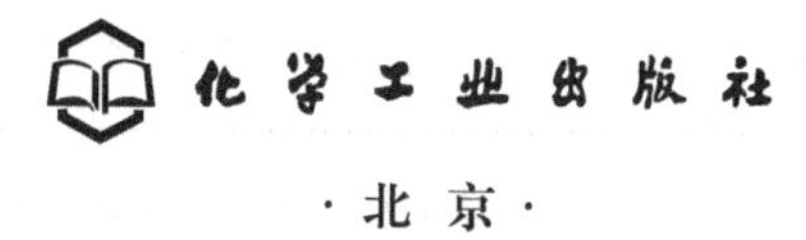

·北京·

本书介绍了天然高分子材料的相关知识，具体内容包括：绪论，天然高分子材料的结构和表征，纤维素材料，淀粉，甲壳素、壳聚糖材料，蛋白质纤维，多糖改性材料，天然橡胶，生漆，木质素材料，天然无机高分子化合物，天然高分子材料的循环利用。

本书可作为高分子材料专业的教材，也可供高分子材料行业从业人员参考。

图书在版编目（CIP）数据

天然高分子材料/胡玉洁，何春菊，张瑞军等编著. —北京：化学工业出版社，2012.6（2024.8重印）
工程应用型高分子材料与工程专业系列教材
ISBN 978-7-122-14245-0

Ⅰ.①天… Ⅱ.①胡…②何…③张… Ⅲ.①高分子材料-改性-高等学校-教材②高分子材料-应用-高等学校-教材 Ⅳ.①TB324

中国版本图书馆CIP数据核字（2012）第093714号

责任编辑：杨 菁　　文字编辑：颜克俭
责任校对：王素芹　　装帧设计：史利平

出版发行：化学工业出版社（北京市东城区青年湖南街13号 邮政编码100011）
印　　装：北京虎彩文化传播有限公司
787mm×1092mm 1/16 印张14 字数354千字 2024年8月北京第1版第8次印刷

购书咨询：010-64518888　　售后服务：010-64518899
网　　址：http://www.cip.com.cn
凡购买本书，如有缺损质量问题，本社销售中心负责调换。

定　　价：49.00元

前　言

天然高分子（natural polymer）是由自然界产生的有机或无机高相对分子质量的物质。天然有机高分子物质多由植物或动物产生，如各种天然纤维素、甲壳素、木质素、多糖类、淀粉、天然橡胶、天然树脂、皮革、核酸及蛋白质等；天然无机高分子物质包括由地球运动所形成的石墨、云母、石棉、纤维水镁石、纤维电气石、蛋白石、古海岩等。

天然高分子是高分子化学诞生和发展时期的主要研究对象，由于合成材料资源紧张、价格昂贵且可能危害环境与健康，人们又把注意力重新集中到天然高分子——自然界中的可再生资源上来。这些天然高分子及改性产品，除用于塑料、纺织和造纸等传统工业外，还在食品化工、日用化工、医药、建筑、油田化学与生物化学等领域得到广泛开发和应用。在高分子领域，完全脱离石油资源的天然高分子科学与技术正在迅速兴起，将对人类的生存、健康与发展起更大作用。

本书的编写分工如下：胡玉洁编写第1、6～9、12章；何春菊编写第2、3、5章；吴学栋编写第4、10章；张瑞军编写第11章。燕山大学徐明双、于伟岸、左春燕、郭彬、王鑫春、张爽、吕珍珍等参加资料文献查阅和翻译工作，付出了艰辛的劳动。李青山教授和王庆瑞教授主审了本书，编著者在此表示衷心感谢。

由于编著者水平有限，书中难免有不足之处，敬请各位专家和读者批评指正。

编著者

2012年5月

目录

第1章 绪论 …… 1
1.1 纤维素 …… 1
1.2 淀粉 …… 2
1.3 甲壳素和壳聚糖 …… 2
1.4 蛋白质材料 …… 3
1.5 多糖改性材料 …… 4
1.6 天然橡胶 …… 4
1.7 生漆 …… 5
1.8 木质素 …… 6
1.9 无机天然高分子 …… 6
参考文献 …… 7
第2章 天然高分子材料的结构和表征 …… 8
2.1 纤维素、木质素 …… 8
2.1.1 纤维素的化学结构 …… 8
2.1.2 纤维素链的构象 …… 9
2.1.3 纤维素的相对分子质量和聚合度 …… 10
2.1.4 纤维素的聚集态结构 …… 11
2.1.5 木质素的结构 …… 15
2.2 淀粉 …… 17
2.2.1 淀粉的结构 …… 17
2.2.2 淀粉的存在状态及其组成 …… 17
2.2.3 淀粉的结晶性质 …… 18
2.3 甲壳素、壳聚糖 …… 19
2.3.1 甲壳素和壳聚糖的化学结构 …… 19
2.3.2 甲壳素和壳聚糖的晶体结构 …… 21
2.4 其他多糖材料 …… 21
2.4.1 海藻酸钠 …… 22
2.4.2 魔芋 …… 22
2.4.3 黄原胶 …… 23
2.5 蛋白质材料 …… 24
2.6 核酸 …… 25
2.7 天然橡胶材料 …… 26
参考文献 …… 26
第3章 纤维素材料 …… 28
3.1 植物纤维素的来源 …… 28
3.1.1 棉花 …… 28
3.1.2 木材 …… 28
3.1.3 禾草类纤维 …… 28
3.1.4 韧皮纤维 …… 29
3.1.5 农业废物 …… 29
3.2 纤维素的性能 …… 29
3.2.1 纤维素的物理与物理化学性质 …… 29
3.2.2 纤维素的化学性质 …… 30
3.3 纤维素的溶解与再生 …… 30
3.3.1 传统溶解方法 …… 30
3.3.2 纤维素的新型溶剂体系 …… 31
3.3.3 再生纤维素制品 …… 35
3.4 纤维素的降解 …… 38
3.4.1 纤维素的酸水解降解 …… 38
3.4.2 纤维素的碱性降解 …… 39
3.4.3 纤维素的氧化降解 …… 39
3.4.4 纤维素的热降解 …… 39
3.4.5 纤维素的光降解 …… 40
3.4.6 纤维素的机械降解 …… 40
3.4.7 纤维素的离子辐射降解 …… 40
3.5 纤维素的衍生物 …… 40
3.5.1 纤维素的多相反应与均相反应 …… 41
3.5.2 纤维素的衍生化反应 …… 41
3.6 纤维素的改性 …… 44
3.6.1 纤维素及其衍生物的接枝共聚 …… 44
3.6.2 纤维素及其衍生物的交联 …… 45
3.6.3 等离子体改性 …… 46
3.6.4 共混改性 …… 46
3.7 功能纤维素材料制备及应用 …… 48
3.7.1 吸附分离纤维素材料 …… 48
3.7.2 高吸水性纤维素材料 …… 48
3.7.3 微晶纤维素材料 …… 48
3.7.4 医用纤维素材料 …… 49
3.7.5 离子交换纤维 …… 49
3.8 细菌纤维素的制备及应用 …… 50
3.8.1 细菌纤维素的制备及性能 …… 50
3.8.2 细菌纤维素的应用 …… 50
参考文献 …… 52
第4章 淀粉 …… 54
4.1 天然淀粉 …… 54
4.1.1 淀粉的来源分类 …… 54

4.1.2 淀粉的含量…………………………… 54
4.2 淀粉结构和性质…………………………… 55
4.2.1 淀粉的化学结构…………………………… 56
4.2.2 淀粉颗粒的结构…………………………… 57
4.2.3 淀粉的主要性质…………………………… 58
4.3 淀粉的变性加工方法…………………………… 62
4.3.1 淀粉物理法变性加工…………………………… 62
4.3.2 淀粉醚生物法变性加工…………………………… 62
4.3.3 淀粉化学法变性加工…………………………… 63
4.3.4 发展前景…………………………… 64
4.4 变性淀粉的性质与应用…………………………… 65
4.4.1 变性淀粉的性质…………………………… 65
4.4.2 变性淀粉的应用…………………………… 68
4.5 环糊精…………………………… 71
4.5.1 生产工艺…………………………… 72
4.5.2 质量标准…………………………… 72
4.5.3 性质与应用…………………………… 73
参考文献 …………………………… 74
第5章 甲壳素、壳聚糖材料 …………………………… 75
5.1 甲壳质及其衍生物…………………………… 76
5.1.1 树型衍生物…………………………… 76
5.1.2 壳聚糖季铵盐…………………………… 77
5.1.3 其他衍生物…………………………… 78
5.2 甲壳素及壳聚糖的结构、性能及制备…………………………… 80
5.2.1 甲壳素、壳聚糖的化学结构……… 80
5.2.2 甲壳素、壳聚糖的物理性能……… 81
5.2.3 甲壳素、壳聚糖的提取……… 82
5.3 甲壳素、壳聚糖的化学改性……… 84
5.3.1 酰化反应…………………………… 84
5.3.2 醚化反应…………………………… 87
5.3.3 烷基化反应…………………………… 87
5.3.4 接枝共聚反应…………………………… 88
5.3.5 水解反应…………………………… 89
5.4 甲壳质类纤维…………………………… 91
5.4.1 甲壳素和壳聚糖的成形加工……… 91
5.4.2 甲壳素与壳聚糖纤维的制备……… 91
5.4.3 甲壳素与壳聚糖纤维的性能……… 93
5.4.4 甲壳素与壳聚糖纤维的性能……… 94
5.5 甲壳质、壳聚糖及其衍生物应用……… 94
5.5.1 生物医用材料…………………………… 94
5.5.2 甲壳质和壳聚糖在复合材料方面应用…………………………… 97
5.5.3 甲壳质和壳聚糖在吸附材料方面应用…………………………… 97
5.5.4 甲壳质和壳聚糖的其他应用……… 98
参考文献 …………………………… 99
第6章 蛋白质纤维 …………………………… 101
6.1 蚕丝 …………………………… 101
6.1.1 蚕丝蛋白的结构与性能 ……… 101
6.1.2 蚕丝蛋白的改性 ……… 103
6.1.3 蚕丝蛋白在生物材料方面的应用 …………………………… 104
6.1.4 其他应用 …………………………… 105
6.2 大豆蛋白质材料 …………………………… 106
6.2.1 大豆蛋白质结构及性能 ……… 106
6.2.2 大豆蛋白塑料 …………………………… 108
6.2.3 大豆蛋白质的应用现状 ……… 110
6.2.4 其他蛋白质塑料 ……… 111
6.3 羊毛 …………………………… 114
6.3.1 羊毛的结构、性质与表征 ……… 114
6.3.2 羊毛的改性与应用 ……… 117
6.4 羽绒 …………………………… 119
6.4.1 羽绒纤维结构与性能表征 ……… 120
6.4.2 羽绒混纤絮料 ……… 122
参考文献…………………………… 123
第7章 多糖改性材料…………………………… 124
7.1 动植物多糖 …………………………… 124
7.1.1 魔芋葡甘聚糖 …………………………… 124
7.1.2 海藻酸盐 …………………………… 125
7.1.3 透明质酸 …………………………… 126
7.2 微生物多糖 …………………………… 126
7.2.1 茯苓多糖 …………………………… 127
7.2.2 香菇多糖 …………………………… 127
7.2.3 灵芝多糖 …………………………… 127
7.2.4 黄原胶 …………………………… 128
7.2.5 裂褶菌多糖 …………………………… 128
7.2.6 凝胶多糖 …………………………… 129
7.2.7 茁霉多糖 …………………………… 129
7.3 多糖的改性与应用 …………………………… 130
7.3.1 魔芋葡甘聚糖的改性与应用 …… 130
7.3.2 海藻酸钠的改性与应用 ……… 132
7.3.3 透明质酸的改性与应用 ……… 134
参考文献…………………………… 135
第8章 天然橡胶…………………………… 136
8.1 天然橡胶的结构与性能 ……… 136
8.1.1 天然橡胶的化学结构 ……… 136
8.1.2 天然橡胶的性能 ……… 136
8.2 天然橡胶的改性与应用 ……… 137
8.2.1 环氧化天然橡胶 ……… 137

8.2.2 氯化天然橡胶 …………………… 139
8.2.3 接枝天然橡胶 …………………… 141
8.2.4 环化天然橡胶 …………………… 142
8.2.5 热塑性天然橡胶 ………………… 144
8.2.6 液体橡胶 ………………………… 146
8.2.7 天然胶与其他物质的共混改性 … 150
8.2.8 氢化及氢氯化天然橡胶 ………… 152
参考文献…………………………………… 153
第9章 生漆…………………………………… 154
9.1 生漆的来源与组成 ………………… 154
9.1.1 生漆的来源 ……………………… 154
9.1.2 生漆的性质 ……………………… 154
9.1.3 生漆的组成 ……………………… 155
9.2 漆酚 ………………………………… 156
9.2.1 漆酚的研究概况 ………………… 156
9.2.2 漆酚的结构 ……………………… 156
9.2.3 漆酚的性质 ……………………… 156
9.3 漆酚类化合物及应用 ……………… 157
9.3.1 漆酚化合物种类 ………………… 157
9.3.2 酚类化合物的生物学功能 ……… 158
9.3.3 漆酚类化合物的应用展望 ……… 159
9.4 漆酚基聚合物 ……………………… 160
9.4.1 漆酚基功能材料的研究与应用 ……………………………… 160
9.4.2 漆酚基涂料的研究与应用 ……… 160
9.5 漆酚的改性 ………………………… 162
9.5.1 天然生漆与改性生漆的性能 …… 162
9.5.2 改性生漆的研究进展 …………… 162
参考文献…………………………………… 163
第10章 木质素材料 …………………… 164
10.1 木质素的生物合成………………… 165
10.2 木质素的分离与测定……………… 166
10.2.1 可溶性木质素的分离…………… 167
10.2.2 不溶性木质素的分离…………… 168
10.2.3 木质素含量的测定……………… 169
10.3 木质素结构与性能………………… 170
10.3.1 木质素的结构…………………… 170
10.3.2 木质素的物理性质……………… 174
10.3.3 木质素的生物降解……………… 175
10.4 木质素的化学改性………………… 176
10.4.1 木质素的胺化改性……………… 176
10.4.2 木质素的环氧化改性…………… 177
10.4.3 木质素的酚化改性……………… 177
10.4.4 木质素的羟甲基化改性………… 177
10.4.5 木质素氧化改性………………… 178
10.4.6 木质素的聚酯化改性…………… 178
10.5 木质素基共聚高分子材料………… 179
10.5.1 木质素基酚醛树脂……………… 179
10.5.2 木质素基聚氨酯………………… 180
10.6 木质素基共混高分子材料………… 180
10.6.1 木质素共混聚烯烃……………… 180
10.6.2 木质素增强橡胶………………… 181
10.6.3 木质素共混聚酯/聚醚 ………… 183
10.6.4 木质素与其他天然高分子材料共混………………………………… 183
10.7 木质素基高分子新材料的应用前景………………………………… 184
10.7.1 木质素对改性高分子新材料性能的影响………………………………… 184
10.7.2 提高木质素基高分子材料性能………………………………… 185
10.7.3 木质素基高分子新材料存在的问题与发展………………………… 185
参考文献…………………………………… 186
第11章 天然无机高分子化合物 ………… 188
11.1 碳及其化合物……………………… 188
11.1.1 单质碳的形式…………………… 188
11.1.2 碳元素的化合物………………… 192
11.2 硅氧聚合物………………………… 193
11.2.1 辉石……………………………… 193
11.2.2 闪石……………………………… 193
11.2.3 滑石……………………………… 194
11.2.4 云母……………………………… 195
11.2.5 黏土……………………………… 195
11.2.6 纤蛇纹石………………………… 196
11.2.7 水镁石…………………………… 196
11.2.8 石英……………………………… 196
11.2.9 蛋白石…………………………… 197
11.2.10 电气石 ………………………… 198
11.2.11 合成无机高分子材料结构 …… 200
第12章 天然高分子材料的循环利用 ……… 201
12.1 环境与材料………………………… 201
12.1.1 环境材料的概念与特点………… 201
12.1.2 环境材料与传统材料的对比分析………………………………… 201
12.2 环境材料的评价…………………… 202
12.2.1 材料的LCA评价 ……………… 202
12.2.2 材料再生循环利用度的评价及表示系统………………………………… 203
12.2.3 环境材料设计的原则…………… 204

12.3　高分子材料的再生循环………………… 205
12.3.1　高分子材料循环利用技术……… 205
12.3.2　物理循环技术……………………… 205
12.3.3　塑木技术…………………………… 206
12.3.4　土工材料化………………………… 206
12.3.5　化学循环利用……………………… 206
12.3.6　油化技术…………………………… 206
12.3.7　焦化、液化技术…………………… 207
12.3.8　超临界流体技术…………………… 207
12.4　再生纸的循环利用………………………… 208
12.4.1　中国废纸回收利用现状………… 208
12.4.2　国内废纸回收过程中存在的问题…………………………………… 209
12.4.3　中国废纸回收利用可行性分析…………………………………… 210
12.5　可降解高分子材料……………………… 212
12.5.1　可生物降解高分子材料的种类…………………………………… 212
12.5.2　人工合成可降解高分子材料…… 214
参考文献………………………………………… 216

第1章 绪　　论

人类经过石器时代、青铜器时代、铁器时代、陶瓷时代，在20世纪80年代进入高分子材料时代。大多数合成高分子的原料是石油和煤，预计用不了几十年，地球上的石油资源将消耗殆尽；煤的贮存虽然多一些但也用不到百年。面对这种形势，能源和材料科学家们早已在为开源节能进行着不懈努力，高分子科学家也必须为开发新的原料资源而做出战略决策。

天然高分子是一种可持续发展的资源，用作工业原料和材料的天然高分子主要来源于动物和植物。地球上每年生长的植物所含纤维素高达千亿吨，超过了现有石油总储量，这是大自然给人类的一种价廉而又取之不尽的可再生资源。淀粉与天然胶都是可以利用自然物质去生产的。要迎接今后石油危机、能源危机可能给高分子原料来源带来的挑战，重要出路在于对天然高分子的开发和利用。

天然高分子都是处在一个完整而严谨的有机超分子体系内，如最简单的木材、牙、骨、毛发及甲壳等，它们都不是一个简单的体系。木材是由纤维素及木质素为主要成分构成的超分子体系，是一种复合材料。纤维素是增强剂，木质素是基质，它的三维体型结构把纤维包裹起来。因此，木材既有强度，又耐老化，能做立木顶千斤，能做屋梁百年不腐，它堪称是大自然提供给人类的理想复合材料。

人本身是一个最高级的天然高分子体系；人类赖以生存的世界是无数个层次不同的天然高分子体系组成的和谐的统一体。因此，天然高分子对于人类的重要性绝不仅仅表现在衣、食、住、行这些有形的作用上，更是可作为今后主要的可再生的物质资源。

对于天然高分子的研究开发与应用，可归纳为以下几个方面：①天然高分子的结构和性能；②天然高分子的化学改性；③天然高分子提取及加工；④天然高分子降解；⑤绿色材料开发；⑥天然高分子改性加工与应用。

1.1 纤维素

纤维素是由β-葡萄糖苷键与脱水D-六环葡萄糖所组成的线型多糖。植物通过光合作用每年可产生亿万吨的纤维素，植物纤维素主要来源于木材，部分来源于非木材，非木材包括草本类或称禾本科（如麦草、稻草、芦苇和竹子等）、韧皮类（麻类、桑皮、构皮和檀皮等）和种毛类（棉花）等，因此植物纤维素迄今为止仍然是纤维素的唯一来源，但这并不意味着只有植物界才有纤维素。例如：人们对细菌纤维素已有较多的研究；动物纤维素已在某些海洋生物的外膜中被发现；据研究宇宙空间中也有纤维素存在。但无论如何在未来很长的一段时间内，植物纤维素仍然具有研究和应用价值。

纤维素在结构上可以分为3层：①单分子层，纤维素单分子即葡萄糖的高分子聚合物；②超分子层，自组装的结晶的纤维素晶体；③原纤结构层，纤维素晶体和无定形纤维素分子组成的基元原纤等进一步自组装的各种更大的纤维结构以及在其中的各种孔径的微孔等。

纤维素资源目前大部分未能被有效利用，因此深入研究纤维素结构与性能的关系，寻找纤维素的新来源，如何进一步高效地分离出纤维素；从分子水平上研究控制合成纤维素衍生物、再生纤维素以及纤维素晶体的物理化学结构，从而获得特殊性能的功能精细化工产品；

开展人工合成纤维素，研究细菌纤维素及其功能特性，寻找植物合成纤维素的机制；研究开拓纤维素在新技术、新材料和新能源中的应用等，成为国内外科学家竞相开展的研究课题。

1.2 淀粉

淀粉是由 α-D-葡萄糖单元通过 α-(1→4)-D 糖苷键连接形成的共价化合物。另外，淀粉分子中还含有一定量的 α-(1→6)-D 糖苷键。淀粉是绿色植物进行光合作用的最终产物。淀粉广泛存在于许多植物的种子、根、茎等组织中，尤其是谷类如稻米、小麦、玉米等；马铃薯、木薯、甘薯等薯类的组织中大量贮存。由于淀粉原料来源广泛，种类多，产量丰富，特别是中国以农产品为主，资源极为丰富，而且价廉。因此研究和开发淀粉化学品是极有价值的。它的可再生性是现代人注目的焦点，同时也成为现代有机化工和高分子化工的主要原料之一。淀粉及淀粉化学品与不可再生资源石油和煤相比，已再次由于环境保护及资源的可持续利用与发展的战略，使人们的目光转向可再生资源，对它的开发和利用已引起许多国家的重视。

淀粉及淀粉化学品具有毒性低、易生物降解、同环境适应性好等特点。同时随着人们生活水平的提高，对化工产品在品种和质量上提出了更高的要求，正向着低毒、天然产品方向发展。由此，目前淀粉及淀粉化学品已广泛用于造纸工业、日用化工、纺织工业、石油工业、食品、建材、印染、皮革、水处理、水土保持等国民经济的众多领域。淀粉化学品在发达国家已发展成完整的工业体系。中国淀粉深加工也开始起步，研究开发工作近年来呈迅速发展之势，已逐步形成一类独特的具有行业和技术特点的门类体系。

淀粉的基本性质是由五种基本因素所决定的：淀粉是葡萄糖的聚合物；淀粉聚合物有两种类型，直链型和支链型；直链型高分子能互相缔合，而对水有不溶性；高聚物的分子可以形成和压成不溶于水的粒状物；需要破坏淀粉的粒状结构，使它能扩散于水。淀粉改性需要这些因素。淀粉在水中可煮成糨糊是它的最重要性质之一。

1.3 甲壳素和壳聚糖

甲壳素（chitin）又称甲壳质、几丁质，是一种特殊的纤维素，也是自然界中少见的一种带正电荷的碱性多糖。它的化学名称是（1,4)-2-乙酚胺基-2-脱氧-β-D-葡萄糖，或简称聚乙酰胺基葡萄糖。其结构与纤维素相似，若把组成纤维素的单个分子——葡萄糖分子第二个碳原子上的羟基（OH）换成乙酰氨基（$NHCOH_3$），纤维素就变成了甲壳素。

甲壳素广泛存在于昆虫类、水生甲壳类的外壳和菌类、藻类的细胞壁中，在地球上，甲壳素的年生物合成量达 100 亿吨以上，是一种蕴藏量仅次于植物纤维素的有机可再生资源。

纯甲壳素是一种无毒无味的白色或灰白色半透明的固体，在水、稀酸、稀碱以及一般的有机溶剂中难以溶解，因而限制了它的应用和发展。后来人们在研究探索中发现，甲壳素经浓碱处理脱去其中的乙酰基就变成可溶性甲壳素，又称甲壳胺或壳聚糖，它的化学名称为(1-4)-2-氨基-2-脱氧-β-D-葡萄糖或简称聚胺基葡萄糖。这种壳聚糖由于它的大分子结构中存在大量氨基，从而大大改善了甲壳素的溶解性和化学活性，因此使它在医疗、营养和保健等方面具有广泛的应用价值。近十年来国内外的科学家都将它作为人体第六生命要素深入进行研究和开发。

甲壳素是长链型高分子化合物，其链的规整性好并具有刚性，形成分子内和分子间很强的氢键，这种分子结构有利于晶态结构的形成。甲壳素存在着晶区和非晶区两部分。甲壳素的分解温度、模量、硬度、吸水性和它们吸附气体、液体的能力取决于结晶度，此外，拉伸强度、弹性模量、伸长率和密度等也与结晶度有关。由于甲壳素有较高的相对分子质量和结晶度，因此它可以制成强度较高的纤维材料。

近年来，由甲壳素和壳聚糖改性制得的衍生物显示出优越的功能性质，具有很大开发价值。甲壳素和壳聚糖大分子链上含有羟基、乙酰氨基和氨基，可以通过引入其他官能团进行化学改性，也可采用共混的方法改善其溶解性和成型加工性，制备出新的功能材料，使其获得更广泛的用途。

1.4 蛋白质材料

蛋白质是生命细胞中最主要的物质之一，它们在生命过程中体现出许多功能。这里所说的蛋白质是指具有工业应用价值的蛋白质材料，如胶原蛋白（动物皮等）和蛋白质纤维（羊毛、蚕丝等）。

蛋白质的基本单位是氨基酸，蛋白质的元素组成与氨基酸基本相同，主要是碳、氢、氧、氮和少量的硫元素，有些蛋白质还含有一些其他元素，它们是磷（P）、铁（Fe）、锌（Zn）和铜（Cu），这类蛋白质是比较复杂的蛋白质。对大多数蛋白质而言，一般都含有50%～55%的碳、6%～7%的氢、20%～23%的氧、0.2%～0.3%的硫，蛋白质的平均氮含量约为16%，这是蛋白质元素组成的一个特点。

大豆蛋白质（soy protein isolate，SPI）是自然界中含量最丰富的蛋白质，被誉为“生长着的黄金”。对SPI材料的研究主要集中在三个方面：以甘油、水或其他小分子物质为增塑剂，通过热压成型制备出具有较好力学性能、耐水性能的热塑性塑料；对SPI进行化学改性，如用醛类、酸酐类交联，提高材料的强度和耐水性，或与异氰酸酯、多元醇反应，制备泡沫塑料甚至弹性体；大豆分离蛋白（SPI）通过与其他物质共混等物理改性而制备具有较好加工性能、耐水性的生物降解性塑料。用SPI和MMT（蒙脱土）通过中性水介质中的溶液插层法成功制备出具有高度剥离结构或插层结构的生物可降解SPI/MMT纳米复合材料。实验结果表明，该纳米复合物的结构强烈依赖于MMT的含量，当MMT含量低于12%（质量）时，MMT被剥离成厚度约为1～2nm的片层；当MMT含量高于12%（质量）时，则插层结构占优势。由于MMT片层高度无序的分散及其对SPI链段的限制，SPI/MMT纳米复合材料的力学强度和热稳定性均明显高于纯SPI材料。蛋白质是一种能将纳米颗粒组装成有机复合物的万能载体，利用蛋白质制备的超分子纳米杂化材料已应用于传感器、分析探测器和生物模板等方面。Verma等将单蛋白间隔区用作纳米金的自组装模板，有效地控制纳米颗粒间的距离，从而得到纳米颗粒不同分布的纳米复合物。同时，以蛋白质为模板制备仿生纳米复合材料的研究也引人注目。Hartgerink等用pH驱动自组装形成两亲性纳米多肽纤维为基体，让羟基磷灰石在其表面矿化仿生，制备出一种可用于组织工程中的纳米复合纤维，它可进一步制备各种骨骼替代品、骨组织填料以及骨修复用生物材料。

近年来，蚕丝和蜘蛛丝由于极高的力学强度而引起人们重视。它们的主要成分均是纯度很高的丝蛋白，在自然界用作结构性材料。蚕丝有很高的强度，这与其内在的紧密结构有关。蚕丝分为两层：外层以丝胶为皮，内部以丝蛋白为芯，而且中间的丝蛋白纤维结构紧密，使蚕丝具有优良的力学性能。研究从静止不动的蚕中以不同速度强制抽出的丝与蚕自然吐出的丝以及蜘蛛丝的强度，发现人工抽出的蚕丝的强度和韧性都明显优于自然吐出的蚕丝，而且随着强制抽丝速度的提高，蚕丝的强度明显增加。和蚕丝相比，蜘蛛丝的强度和韧性更高，而且在低温（−60～0℃）下表现出比常温下更为优异的“反常”力学性能，显示出动物丝作为“超级纤维”，在“严酷”的温度环境下的应用前景。据报道，蜘蛛丝对其扭转形状具有记忆效应，很难发生扭曲，在不需要任何外力作用的情况下保持最初的形状。

1.5 多糖改性材料

多糖（polysaccharide）是由单糖之间脱水形成糖苷键，并以糖苷键线型或分枝连接而成的链状聚合物。多糖是除了蛋白质和核酸以外的一类重要的生物大分子，主要来源于动物、植物、微生物。研究发现，多糖具有显著的免疫活性，现已广泛应用于食品工业、医药工业和农业领域。

植物多糖广泛存在于陆生植物和水生植物中。植物多糖的提取大多先用石油醚、乙醚等有机溶剂除去植物中脂溶性杂质后，再用不同温度的稀碱或稀盐溶液提取，但是水提法大都效率较低，且酸碱容易破坏多糖的立体结构及活性。酶法提取多糖由于其具有条件温和、杂质易除和效率高等优点而备受关注。复合酶-水浸结合法多采用果胶酶、纤维素酶及中性蛋白酶，此法多糖获得率高、杂质少，且多糖的生物活性能够得到较好的保存。根据各多糖的不同特性采用分级沉淀、反复溶解等。目前，还可通过凝胶过滤法、高效液相色谱法、电泳技术和质谱检测技术对粗多糖进行纯化和纯度及相对分子质量的测定，这些技术都较为准确、灵敏、操作简便。

动物多糖分布较为广泛，大多来自动物结缔组织基质和细胞间质，是脊椎动物组织胞外空间的特征组分。在提取动物多糖之前，应根据多糖的存在形式及提取部位的不同确定预处理的方法。动物多糖的提取，首先要去除表面脂肪，一般将原料经粉碎后加入丙酮等溶剂脱脂，然后对脱脂后过滤得到的残渣进行多糖提取。由于动物多糖通常都与蛋白质相连，因此动物多糖的提取分离首要问题是在多糖不被显著降解的条件下去除结合的蛋白质。动物多糖提取方法主要有酸提取法、碱提取法和蛋白酶水解法。稀碱液提取法适用于多糖与蛋白质间结合型的转化，碱提取法是基于蛋白多糖中的糖肽键对碱的不稳定性，提取过程应在温和条件下，以避免氨基多糖的碱降解。提取完毕应根据目的多糖的理化性质及生物活性进一步分离纯化。利用多糖在不同溶剂中溶解度不同的分离方法。常用的沉淀剂有乙醇、锌盐、硫醇铵-吡啶、乙酸钾等；利用电离性质不同的分离方法有季铵盐络合法和电泳分离法。此外，离子交换层析法、平板技术法、凝胶过滤法、酶法、超离心法、HPLC 法等也已被广泛应用。

微生物多糖主要来源于细菌和真菌，是细菌、真菌等微生物在代谢过程中产生的对微生物有保护作用的生物高聚物。微生物多糖一般由淀粉水解发酵生产，也可直接利用可溶性淀粉经微生物酶作用制得。胞外多糖是由微生物大量产生的多糖，易与菌体分离，可通过深层发酵实现工业化生产。到目前为止，已大量投产的微生物多糖主要有黄原胶、结冷胶、右旋糖酐、小核菌葡聚糖、短梗霉多糖、热凝多糖、海藻糖、透明质酸、壳聚糖等。

1.6 天然橡胶

天然橡胶来源于热带和亚热带橡胶树中的胶乳。很多植物都含有橡胶的成分，但具有经济价值的仅有二三十种，如三叶橡胶树、杜仲树、马来胶和古塔波橡胶树。其中最好的品种为三叶橡胶树，又称巴西橡胶树，它主要含顺式聚异戊二烯成分，因而具有弹性和柔软性。古塔波橡胶树含反式聚异戊二烯，它在室温下呈硬质状。橡胶树内有乳管，把它切断后乳胶便会流出。新鲜乳胶经过加工处理后制成浓缩乳胶和干胶（烟胶片、风干胶片、绉胶片、颗粒胶），它们分别用于生产橡胶乳制品和生胶。

天然橡胶系生物合成的产物，由于化学组成、分子结构及相对分子质量与分布等方面的特征，使其综合物理性能比合成橡胶优越，应用范围更加广泛。比如，天然橡胶是一种结晶性高分子，在形变下易产生诱导结晶，具有很好的强度性能和加工性能。纯胶硫化胶的拉伸强度为17～25MPa；炭黑补强的硫化胶可达25～35MPa，具有良好的高弹性，弹性模量为24MPa，回弹率可达85%以上，弹性伸长率可达100%。但天然橡胶的不饱和度较高，化学性质活泼，耐老化性能较差。

从橡胶种植园收集的胶乳经过胶乳的保存→清除杂质→混合→加工凝固→洗涤→压片或造粒→干燥→检验和包装等工序制成各种片状和颗粒状的固体天然橡胶。可分为标准胶、烟胶片、绉胶片、风干胶片、浓缩胶和胶清橡胶等，最常用的是标准胶和烟胶片。

天然橡胶的改性有以下几个方面。

（1）天然橡胶异构化。这是一种重排反应。当异构化程度控制在6左右时，其综合力学性能不会降低，又明显改善低温结晶性。

（2）环氧化天然橡胶。这是目前较热门的改性品种。控制一定的环氧化程度，既能保持天然橡胶原来的力学性能，又能明显改善耐油性、气密性及白炭黑的增强作用。

（3）甲基丙烯酸甲酯接枝。可有效地提高硬度，并明显改善粘接能力。

（4）与聚丙烯（PP）、聚乙烯（PE）等共混，这是与用合成橡胶开发热塑弹性体类似的一种方法。

1.7　生漆

生漆又名大漆、天然漆，是漆树的一种生理分泌物。人工利用刀刃在漆树上割出一个深可见其木质部的切口，从切口处流出的乳白色乳胶体便是天然生漆。漆树作为中国特产的重要经济树种，在中国已有3000万年的栽种历史。漆树在中国的分布十分广泛，从辽宁以南到西藏高原都有生长，尤其以陕西的安康、汉中；四川的绵阳、涪陵；湖北的施恩；贵州的毕节、遵义等最为有名。中国生漆的应用已有上千年的历史，所以生漆也称为国漆、中国漆等，英国人李约瑟称之为世界上第一个塑料。

生漆的化学成分主要是漆酚（60%～70%）、漆多糖（5%～7%）、漆酶（<1.0%）和水分（20%～30%）。影响其质量的主要成分是漆酚、漆酶和水分。漆酚是邻苯二酚衍生物的混合物，由饱和漆酚、单烯漆酚、双烯漆酚和三烯漆酚等漆酚类化合物组成。它是生漆固化成膜的基本反应物，构成漆膜的基本骨架，直接影响漆膜的光泽、附着力、韧性等性能。漆多糖是优良的稳定剂，使生漆的各种成分成为稳定而均匀的乳液，且漆多糖对于干燥速度和漆膜性能也有重要作用。生漆多糖还具有良好的促进白细胞生长等免疫方面的作用。漆酶（lactase）是存在于生漆中的一种含铜的多酚氧化酶，在它的催化作用下漆酚才能常温固化成膜。水分是生漆自然干燥不可缺少的成分，水分含量的多少对生漆性能有较大的影响。水分过多，则漆酚相对减少，漆膜光泽、附着力等性能较差，且易变质发臭，不耐久存。加工后的生漆含水量应在4%～6%，低于此值则难以固化成膜。据研究，在漆酚总量中当三烯漆酚与单烯漆酚之和占90%、二烯漆酚占10%时，漆膜表干时间最短、耐冲击强度最大、

附着力较强、光泽较佳。以上说明，生漆的优良特性和质量，只有在漆酚、漆酶、树胶质、水分等主要成分互相配合、综合作用下才能予以保证。目前，漆树漆酶的应用研究主要集中在生漆干燥成膜、毛发染色、固定化漆酶电极、催化有机物合成、催化酚类和芳胺有毒物质的氧化聚合而除去等。此外，生漆中还含有油分、甘露醇、葡萄糖、微量的有机酸、烷烃、二黄烷酮以及钙、锰、镁、铝、钾、钠、硅等元素。近来还发现微量的 α，β 不饱和六元环内酚等挥发性致敏物。

虽然生漆有许多优点，但它也存在一些性能缺陷，如会引起人体皮肤过敏、固化成膜必须具有特定条件（相对湿度不低于80%，20～30℃）、黏度大、不易施工、对金属附着力不好、耐碱性差等，这些因素使其应用范围受到限制。因此人们以天然生漆的主要成膜物质——漆酚为原料，与甲醛、糠醛、环氧树脂、有机钛酸酚（螯合剂）等进行了系列合成反应，制成了多种性能优异的高分子合成树脂。

1.8 木质素

木质素是植物体中仅次于纤维素的一种重要大分子有机物质，具有重要生物学功能。木质素填充于纤维素构架中增强植物体的机械强度，利于疏导组织的水分运输和抵抗不良外界环境的侵袭。陆生植物的木质素合成是适应陆地环境的重要进化特征之一。

木质素是复杂的苯丙烷单体聚合物，三种主要单体为香豆醇、松柏醇和芥子醇。因单体不同，可将木质素分为三种类型：由紫丁香基丙烷结构单体聚合而成的紫丁香基木质素（S-木素）；由愈创木基丙烷结构单体聚合而成的愈创木基木质素（G-木质素）和由对羟基苯基丙烷结构单体聚合而成的对羟苯基木质素（H-木素）。

苯丙烷结构单元聚合成木质素大分子已被证明为脱氢聚合。Takahama 等首先用松柏醇与采自蘑菇真菌的漆酶在有氧的条件下生产出人工合成木质素。以后又发现过氧化物酶（peroxidase）也可有效地催化该聚合反应。几种可能参与木质素聚合的过氧化物转化酶已在百日草、马铃薯、番茄、杨树及矮牵牛植物中分离。Ipelcl 等利用从豆科植物中克隆的过氧化物酶基因 *Shpx6a* 反向转入杨树，使木质素含量降低10%～20%，表明过氧化物酶确实与木质素单体聚合有关，过氧化物酶在植物体中广泛存在，且多样性很高。

1.9 无机天然高分子

自然界中的岩石、陶土、土壤和砂砾都含有硅酸盐类，其中有不少是天然高分子。鉴于硅和氧是地壳中最丰有的元素，所以这些天然高分子的重要性也不低于有机高分子。它们在工业上、生活上有着非常广泛的用途。

当然，从生物合成角度考虑，天然的无机高分子不属于这个范围。但鉴于近来的发展，无机高分子物涉及范围还不只局限在碳、硅范围内，甚至某些过渡族元素也已被发现有这些苗头，估计将来还将扩大。

从目前的情况看，天然无机高分子的生成，无论是自然界或人造的生成中总离不了高温和高压。在地壳的成因中，这些单体或元素生成以后，受着压力挤出地壳，并同时受着水、氧和二氧化碳等作用，而成为目前可见到或是可探索的高聚体。

早期人们对于硅酸盐进行分类，总是以它们的成分为标准。可是按此分类却发现许多成分相同的硅酸盐矿物其性质却差之千里。恰恰相反，有的具有相同性质的矿物按原有分类法却要把它们区分入他类物质中。

参 考 文 献

[1] 甘景镐，甘纯机．天然高分子化学．北京：高等教育出版社，1993：163.
[2] Wgberg L，Decher G，Norgren M，et al. Fibre Polym Technol，2008，24：784-795.
[3] Jung R，Kim H S，Kim Y，et al. J Polym Sci，Part B，2008，46：235-1242.
[4] Brown E E，Laborie M P G. Biomacromolecules，2007，8：3074-3081.
[5] 高洁，汤烈贵．纤维素科学．北京：科学出版社，1999：41-63.
[6] 冯国涛，单志华．变性淀粉的种类及其应用研究．皮革化工，2005，22 (4)：18-19.
[7] 章毅鹏，廖建和．浅析中国变性淀粉的应用现状．中国粮油学报，2007，22 (6)：181.
[8] 吴清基，吴鸿昌．甲壳素——21世纪的绿色材料．东北大学学报，2004，30 (1)：133.
[9] 乃普，宋鹏飞，王荣民等．甲壳素/壳聚糖及其衍生物抗菌、抗肿瘤活性研究进展．高分子通报，2004，6：14.
[10] 蒋挺大．甲壳素．北京：化学工业出版社，2003：217-220.
[11] 张俐娜．天然高分子改性材料及应用．北京：化学工业出版社，2006：4-8.
[12] 阎隆飞，孙之荣．蛋白质分子结构．北京：清华大学出版社，1999.
[13] 戈进杰．生物降解高分子材料及其应用．北京：化学工业出版社，2002：203-205.
[14] 胡玉洁等．天然高分子材料改性与性用．北京：化学工业出版社，2003：1-48.
[15] 孔繁祚．糖化学．北京：科学出版社，2005.
[16] 晓波，司书毅．微生物来源活性多糖的研究进展．中国抗生素杂志，2006，2：127-131.
[17] Hwang H S，Lee S H，Baek Y M，et a1. Production of extracellular polysaccharides by submerged mycelial culture of Laefiporus sulphureureus var. miniatus and their insulinotropic preperties. Appl Microbiol Biotechnol，2008，78：419-429.
[18] 张悦，宋晓玲，黄健．微生物多糖结构与免疫活性的关系．动物医学进展，2005，26 (8)：10-12.
[19] 田庚元，冯宇澄，林颖．植物多糖的研究进展．中国中药杂志，1995，20 (7)：441.
[20] 赵艳芳，廖建和，廖双泉．特种橡胶制品，2006，27 (1)：55-62.
[21] 李青山，马云兰，张好宽等．天然橡胶的改性与功能化研究．化工时刊，2002，26 (7)：13-16.
[22] 李萍，侯雪棉．中国漆树研究发展概况．中国生漆，1991，(4)：21-24.
[23] 廉鹏．生漆的化学组成及成膜机理．陕西师范大学学报（自然科学版），2006，32 (6)：100-101.
[24] Lu R，Yoshida T，Nakashima H，et al. Specific biological activities of Chinese lacquer polysaccharides. Carbohydrate Polymet，2000，43 (1)：47-54.
[25] Anloun A，Jelidi A，Chaabouni M. Evaluation of the performance of sulfonated esparto grass lignin as a plasticizer-water reducer forcement. Cem ConcrRes，2003，33 (7)：995-1003.

第2章　天然高分子材料的结构和表征

天然高分子材料主要有纤维素、木质素、淀粉、甲壳素、壳聚糖、其他多糖、蛋白质、核酸以及天然橡胶等，通过化学、物理方法以及纳米技术改性可制备出具有优异性能和功能性的材料。

2.1　纤维素、木质素

纤维素是地球上最古老和最丰富的可再生资源，主要来源于树木、棉花、麻、谷类植物和其他高等植物，也可通过细菌的酶解过程产生（细菌纤维素）。纤维素由β-(1,4)-链接的D-葡萄糖组成，每个葡萄糖单元中有三个极性羟基，并且是多环结构，故分子链为半刚性链，在结构上具有高度的规整性（间同立构）。大分子在平衡态时是无定型的，定向后可有相当程度的规整结晶结构。纤维素含有大量羟基，易形成分子内和分子间氢键，使它难溶、难熔，从而不能熔融加工。

2.1.1　纤维素的化学结构

1838年，法国科学家Payen（1795—1871）首次用硝酸、氢氧化钠交替处理木材后，分离出一种均匀的化合物并命名为纤维素（cellulose）。纤维素是由纤维二糖（cellobiose）重复单元通过1,4-β-苷键连接而成的线型高分子，其化学式为$C_6H_{10}O_5$，化学结构的实验分子式为$(C_6H_{10}O_5)_n$（n为聚合度），由质量分数分别为44.44%、6.17%、49.39%的碳、氢、氧三种元素组成。

(1) 葡萄糖环形结构的确定

① 纤维素完全水解时得到99%的葡萄糖，其分子式为$C_6H_{10}O_5$，说明有一定的未饱和，其还原反应产物证明有相当于六个碳原子组成的直链，并存在着羰酰基。

② 葡萄糖的羰酰基是半缩醛基（hemicetal group）。很多实验证明葡萄糖有一个醛基，这个醛基位于葡萄糖的端部，且是半缩醛的形式。

③ 葡萄糖半缩醛结构的立体环为（1-5）连接。以证明葡萄糖的半缩醛基由同一葡萄糖分子中的两种基团—OH、—CHO形成，所以是环状的半缩醛结构，位于C_5上的羟基优先与醛羰酰基起作用，形成C_1～C_5糖苷键（glycosidic bond）连接的六环（吡喃环）结构。

④ 葡萄糖的三个游离羟基位于2，3，6三个碳原子上。由于葡萄糖环内为（1-5）连接，葡萄糖基间形成（1-4）连接，所以留下的三个羟基经证明，分别为位于C_2、C_3上的仲羟基和位于C_6上的伯羟基。三个羟基的酸性大小按$C_2<C_3<C_6$位排列，反应能力也不同，C_6位上羟基的酯化反应速率比其他两位羟基约快10倍，C_2位上羟基的醚化反应速率比C_3位上的羟基快2倍左右。

(2) 纤维素分子链上葡萄糖基间的连接　纤维素的重复单元是纤维素二糖（cellulose），已证明纤维素的C_1位上保持着半缩醛的形式，有还原性，而在C_4上留有一个自由羟基，说明纤维素二糖的葡萄糖基间为（1-4）苷键连接。所以，纤维素的结构式可用Haworth式表示（图2-1）。

(3) 葡萄糖的立体异构体　如上所述，葡萄糖是一种醛式单糖，目前沿用三种结构式表

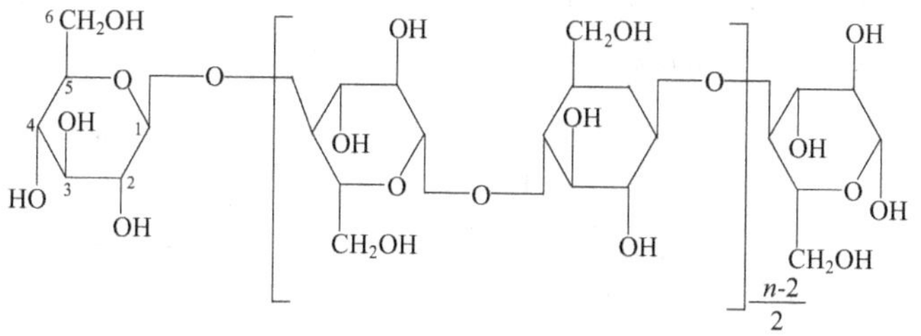

图 2-1　纤维素的分子链结构式

n 为 D-葡萄糖基的数目即聚合度

示：直链结构式，又称 Fischer 结构式或投影结构式［图 2-2(a)］；Haworth 结构式，又称透视结构式或环形结构式［图 2-2(b)］；构象结构式［2-2(c)］。

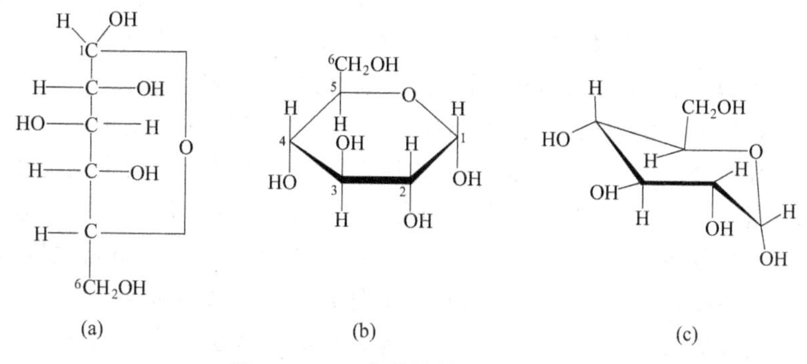

图 2-2　α-D-葡萄糖的三种结构式

葡萄糖分子有四个不对称原子，可形成 2^n（$n=4$，为不对称原子数）个同分异构体，葡萄糖的 16 个同分异构体中，最重要的异构化形式有：D-型和 L-型、吡喃糖和呋喃糖环的结构、α-和 β-异构体。

综上所述，纤维素化学结构特点为：①纤维素大分子的基本结构单元是 β-D-葡萄糖残基以 1,4-苷键相连接，相邻残基相互旋转 180°，各大分子间有着良好的对称性，而且结构规整；②纤维素大分子中的每一个葡萄糖残基（不含两端）上有三个自由羟基，都有一般羟基的性质；③纤维素大分子末端基的性质是不同的，其中一端的一个碳原子上的羟基在葡萄糖环结构变成开链式时会变成醛基而具有还原性。

2.1.2　纤维素链的构象

（1）葡萄糖环的构象　吡喃葡萄糖为了保持结构的稳定，糖环不可能是一个平面，六环糖有 8 种不同的构象，其中 2 种为椅式构象（chair conformation）、6 种为船式构象（boat conformation）。椅式构象比船式构象能量低而稳定，所以，吡喃葡萄糖环可能以 C1 或 1C 两种椅式构象之一存在（图 2-3）。因为 C1 构象中各碳原子上的羟基都是平伏键（e 键），而 1C 构象中各碳原子上的羟基都是直立键（a 键），所以 α-和 β-D-葡萄糖环为 C1 椅式构象，且较为稳定，已由 X 射线衍射光谱和红外光谱所证实。

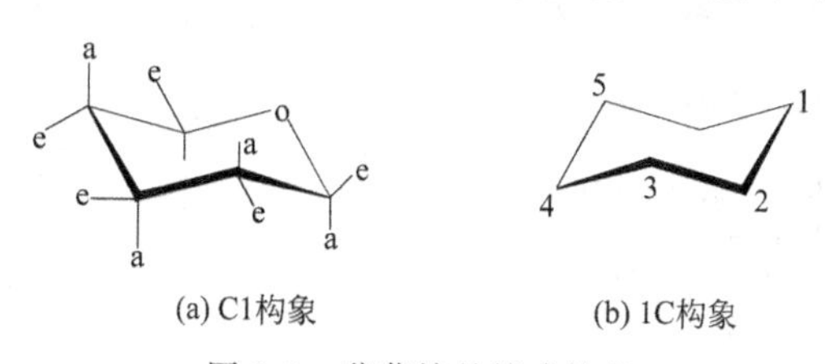

图 2-3　葡萄糖的椅式构象

（2）纤维素大分子链的构象　纤维素是由葡萄糖通过 1,4-β-苷键连接起来的大分子，

图 2-4表示纤维素大分子的构象，其 β-D-吡喃式葡萄糖单元成椅式扭转，每个单元上 C_2 位—OH、C_3 位—OH 和 C_6 位上的取代基均处于水平位置。

图 2-4　纤维素分子链的构象

2.1.3　纤维素的相对分子质量和聚合度

纤维素是一种天然高聚物，高聚物的相对分子质量有两个特点：一个是它具有比小分子远远大得多的相对分子质量；另一个是其相对分子质量具有多分散性。纤维素的聚合度表示分子链中所连接的葡萄糖酐的数目，在分子式 $(C_6H_{10}O_5)_n$ 中，n 为聚合度，通常用 DP 表示，并可由聚合度 DP 计算出相对分子质量。天然纤维的聚合度很高。

纤维素的相对分子质量可由聚合度（DP）计算，即相对分子质量$=162\times$DP，但是其相对分子质量具有多分散性。表 2-1 汇集了几种不同的纤维素及其衍生物的重均相对分子质量（M_w）和 DP 值。可见，纤维素的来源和种类不同，其相对分子质量相差很大。纤维素的相对分子质量及其分布明显影响材料的力学性能（强度、模量、耐屈挠度等）、纤维素溶液性质（溶解度、黏度、流变性等）以及材料的降解、老化及各种化学反应。测定纤维素相对分子质量的常用方法有黏度法、渗透压法、超速离心沉降法和光散射法，用不同的方法得到不同的平均相对分子质量，如黏均相对分子质量（M_η）、数均相对分子质量（M_n）和 M_w。目前，金属络合物溶液仍是测定纤维素相对分子质量和聚合度的主要溶剂，表 2-2 示出了部分纤维素在不同溶液中 Mark-Houwink 方程的 K 和 α 值。

表 2-1　部分纤维素和纤维素衍生物的 M_w 和 DP

原　料	$M_w\times10^{-4}$	DP
天然纤维素	60～150	3500～10000
棉短绒化学品	8～50	500～3000
木浆	8～34	500～2100
细菌纤维素	30～120	2000～8000
人造丝	5.7～7.3	350～450
玻璃纸	4.5～5.7	280～350
商业纤维素硝酸酯	1.6～87.5	100～3500
商业纤维素乙酸酯	2.8～5.8	175～360

表 2-2　纤维素在不同溶剂中 Mark-Houwink 方程的 K 和 α 值

溶　剂	温度/℃	$K\times10^2/(cm^3/g)$	α	测定方法
镉乙二胺(cadaxen)	25	3.85	0.76	SD
	25	3.38	0.77	SD
铜氨溶液(cuoxam)	20	10.5	0.66	OS
	25	0.85	0.81	OS
铜乙二胺(Cuen)	25	1.33	0.905	OS
FeTNa	30	5.31	0.779	LS
9%LiCl/DMAC	30	1.278	1.19	LS
PF/DMSO	30	4.88	0.81	LS
6%(质量)NaOH/4%(质量)尿素水溶液	25	2.45	0.815	LS

2.1.4　纤维素的聚集态结构

纤维素的聚集态结构即所谓超分子结构。研究纤维素分子间的相互排列情况，主要包括结晶结构（晶区和非晶区、晶胞大小及形式、分子链在晶胞内的堆砌形式、微晶的大小）、取向结构（分子链和微晶的取向）和原纤结构。

（1）纤维素的超分子结构　纤维素的化学结构是由 D-吡喃葡萄糖环彼此以 β-1，4-糖苷键以 C_1 椅式构象联结而成的线型高子。纤维素分子中的每个葡萄糖基环上均有 3 个羟基，分别位于第 2、第 3、第 6 位碳原子上，其中 C_6 位上的羟基为伯醇羟基，而 C_2、C_3 上的羟基是仲醇羟基，这 3 个羟基在多相化学反应中有着不同的特性，可以发生氧化、酯化、醚化、接枝共聚等反应。这 3 个羟基可以全部参加反应，也可以只是其中的某一个发生反应，因而在一定条件下可以设计葡萄糖基环单元上的化学官能基团的种类与位置；并且在这 3 个羟基上可以分别控制化学官能基团的取代度和取代度的分布，从而在葡萄糖基环单元上可以从化学结构上设计纤维素的化学结构，制备多种特殊功能的精细化工产品。

天然纤维素分子中的每个葡萄糖单元环上均有 3 个羟基（—OH），羟基上极性很强的氢原子与另一个羟基上电负性很强的氧原子上的孤对电子，相互吸引可以形成氢键（—O…H），因此纤维素大分子之间、纤维素和水分子之间，或者纤维素大分子内部都可以形成氢键，在 X 射线衍射技术与中子散射技术的帮助下，人们发现结晶区纤维素除了存在 O—H…O型氢键外，还存在着一种较弱的氢键作用，即 C—H…O 型氢键。氢键作用远远强于范德华力，与 C—O—C 键的主价键的能量相比则又小得多。纤维素的聚合度非常大，如果所含的羟基均被包含于氢键之中，则分子间的氢键力将非常巨大。所以，氢键决定了纤维素的多种特性：自组装性、结晶性、形成原纤的多相结构、吸水性、可及性和化学活性等各种特殊性能。

由于大量羟基的存在，纤维素容易形成很强的分子内和分子间氢键，纤维素链上的所有羟基都处于氢链之中。纤维素Ⅰ中形成的氢键网位于晶胞的两个方向上：①沿分子链方向（包括角链和中心链），存在键长为 0.275nm 的 O(3)—H…O(5′) 氢键和键长 0.287nm 的 O (2′)—H…O(6) 氢键，这两个分子内氢键分布在纤维素链的两边；(b) 每个葡萄糖残基沿轴方向与相邻分子链形成一个键长为 0.279nm 的分子间氢键 O(6)—H…O(3)，这种氢键键合的链片平行于 α 轴，位于（200）面。链片之间和晶胞对角线上无氢键存在，结构的稳定靠范德华力维持。

纤维素Ⅱ是一种反平行链的结构，角链和中心链的构象不同。形成的氢键网较纤维素Ⅰ复杂。其中向上的角链上，存在键长为 0.269nm 的 O(3)—H…O(5′) 分子内氢键，而且沿 α 轴方向与相邻的角链形成处于（200）平面，键长为 0.273nm 的 O(6)—H…O(2) 分子间氢键。沿（110）平面晶胞对角线方向。角链（向上）与相邻中心链（向下）间形成键长为 0.277nm 的 O(2) —H…O(2′) 分子间氢键，这一附加的氢键是纤维素Ⅱ和纤维素Ⅰ的主要差别。向下的中心链，除含有键长为 0.269nm 的 O(3)—H…O(5′) 分于内氢键外，还含有键长为 0.273nm 的 O(2′)—H…O(6) 分子内氢键。分子链间，含有与纤维素Ⅰ相似的分子间氢键 O(6)—H…O(3)，键长为 0.267nm，也位于（200）面上。纤维素Ⅱ中氢键的平均长度（0.272nm）比纤维素Ⅰ(0.280nm）短，堆砌较为紧密。所以，反平行链的纤维素Ⅱ晶胞在热力学上较纤维素Ⅰ稳定。

除了应用模型堆砌分析方法定量确定纤维素的分子内和分子间氢键外，红外光谱也是表征纤维素氢键的直接手段之一。通过对纤维素进行选择性取代合成 6-O-取代的甲基纤维素、2,3-di-O 取代的甲基纤维素，这些模型化合物在 IR 谱图上的—OH 基吸收峰表现出明显的差异。最近，运用动态二维 FTIR 技术研究纤维素，发现纤维素的分子内和分子间氢键作用在谱图的—OH 基振动区表现出几个明显的吸收峰，这一技术为研究纤维素和纤维素材料提供了新的途径。根据氢键作用的不同，红外光谱中纤维素在 3700～3100cm^{-1} 范围内—OH 基区吸收峰的归属汇集于表 2-3，它们反映不同的氢键作用。

表 2-3 纤维素在—OH 基区 IR 吸收峰的归属

吸收峰的位置/cm^{-1}	归属
3230～3310	O(6)—H…O(3)分子间氢键
3240	纤维素Ⅰ
3270	纤维素Ⅰ
3305	110 平面内的分子间氢键
3309	分子间氢键
3340～3375	O(3)—H…O(5)分子间氢键
3372	分子内氢键的伸缩振动
3405	110 平面内的分子间氢键
3410～3460	O(2)—H…O(6)分子间氢键
3412	分子内氢键—OH 基德伸缩振动
3540～3570	分子间氢键
3555	自由 OH(6)
3580	自由 OH(2)

纤维素在结构上可以分 3 层：①单分子层，纤维素单分子即葡萄糖的高分子聚合物；②超分子层，自组装的结晶的纤维素晶体；③原纤结构层，纤维素晶体和无定形纤维素分子组成的基元原纤等进一步自组装的各种更大的纤维结构以及在其中的各种孔径的微孔等。

纤维素的特点是易于结晶和形成原纤结构。纤维素原纤是一种细小、伸展的单元，这种单元构成纤维素的主体结构，并使长的分子链在某一方向上聚集成束。由于原纤聚集的大小不同，可以细分为基元原纤、微原纤和大原纤。纤维素基元原纤中纤维素分子在晶区中的排列（伸直链或折叠链，平行排列或反平行排列等），沿原纤的方向上晶区和非晶区间的聚集联结，主要采用改进了的缨状微胞模型和缨状原纤模型。纤维素是不纯的多相固体，常常伴生着木质素、半纤维素和其他有机、无机的小分子物质。如何高效地分离出纤维素而去掉杂质（木质素、半纤维素和其他有机、无机的小分子物质等）是当前纤维素科学的一个研究重点。

(2) 纤维素的结构模型　纤维素分子由于氢键和范德华力的作用，聚集形成横截面约为 3nm×3nm、长度约为 30μm 的基元原纤。基元原纤［图 2-5(a)］中分布着结晶的纤维素晶体和无定形的纤维素高分子。其纤维结构和化学组成以及分布主要随原料来源而异。

纤维素基元原纤聚集形成横截面约为 12nm×12nm、长度不固定的微原纤［图 2-5(b)］。微原纤周围分布着无定形的半纤维素和木质素，其纤维结构和化学组成以及分布也随原料来源和加工条件而异。纤维素微原纤聚集形成横截面约为 200nm×200nm，长度不固定的（大）原纤［图 2-5(c)］微原纤周围分布着无定形的半纤维素；原纤周围分布着无定形的半纤维素和木质素，其纤维结构和化学组成以及分布也随原料来源和加工条件而异。

(3) 纤维素的结晶度、取向度

① 结晶度及测定　纤维素是一种同质多晶物质。1913 年 Nishikawa 和 Ono 首次获得天然纤维素的 X 射线衍射图谱。据研究，纤维素大分子的聚集，一部分分子排列比较整齐，有规则，呈现清晰的 X 射线图，这部分称为结晶区；另一部分分子链排列不整齐，较松弛，但其趋向大致与纤维主轴平行，这部分称为无定形区。结晶相纤维素中存在两种晶体结构，

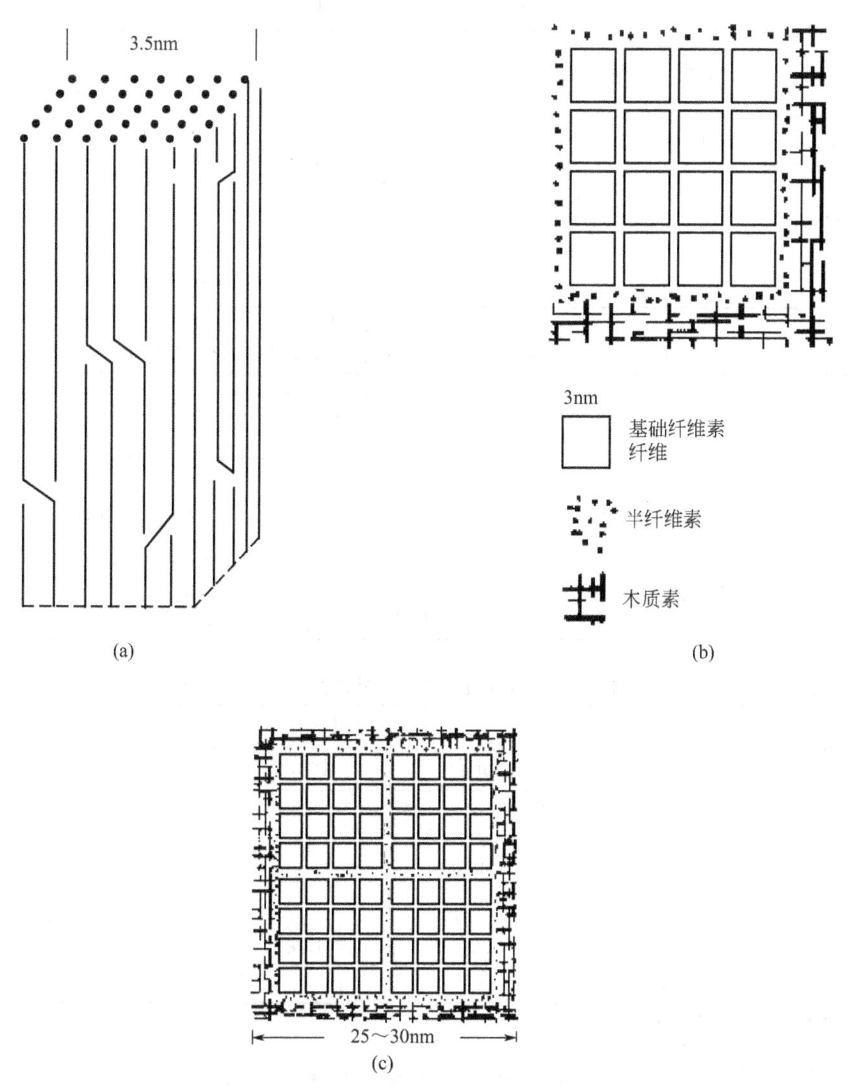

图 2-5　纤维素结构模型

即 I_{α} 和 I_{β}，两者经常与非结晶相纤维素共存于细胞壁结构中。自然界中，细菌和海藻的纤维素中 I_{α} 类型占优势，而高等植物及动物被膜纤维素中以 I_{β} 类型为主。纤维素 I_{α} 中以纤维二糖为单元形成三斜晶系的 P_1 结构（a＝0.6717nm，b＝0.59962nm，c＝1.0400nm，α＝118.08°，β＝114.80°，γ＝80.37°）；而纤维素 I_{β} 则是以两个纤维二糖为单元形成单斜晶系的 P_{21} 结构（a＝0.7784nm，b＝0.82011nm，c＝1.0380nm，α＝β＝90°，γ＝96.5°）。纤维素 I_{β} 中，晶格的 a 向是纤维单元堆垛的方向，b 向在纤维平面与纤维链的方向垂直，c 向是链的延长方向。表 2-4 为纤维素不同结晶变体的晶胞参数，由此可看出结晶变体的差异在于晶胞中两条分子链（除纤维素Ⅰ外）堆砌方式、晶胞尺寸和氢键网络的不同。

根据 X 射线衍射结果，迄今为止已发现纤维素有 4 种结晶体形态，即纤维素Ⅰ、Ⅱ、Ⅲ和Ⅳ。纤维素结晶各个平面所对应的衍射角列于表 2-5。天然纤维素包括细菌纤维素、海藻和高等植物（如棉花、兰麻、木材等）均属于纤维素Ⅰ型。纤维素Ⅰ分子链在晶胞内是平行堆砌的，见表 2-6 所列。根据纤维素来源的不同，它们的微纤结晶度（X_c）、晶体尺寸（D_{hkl}）和平行尺寸（d）都显著不同。

表 2-4 纤维素同质异晶体的晶胞参数

晶 型	空间群	链数	晶胞参数					
			a/nm	b/nm	c/nm	α	β	γ
Ⅰ$_{\alpha}$	P1	1	0.674	0.593	1.036	117	113	81
Ⅰ$_{\beta}$	$P2_1$	2	0.785	0.827	1.038	90	90	96.3
Ⅱ	$P2_1$	2	0.810	0.905	1.031	90	90	117.1
Ⅲ$_{\mathrm{I}}$	$P2_1$	2	1.025	0.778	1.034	90	90	122.4
Ⅳ$_{\mathrm{I}}$	P1	2	0.803	0.813	1.034	90	90	90
Ⅳ$_{\mathrm{II}}$	P1	2	0.799	0.810	1.034	90	90	90

表 2-5 纤维素结晶变体各个衍射平面所对应的衍射角

晶 型	衍射角(2θ)/(°)			
	$1\bar{1}0$	110	020	012
纤维素Ⅰ	14.8	16.3	22.6	
纤维素Ⅱ	12.1	19.8	22.0	
纤维素Ⅲ$_{\mathrm{I}}$	11.7	20.7	20.7	
纤维素Ⅲ$_{\mathrm{II}}$	12.1	20.6	20.6	
纤维素Ⅳ$_{\mathrm{I}}$	15.6	15.6	22.2	
纤维素Ⅳ$_{\mathrm{II}}$	15.6	15.6	22.5	20.2

表 2-6 不同天然纤维素微纤结晶度（X_c）、晶体尺寸（D_{hkl}）和平行尺寸（d）

纤维素原料	X_c/%	晶体尺寸/nm			d/nm
		$D1\bar{1}0$	D110	D020	
海藻纤维素	>80	10.1	9.7	8.9	10～35
细菌纤维素	65～79	5.3	6.5	5.7	4～7
棉短绒浆	56～65	4.7	5.4	6.0	7～9
苎麻	44～47	4.6		5.0	3～12
亚麻	44(56)①	4～5	4～5	4～5	3～18
大麻	44(59)①	3～5	3～5	3～5	3～18
溶解木浆	43～56			4.1～4.7	10～30

① 括号中为纯纤维素的结晶度。

纤维素Ⅱ是纤维素Ⅰ经由溶液中再生（regeneration）或经丝光处理（mercerization）得到的结晶变体，是工业上使用最多的纤维素形式。纤维素Ⅱ与纤维素Ⅰ有很大的不同，它是由两条分子链织成的单斜晶胞，属于反平行链的堆砌。将纤维素浸入液氨或有机胺类（甲胺、乙胺、丙胺、乙二胺等）中，然后将溶剂蒸发得到低温变体纤维素Ⅲ。纤维素Ⅰ和Ⅱ分别制得的纤维素Ⅲ在X衍射图谱和红外光谱图具有明显差别，因此，依据原料的不同，又分别定义为纤维素Ⅲ$_{\mathrm{I}}$和Ⅲ$_{\mathrm{II}}$。它们的不稳定性表现在用热水或稀酸处理后会还原为原来的纤维素Ⅰ和Ⅱ，所以认为纤维素Ⅲ$_{\mathrm{I}}$是相似于纤维素Ⅰ的平行链结构，而纤维素Ⅲ$_{\mathrm{II}}$相似于纤维素Ⅱ的反平行链结构，并有相似的氢键链片结构。纤维素Ⅳ是纤维系通过热处理得到的，它有Ⅳ$_{\mathrm{I}}$和Ⅳ$_{\mathrm{II}}$两种形式。纤维素Ⅲ$_{\mathrm{I}}$在260℃的甘油中热处理后得到纤维素Ⅳ$_{\mathrm{I}}$，纤维素Ⅳ$_{\mathrm{II}}$可以由纤维素Ⅱ和Ⅲ$_{\mathrm{II}}$在水或甘油中热处理制备。纤维素Ⅳ$_{\mathrm{I}}$和Ⅳ$_{\mathrm{II}}$具有完全相同的晶胞参数，但它们的分子链极性和堆砌却完全不同，纤维素Ⅳ$_{\mathrm{I}}$为平行链结构，纤维素Ⅳ$_{\mathrm{II}}$则为反平行链结构。纤维素Ⅰ、Ⅲ$_{\mathrm{I}}$和Ⅳ$_{\mathrm{I}}$（即纤维素Ⅰ簇）以及纤维素Ⅱ、Ⅲ$_{\mathrm{II}}$和Ⅳ$_{\mathrm{II}}$（即纤维素Ⅱ簇）之间可以通过化学方法或热处理进行相互转变，但纤维素Ⅱ簇一旦形成就很难再转化为纤维素Ⅰ簇。

纤维素的结晶度是指纤维素构成的结晶区占纤维素整体的百分数，它反映纤维素聚集时形成结晶的程度：

$$结晶度\ X_c=\frac{结晶区样品含量}{结晶区样品含量+非结晶区样品含量}\times 100\%$$

测定纤维素结晶度常用的方法有 X 射线衍射法、红外光谱法和密度法等。

不同晶型的纤维素也可以用红外光谱、拉曼光谱、电子衍射和交叉极化利魔角自旋（solid-state cross-polarization magic angle sample spinning）固体核磁共振（CP/MAS ^{13}C NMR）表征它们的晶态结构。不同晶型纤维素 C^1、C^4 和 C^6 的化学位移列于表 2-7，可以看出，不同晶型纤维素葡萄糖残基的 C^4 和 C^6 的化学位移具有明显的差别，反映它们晶体结构的差异。这种化学位移差别是因为不同晶型纤维素的链构象转变或晶体堆砌对吡喃葡萄糖单元 C^4 和 C^6 的影响差异造成的。

表 2-7　不同晶型纤维素 C^1、C^4 和 C^6 的化学位移范围

晶　型	^{13}C 化学位移/Hz		
	C^1	C^4	C^6
Ⅰ	105.3～106.0	89.1～89.8	65.5～66.2
Ⅱ	105.8～106.3	88.7～88.8	63.5～64.1
$Ⅲ_Ⅰ$	105.3～105.6	88.1～88.3	62.5～62.7
$Ⅲ_Ⅱ$	106.7～106.8	88.0	62.1～62.8
$Ⅳ_Ⅰ$	105.6	83.4～83.6	63.3～63.8
$Ⅳ_Ⅱ$	105.5	83.5～84.6	63.7
非晶纤维素	约 105	约 84	约 63

② 取向度　成纤高聚物在外力如拉伸作用下，分子链会沿着外力的方向平行排列起来而产生择优取向。因此纤维素分子产生取向后，分子间的相互作用力会大大增强，结果对纤维的物理力学性能如断裂强度、断裂伸度、杨氏模量及原纤化过程，都有显著的影响。因此，测定纤维的取向度具有重要的实际意义。

所谓取向度是指所选择的择优取向单元相对于参考单元的平行排列程度。取向单元可以选择一个面或一个轴。对纤维而言，一般是指单轴取向，也就是取向单元取分子链轴，参考单元方向取纤维轴方向。纤维素超分子结构中含有晶区和非晶区，所以，分子链的取向一般分为 3 种：全部分子链的取向、晶体取向和非晶区分子链的取向。全部分子链的取向可以用光学双折射方法测定。晶体的取向可用 X 射线法测定。非晶区分子链的取向可通过前两种测定进行换算。

2.1.5　木质素的结构

在植物界中，木质素是仅次于纤维素的一种最丰富且重要的大分子有机物。据估计全世界每年约可产生 6×10^{14} t 木质素，是极具有潜力的一种资源。它与纤维素及半纤维素一起形成植物骨架的主要成分，在植物细胞壁中作为一种特性的黏结聚糖组分物质来增加木材的机械强度。木质素大分子在植物体中的合成是经过复杂的生物、生物化学和化学系统形成的。已证明木质素是葡萄糖经莽草酸生物合成香豆醇、松柏醇和芥子醇，再由这些木质素的最原始的结构单元进一步合成木质素大分子。由于植物的种类不同，从葡萄糖新陈代谢过程合成木质素的结构单元也不尽相同，各种植物之间甚至在同一细胞的不同壁层之间，木质素的结构也有很大差异。这种不均一性在植物的不同种属、生长期的长短、植物的不同部位均已被发现。尽管各种植物纤维原料中的木质素结构是多种多样的，但从木质素的醇解、碱性硝基苯氧化及催化氢化产物来看，木质素的结构单元都是具有相同的基本结构特征的，都是由苯基丙烷单元组成的：木质素大分子是由松柏醇、芥子醇和对香豆醇脱氢的各种形式结合而成的。根据苯基上所连的功能基不同，木质素结构单元可以分为下述 3 种不同类型：愈创木酚基型、紫丁香酚基型及对丙苯酚基型（图 2-6）。

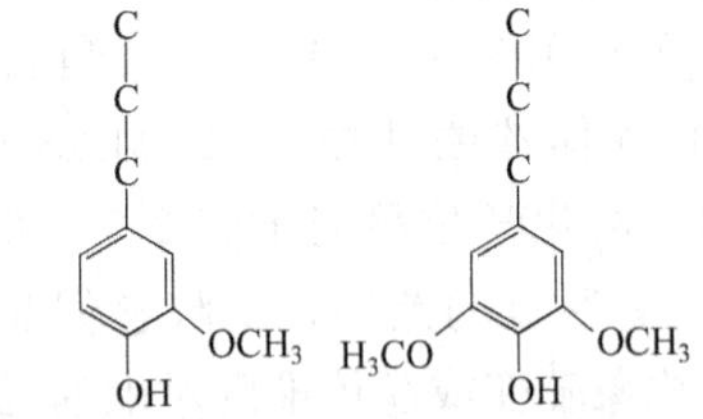

愈创木酚基型　紫丁香酚基型　对丙苯酚基型

图 2-6　木质素的三种基本结构单元

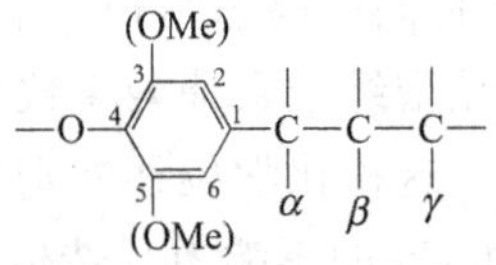

图 2-7　苯丙烷结构单元中碳原子的标记方法

因此木质素实际上并不是具有单一结构的物质，而是由苯丙烷结构单元相互以一定方式聚合起来的复杂的芳香族聚合物。为了阐述方便，通常对苯基丙烷结构单元中的碳原子按图 2-7 所示的方法进行标记。

木质素由木质素先驱物按照连续脱氢聚合作用的机理，用不止一种或少数几种形式相互无规则地连接起来，形成一个三维网状结构的聚酚化合物，因此它不能像纤维素或蛋白质等有规则天然聚合物可用化学式来表示。木质素的结构一直是一种物质结构的模型，只是木质素大分子被切出，可代表平均分子的一部分，或只是按测定平均结果平均出来的一种假定分子结构。其玻璃化温度在 127～193℃之间，并随木质素分子式或化学结构的不同而变化。

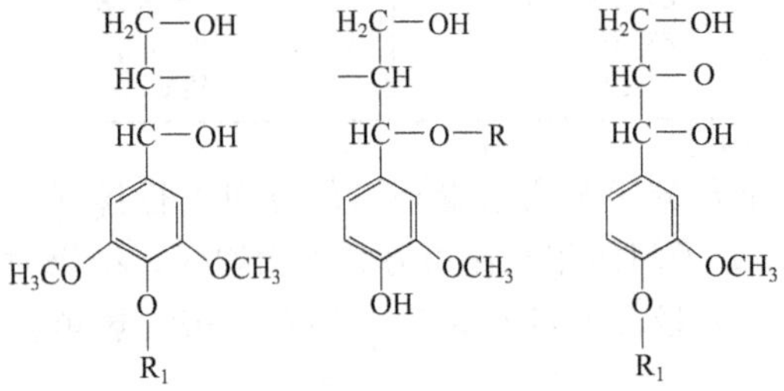

图 2-8　木质素结构中的羟基

在木质素的大分子上还具有甲氧基、羟基和羰基等多种功能基以及不饱和双键等活性位点。如图 2-8 所示，木质素中的甲氧基是连接在芳香苯环上而不是在脂肪族侧链上。木质素中的羟基则有两种类型，一种是存在于木质素结构单元苯环上的酚羟基，其中一小部分是以游离酚羟基存在，如图 2-8 的（b）所示；大部分是与其他木质素结构单元连接，以醚化的形式存在，如图 2-8 的（a）和（c）。存在于木质素结构单元侧链上的羟基可以分布在 α-、β-和 γ-碳原子上，它们以游离的羟基存在，也有以醚的形式和其他烷基、芳基连接。羟基的存在对木质素的化学性质有较大的影响。经不同的化学处理后，木质素的羟基含量变化较大。例如，木素磺酸中每 3.9 个苯甲烷结构单元含一个酚羟基，而充分缩合了的酸木质素几乎不发现酚羟基。

木质素中的羰基主要存在于结构单元侧链上，其中醛基多数存在于 γ-碳原子上，还有一部分为酮基。

由于木质素含芳香基、酚羟基、醇羟基、羧基、甲氧基、羧基、共轭双键等活性基团，可以进行多种类型的化学反应，主要用于合成聚氨酯、聚酰亚胺、聚酯等高分子材料或者作为增强剂。接枝共聚是其化学改性的重要方法，它能够赋予木质素更高的性能和功能。木质素的接枝共聚通常采用化学反应、辐射引发和酶促反应三种方式，前两者可以应用于反应挤出工艺及原位反应增容。

由于其结构的特殊性，一般的结构表征无法进行，通常是观察其在某一化学作用下的变化规律，因此常用红外光谱来判断其官能团的变化。但红外光谱数据有时也并不可靠，主要有以下两点理由。

① 试样来源和特殊的分离程度不同，使得木质素的结构和分离程序不同，使得木质素的结构和组成有很大的差别。

② 虽然在合适的溶剂中测量木质素，但不同的技术也可引起差别。基于从模型物和木质素得到的大量结果，木质素红外光谱显示的一些主要吸收光带可以被人们经验地联系到其结构基团。典型的红外光谱带分配列于表 2-8。

表 2-8　典型的红外光谱带

位置/cm^{-1}	归属	位置/cm^{-1}	归属
3500～3400	OH 拉伸(H 键)	1500	芳环振动
2940	OH 拉伸(在甲基和亚甲基中)	1470	C—H 变形(对称的)
2880	OH 拉伸(在甲基和亚甲基中)	1430	芳环振动
2830	OH 拉伸(在甲基和亚甲基中)	1370	C—H 变形(对称的)
1715	羰基拉伸(非共轭的酮和羧基)	1085	C—O 变形，仲醇和脂肪族醚
1660	羰基拉伸(被芳基酮取代)	1030	芳基的 C—H 在平面内变形
1600	芳环振动		

木质素的相对分子质量和聚合度是进行化学处理时相当重要的指标，但其结构的复杂性决定了分析数据的难度：木质素分离过程的多样性会导致分析结果的不一致；木质素大分子在分离过程中的降解、改性和结构变化；木质素大分子在分离过程中的缩合效应，包括自身回缩和与其他成分的缩合；所有溶解木质素都有明显的多分散性；测定方法不能反映分离木质素的多分散性；由于木质素在溶液中的性质易变性，使其检查系统复杂，需尽量缩短测试周期，严格控制条件。工业木质素的相对分子质量很不均一，它们的不均一性决定于纸浆过程和各种纯化过程。据有关报道，木质素磺酸盐相对分子质量在 1000～100000 或甚至 1000000 之间变动。磺酸盐木质素一般只有较低的平均值，松和阔叶木硫酸木质素 M_w 值分别为 3500 和 2900。对来自硫酸盐脱木质素不同阶段各级分的测定，重均相对分子质量从第一个级分的 1800 到取样检验蒸煮最末的最后级分 61000，所有级分都是多分散的。

2.2　淀粉

2.2.1　淀粉的结构

淀粉是一类天然多羟基可生物降解高分子聚合物，每个葡萄糖结构单元的 6 位碳上都含有羟基，而且在结构单元内和相邻结构单元间有苷键存在。淀粉颗粒是由许多排列成放射状的微晶束构成的层状球体（图 2-9）。

淀粉可分为直链淀粉和支链淀粉两种，其中直链淀粉由 α-(1→4)-链接的 D-葡萄糖残基组成，支链淀粉具有高度的分支结构，即由 α-(1→6)-链接的 D-葡萄糖残基的一部分组成（图 2-10），它们主要存在于植物根、茎、种子中。直链淀粉易结晶，不溶于冷水，纯支链淀粉能均匀分散于水中。因而天然淀粉也不溶于冷水，但在 60～80℃下于水中会发生"糊化作用"而形成均匀的糊状溶液。

2.2.2　淀粉的存在状态及其组成

淀粉一般都是以颗粒状态存在，不同品种的颗粒大小存在差别，同一种颗粒也不均匀，常用颗粒长短表示大小。颗粒大小形态因来源不同而直链与支链在淀粉中的比例与来源也有

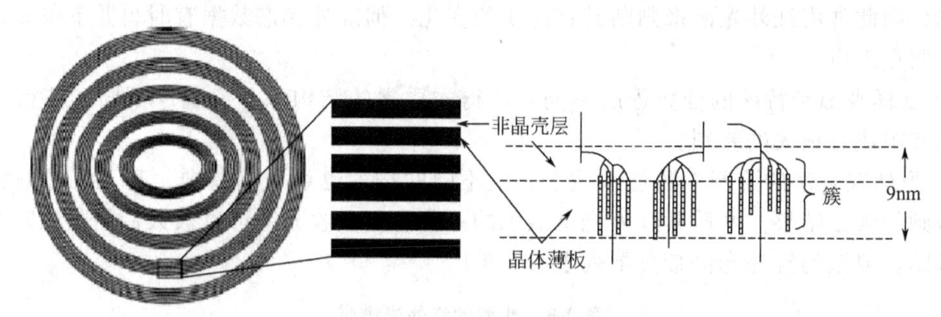

图 2-9 淀粉颗粒层状结构

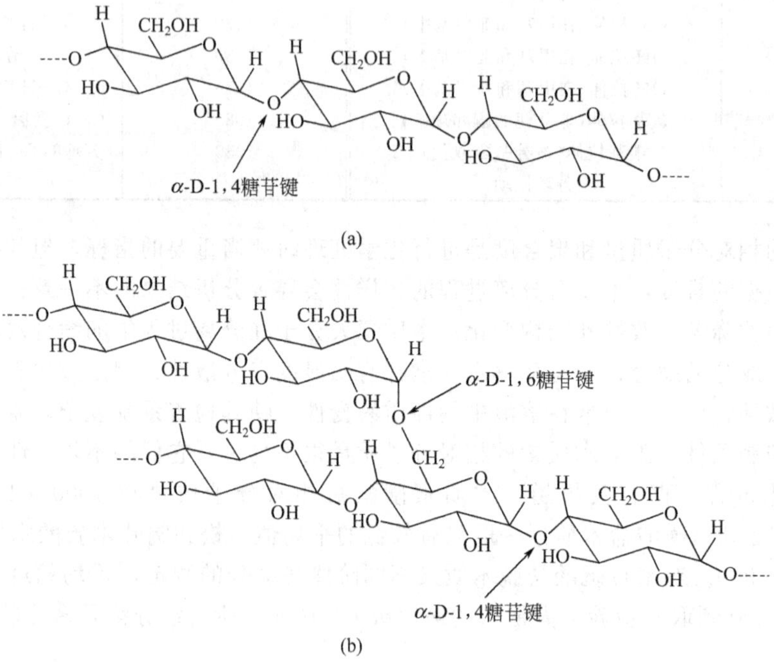

α-D-1,4糖苷键

(a)

α-D-1,6糖苷键

α-D-1,4糖苷键

(b)

图 2-10 直链淀粉（a）和支链淀粉（b）的结构

一定关系。在普通淀粉中，直连淀粉在20%左右，其余的为支链淀粉（表 2-9）。

表 2-9 淀粉的颗粒尺寸及组成

淀粉	颗粒大小/μm	颗粒平均大小/μm	直链淀粉含量/%
玉米	5～25	15	25
马铃薯	15～100	33	17
木薯	3～35	20	17
甘薯	15～55	30	18
小麦	2～35	—	27
大米	2～8	5	19
豌豆	2～40	30	35
高粱	5～25	15	27

2.2.3 淀粉的结晶性质

淀粉是一种多羟基聚合物，每个单体中均含有 3 个羟基，亲水性很强，粉颗粒却不溶于水，这是因为羟基之间形成了分子内和分子间氢键，由此一般存在有 15%～45%的结晶。

天然淀粉的结晶性质可根据 X 射线衍射谱，分为 A 型、B 型和 C 型三大类，这三种衍射谱图分别与不同的淀粉源相联系（图 2-11）：A 型主要来源于谷类淀粉，如玉米淀粉、小麦淀粉等，其对应的 X 衍射图中，在 15°、17°、18°和 23°有较强的衍射峰；B 型来源于块茎类淀粉，如马铃薯淀粉、芭蕉芋淀粉等，在其衍射 5.6°、17°、22°和 24°有较强的衍射峰出现；C 型包含有 A、B 型两种晶型，如香蕉中的淀粉和多数豆类淀粉的衍射图形也显示了两种图形的综合，与 A 型相比，它在 5.6°处出现了衍射峰；而与 B 型相比，它在 23°却显示的是一个单峰；淀粉的晶型除受到来源影响以外，还受到淀粉颗粒含水量、直链淀粉含量、基因种类、脂质体含量、支链淀粉中的侧链长度、淀粉颗粒大小以及淀粉的成熟程度等因素影响，而且在一定条件下，晶型之间还会发生相互转化。对微晶淀粉的结晶性研究发现，在脱水/水合的循环过程中，能观测到 B 型和 A 型之间的转化；在酶的催化下，A 型和 C 型微晶淀粉均向 B 型转化。

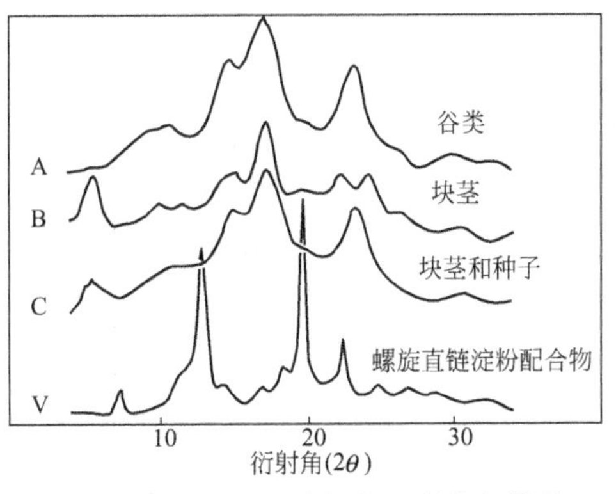

图 2-11　不同晶型淀粉的 X 射线衍射谱

另外还有一种 V 型结构，是由直链淀粉和脂肪酸、乳化剂、丁醇以物质混合得到的，在天然淀粉中很少发现，在衍射图中的 12.5°和 19.5 的特征衍射峰出现。

为了扩大应用，淀粉也常需进行化学变形，变形淀粉的主要类型如下。

（1）氧化淀粉　用次氯酸盐或过氧化氢等氧化剂使淀粉氧化。氧化淀粉主要用于造纸工业的施胶机、包装工业的纸箱胶黏剂、纺织工业的上浆剂和食品工业的增稠剂等。

（2）交联淀粉　淀粉与具有两个或多个官能团的化学试剂如环氧氯甲烷和甲醛等交联剂作用，使不同淀粉分子的羟基间联结在一起，所得衍生物称为交联淀粉。主要用于食品工业的增稠剂、纺织工业的上浆剂和医药工业外科乳胶手套的润滑剂及赋形剂。

（3）淀粉酯　乙酸酯、高级脂肪酸酯、磷酸酯、黄原酸酯、硫酸酯、硝酸酯等。

（4）淀粉醚　羟丙基淀粉和羧甲基淀粉等。

2.3　甲壳素、壳聚糖

2.3.1　甲壳素和壳聚糖的化学结构

甲壳素是重要的海洋生物资源，它由 *β*-(1→4)-2-乙酰氨基-2-脱氧-D-吡喃葡聚糖组成，它是由 *N*-乙酰胺基葡萄糖通过 *β*-1、4 糖苷键相连而成的线型天然高分子化合物，如果把甲壳素结构式中糖基上的 *N*-乙酰胺基的大部分（55%以上）脱去后，就成了甲壳素最重要的生物衍生物——壳聚糖。由此可见，甲壳素和壳聚糖具有与纤维素相似的化学结构，但它们的性质却有较大差别。

甲壳素分子链在长向上聚集成微原纤结构，直径大约为 2.5nm。微原纤纵向上为晶区和非晶区的相互交替，横向呈椭圆形。纤维状的甲壳素交错成网状结构，并平行与壳面分层生长。蛋白质以甲壳素为骨架结构沿甲壳层生长，在甲壳素与蛋白质形成的层与层间充满着结晶的无机盐，共同形成动物的甲壳。

壳聚糖是甲壳素的 *N*-脱乙酰基的产物，其化学名称是 *β*-(1,4)-2-氨基 2-脱氧-D-葡聚糖。甲壳素（chitin）和壳聚糖（chitosan）的结构式如图 2-12。

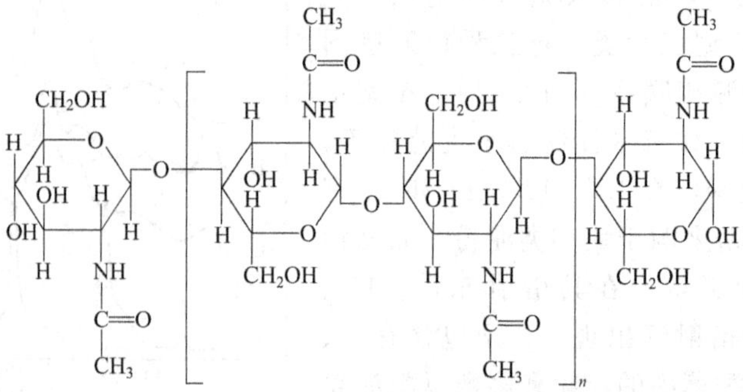

甲壳素

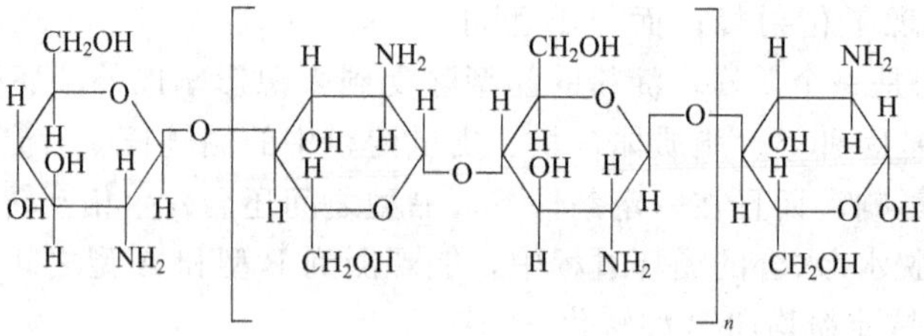

壳聚糖

图 2-12 甲壳素、壳聚糖的化学结构式

研究表明，甲壳素和壳聚糖均具有复杂的双螺旋结构，如图 2-13。微纤维在每个螺旋平面中是平行排列的，同时，平面平行于角质层的表面，绕自身的螺旋轴旋转，螺距为 0.515nm，每个螺旋平面由 6 个糖残基组成。

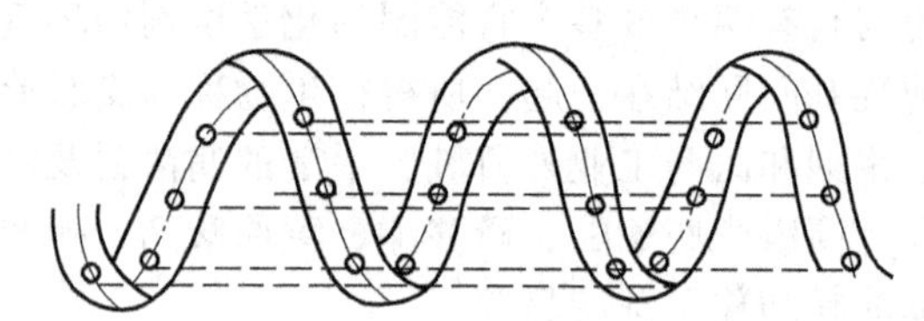

图 2-13 甲壳素、壳聚糖的双螺旋结构（虚线表示氢键）

甲壳素和壳聚糖大分子链上分布着许多羟基、*N*-乙酰氨基和氨基，它们会形成各种分子内和分子间的氢键。由于这些氢键的存在，形成了甲壳素和壳聚糖大分子的二级结构。图 2-14 显示的是壳聚糖的以椅式结构表示的氨基葡萄糖残基，其 C_3—OH 与相邻的糖苷基形成了一种分子内氢键，另一种分子内氢键是由一个糖残基的 C_3—OH 与同一条分子链相邻一个糖残基的呋喃环上氧原子形成的。

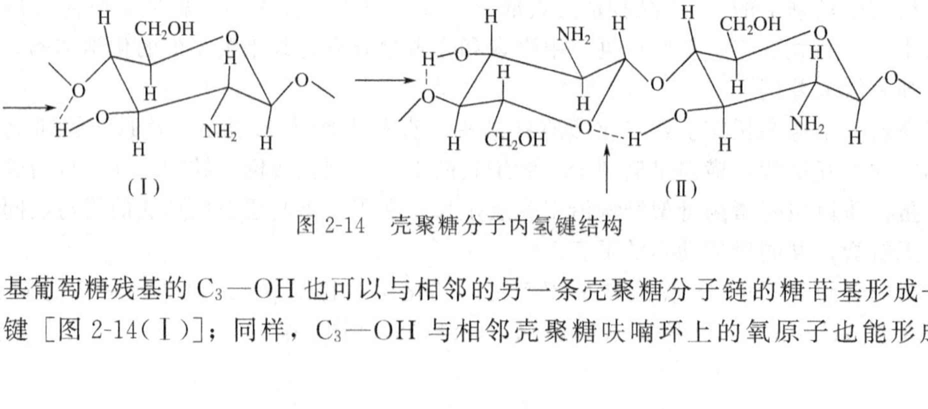

(Ⅰ) (Ⅱ)

图 2-14 壳聚糖分子内氢键结构

氨基葡萄糖残基的 C_3—OH 也可以与相邻的另一条壳聚糖分子链的糖苷基形成一种分子间氢键［图 2-14(Ⅰ)］；同样，C_3—OH 与相邻壳聚糖呋喃环上的氧原子也能形成氢键

[图 2-15(Ⅱ)]。此外，$C_2—NH_2$、$C_6—OH$ 也可形成分子内和分子间的氢键。同样道理，甲壳素也能产生分子内及分子间的氢键。由于上述氢键的存在以及分子的规整性，使甲壳素和壳聚糖容易形成晶体结构。

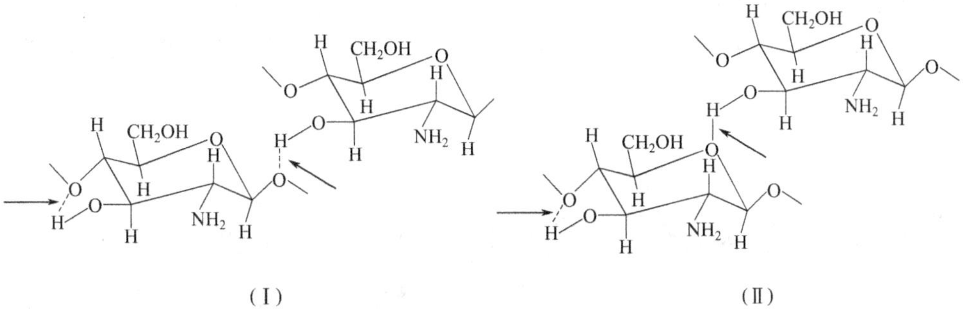

(Ⅰ)　(Ⅱ)

图 2-15　壳聚糖分子间氢键结构

2.3.2　甲壳素和壳聚糖的晶体结构

甲壳素和壳聚糖由于其分子链规整性好以及分子内和分子间很强的氢键作用而具有较好的结晶性能。人们采用 X 光衍射和红外光谱分析等方法对甲壳素和壳聚糖的晶体结构进行了许多研究。通常认为，甲壳素是以一种高结晶微原纤的有序结构存在于动植物组织中，分散在一种无定型多糖或蛋白质的基质内。甲壳素存在着 α-、β-和 γ-三种晶型，α-晶型通常与矿物质沉积在一起，形成坚硬的外壳，β-和 γ-晶型与胶原蛋白相结合，表现出一定的硬度、柔韧性和流动性，还具有与支承体不同的许多生理功能，如电解质的控制和聚阴离子物质的运送等。壳聚糖也存在这样的三种结晶变体。α-甲壳素和壳聚糖具有紧密的组成，是由两条反向平行的糖链排列而组成 α-晶型；β-甲壳素和壳聚糖则由两条平行的糖链排列组成；而 γ-甲壳素和壳聚糖是由两条同向、一条反向且上下排列的三条糖链所组成。晶型之间是可以转换的，如 β-晶型在 6mol/L 的盐酸中回流转变为 α-晶型，说明 α-晶型在强酸条件下是稳定的。β-晶型经乙酰化处理也可转变成 α-晶型。三种晶型的甲壳素和壳聚糖分子链在晶胞中的排列各不相同，是因为分子内和分子间不同的氢键而形成的。Sakurai 根据 X 射线衍射图计算了虾壳壳聚糖膜的晶胞参数，得出 $a=0.582$nm，$b=0.837$nm，$c=1.03$nm，$\theta=99.2°$。

甲壳素和壳聚糖的结晶度与本身的脱乙酰度有很大关系，纯的甲壳素（脱乙酰度=0）和纯的壳聚糖（脱乙酰度=100%）分子链比较均匀，规整性好，结晶度高。对甲壳素进行脱乙酰化破坏了分子链的规整性，使结晶度下降，但随着脱乙酰度的增加分子链又趋于均一，结晶度又开始上升，即结晶度随脱乙酰度的变化呈现马鞍形变化。莫秀梅等对脱乙酰度从 74%到 85%的壳聚糖样品进行 X 光衍射测试，结果表明，随着脱乙酰度的增加，X 光衍射峰也依次变得尖锐，说明壳聚糖的结晶度随之增加。当脱乙酰度从 74%升到 85%，则结晶度从 21.6%上升至 28.0%。

2.4　其他多糖材料

多糖是人类最基本的生命物质之一，除作为能量物质外，多糖的其他诸多生物学功能也不断被揭示和认识，各种多糖材料已在医药、生物材料、食品、日用品等领域有着广泛的应用。

2.4.1　海藻酸钠

海藻酸胶是海藻细胞壁和细胞间质的主要成分，海藻酸胶分子是由β-D-1,4-糖醛酸和α-L-1,4-古罗糖醛酸两种单体组成的嵌段线型聚合物。在一个分子可能只含有其中一种糖醛酸构成的连续链段，也可能由两种糖醛酸链节构成共聚物。两种糖醛酸在分子中的比例变化以及其所在的位置不同，都接导致海藻酸的性质差异，如黏性、胶凝性、离子选择性等。海藻酸的结构如图2-16。

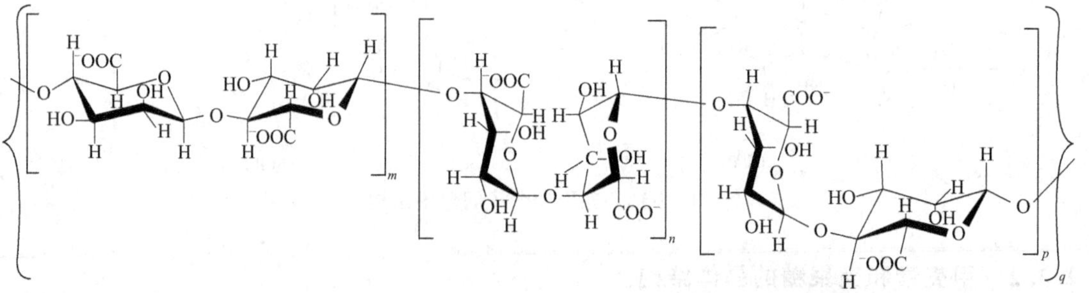

(a) M段　(b) G段　(c) MG交替段

图2-16　海藻酸分子链的化学结构

海藻酸钠易溶于水，是理想的微胶囊材料，具有良好的生物相容性和免疫隔离作用，能有效延长细胞发挥功能的时间。Gilicklis等用多孔海绵结构的海藻酸钠水凝胶作为肝细胞组织工程的三维支架材料，它可增强肝细胞的聚集，从而有利于提高肝细胞活性以及合成蛋白质的能力。Miralles等指出，海藻酸钠海绵支架和水凝胶可用于软骨细胞的体外培养，当加入透明质酸后，它能进一步促进细胞增殖以及合成糖蛋白的能力。海藻酸钠这种聚电解质很容易与某些二价阳离子键合，形成典型的离子交联水凝胶。若选用Ca^{2+}作为海藻酸的离子交联剂，很容易形成交联网络结构，它可作为组织工程材料。Wang等用Ca^{2+}交联的海藻酸钠水凝胶作为鼠骨髓细胞增殖的基质，起到三维可降解支架作用。

2.4.2　魔芋

魔芋是天南星科魔芋属多年生草本块茎植物，其主要成分是魔芋葡甘聚糖，是自然界已知的黏度最高的植物胶。KoM是由D-葡萄糖（O）和D-甘露糖（M）按1∶1.6或1∶1.9的摩尔比，通过β-1,4-吡啶糖苷键结合构成的复合多糖。在主链甘露糖的C_3位上存在着通过β-1,3-糖苷键结合的支链结构。每32个糖残基上有3个左右支链，支链只有几个残基的长度。并且每19个糖残基上有1个乙酰基团。其单体分子中C_2、C_3、C_6位上的—OH均具有较强的反应活性，其分子示意如图2-17。

魔芋葡甘聚糖分子结构中因有大量羟基发生氢键作用而产生结晶，其结晶形态主要有甘露糖Ⅰ和甘露糖Ⅱ两种结晶变体。天然的魔芋葡甘聚糖多为甘露糖Ⅰ型，即脱水多晶型，晶体中不存在水分子；经过碱处理的魔芋葡甘聚糖多为甘露糖Ⅱ型，即水合多晶型，晶体中结合有水分子；高相对分子质量的魔芋葡甘聚糖多以甘露糖Ⅱ形态存在，而低相对分子质量的魔芋葡甘聚糖多以甘露糖Ⅰ形态存在。这些结晶变体的形成取决于魔芋葡甘聚糖的大分子结构和制备条件（温度、介质极性等）。

魔芋是中国的特产资源，魔芋葡甘聚糖具有良好的亲水性、凝胶性、增稠性、黏结性、凝胶转变可逆性和成膜性。近年来主要集中在化学改性、接枝共聚以及合成聚合物互穿网络材料上。魔芋葡甘聚糖浓溶液为假塑性流体，当水溶液浓度高于7%时表现出液晶行为，并

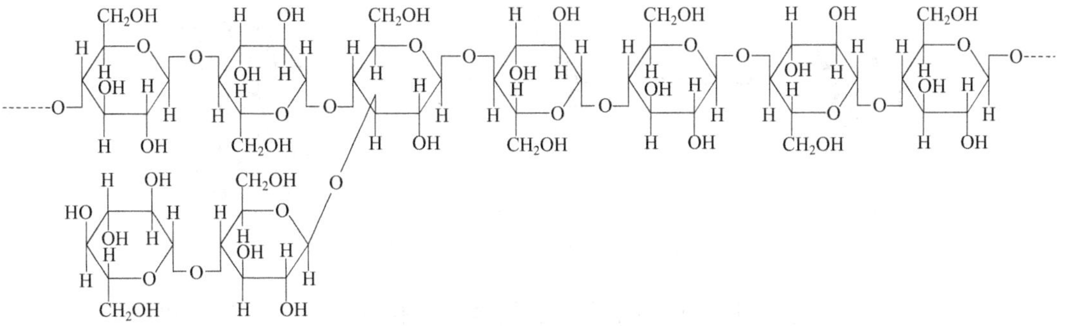

图 2-17　魔芋葡甘聚糖分子结构示意

且还可形成凝胶。

2.4.3　黄原胶

黄原胶为白色或米黄色微具甜橙臭的粉末，一种水溶性生物高分子聚合物。黄原胶由五糖单位重复构成，主链与纤维素基本相同，其显著差别仅在于低聚糖侧链在无水葡萄糖单位之间交替出现。主链由 D-葡萄糖以 β-1,4 糖苷键相连，每隔一个葡萄糖的 C_3 位连接一个侧链，侧链由甘露糖-葡萄糖醛酸-甘露糖相连组成（图 2-18）。由于侧链含有酸性基团，因此黄原胶在水溶液中呈现多聚阴离子特性。与主链相连的甘露糖通常由乙酰基修饰，侧链末端的甘露糖与丙酮酸发生缩醛反应从而被修饰，而中间的葡萄糖则被氧化为葡萄糖醛酸。

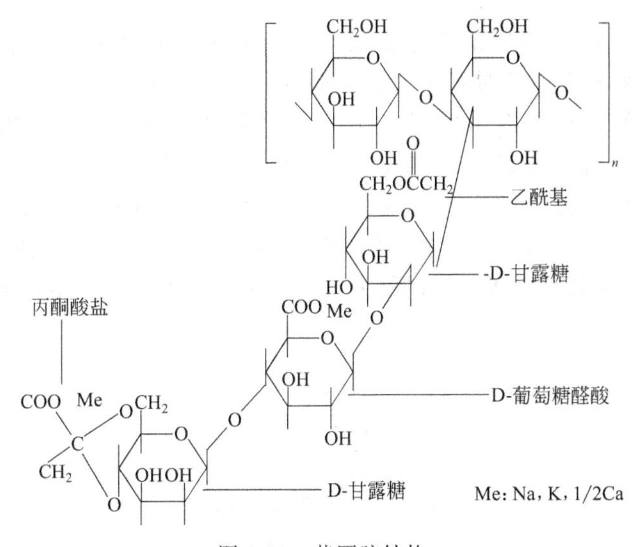

图 2-18　黄原胶结构

黄原胶生物大分子的聚集态结构：经 X 射线衍射和电子显微镜测定，侧链与主链间通过氢键结合形成双螺旋结构，并以多重螺旋聚合体状态存在（图 2-19），正是由于这些多螺旋体形成的网络结构，使黄原胶具有良好的控制水的流动性质，因而具有很好的增稠性能。黄原胶分子中带电荷的糖侧链围绕主链骨架结构反向缠绕，形成类似棒状的刚性结构。这种有趣的结构一方面使主链免遭酸、碱、生物酶等其他分子的破坏作用，保持黄原胶溶液的黏度不易受酸、碱影响，抗生物降解；另一方面，该结构状态又使其一定浓度的水溶液呈现溶至液晶的现象。

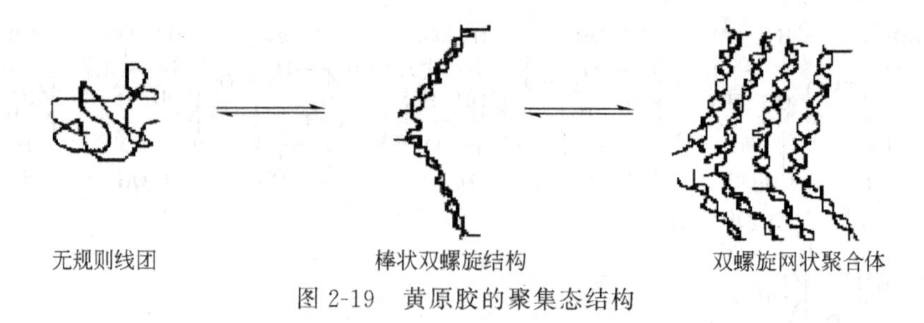

图 2-19 黄原胶的聚集态结构

黄原胶是一种微生物多糖，可用于食品、饮料行业作增稠剂、乳化剂和成型剂。Khan等用黄原胶和酶改性的瓜尔胶乳甘露聚糖制得共混生物材料。他们利用不同含量半乳糖（25.2%和16.2%）的改性半乳甘露聚糖，与黄原胶共混制备材料。用激光扫描共聚焦显微镜和流变仪对它们表征的结果显示，含有25.2%半乳糖的半乳甘露聚糖在溶液中和共混物中基本无变化，3周之内都很稳定。然而，含有16.2%半乳糖的半乳甘露聚糖，则在溶液中形成聚集体，并转变为凝胶。另外，黄原胶已成功用来制备口服缓释制剂，Phaechamud等将黄原胶与壳聚糖共混制备盐酸心得安缓释药片，黄原胶能有效控制基质中药物的释放，是一种优良的亲水性骨架材料。由于黄原胶具有优异的流变性，它还广泛用于石油工业，对加快钻井速度、防止油井坍塌、保护油气田、防止井喷和大幅提高采油率等都有明显作用。

2.5 蛋白质材料

蛋白质这个词（proteins）是由希腊语 proteios 一词派生而来，意思是“最重要的部分”，它是植物和动物的基本组成部分，蛋白质存在于一切动植物细胞中，它是由多种 α-氨基酸组成的天然高分子化合物，这些氨基酸的通式如图 2-20所示，氨基酸失水而结合，所形成的键成为肽键。蛋白质相对分子质量一般可由几万到几百万，甚至可达上千万。在材料领域中正在研究与开发的蛋白质主要包括大豆分离蛋白、玉米醇溶蛋白、菜豆蛋白、面筋蛋白、鱼肌原纤维蛋白、角蛋白和丝蛋白等。近十年来蛋白质材料在黏结剂、生物可降解塑料、纺织纤维和各种包装材料等领域的研究与开发十分引人注目，是将来合成高分子塑料的替代物之一。

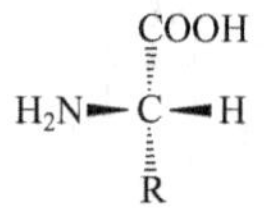

$$\begin{array}{c} COOH \\ | \\ H_2N - C - H \\ | \\ R \end{array}$$

图 2-20 氨基酸的通式

大豆蛋白质（SPI）是自然界中含量最丰富的蛋白质，誉为“生长着的黄金”。对SPI材料的研究主要集中在三个方面：以甘油、水或其他小分子物质为增塑剂，通过热压成型制备出具有较好力学性能、耐水性能的热塑性塑料；对SPI进行化学改性，如用醛类、酸酐类交联，提高材料的强度和耐水性，或与异氰酸酯、多元醇反应，制备泡沫塑料甚至弹性体；SPI通过与其他物质共混等物理改性而制备具有较好加工性能、耐水性的生物降解性塑料。用SPI和MMT通过中性水介质中的溶液插层法成功制备出具有高度剥离结构或插层结构的生物可降解SPI/MMT纳米复合塑料。

近年，蚕丝和蜘蛛丝由于极高的力学强度而引起重视。它们的主要成分均是纯度很高的丝蛋白，在自然界用作结构性材料。蚕丝有很高的强度，这与其内在的紧密结构有关。蚕丝分为两层：外层以丝胶为皮，内部以丝蛋白为芯，而且中间的丝蛋白纤维结构紧密，使蚕丝具有优良的力学性能。邵正中等研究了从静止不动的蚕中以不同速度强制抽出的丝与蚕自然吐出的丝以及蜘蛛丝的强度，发现人工抽出的蚕丝的强度和韧性都明显优于自然吐出的丝，而且随强制抽丝速度的提高，蚕丝的强度明显增加。和蚕丝相比，蜘蛛丝的强度和韧性更高，而且在低温（−60～0℃）下表现出比常温下更为优异的“反常”力学性能，显示出动物丝作为“超级纤维”在“严酷”的温度环境下的应用前景。据报道，蜘蛛丝对其扭转形状具有记忆效应，很难发生扭曲，在不需要任何外力作用的情况下保持最初的形状。

2.6　核酸

核酸（nucleic acid）存在于细胞核中，因呈酸性而得名。它是携带生命体遗传信息的天然高分子化合物。天然的核酸常常与蛋白质相结合，所以称为核蛋白（nucleoprotein）。核酸是由核苷三磷酸和水分子的杂环碱基缩合而成的。它们经水解后产生核苷酸（nucleotide）与核苷（nucleoside），还有磷酸。

核酸分脱氧核酸和核糖核酸两大类。染色体等含有 DNA，相对分子质量为 600 万到 10 亿。细胞核的中心和细胞质的核糖体等含有 RNA，相对分子质量小于 DNA，为数万到 200 万。

查格夫研究各种不同的 DNA 分子，发现了一些规律性。

① 腺嘌呤的数目正好等于胸腺嘧啶的数目，即 A=T。

② 鸟嘌呤的数目正好等于胞嘧啶的数目，即 G=C。

③ 嘌呤的总数目等于嘧啶的总数目，即 A+G=T+C。

沃森及克里克在 1953 年发表了 DNA 分子的双螺旋结构，DNA 一般是由数十至数百，甚至一千个核苷酸组成的一根线性长链。而 DNA 是由两根含有数千个核苷酸组成的分子链结合的双螺旋结构，就像一座螺旋直上的楼梯两边的扶手，分子链完全是刚性的（图 2-21）。

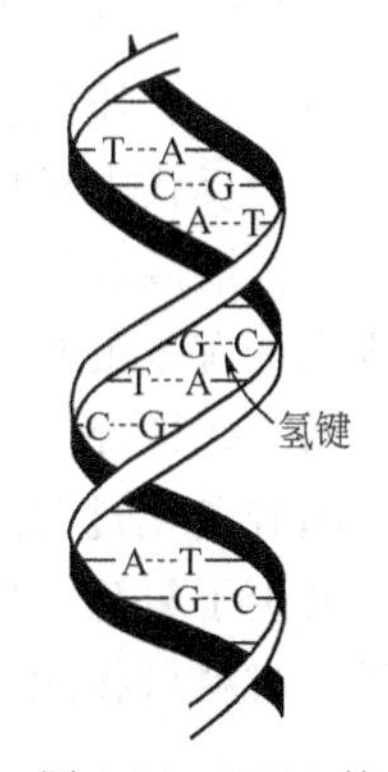

图 2-21　DNA 的双螺旋结构

在生物体内携带遗传信息的是染色体中的 DNA（表 2-10）。DNA 分子里碱基对的序列构成了“遗传密码”，即生物遗传中的一个集团。由于在一个普通大小的 DNA 分子中含有约 1500 个碱基（图 2-22），所以可能出现的排列方式几乎是无限的，从而基因的种类也几乎是无限的，因此在世界上没有两个人是完全一样的。在细胞分裂时，DNA 双螺旋结构中两根 DNA 分子在酶的作用下逐渐分离，新生成的子 DNA 分子在原来的母 DNA 分子上重新形成碱基对，它重现了母 DNA 的碱基对序列，得到了完全相同结构的 DNA 分子，保证了遗传信息的准确性，这一过程为 DNA 的复制。这时原来那两股 DNA 分子所起的作用，实际上是作为合成新螺旋链的模板。基因和遗传特征便以这种方式从一代传到下一代。

表 2-10　DNA、RNA 的核苷酸的三种构成物质

核酸类型	糖	碱　基	磷酸
DNA	脱氧核糖	腺嘌呤(A)、鸟嘌呤(G)、胞嘧啶(C)、胸腺嘧啶(T)	磷酸
RNA	核糖	腺嘌呤(A)、鸟嘌呤(G)、胞嘧啶(C)、胸腺嘧啶(T)、尿嘧啶(U)	磷酸

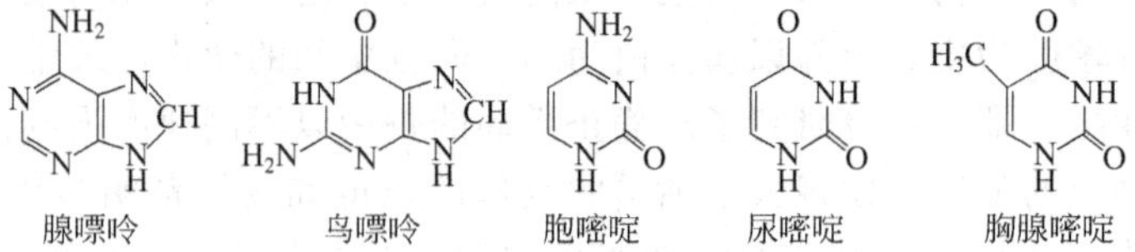

腺嘌呤　鸟嘌呤　胞嘧啶　尿嘧啶　胸腺嘧啶

图 2-22　各种碱基的化学结构式

2.7　天然橡胶材料

天然橡胶的主要成分为聚异戊二烯，来源于橡胶树中的胶乳，是一种具有优越综合性能的可再生天然资源。为了拓宽天然橡胶材料的应用领域，对天然橡胶进行改性，一般包括环氧化改性、粉末改性、树脂纤维改性，氯化、氢（氯）化，环化和接枝改性以及与其他物质的共混改性。环氧化天然橡胶（ENR）由于在主链上具有极性环氧基团，因此它还具有良好的耐油性，较低的透气性，较高的湿抓着力、滚动阻力和拉伸强度。Ismail 等研究了以苯乙烯-环氧化丁二烯-苯乙烯三嵌段共聚物为增容剂，对 ENR/丁苯橡胶（SBR）共混物硫化特性、力学性能和耐油性的影响。他们发现，该增容剂可改善共混材料的加工性能、拉伸强度、撕裂强度和定伸应力，而且有利于延长共混材料的焦烧时间，缩短其硫化时间，提高耐油性。Albertsson 等采用了不同的预氧化体系制备天然橡胶降解性材料。预氧化过程包括硬脂酸锰和天然橡胶或者锰的硬脂酸盐和合成苯乙烯-丁二烯共聚物橡胶 SBR。他们发现用含有天然橡胶的预氧化物制得的低密度聚乙烯（LDPE）更易降解且不含任何芳香族降解产物。Choi 等研究了硅的改性对硅和炭黑填充增强的硫化天然橡胶的回弹性质的影响。结果表明，含有硅烷耦合剂的硫化天然橡胶更容易恢复弹性，而且弹性恢复能力随硅烷耦合剂含量的增加而增大。

杜仲胶也称为古塔波胶或巴拉塔胶，为反式聚异戊二烯，是普通天然橡胶的同分异构体。因其具有质硬、熔点低、易于加工、电绝缘性好等特点，长期以来被用作塑料代用品。自中国“反式聚异戊二烯硫化橡胶制法”出现后，杜仲橡胶改性的研究与利用也引起关注。目前，古塔波胶是最常用的固体封闭材料。由于其具有良好的生物相容性和低毒性，古塔波胶成为最有效的封闭牙齿根管系统的材料 。Silva 等研究了古塔波胶材料封闭牙齿根管后在体内的老化情况。他们发现，古塔波胶材料在植入牙齿后就开始发生老化，但是老化速度很慢。随着老化过程的进行，材料的相对分子质量降低，剩余物中出现羰基和羟基，说明该过程中发生了氧化反应。古塔波胶材料的老化速率受很多因素的影响，如口腔中细菌的数量和种类、材料可接触到的氧的量、材料与唾液的接触情况、唾液的成分等。

参考文献

[1] Majeau N，Trudel T，sselin A. Plant Sci，1990（68）：9-16.

[2] Burrell H. Solubility parameters. Interchemical Review，1995（14）：3-16.

[3] Chen Chang chun，Wu Renjie，Sun Kang. Acylation of Chitin and Jts Application. Jounal of Functinal Polymers，1997，10（2）：276-280.

[4] 王慧敏，平青伟．高分子学术论文报告会预印集，2001. 9.

[5] 刘坚．天然橡胶的化学改性特种橡胶制品，2001，22（3）：59.

[6] 钟杰平，邓东华，孟刚．用天然胶乳制备氯化天然橡胶的研究．热带农产品加工，1995. 57（3）：1.

[7] Franco Cataldo. LiqUid Chlorine as Chlorinating Agent for Preparation of Chlorinated Natural and Syntheic

Rubber. Appl. Polym. Sci., 1995, 58: 2063.

[8] Sara Gnecco, Amalia Pooley, Claudea Lefimil. Chlorination of Low-Molecular-Weight Euphorbia Lactiflua NatuTal Rubber. Polymer Bullerin. 1997, 39: 605.

[9] Donald A M, Waigh T A, Jenkins P J, Gidley M J, Debet M, Smith A. Internal structure of starch granules revealed by scattering studies. In: Frazier P J, Donald A M, Richmond P (Eds.), Starch: Structure and Functionality. The Royal Society of Chemistry: Cambridge, 1997: 172-179.

[10] Huang C Y, Roan M L, Kuo M C, et al. Effect of compatibiliser on the biodegradation and mechanical properties of high-content starch/low-density polyethylene blends. Polymer Degradation and Stability, 2005, 90 (1): 95-105.

[11] Leloup V M, Colonna P, Ring S G. α-Amylase adsorption on starch crystallites, Biotechnology and Bioengineering, 1991, 38 (2): 127-134..

[12] Tester R F, Karkalas J, Qi X. Starch-composition, fine structure and architecture, Journal of Cereal Science, 2004, 39 (2): 151-165.

[13] Franchetti S M, Marconato J C. Biodegradable polymers-A partial way for decreasing the amount of plastic waste. Quimica Nova, 2006, 29 (4): 811-816..

[14] 惠斯特勒 R L, 贝密勒 J N, 帕斯卡尔 E F 著. 淀粉的化学与工艺学. 王锥文, 闵大铨, 杨家顺等译. 北京: 中国食品出版社, 1988: 289-333.

[15] 张力田. 变性淀粉. 广州: 华南理工大学出版社, 1992: 9-42.

[16] Zobel H F. Starch crystal transformations and their industrial importance. Starch, 1988, 40: 1-7.

[17] van Soest J J G, Hulleman S H D, de Wit D, et al. Crystallinity in starch bioplastics. Industrial Crops and Products, 1996, 5: 11-22.

[18] Elsenhaber F, Schulz W, Monte Carlo simulation of the hydration shell of mdouble-helical amylose: a left-handed antiparallel double helix fits best into liquid water structure. Biopolymers, 1992, 32: 1643-1664.

[19] Ratnayake W S, Hoover R, Warkentin T. Pea Starch: Composition, Structure and Properties-A Review. Starch, 2002, 54: 217-234.

[20] Christine G, Sylvia R, Horst A, et al. Crystalline parts of three different conformations detected in native and enzymatically degraded starches. Starch/stärke, 1993, 45 (9): 309-314.

[21] Chena P, Yua L, Chen L, et al. Morphology and Microstructure of Maize Starches with Different Amylose/Amylopectin Content. Starch/Sterke, 2006, 58: 611-615.

[22] 刘亚伟. 淀粉生产及其深加工技术. 北京: 中国轻工业出版社, 2001: 204-205.

[23] Mali S, Grossmann M V E, Garcia M A, et al. Microstructural characterization of yam starch films. Carbohydrate Polymers, 2002, 50: 379-386.

[24] 蒋挺大. 甲壳素. 北京: 化学工业出版社, 2003: 1-26.

[25] 杨建红, 杜予民, 覃彩芹. 红外光谱与核磁共振波谱在甲壳素结构研究中的应用. 分析化学学报, 19 (3): 282-288.

[26] 莫秀梅, 王鹏, 周贵恩, 徐种德. 甲壳素的聚集态结构及性能. 高等学校化学学报, 1998, (6): 989. 993.

[27] Yui T, Imada K, Okuyama K, et al. Molecular and crystal structure of the anhydrous form of chitosan. Macromolecules, 1994, 27 (26): 7601-7605.

[28] Kawada J, Yui T, et al. Crystalline features of chitosan · L and D-lactic acid salts. Bioscience Biotechnology and Biochemistry. 1998, 62 (4): 700-704.

[29] 莫秀梅, 周涵新, 孙桐. 甲壳胺的结晶度和结晶形态. 功能高分子学报, 1993, 6 (2): 117, 122.

[30] Sarkanen K V, Ludwig C H, Lignins-oecurrence, formation, structure and reactions. Wiley Inter Science, 1971: 916.

[31] 中野举三著. 木质素的化学基础与应用. 高洁译. 北京: 轻工业出版社, 1980.

[32] 吴颖. 新型淀粉膜的制备及其结构和性能的研究. 天津大学博士论文, 2009.

第3章 纤维素材料

纤维素是地球上最丰富而古老的天然高分子。植物每年通过光合作用产生约2000亿吨纤维素。木材（针叶材、阔叶材）、草类（麦秸、稻草、芦苇、甘蔗渣、龙须草、高粱秆、玉米秆）、竹类（毛竹、慈竹、白夹竹）、韧皮类（亚麻、大麻、荨麻、苎麻）以及籽毛类（棉花）都是纤维素的主要来源。纤维素具有独特的结构和一些特殊的性质，逐渐成为人们研究的对象。本章主要介绍纤维素的性能、纤维素材料的制备及改性。

3.1 植物纤维素的来源

植物每年通过光合作用，能生产出亿万吨的纤维素，这是世界工业纤维素的唯一来源，但这并不意味着只有植物界才有纤维素。实际上，除植物界外，动物界也有纤维素，如有些海洋生物的外膜中就含有动物纤维素。目前主要的植物纤维素原料是棉花、木材（包括针叶材和阔叶材）、禾草类植物（含种植业废物）。

3.1.1 棉花

棉花是植物纤维中品质最好、用量最大的纤维资源，是自然界中纯度最高的纤维素纤维。其质地柔软，强度大，可以直接用于纺织工业。棉浆粕则以附于棉籽壳上的短纤维（棉短绒）为原料，经蒸煮、漂洗精制而成的一种高纯度纤维素，主要用于生产纤维素酯、纤维素醚和微晶纤维素。

3.1.2 木材

木材不仅是造纸工业的主要原料，也是纤维素化学工业的重要资源。各种木材中纤维素含量如下：桉树75%；落叶松树69%；椴树58%；松树51%；冷杉树49%；云杉树47%；杨树25%。其他成品主要成分依次是木质素、戊聚糖等。

木材纤维分为针叶材纤维和阔叶材纤维。前者平均纤维长度在2mm以上，后者平均纤维长度在1.5mm以下。针叶材纤维主要来源于冷杉属、云杉属、松属、铁杉属、落叶松属等木材。阔叶材纤维主要来源于杨属、桦木属、桉属、椴属等木材。

3.1.3 禾草类纤维

中国是一个木材短缺的国家，据国务院最近公布的第七次全国森林资源清查结果显示：全国森林覆盖率为20.36%，禾草类资源却非常丰富。中国制浆造纸所用的禾草类纤维素原料，主要是禾本科。禾本科又分为禾本亚科和竹亚科。禾本亚科主要原料有小麦草、稻草、蔗渣、龙须草、玉米秆、高粱秆、芦苇、荻和五节芒等。禾本亚科就原料的化学成分而论，纤维素（硝酸乙醇法）含量在40%以上的有芒秆、芦苇、荻、龙须草、蔗渣和麦草。稻草纤维素含量最低为36.94%。其主要的优势是价格低廉、来源充足、容易制浆。主要的劣势是储存期间长、易变质、草类植物无机灰分比较多。

竹亚科的分类迄今尚未有定论。现在报道的六种竹材其纤维素含量最多的分别是慈竹（74.21%）和孝顺竹（75.27%），其余的低于50%，主要成分除纤维素外，依次是木质素和戊聚糖等。竹纤维素不仅可以用于造纸，也可以用于制造特殊的纤维而用于衣服、家居装饰。

3.1.4　韧皮纤维

常见的韧皮纤维有马尼拉麻、苎麻、大麻、红麻、黄麻、剑麻、亚麻、桑皮、构树皮、檀皮、雁皮、棉秆皮、三桠皮等。其中，麻类作为一种轻纺工业重要而优质的原料，可以迅速再生，每年可收获3～5次，有较高的生物产量和纤维产量，并具有较强的水土保持作用。中国拥有几乎世界所有的主要麻类作物，生产上主要栽种有苎麻、黄麻、红麻、亚麻、青麻、大麻和剑麻等。苎麻、大麻、黄/红麻产量占世界首位，亚麻产量占世界第二位。

3.1.5　农业废物

农业废弃物是可再生资源，其开发利用已引起世界各国的高度关注。中国是一个农业大国，每年有10亿吨左右的种植业废物（秸秆、蒿草、壳蔓）被浪费掉。这些农业废物中含纤维素约40%～70%。仅农作物秸秆年产量就达6亿吨。这些秸秆中仅有一小部分被利用，大部分被废弃或随意焚烧，严重污染了环境，造成巨大的资源浪费。如果能从农业废物制取纤维素以及纤维素衍生物，将农业废物高值化，将可以推动中国农业的进步。

3.2　纤维素的性能

3.2.1　纤维素的物理与物理化学性质

（1）纤维素纤维的吸湿与解吸　纤维素纤维自大气中吸取水或蒸汽，称为吸附；因大气中降低了蒸汽分压而自纤维素放出水或蒸汽称为解吸。纤维素纤维所吸附的水可分为两个部分：一部分是进入纤维无定形区与纤维素的羟基形成氢键而结合的水，称为结合水。这种结合水具有非常规的特性，即最初吸着力很强，并伴有热量放出，使纤维素发生润胀，还产生对电解质溶解力下降等现象，因此结合水又叫做化学结合水。当纤维物料吸湿达到纤维饱和点后，水分子继续进入纤维的细胞腔和个孔隙中，形成多层吸附水，这部分水称为游离水或毛细管水。结合水属于化学吸附性能，而游离水属于物理吸附范围。吸附的水分子只能存在于非结晶区的线型纤维素分子链之间与结晶区的表面上，纤维素水分的减少或增多必然会改变纤维素分子链之间的距离，靠拢或拉开，从而导致收缩或膨胀。纤维素在绝干态为绝缘体，但含水分时其导电性随含水率而增加，这一性质可用于测纤维饱和点以下的含水率，介电性质多数与非结晶区的羟基数目密切相关。

（2）溶胀与溶解　纤维素物料吸收润胀剂后，其体积变大，分子间的内聚力减小，但不失其表观均匀性。纤维素纤维的润胀分为结晶区间的润胀和结晶区内的润胀两种。前者指润胀剂只能达到无定形区和结晶区表面，X射线衍射图不发生变化。后者润胀剂继续无限地进入到纤维素的结晶区和无定形区，就达到无限润胀。纤维素的无限润胀就是溶解。

由于纤维素上的羟基是有极性的，纤维素的润胀剂多是有极性的。水是纤维素的润胀剂，各种碱溶液是纤维素的良好润胀剂，磷酸和甲醇、乙醇、苯胺、苯甲酸等极性液体也可导致纤维润胀。

（3）纤维素的表面电化学性质　纤维素具有很大的比表面，和大多数固体物一样，当它与水、水溶液或非水溶液接触时，其表面获得电荷。由于纤维素本身含有糖醛酸基、极性羟基等基团，纤维素纤维在水中其表面总是带负电荷。由于热运动的结果，在离纤维表面由远而近有不同浓度的正电子分布。近纤维表面部位的正电子浓度大，离界面越远，浓度越小。吸附层和扩散层组成的双电层称为扩散双电层。扩散双电层的正电荷等于纤维表面的负电荷。

纤维素纤维表面在水中带负电形成双电层的特性和一些制浆造纸过程有很大的关系。

3.2.2 纤维素的化学性质

纤维素是天然高分子、相对分子质量大、结构复杂，与其他高分子化合物一样，化学反应有其特点。其化学性质取决于纤维素分子中的甙键和葡萄糖基上的三个羟基，它们的性质不同，表现出多元醇性质。纤维素的化学反应主要有两类：纤维素链的降解反应及与纤维素羟基有关的反应。

纤维素的可及度与反应性如下。

（1）纤维素的可及度　纤维素的可及度是指反应试剂抵达纤维素羟基的难易程度，是纤维素化学反应的一个重要因素。在多相反应中，纤维素的可及度主要受纤维素结晶区与无定形区的比率的影响。普遍认为，大多数反应试剂只能穿透到纤维素的无定形区，而不能进入紧密的结晶区。人们也把纤维素的无定形区称为可及区。

纤维素的可及度不仅受纤维素物理结构的真实状态所制约，而且也取决于试剂分子的化学性质、大小和空间位阻作用。由于与溶胀剂作用的纤维素真正基元不是单一的大分子，而是由分子间氢键结合而成的纤维素链片。因此，小的、简单的以及不含支链分子的试剂，具有穿透到纤维素链片间间隙的能力，并引起片间氢键的破裂，如二硫化碳、丙烯腈、氯代乙酸等，均可在多相介质中与羟基反应，生成高取代度的纤维素衍生物。具有庞大分子但不属于平面非极性结构的试剂，如3-氯-2羟丙基二乙胺和硝基苄卤化物，即使与活化的纤维素反应，也只能抵达其无定形区和结晶区表面，生成取代度较低的衍生物。

（2）纤维素的反应性　纤维素的反应性是指纤维素大分子基环上的伯、仲羟基的反应能力。由于纤维素链中每个葡萄糖基环上有三个活泼的羟基（一个伯羟基和两个仲羟基），可发生一系列与羟基有关的化学反应，包括纤维素的酯化、醚化、接枝共聚和交联等化学反应。影响纤维素的反应性能及其产品均一性的因素有：纤维素形态差异的影响；纤维素纤维超分子结构差异的影响；纤维素基环上不同羟基的影响；聚合度及其分布的影响。

3.3 纤维素的溶解与再生

由于纤维素的聚集态结构特点，分子间和分子内存在很多氢键和含有较高的结晶度，纤维素既不溶于水也不溶于普通溶剂。研究纤维素的溶剂，特别是新溶剂，一直是人们长期探索的。如果能把纤维素直接溶解变成溶液，工业上又可进行加工成形的话，那将给纤维素工业带来很大的变革。因此，研究纤维素的溶解和寻找新溶剂，具有重要的实际意义。

纤维素溶液是大分子分散的真溶液，而不是胶体溶液，它和小分子溶液一样，也是热力学稳定体系。但是，由于纤维素的相对分子质量很大，分子链又有一定的柔顺性，这些分子结构上的特点使其溶解性能具有特殊性，例如，溶解过程缓慢，其性质随浓度不同有很大的变化，其热力学性质和理想溶液有很大偏差，光学性质与小分子溶液有很大的不同。

由于纤维素大分子之间存在大量氢键，因而很难溶解于一般的有机溶剂，下面就目前报道的纤维素的溶剂体系一一作以介绍。

3.3.1 传统溶解方法

（1）黏胶法　黏胶法是生产黏胶纤维或cellophane（赛璐玢）的主要方法，也是目前生产再生纤维素产品的主要方法。纤维素在22%的NaOH作用下与CS_2反应生成纤维素黄酸酯（xanthate），它易溶于稀碱溶液变成黏胶液。黏胶液经熟成后，在酸性凝固浴中再生，可制得黏胶纤维或制成平板膜赛璐玢。

1891年，美国人Cross和Bevan发明了世界上最早的服装用化学纤维——黏胶纤维，黏胶纤维的生产至今已有100年的历史。黏胶法是先将纤维素用18%～25%的强碱处理生成碱纤维素，经过老化后使纤维素聚合度降为300～500之间。然后，降解了的纤维素再与CS_2反应得到纤维素衍生物——纤维素黄原酸酯，该衍生物可溶于稀碱中制成黏胶液；黏胶液经熟成后，在酸性凝固浴中纤维素黄原酸酯再生为纤维素，可制得黏胶纤维或制成平板膜赛璐玢。

湿法纺丝过程中，外层的纤维素黄原酸酯在酸浴中会先与H_2SO_4反应而在纤维表面形成纤维素皮层，即黏胶纤维的“皮芯”结构。凝固时，$NaSO_4$和$ZnSO_4$可控制纤维素黄原酸盐的水解速率（纤维素黄原酸酯向纤维素转化的速率）。最后经脱硫、洗涤、干燥等后加工，制成纤维。商业黏胶纤维的强度一般为2.0cN/dtex，伸长率为15%，结晶度为39%。由于生产过程使用和释放大量有害物质CS_2，而且难以回收，因而不少发达国家已停止使用黏胶法生产人造丝。

(2) 铜氨法　铜氨、铜乙二胺等配位化合物能够与纤维素形成配位离子，从而产生对纤维素的溶解能力。这两种化合物在化学工业中常被用来生产铜氨人造丝和测定纤维素的聚合度。

3.3.2　纤维素的新型溶剂体系

(1) 水溶剂体系　在水溶剂体系中，目前研究较多的是基于碱金属氢氧化物的溶剂体系。由于纤维素结构中的羟基是有极性的，因此各种碱液就成了纤维素良好的溶胀剂。碱溶液中金属的存在形式通常是“水合离子”，它半径很小，很容易进入纤维素分子之间，从而打开纤维素之间的作用力，使纤维素溶于碱液中。下面就以碱金属氢氧化物为基础的溶剂体系一一阐述。

① 氢氧化钠/水（$NaOH/H_2O$）体系　就目前来看，这是溶解纤维素溶剂中最便宜的一种。当天然纤维素的氢键被破坏到一定程度时，纤维素在4℃左右下可溶解在7%～9% NaOH（质量）溶液中。但这一溶剂有其局限性，仅能溶解经过蒸汽爆破处理后的且聚合度低于250的木浆纤维素，不能溶解棉短绒纤维素浆等。Kamide等在特定条件下，将从纤维素铜氨溶液中获得的具有明显非结晶态结构的再生纤维素样品，在4℃下，可溶于8%～10% NaOH溶液中并形成稳定的溶液。Chevalier等利用蒸汽爆破技术对纤维素进行预处理，破坏纤维素超分子结构，使分子内氢键断裂程度增加，所得纤维素在低温下溶解于NaOH溶液中。Isogai等用8%～9% NaOH溶液来溶解微晶纤维素，经过冷冻-解冻-稀释等一系列的过程后得到了透明的溶液，并得出微晶纤维素的溶解和纤维的结晶形态以及结晶指数无关。Kuo等对不同质量分数NaOH溶液所能溶解的微晶纤维素的量进行了研究，指出当NaOH在7.9%～14.9%时适于制备纤维素质量分数小于5%的溶液。

② 氢氧化锂/尿素/水（$LiOH/Urea/H_2O$）体系　$LiOH/Urea/H_2O$体系可通过冷冻-解冻或者直接的方法来溶解高聚合度纤维素，如天然纤维素（棉短绒、草浆、甘蔗渣浆、木浆等）和再生纤维素［纤维素非织造织物（无纺布）、玻璃纸、黏胶丝等］，得到均一透明具有良好可纺性和成膜性的纤维素浓溶液。此法原料消耗少、生产周期短、工艺流程简单，整个过程中没有化学反应，比传统的黏胶法少了碱化、老成、磺酸化和熟成等工艺，且所用的Urea无毒并可回收循环使用，是一种绿色的、适合工业化的生产工艺。棉短绒在LiOH/Urea、NaOH/Urea和KOH/Urea水溶液中的溶解性能如下：LiOH/Urea＞NaOH/

Urea ≫KOH/Urea，且 4.2% LiOH/12%Urea 水溶液对纤维素的溶解能力最强。

③ 氢氧化钠/尿素/水（NaOH/Urea/H_2O）体系　此溶剂体系在溶解纤维素时操作简单方便，对黏均相对分子质量较大，尤其是经过蒸汽爆破的木浆纤维素和再生纤维素有着较好的溶解性。由于尿素能有效地破坏聚多糖分子间的氢键，加速纤维素的溶解并可防止溶液凝胶的形成，故该体系所制成的纤维素溶液在低温下能稳定存在、不产生凝胶化现象。其废液可用于化肥生产，而溶剂本身黏度低，在纤维素溶液性质的研究和纤维素制品的生产中有着广泛的应用前景。

Zhou 等用 6% NaOH/4% Urea 组合物对纤维素的分子质量（$M_\eta=3.2\times10^4\sim12.9\times10^4$）进行了测定，指出其 Mark-Houwink 方程为 $[\eta]=2.45\times10^{-2}M_w^{0.815}$，且此溶液中的纤维素分子链比在铜氨溶液中有更好的延展；用其溶液和藻酸盐共混在氯化钙溶液中再生出纤维素/藻酸盐共混膜，此膜比藻酸盐膜有更好的断裂强度和伸长率；在其溶液中进行纤维素衍生物的合成得到高产率的羟丙基纤维素和甲基纤维素。从 7% NaOH、12% Urea/Cell 的溶液中制得横截面成圆形的再生纤维素丝，其分子质量和结晶指数在整个溶解和再生的过程中没有发生明显的降低，但其纤维的晶胞形式发生了变化，从纤维素Ⅰ变成了纤维素Ⅱ。

④ 氢氧化钠/硫脲/水（NaOH/Thiourea/H_2O）体系　NaOH/Thiourea/H_2O 组合物比 NaOH/Urea/H_2O 有更强的溶解纤维素的能力，对各种纤维素［棉短绒浆、草浆、甘蔗渣浆、木浆、纤维素非织造织物（无纺布）以及蒸汽爆破浆等］有着较大的溶解度，尤其是对于高结晶度的天然棉短绒，通过添加少量硫脲，不必经过由液相转为固相的冷冻过程就能够有效溶解天然纤维素（$M_\eta<10.2\times10^4$），其主要原因是 NaOH 和 Thiourea 的协同效应能有效地破坏聚多糖分子间和分子内氢键而加速其溶解，同时硫脲还能防止纤维素凝胶的形成。6% NaOH/5% Thiourea 棉短绒的水溶液，经过 2%～30%的硫酸凝固浴再生的纤维素膜具有均一的结构，塑化剂丙三醇的使用增强了膜的强度，纤维素凝胶化现象的发生是由于在加热时，结合在纤维素羟基上的 Na^+、水分子和硫脲分子移动而使羟基暴露在水溶液中，从而发生自聚导致分子内和分子间的物理交联。加热不仅破坏纤维素分子内氢键使它变卷曲，而且加速纤维素分子链内和链间的碰撞和缠结从而形成交联结构。Ruan 采用 9.5% NaOH/4.5% Thiourea 所形成的纤维素溶液进行了湿法纺丝，所形成的纤维素丝具有均一、平滑的表面和圆形的横切面，类似于蚕丝。再生纤维素丝的分子质量、结晶度和力学性能都高于黏胶人造丝。

由此可见：作为纤维素的溶剂要求分子中必须含有电负性大、半径小的原子（离子），能与纤维素作用时产生强烈的氢键，来削弱或切断纤维素分子之间的氢键；或者含有电负性小、半径小的原子（离子），能与纤维素中的 O 原子形成配位键，促使纤维素溶解于溶剂体系中，形成纤维素的真溶液。

（2）有机溶剂体系　近年来，非水溶剂体系研究和应用较多的为多聚甲醛/二甲基亚砜（PF/DMSO）体系、四氧化二氮/二甲基甲酰胺（N_2O_4/DMF）体系、氯化锂/二甲基乙酰胺（LiCl/DMAc）体系、二甲基亚砜/四乙基氯化氨（DMSO/TEAC）体系、氨/硫氰酸铵（NH_3/NH_4SCN）体系、胺氧化物体系等。以下就上述体系做一一介绍。

① 多聚甲醛/二甲基亚砜（PF/DMSO）体系　多聚甲醛/二甲基亚砜是纤维素的一种优良无降解的溶剂体系，高聚合度的纤维素也能溶解其中。其溶解机理认为是 PF 受热分解产生的甲醛与纤维素的羟基反应生成羟甲基纤维素（它是一种半缩醛衍生物），羟甲基纤维素能溶解在 DMSO 中。其中 DMSO 的作用有两点：促进纤维素溶胀，使与纤维反应均匀；使生成的羟甲基纤维素稳定的溶解，阻止羟甲基纤维素分子链聚集。上述形成羟甲基纤维素的

有力证明，是将溶液冻结干燥，可分离出羟甲基纤维素的白色固体物，这种固体物在室温下也易溶于 DMSO 中。

该溶剂溶解纤维素，具有原料易得、溶解迅速、无降解、溶液黏度稳定、过滤容易等优点，但存在溶剂回收困难，生成的纤维结构有缺陷、品质不均一等缺点。其溶解过程可用图 3-1表示。

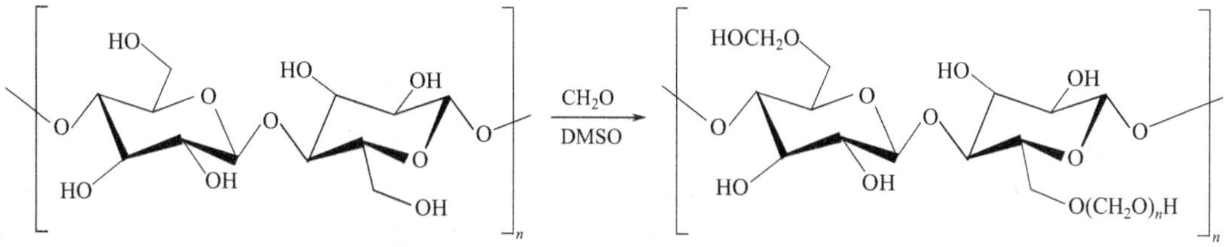

图 3-1　纤维素在 PF/DMSO 中的溶解示意

② 四氧化二氮/二甲基甲酰胺（N_2O_4/DMF）体系　一般研究人员认为 N_2O_4 能够与纤维素反应生成亚硝酸酯中间衍生物，而溶于 DMF 中。该溶剂溶解纤维素，具有成本低、易控制纺丝条件等优点，但溶剂 N_2O_4 是危险品，毒性大，且回收费用高；纤维素溶解时，DMF 与 N_2O_4 生成副产物，有分解爆炸的危险。

③ 氯化锂/二甲基乙酰胺（LiCl/DMAc）体系　LiCl/DMAc 体系对纤维素的溶解是直接溶解不形成任何中间衍生物。McCormick 等认为纤维素分子葡萄糖单元上的羟基质子通过氢键与 Cl^- 相连，而 Cl^- 则与 Li^+（DMAc）相连，由于电荷间的相互作用使得溶剂逐渐渗透至纤维素表面，从而使纤维素溶解。LiCl/DMAc/Cell 溶液在室温下很稳定，可进行成膜、均相酯化等开发研究。但溶剂中 LiCl 价格昂贵、回收困难，近年来主要局限在实验室研究。其溶解过程可表示如图 3-2。

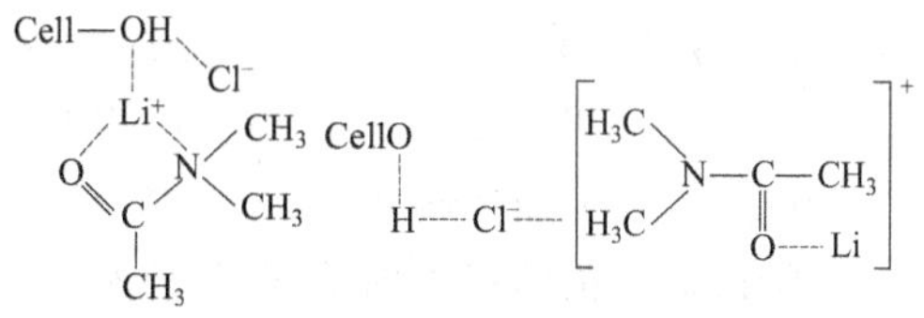

图 3-2　纤维素在 LiCl/DMAc 中的溶解示意

④ 二甲基亚砜/四乙基氯化氨（DMSO/TEAC）体系　DMSO/TEAC 体系在溶解纤维素过程中，TEAC 在纤维素微晶内部扩散，切断了某些纤维素分子间羟基的氢键结合，形成了一种新的复合体，从而加速了 DMSO 的溶剂化和纤维素的非晶化作用，最终使纤维素溶解，形成均相透明的溶液。

⑤ 氨/硫氰酸铵（NH_3/NH_4SCN）体系　在一定的配比下，NH_3/NH_4SCN/H_2O 体系能把再生纤维素或棉纤维素溶解成无色的透明溶液。但是这种溶剂体系对纤维素溶解的条件是有限制的，研究表明 NH_4SCN/NH_3/H_2O 体系中，其质量比分别为 72.1∶26.5∶1.4 时，对纤维素具有最大的溶解能力。

⑥ 胺氧化物体系　胺氧化物尤其是 *N*-甲基氧化吗啉（NMMO）是目前真正实现工业化生产且前景可观的一种溶剂。NMMO 能很好地溶解纤维素，得到成纤、成膜性能良好的纤维素溶液，但其对纤维素的溶解条件比较严格。据报道，无水 NMMO 对纤维素的溶解性最好，但因熔点过高（184℃）使得纤维素和溶剂发生降解，随着 NMMO 水合物的含水量增加，对纤维素的溶解性也下降，含水量超过 17%后即失去溶解性，含水量 13.3%的水化合物（NMMO · H_2O）最适合溶解纤维素，熔点约 76℃。

NMMO 溶解纤维素的方法大致可分两类。①直接溶解法：市场上购买的 NMMO 溶剂一般含水率在 50%左右，不能作为纤维素直接溶剂。通过减压蒸馏的方法将溶剂的含水率

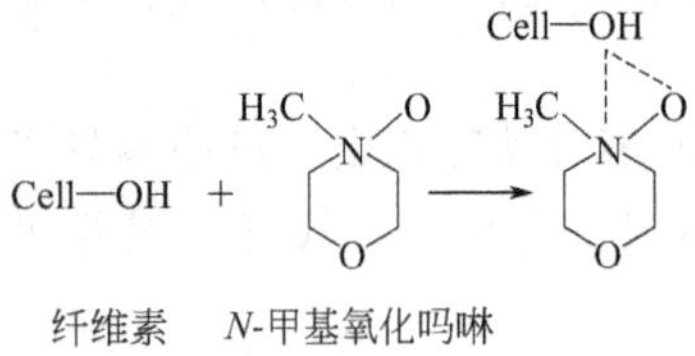

Cell—OH + H_3C N O → Cell—OH⋯ H_3C N O

纤维素 *N*-甲基氧化吗啉

图 3-3 纤维素在 NMMO 中的溶解示意

降至 13%以下，然后在适当的工艺条件下将 NMMO 和纤维素混合溶解成适当浓度的溶液。②间接溶解法：未经增浓的溶剂首先与纤维素混合，纤维素在溶剂中只能溶胀。将溶胀均匀的浆液经减压蒸馏脱水后可制得适于纺丝的溶液。

纤维素在 NMMO 中的溶解机理为直接溶解机理，通过断裂纤维素分子间的氢键而进行的，没有纤维素衍生物生成。NMMO 分子中的强极性官能团 N→O 上氧原子的两对孤对电子可以和两个羟基基团的氢核形成 1～2 个氢键（次价键），例如可以和 NMMO・H_2O中的水分子或者可以和纤维素大分子中的羟基（Cell—OH）形成强的氢键 Cell—OH⋯O←N，生成纤维素-NMMO 络合物，这种络合作用先是在纤维素的非结晶区内进行，破坏了纤维素大分子间原有的氢键，由于过量的 NMMO 溶剂存在，络合作用逐渐深入到结晶区内，继而破坏纤维素的聚集态结构，最终使纤维素溶解。其过程如图 3-3 所示。

⑦ 离子液体体系 离子液体是近几年才兴起的一种新型溶剂，以其优良的溶解性、强极性、不挥发、不氧化、对水和空气稳定等特点而受到广泛的关注。Graenacher 在 1934 年首次提出用氯化 *N*-乙基吡啶鎓盐在含氮碱存在的条件下溶解纤维素，但由于当时对镕盐体系不够了解，加上体系熔点较高，因此这个观点没有引起科学界的注意。2002 年，Swatloski 报道了离子液体 1-丁基-3-甲基咪唑（[Bmim] Cl）可以溶解不经任何处理的纤维素，引起了科学界的关注。目前，已发现有多种离子液体可溶解纤维素，主要是阴离子为 Cl^-、Br^-、SCN^- 的咪唑类离子液体。

现阶段研究的溶解纤维素的离子液体主要是咪唑类离子化合物，其中以 1-丁基-3-甲基咪唑氯代盐（[Bmim] Cl）的报道最多，溶解纤维素的能力也最强。据翟蔚等的实验称，在一定条件下不同聚合度的纤维素在离子液体 [Bmim] Cl 中可以直接溶解，且不发生衍生化反应，遇水后可以再生，其纤维素的微观结构形态由纤维素Ⅰ变为纤维素Ⅱ。不过在溶解过程中伴随有纤维素聚合度的大幅度下降，例如：用 1-丁基-3-甲基咪唑氯代盐溶解木浆、篁竹草、麦草时，原纤维素聚合度分别为 680、580、430，而再生纤维素的聚合度仅有 340、300、230，这可能也是造成再生纤维素稳定性下降的一个原因。虽然 [Bmim] Cl 对纤维素有着优良的溶解能力，但据报道称它对容器有腐蚀作用，而且值得注意的一点是若将其中 Cl^- 用 PF_6^- 或 BF_4^- 代替时新得到的离子液体便失去对纤维素的溶解能力。在研究人员致力于离子液体的开发过程中，人们尝试着将某些基团引入 [Bmim] Cl 中或者代替其中的某些基团，以便得到性能更加优异的功能化离子液体，例如：在离子液体的阳离子上引入 $—(CH_2)_n—O—(CH_2)_m—CH_3$、—OH、$—(CH_2)_n—COOH$、$—(CH_2)_n—NH_3$ 等基团，可实现阳离子功能化；在离子液体的阴离子上引入 $CF_3SO_3^-$、OH^-、CN^- 等基团，可实现阴离子功能化等。在现有的功能化离子液体中以任强等研发的 1-烯丙基-3-甲基咪唑氯盐（[Amim] Cl）和罗慧谋等研发的 1-(2-羟乙基)-3-甲基咪唑氯盐（[Hemim] Cl）的纤维素溶解性能最为优良，除此之外还有二氯二（3，3′-二甲基）咪唑基亚砜盐（[$(Mim)_2SO$] Cl_2）、1-乙基-3-甲基咪唑氯盐（[C_2mim] Cl）和 1-乙基-3-甲基咪唑乙酸鎓盐（[C_2mim] Ac）等。

1-烯丙基-3-甲基咪唑氯盐是在咪唑阳离子上引入烯丙基（$—CH_2—CH═CH_2$）而得到，引入的烯丙基因有双键的强极性而比 [Bmim] Cl 有着更好的溶解纤维素的能力。1-(2-

羟乙基)-3-甲基咪唑氯盐是在咪唑阳离子上引入羟基得到的，因离子液体中羟基能与纤维素分子中羟基生成氢键，减弱分子间作用力，从而增强了纤维素的溶解能力。郭明等的实验表明：二氯二(3,3′-二甲基)咪唑基亚砜盐是纤维素的直接溶剂，对微晶纤维素具有一定的溶解能力，其再生纤维素由纤维素Ⅰ变为纤维素Ⅱ。而1-乙基-3-甲基咪唑氯盐是［Bmim］Cl中的丁基由乙基代替得到，实验表明其溶解纤维素的能力高于［Bmim］Cl，有报道称纤维素在离子液体中的溶解能力随着溶剂分子碳链的增长而下降。1-乙基-3-甲基咪唑乙酸鎓盐是在［C_2mim］Cl的基础上引入乙酸根负离子而得到的阴离子功能化离子液体，这种离子液体在溶胀基础上对纤维素有很好的溶解能力，$[C_2mim]^+$和CH_3COO^-两种离子在溶液中处于游离状态，与纤维素的羟基相互作用，生成［C_2mim］-Cell-Ac络合物，使纤维素分子内或分子间的氢键减弱，从而纤维素得以溶解。

目前有关纤维素在离子液体中的溶解主要是用EDA理论加以解释，由于当前常用于溶解纤维素的离子液体大多属咪唑类，基于此本文以1-丁基-3-甲基咪唑氯代盐为例说明，内容如下：该咪唑类离子液体中的Cl^-和$[Bmim]^+$呈离子状分布，其中的Cl^-可能会供给纤维素分子中的羟基并和其生成氢键，而使原来的纤维素分子内的或者分子间的氢键断裂，同时$[Bmim]^+$也会以同样的方式和纤维素分子中的羟基生成氢键，从而整体上减少了纤维素分子之间的氢键键能，而使纤维素致密的结构变得疏松，促使了其在离子液体中的溶解，可表示如图3-4所示。

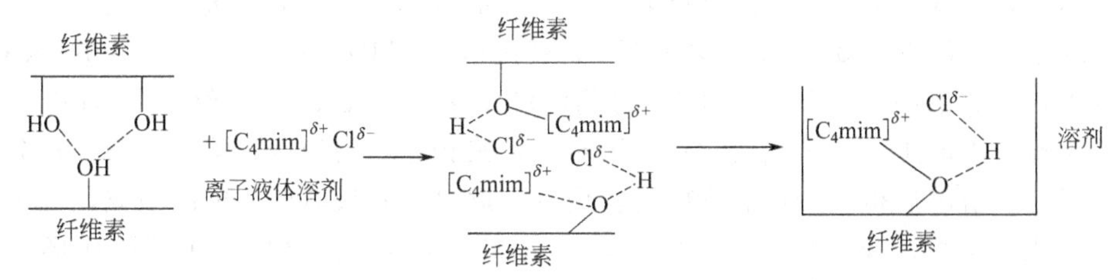

图3-4　纤维素在［Bmim］Cl中的溶解示意

纤维素在溶解过程中的影响因素，主要有以下几点。纤维素的活化水平：常用的活化剂是NaOH，实验表明用15%～20%的NaOH处理过的纤维素其溶解性能比未处理的纤维素溶解性能好。溶解温度、溶解时间：一般的，随着溶解温度的升高、时间的延长，纤维素溶解量增多，但伴随的纤维素降解也越严重，研究结果表明以80℃、60min为宜。纤维素的聚合度、结晶度：虽然纤维素都有着70%甚至更高的结晶度，但不同纤维素物质之间还是有一定差异，聚合度因纤维素物质的不同差异更大，通常聚合度和结晶度都较小的纤维素物质，易溶解，反之难溶解。加热方式：实验结果表明用微波加热代替普通加热方式可以显著提高纤维素溶解性能。

3.3.3　再生纤维素制品

纤维素除用作纸张外，还可用于生产丝、薄膜、非织造织物（无纺布）、填料以及各种衍生物产品。再生纤维素纤维是再生纤维的主要代表，是以天然高分子化合物为原料，经化学处理和机械加工而制得的纤维。再生纤维素纤维以其发展势态，大体可分为三个阶段。第一阶段可从1891年Cross等发明“黏胶”到20世纪60年代初黏胶纤维的鼎盛。第二阶段则是从20世纪60年代中期到90年代中期，黏胶纤维的发展转入低潮。由于合成纤维工业的发展，再加之黏胶在生产中污染严重，国内外对黏胶纤维都不作为重点发展。第三阶段则是从20世纪90年代以来，以Loycell、竹浆纤维为代表的环保型纤维陆续开发成功，再生纤维素纤维再现生机。

再生纤维素纤维其生产过程可概括为四个工序：首先是原料的制备，将天然高分子如棉短绒、木材等进行化学处理和机械加工；其次是纺前准备，制备纺丝溶液；然后是纺丝，纤维成形；最终是后加工，对纤维进行后处理。从其生产发展来看，可从工艺化改进、功能化改性、原料多元化三个方面来考虑。

(1) 工艺化改进　工艺改进的重点在无污染零排放，实现绿色环保生产；其次是在此基础上，尽量简化工艺流程，提高生产效率；然后是尝试其他先进的纺丝或复合技术，以提高性能。

(2) 溶剂化改进　溶剂化改进的重点是在尽量使纤维素溶解不降解的前提下，溶剂纤维素生产过程中不但工艺流程短，而且无环境污染。传统的黏胶工艺产生了大量有害气体，并伴有废液生成，因而消除污染成为改进的主导方面，新型环保型工艺应运而生。Loycell纤维就是由新型环保型NMMO工艺生产出来的，其溶剂NMMO可被精制回收，几乎对环境不造成污染，是一种生态纤维或绿色纤维，其干湿强度与湿模量较普通黏胶纤维高，纤维的穿着性能也更好。而竹浆纤维则是中国自主研制成功的，是用化学的方法制成浆粕后纺丝制得，其在原料的提取和生产制造过程中无任何化学成分，无污染，100%可降解，也属于绿色环保型纤维。

长期以来，采用传统的黏胶法生产人造丝和玻璃纸，由于大量使用CS_2而导致环境污染严重。因此，寻找新溶剂体系是纤维素科学与纤维素材料发展的关键。已实现产业化或进行中试的纤维素新溶剂主要有*N*-甲基吗啉-*N*-氧化物（NMMO）、离子液体、碱/尿素等。

纤维素在加热条件下溶于NMMO，得到的纤维称为Lyocell（天丝），其性能优良。制备再生纤维素纤维的生产工艺主要包括以下步骤：浆粕原料与溶剂在溶解机中经过分散、强烈剪切、混合、溶解后得到合适黏度的纺丝原液。通过纺丝液流变性能的研究，确定适宜纺丝的原液组成与温度，经干喷湿纺法喷丝，再进入一定温度的凝固浴中凝固成形、再经拉伸、切断、水洗、上油干燥等常规工艺加工而成。生产工艺路线如图3-5所示。

该法具有以下特点。

① 选择的溶剂毒性低，对环境影响小。

② 生产工序简单。浆粕直接溶解于溶剂中，经过滤、脱泡后即可纺丝，后处理只需水洗除去溶剂，故工序很少，从投料到制成纤维仅需1～3h，而黏胶法需40～70h。

③ 原材料消耗低。由于生产工序简单，故降低了原材料的损失，溶剂几乎可以被完全回收。

④ 产品性能优异。由于采用将浆粕直接溶于溶剂中生产再生纤维素纤维为物理过程，无中间衍生物生成，其超分子结构较大程度地被保持，因此所得到的再生纤维素纤维的干、湿态强度都将高于黏胶法纤维和棉纤维，其湿、干强度比高达85%，而黏胶纤维仅50%。再生纤维素纤维的湿模量很高，因而在加工和使用过程中不易变形。同时其吸湿性和透气性与棉纤维相似，服用性能良好，远超涤纶等合成纤维。

图3-6为黏胶法和NMMO法两种生产工艺路线。

可以看出NMMO法工艺路线比粘胶法简便得多，能克服黏胶法生产过程中的污染问题，且选用的原料种类广、工艺简单，并且生产成本低、投资少、产品品质更优异。由于NMMO的热稳定差，受热会释放原子氧，袭击纤维素大分子链而导致纤维素发生氧化降解，引起再生纤维素纤维的力学性能下降和纤维的着色问题，同时，对NMMO的回收造成一定影响。因此，NMMO法中必须添加足量的抗氧化剂。

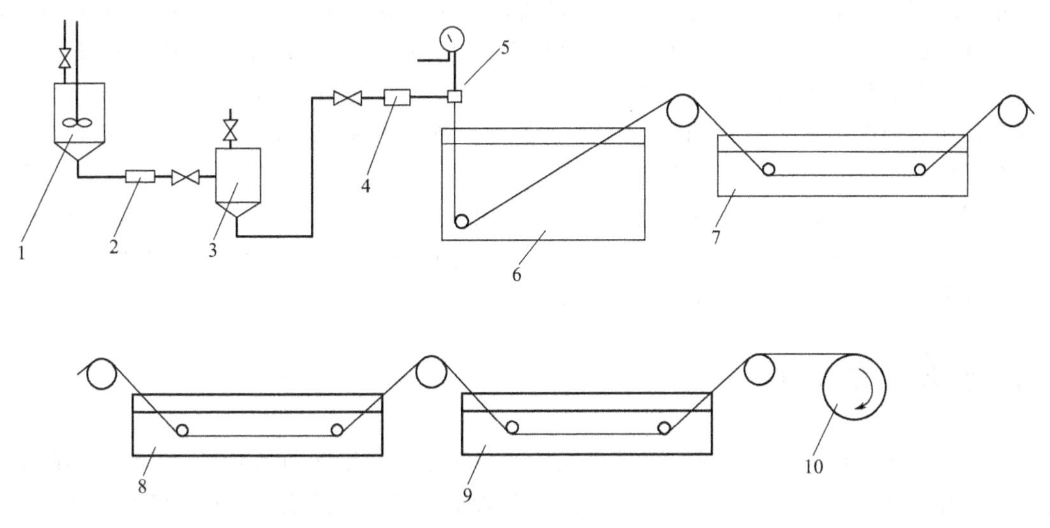

图 3-5　干喷湿纺法纺丝工艺示意

1—溶解釜；2——道过滤；3—脱泡釜；4—二道过滤；5—喷丝头；6—凝固浴、预拉伸；7—第一水洗、热拉伸；8—第二水洗、热拉伸；9—第三水洗、热拉伸；10—卷绕

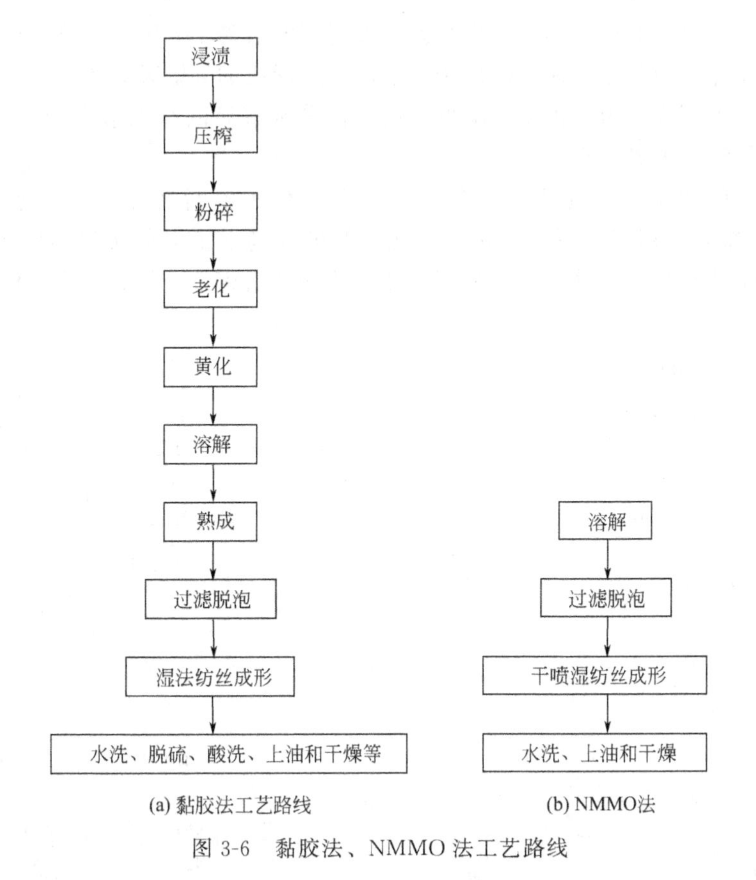

图 3-6　黏胶法、NMMO 法工艺路线

离子液体法与 NMMMO 法的生产工艺接近，由于离子液体的稳定性高，在所使用的温度范围内，不会发生分解，同时对纤维素具有良好的快速溶解能力，有望获得产业化。

除上述溶剂体系外，经研究发现，许多碱性溶剂体系对纤维素也有较好较快的溶解作用。将重量比为9.5%的NaOH和4.5%硫脲相混合，在-5℃的情况下制成透明的水溶液，可用以快速地溶解纤维素，然后成功地纺出纤维素复丝。纤维结构由纤维素Ⅰ完全转变为纤维素Ⅱ，伸长强度达到2.1 cn/dtex，接近人造丝，具有很大的工业开发潜力。此外，不同的溶剂配比，对产品的性能还有不同的影响，作为调控外观、性能的手段。显然，纤维素溶剂不但用于溶解纤维素，而且对纺丝的直径大小及其分布、表观形态、结构性能也有较大的影响。开发一种溶解性能优良、易回收、无污染、绿色的纤维素溶剂将对发展纤维素产品有着十分重要的意义，将为再生纤维素工业注入新的活力。

3.4 纤维素的降解

纤维素在各种环境都有可能发生降解反应，对于生产纤维素制品而言，纤维素的降解反应有利有弊。如碱纤维素老化时，降解作用控制着最终产品的品质；而对于纸浆造纸，为了得到高的得率和保持较好的纤维素机械性质，必须使纤维素的降解反应控制在最低限度。纤维素主要有以下几种降解类型：①酸性水解降解；②碱性水解降解；③氧化降解；④热降解；⑤光降解；⑥机械降解；⑦离子辐射降解。

3.4.1 纤维素的酸水解降解

纤维素大分子的苷键对酸的稳定性很差，在适当的氢离子浓度、温度和时间条件下，发生水降解，使相邻两葡萄糖单体间碳原子和氢原子所形成的苷键发，生断裂，聚合度下降还原能力提高，这类反应称为纤维素的酸性水解，部分水解后的纤维素产物称为水解纤维素，纤维素完全水解时则生成葡萄糖。

(1) 纤维素的酸水解反应机理　纤维素糖苷的酸水解断裂经历三个连续的反应步骤(图3-7)：①纤维素上糖苷氧原子迅速质子化；②糖苷键上正电荷缓慢地转移到C_1上，接着形成碳阳离子并断开糖苷键；③水分子迅速地攻击碳阳离子，得到游离的糖残基并重新形成水合氢离子。

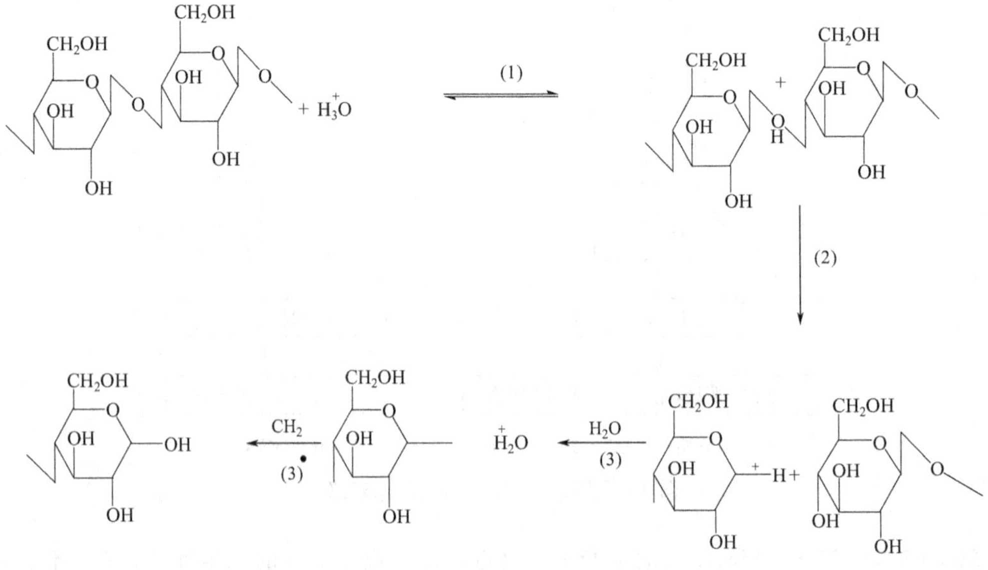

图3-7　纤维素的水解机理

上述过程继续进行下去引起纤维素分子链的逐次断裂。纤维素酸水解后聚合度下降，在碱液中的溶解度增加，纤维素还原能力提高，纤维机械强度下降。酸水解纤维素变为粉末时则完全丧失其机械强度。

（2）浓酸水解　纤维素在浓酸中的水解是均相水解。纤维素在酸中润胀和溶解后，通过形成酸的复合物在水解成低聚糖和葡萄糖：纤维素→酸复合物→低聚糖→葡萄糖。

纤维素浓酸水解过程中伴有葡萄糖的回聚作用。葡萄糖的回聚是纤维素水解的逆过程，水解液中单糖和酸的浓度越大，回聚的程度越大。葡萄糖的回聚生成二聚糖或三聚糖，为了提高葡萄糖的得率，在水解末期，必须稀释溶液和加热，使回聚的低糖再行水解。

（3）稀酸水解　稀酸水解属多相水解，水解发生于固相纤维素和稀酸溶液之间。在高温高压下，稀酸可将纤维完全水解成葡萄糖：纤维素→水解纤维素→可溶性多糖→葡萄糖。

3.4.2　纤维素的碱性降解

在一般情况下，纤维素的配糖键对碱是比较稳定的。制浆过程中，随着蒸煮温度的升高和木素的脱除，纤维素会发生碱性降解。纤维素的碱性降解主要为碱性水解和剥皮反应。

（1）碱性水解　纤维素的配糖键在高温条件下，尤其是大部分木素已脱除的高温条件下，纤维素会发生碱性水解。与酸性水解一样，碱性水解使纤维素的部分配糖键断裂，产生新的还原性末端基，聚合度降低，纸浆的强度下降。纤维素碱水解的程度与用碱量、蒸煮温度、蒸煮时间等有关，其中温度的影响最大。当温度较低时，碱性水解反应甚微，温度越高，水解越强烈。

（2）剥皮反应　剥皮反应是指在碱性条件下，纤维素具有还原性的末端基一个个掉下来使纤维素大分子逐步降解的过程。

3.4.3　纤维素的氧化降解

纤维素葡萄糖基环的 C_2、C_3、C_6 位的游离羟基以及 C_1 位的还原性末端基易被空气、氧气、漂白剂等氧化剂所氧化，在分子链上引入醛基、酮基或羧基，使功能基改变。氧化剂与纤维素作用的产物称为氧化纤维素。氧化纤维素的结构与性质和原来的纤维素不同，随使用的氧化剂的种类和条件而定。在大多数情况下，随着羟基的被氧化，纤维素的聚合度下降。

纤维素的氧化是工业上的一个重要过程。通过对纤维素氧化的研究，可以预防纤维素纤维的损伤或获得进一步利用的性质。例如，氯次氯酸盐和二氧化氯用于纸浆和纺织纤维的漂白；在黏胶纤维工业中，利用碱纤维素的氧化降解调整再生纤维的强度，对以碱纤维素为中间物质的其他酯醚化反应以及纤维素的接枝共聚等都是十分重要的。

纤维素氧化方式有两种：选择性氧化和非选择性氧化。氧化纤维素按所含基团分为还原型氧化纤维素和酸型氧化纤维素，其共有的性质是：氧的含量增加，羰基或羧基含量增加，纤维素的糖苷键对碱液不稳定，在碱液中的溶解度增加，聚合度强度降低。这两种氧化纤维素的主要差别在于酸型氧化纤维素具有离子交换性质，而还原氧化纤维素对碱不稳定。

3.4.4　纤维素的热降解

纤维素的热降解是指纤维素在受热过程中，尤其在较高的温度下，其结构、物理和化学性质发生的变化，包括聚合度和强度的下降、挥发性成分的逸出、质量的损失以及结晶区的破坏。严重时还产生纤维素的分解，伸至发生碳化反应或石墨化反应。

对大多数化合物，在较低温度下的热降解是零级反应，在较高温度下的热降解是一级反应。平均来说，木素样品的活化能（20～100kJ/mol）比聚糖样品的活化能（50～300kJ/mol）低。表 3-1 为山毛榉及其组分在热处理过程中质量损失及活化能。

表 3-1 山毛榉及其组分在热处理过程中质量损失及活化能

试　　样	零级反应			一级反应		
	温度/℃	质量损失/%	反应活化能/(kJ/mol)	温度/℃	质量损失/%	反应活化能/(kJ/mol)
木材	170～220	5.5	63	248～310	47.3	130
综纤维素	120～300	5.4	54	—	—	—
纤维素	220～300	5.0	78	300～380	55.1	243
木素	200～320	3.9	34	—	—	—
聚 4-*O* 甲基葡萄糖醛酸木糖	100～160	3.5	46	180～290	43.2	100

3.4.5 纤维素的光降解

太阳光是纤维素物质降解，生成氧化纤维素和有强还原性的有机物。当存在湿气和氧气时，棉纱和织物被光降解，引起强度下降，并产生羰基和羧基；用石英汞灯长时间辐射，可将纤维变成粉末。纤维素的光降解机理可概括为两种过程，即直接光降解和光敏降解。

3.4.6 纤维素的机械降解

纤维原料加工过程中，机械应力的作用大大改变纤维素的物理和化学性质，如纤维束分散、长度变短、还原端基增加，聚合度、结晶度和强度下降，对化学反应的可及度和反应性提高。机械力引起纤维素纤维的机械降解对纺织、制浆、造纸、纤维素衍生物、纤维素水解等方面的影响是值得重视的。主要有机械加工引起的降解和机械球磨引起的降解。

3.4.7 纤维素的离子辐射降解

离子辐射指辐射粒子的能量大于 1 个电子的结合能，可从饱和分子中除去电子的辐射。离子辐射的辐射源主要有两类：γ 辐射源和电子束辐射源。γ 射线源无需电能活化，易得，便宜，半衰期较长，使用温度高，具有实用价值。离子射线（主要是 γ 射线）的应用主要是木塑化合物的产生。这些高能的射线穿入厚的木材样品，在样品内引发聚合反应。γ 射线辐射改变木材的结构和化学性质以及物理和机械性能。这些变化主要取决于辐射剂量和木材材种。

纤维素材料是很好的包装材料，大量产品用于保健、医疗、手袋、杀菌布等。在用 γ 射线对纤维素材料消毒时，纤维素的降解所引起的聚合度降低和强度损失等是所不希望的。因此，对离子辐射的纤维素的保护问题是值得重视的，任何一种有效的保护方法都必须在游离基形成之前被采用，或者能抑制游离基的连续反应过程。

3.5 纤维素的衍生物

由于纤维素的结构特性决定了纤维素不能在水和一般有机溶剂中溶解，也缺乏热可塑性，这对其成形加工极为不利，因此常对其进行化学改性。纤维素（cellulose）的分子组成为（C、H、O），由 *β*-葡萄糖苷键与脱水 *D*-六环葡萄糖所组成的线型多糖，每个葡萄糖单元中有三个极性羟基，因此纤维素可以进行一系列涉及羟基的反应，如酯化反应、醚化反应。

这些反应主要取决于两个因素：纤维素葡萄糖基环上游离羟基的反应活性；反应物到达纤维素分子上羟基的可及度，即反应物接近羟基的难易程度。

3.5.1　纤维素的多相反应与均相反应

（1）纤维素多相反应的主要特点　天然纤维素的高结晶性和难溶性，决定了多数的化学反应都是在多相介质中进行的。固态纤维素仅悬浮于液态（有时为气态）的反应介质中，纤维素本身又是非均质的，不同部位的超分子结构体现不同的形态，因此，对同一化学试剂便表现出不同的可及度；加上纤维素分子内和分子间氢键的作用，导致多相反应只能在纤维素的表面进行（图 3-8）只有当纤维素表面被充分取代而生成可溶性产物后，其次外层才为反应介质所可及。因此，纤维素的多相反应必须经历由表及里的逐层反应过程，尤其是纤维素结晶区的反应，更是如此。只要天然纤维素的结晶结构保持完整不变，化学试剂便很难进入结晶结构的内部。很明显，纤维素这种局部区域的不可及性，妨碍了多相反应的均匀进行，因此，为了克服内部反应的非均匀倾向和提高纤维素的反应性能，在进行多相反应之前，纤维素材料通常都要经历溶胀或活化处理。

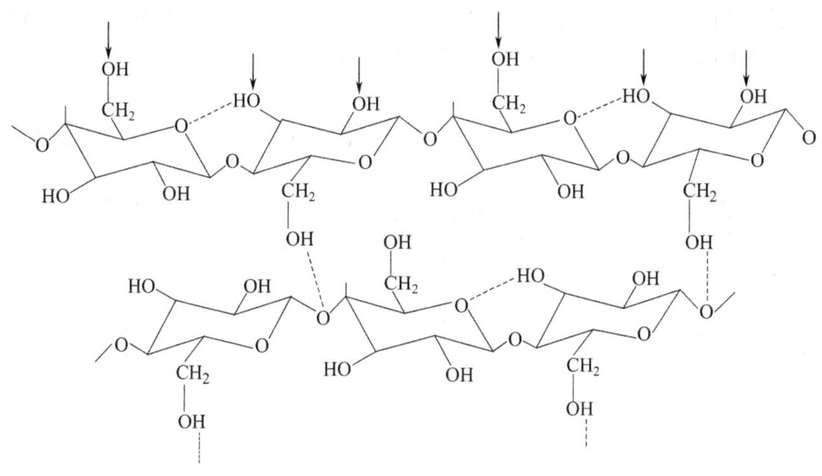

图 3-8　多相界介质中纤维素分子的可及性

……代表氢键

工业上，绝大多纤维衍生物都是在多相介质中制得的，即使在某些反应中使用溶剂，也仅作为反应的稀释剂，其作用是溶胀，而不是溶解纤维素。由于纤维素的多相反应局限于纤维素的表面和无定形区，数非均匀取代，产率低，副产物多。

（2）纤维素均相反应的主要特点　在均相反应的条件下，纤维素整个分子溶解于溶剂之中，分子间与分子内氢键均已断裂。纤维素大分子链上的伯仲羟基对于反应试剂来说，都是可及的，如图 3-9 所示。

均相反应不存在多相反应所遇到的试剂渗入纤维素的速度问题，有利于提高纤维素的反应性能，促进取代基的均匀分布，而且均相反应的速率也提高。例如，纤维素的均相醚化的反应速率常数比多相醚化高一个数量级。

在均相反应中，尽管各羟基都是可及的，但多数情况下，伯羟基的反应比仲羟基快得多。各羟基的反应性能顺序为：$C_6—OH>C_2—OH>C_3—OH$

3.5.2　纤维素的衍生化反应

纤维素衍生物是指纤维素的羟基基团部分或全部被酯化或醚化而得到的一系列化合物，

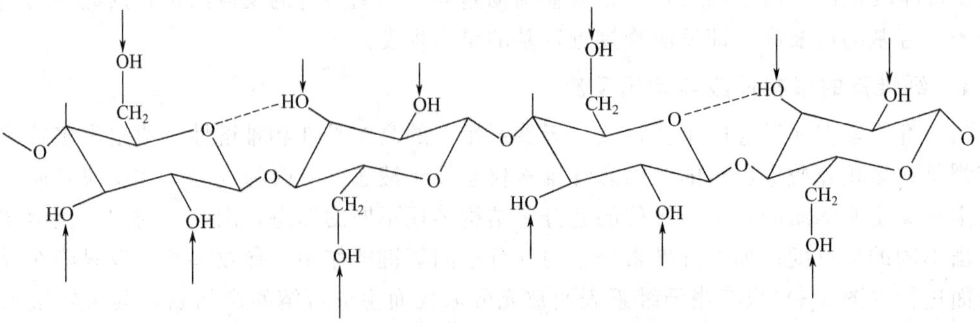

图 3-9 均相介质中纤维素分子的可及性

其熔融性能较纤维素大为改善。组成纤维素大分子的每个葡萄基中含有 3 个羟基，使纤维素有可能发生各种酯化、醚化反应。

（1）纤维素的酯化反应 纤维素大分子每个葡萄糖基中含有 3 个醇羟基，在酸催化作用下，纤维素分子链中的羟基与酸、酸酐、酰卤等发生酯化反应而生成纤维素酯类（图 3-10），包括无机酸酯和有机酸。重要的纤维素酯有纤维素硝酸酯、磷酸酯以及乙酸酯硝酸酯、乙酸酯丙酸酯、乙酸酯丁酸酯等混合酯随着酯类应用的不断开发，也日益显示其重要性。

① 纤维素无机酸酯 纤维素无机酸酯是指纤维素分子链中的羟基与硝酸、硫酸、二硫

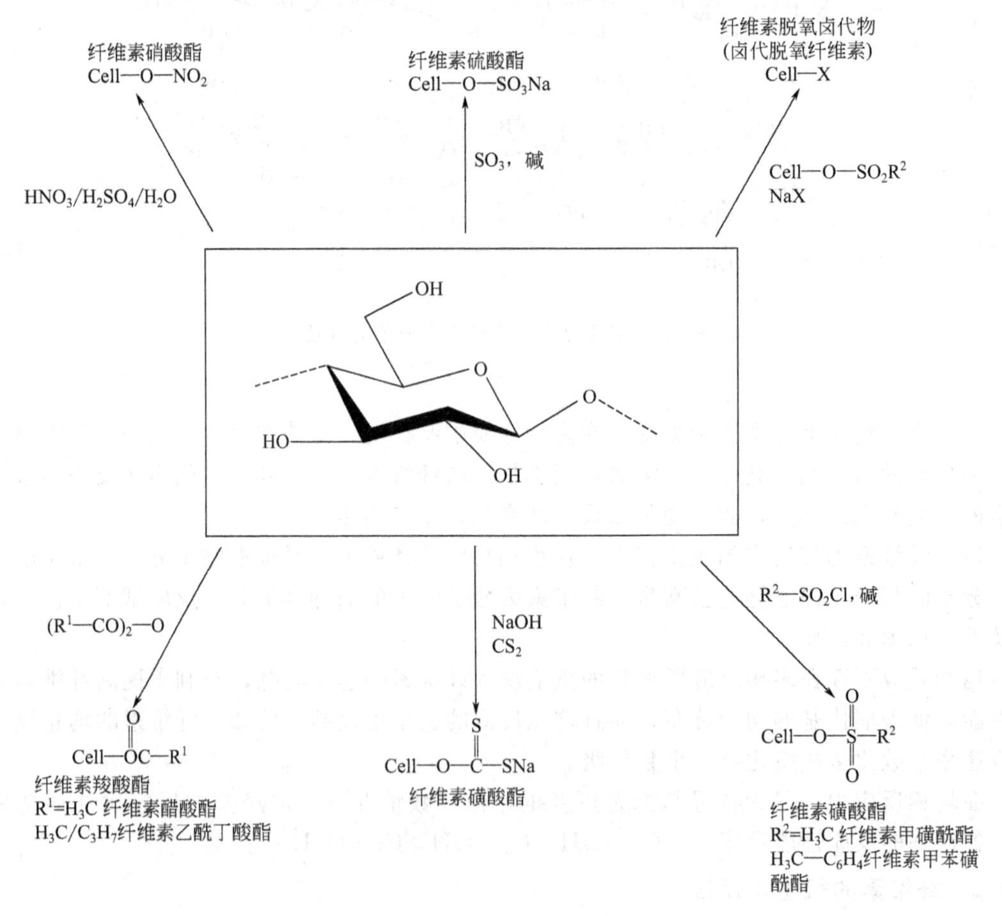

图 3-10 纤维素酯的生成示例

化碳、磷酸等进行酯化反应的生成物。在纤维素无机酸酯中，最重要并已形成工业化生产的是纤维素硝酸酯和纤维素黄原酸酯。理论上，纤维素硝酸酯的酸代度可达 3.0，但实际生产的产物多数取代度小于 3.0。工业上生产主要采用硝酸/硫酸混合酸体系制取纤维素硝酸酯，所得取代度较高。

② 纤维素有机酸酯　纤维素有机酸酯是指纤维素分子链中的羟基与有机酸、酸酐或酰卤反应的生成物。主要有纤维素醋酸酯、纤维素甲酸酯、纤维素丙酸酯、纤维素丁酸酯、纤维素苯甲酸酯及纤维素有机磺酸酯。此外还有各种纤维素混合酯，如醋酸丙酸纤维素、醋酸丁酸纤维素、醋酸琥珀酸纤维素和醋酸邻苯二甲酸纤维素。纤维素有机酸酯由于酯化剂来源的限制，有实用价值且已形成规模性工业生产的有纤维素醋酸酯、醋酸丙酸纤维素以及醋酸丁酸纤维素。

（2）纤维素的醚化反应　纤维素醚是以天然纤维素为基本原料，经过碱化、醚化反应的生成物。图 3-11 为纤维素醚化反应的一些例子。

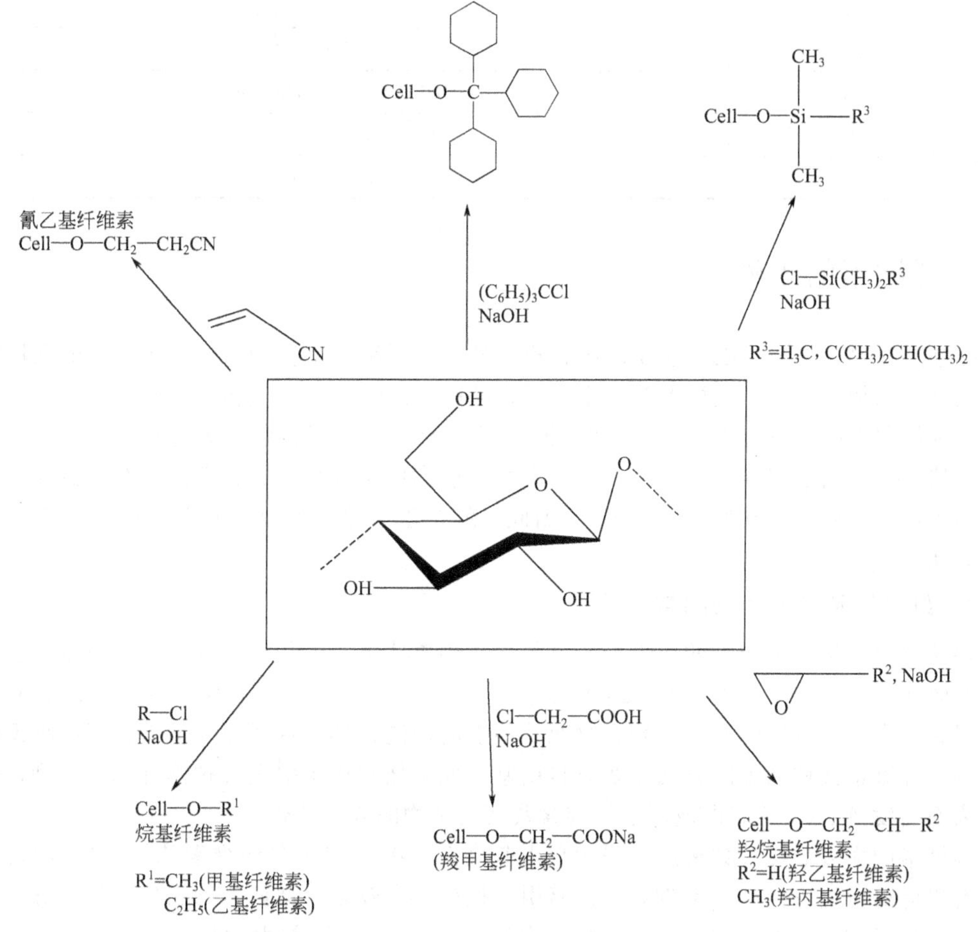

图 3-11　纤维素醚化反应的一些例子

纤维素醚早在 20 世纪初就被成功合成了。起初生成的纤维素醚主要是有机溶剂型的，而后逐步向水溶性醚发展。目前，纤维素醚已广泛用于油田、涂料、化工、医药、食品、造纸和建筑等工业，具有广阔的发展前景。

按照取代基的种类、电离性以及溶解度的差异，纤维素醚的分类见表 3-2。

表 3-2　纤维素醚的分类

分类			纤维素醚	取代基	符号
取代基种类	单一醚	烷基醚	甲基纤维素	$—CH_3$	MC
取代基种类	单一醚	烷基醚	乙基纤维素	$—CH_2—CH_3$	EC
取代基种类	单一醚	羟烷基醚	羟乙基纤维素	$—CH_2—CH_2—OH$	HEC
取代基种类	单一醚	羟烷基醚	羟丙基纤维素	$—CH_2—CHOH—CH_3$	HPC
取代基种类	单一醚	其他	羧甲基纤维素	$—CH_2—COONa$	CMC
取代基种类	单一醚	其他	氰乙基纤维素	$—CH_2—CH_2—CN$	CEC
取代基种类	混合醚		乙基羟乙基纤维素	$—C_2H_5$，$—C_2H_4OH$	EHEC
取代基种类	混合醚		羟乙基甲基纤维素	$—C_2H_4OH$，$—CH_3$	HEMC
取代基种类	混合醚		羟乙基羧甲基纤维素	$—C_2H_4OH$，$—CH_2—COONa$	HECMC
取代基种类	混合醚		羟丙基羧甲基纤维素	$—CH_2—CHOH—CH_3$，$—CH_2—COONa$	HPCMC
电离性	离子型		CMC		
电离性	非离子型		MC、EC、HEC、HPC 等		
电离性	混合型		CMHEC、HPCMC、HECMC 等		
溶解性	水溶型		MC、CMC、HEC、HPC 等		
溶解性	非水溶型		EC、CEC 等		

3.6　纤维素的改性

纤维素材料——浆、纸、纺织纤维、再生纤维、纤维素衍生物等的性质，均能利用接枝或交联反应来加以改变。改性的范围很广，包括防火耐燃、耐微生物、耐磨损、耐酸，以及提高纤维的湿强度、黏附力和对染料的吸收性等。经过改性后的纤维素纤耐化学腐蚀、耐老化，有的可作为离子交换的半透膜，能从废水里捕集稀有贵重金属；有的具有止血和杀菌效果有的还可制成质地柔软的“人造革”。因此，纤维素的改性研究，日益引起了科学工作者的注意和重视。

3.6.1　纤维素及其衍生物的接枝共聚

接枝共聚是指在聚合物的主链上接上另外一种单体单元，是对纤维素及其衍生物进行改性的有效途径。接枝共聚可以引入不同性能的支链聚合物，在纤维素材料固有优点的基础上，得到具有纤维素底物和支链聚合物双重性能的功能材料，从而极大地扩宽了纤维素的应用范围。纤维素接枝共聚的方法主要有自由基引发接枝和离子引发接枝两种基本类型，近年来，表面引发 ATRP 反应也被用于纤维素及其衍生物的表面改性。

纤维素的大多数接枝共聚反应采用自由基聚合，都是首先在纤维素基体上形成自由基，然后与单体反应生成接枝共聚物。自由基引发接枝研究较多，如四价铈引发接枝、五价钒引发接枝、高锰酸钾引发接枝、过硫酸盐引发接枝、Fentons 试剂引发接、光引发接枝、高能辐射引发接枝等。Gupta 等对四价铈引发纤维素接枝聚合进行了比较全面的研究，采用的单体包括丙烯酰胺、甲基丙烯酸乙酯、丙烯酰胺、丙烯酸乙酯、丙烯腈-丙烯酸乙酯、*N*-异丙基丙烯酰胺等，研究了丙烯酰胺和共聚单体甲基丙烯酸甲酯、甲基丙烯酸乙酯、丙烯酸甲酯、丙烯酸乙酯以及丙烯腈共聚单体和共聚单体丙烯酸乙酯与纤维素的接枝反应，提出了合理的反应步骤。以辛酸亚锡为催化剂在离子溶剂 1-烯丙基，3-甲基咪唑氯中丙交酯开环接枝得到纤维素——聚乳酸接枝共聚物，研究了接枝物在水中胶束化性质，该材料有望在药物包覆方面得到应用。引发反应的大分子自由基，可以借助各种化学方法、光、高能辐射和等离子体辐射等手段产生。在化学方法中，氧化还原体系的研究比较广泛，如高氧化态金属可以与纤维素构成氧化还原体系，使纤维素产生大分子自由基。另一种氧化还原体系是引发剂本身产生小分子自由基，然后从纤维素骨架上夺取氢原子，产生大分子自由基。

纤维素的离子型接枝共聚可以分为阳离子聚合和阴离子聚合两种，它们都是通过在纤维素分子上生成活性点来实现的。阳离子引发接枝聚合，主要是通过 BF_3、$TiCl_4$ 等金属卤化物，在微量的共催化剂存在下，进行包括碳正离子在内的接枝共聚反应。阴离子引发接枝，则根据 Michael 反应原理，首先将纤维素制成钠盐，再与乙烯基单体反应生成接枝共聚物。与自由基接枝共聚相比，离子型接枝在纤维素接枝共聚反应中所占的比例不大，但在反应的可重复性、可控性（指对接枝侧链的相对分子质量、取代度和纤维素骨架接枝点的控制）以及消除反应中的均聚物等方面具有优势。目前离子引发接枝多为阴离子引发接枝，阴离子接枝聚合所得的聚合物支链规整，相对分子质量可控。离子引发接枝共聚反应不仅速度快，接枝位置可以控制，而且对一些不能由自由基引发聚合的单体，也可以采用离子引发接枝，但离子型接枝共聚需在无氧无水的情况下进行，实施困难，同时在碱金属氧化物的存在下，纤维素可能会发生降解。

ATRP 的引发体系主要是由 3 种组分组成：作为引发剂的烷基卤化物，作为催化剂的低价态的过渡金属卤化物以及作为过渡金属配体的给电子化合物。ATRP 反应通过烷基卤化物与过渡金属复合物之间可逆的氧化还原反应达到活性种和休眠种之间的可逆平衡，使得体系中自由基浓度较低，抑制了不可逆的自由基双击终止，使聚合物反应得到有效的控制。与其他活性聚合方法相比，ATRP 的反应条件温和，适用的单体范围广泛，不仅适用于苯乙烯、丙烯酸酯、丙烯腈等，甚至还适用于甲基丙烯酸羟乙酯、甲基丙烯酸缩水甘油酯等单体，并可以设计分子构型，合成星型、嵌段、梯形、超支化等各种形态结构的聚合物。

接枝改性既能破坏纤维素分子内和分子间的氢键，起到内增塑的作用；又能将具有功能性的聚合物链引入纤维素分子中，得到功能化的材料。但是接枝改性对工艺条件要求较高，现有纤维素及纤维素衍生物的接枝改性大多停留在实验室阶段。

3.6.2　纤维素及其衍生物的交联

交联是纤维素改性的重要途径，并已在工业上广泛用于改善纤维素织物的性能。纤维素的交联反应主要是通过相邻纤维素链上—OH 基的烷基化反应以醚键的方式交联，形成三维网状结构的大分子。20 世纪初已有文献报道用甲醛来交联纤维素，目前纤维素产生化学交联的主要途径有：①通过化学或引发形成的纤维素大分子基团的再结合；②纤维素阴离子衍生物通过金属阳离子（二价或二价以上）交联；③通过纤维素吸附巯基化合物形成二硫桥的氧化交联；④纤维素的羟基与异氰酸酯反应形成氨酯键；⑤与多聚羧酸反应的酯化交联；⑥与多官能团醚化剂反应的醚化交联。醚化交联反应包括醛类与纤维素的缩醛反应、*N*-羟甲基化合物与纤维素的交联反应以及纤维素中的羟基与含环氧基和亚氨环基的多官能团化合物的开环反应。甲醛是最早使用的交联剂，其他醛类还有乙二醛、高级脂族二醛等；*N*-羟甲基化合物可以是二羟甲基脲、环脲衍生物、三氮杂苯类化合物等；与纤维素发生开环反应的多官能化合物包括乙烯亚氨基化合物如三氮杂环丙烯膦化氧、环氧化物等。

通过交联反应，可改变纤维和织物的性质，提高纤维素的抗皱性、耐久烫性、黏弹性、湿稳定性以及纤维的强度。目前，对人造丝和棉纱织物的处理通常使用脲类交联剂，织物以

60～100m/min 的速度通过交联剂溶液，然后在 100～130℃干燥固化即可。纤维素珠经环氧氯丙烷交联后可明显改善其孔结构和溶胀行为。水溶性纤维素醚交联后可得到水凝胶，并可用作色谱柱填充材料。

3.6.3 等离子体改性

长期的生产实践证明，把原有的纤维材料加以改性，其效果比创制一个新品种更为优越，既易于投产，又能较快地得到经济上的好处。如果说通过接枝、交联等反应是属于化学改性的话，那么采取等离子体的方法，同样能使纤维素改性，不过是属于物理改性而已。

什么是等离子体？如果把某种惰性气体置于放电的电场之中，当电子流与气体的分子相互撞击时，一部分气体分子获得了能量，产生介稳态的、原子态的、离子态的、自由基型的各种粒子，体系中更混有未变化的气体分子和电子，其中带正电的粒子与带负电的粒子浓度几乎相等。这个复杂的体系通常被称为等离子体。

为了获得等离子体效应，目前较为常用的放电方法是：具有高压低频的电晕放电和射频放电等。电晕放电的电压可高达几万伏，频率可在几十到几千赫之间，可以在大气压下处理纤维素样品。射频放电的电压也很高，频率也高，常用的频率为 13～20MHz，一般在真空条件下处理纤维素样品。

纤维素改性上应用的等离子体是低温等离子体，这种等离子体的特征是：电子的温度与气体分子的温度不平衡，气体分子的温度接近于常温，而电子温度却较之高 10～100 倍。正因为电子具有的高能量才能引发反应使纤维素的部分键裂断，从而产生新的化合物，同时，气体分子的温度又不太高，不会造成纤维素主体分解。

纤维材料的许多特性是与它的表面成分和表面结构密切相关，比如，耐磨性、柔软性、黏着性、静电性等。如果只改变表面性质而使纤维素内部不受损久就能够既保持原有的良好性能，又获得了新的特性，这样就提高了纤维材料的实用性。运用等离子体的方法来使纤维素改性，可以得到有效的结果。因为等离子体触及纤维材料表面深度，仅有 0.1μm 以内，对材料的其他物理力学性能影响极小。

在等离子体条件下进行纤维素改性，可以有两个方面：①改变材料的表面结构；②在材料表面或本身结合新的基团和聚合物。例如，把硝酸纤维素膜在甲苯（气态）中进行放电处理，经过等离子体改性，结果使硝酸纤维素膜的透气性得到改善。再如，将棉纤维与二氟乙烯或四氟乙烯采取等离子体作用后，提高了纤维的疏水性。

3.6.4 共混改性

共混是高分子材料制备的重要手段，也是近期可降解高分子材料的产业化重点。通过纤维素或纤维素衍生物与其他高分子材料的共混改性，充分发挥各组分的结构和性能特点，可制备具有良好力学性能、加工性能、性价比和某些特殊功能的高分子材料，这一领域已成为国内外的研究热点。

（1）纤维素与天然高分子的共混　纤维素基共混型可生物降解材料主要包括两大类：一类是与其他天然高分子的共混；一类是与可生物降解型合成高分子的共混。用于与纤维素共混的其他天然高分子一般是蛋白质、壳聚糖、淀粉等，这些物质具有很好的生物降解性能，它们与纤维素通过机械共混、熔融共混或溶液共混都可制得可生物降解的材料。

① 与甲壳素、壳聚糖的共混　Yin 等将 CS 与羟丙基甲基纤维素、甲基纤维素利用溶液成膜法得到透明且脆的薄膜，研究表明 CS 与这两种纤维素酯部分相容，组分之间存在微弱的氢键作用。Wu 等用三氟醋酸作溶剂成功制得壳聚糖/纤维素共混物薄膜，这种薄

膜具有良好的抗菌性能，可以用于制备创可贴。Liang 等在 NaOH/硫脲溶液中制备了具有均匀大孔结构的壳聚糖/纤维素膜，所得到的薄膜具有很好的药物渗透能力。He 等将纤维素黄原酸酯与甲壳素黄原酸酯溶液进行共混，经湿法纺丝得到具有良好抑菌性能的短纤和长丝。

② 与淀粉的共混　在甲基纤维素/水溶性淀粉的共混物中添加甘油酯或糖类作为增塑剂进行挤出或热压成型，并对其力学性能、热学性能及气体渗透性进行了研究，结果表明，加入增塑剂大大降低其拉伸强度，玻璃化转变温度随增塑剂量的增大而降低程度更大。Suvorova 等对甲基纤维素/淀粉和羧甲基纤维素/淀粉共混物的吸附性能和渗透气化性能进行了研究，并对其生物降解性能进行了测定，结果表明，共混物在水-土壤环境中的生物降解性能随淀粉量的增加而增大。淀粉和 CA 共混物可完全降解，得到了一种可完全降解的热塑性材料。热重分析研究了在纤维素衍生物（CA 等）淀粉共混物中添加剑麻纤维的含量对热降解行为的影响，结果表明，加入的剑麻纤维对共混物的热降解无显著影响。

③ 与蛋白质的共混　Chen 等研究了大豆蛋白与纤维素共混膜的相容性，表明在大豆蛋白含量低于 40%情况下，共混膜中大豆蛋白和纤维素的相容性有相当大的提高，大豆蛋白的加入大大改善了纤维素各方面性能。所制备的大豆蛋白与纤维素共混微孔膜具有良好的分离性能和力学性能，可以用于分离和医学领域。Cord 等报道了利用溶液纺丝法制备纤维素基食品套管，在纺丝溶液中添加蛋白质或其衍生物对其制品的表面进行了修饰，这种套管十分适用于香肠的包装。陈洪章等以离子液体为溶剂，溶解羊毛和纤维素共混物，得到共混纤维。

(2) 纤维素与可生物降解合成高分子材料的共混　与纤维素共混的可生物降解合成高分子主要有聚乙二醇、聚己内酯、聚乳酸等，由于这些合成高分子具有优良的力学性能、加工性能以及生物降解性能，通过加入这些高分子可以改善纤维素材料的性能和功能，获得性能优良的高分子材料。

① 与聚乙二醇（PEG）的共混　PEG 具有良好的渗透性能和生物降解性能，纤维素与 PEG 的共混物可用于分离领域及医药领域。Kawakami 等研究了 PEG/硝基纤维素共混膜的气体渗透性。在不同共混比例下所得到的膜对二氧化碳的透过性能都比较好，且随着 PEG 的含量的增加，共混膜对二氧化碳的渗透分离能力迅速增大。PEG/纤维素共混物用于药物释放体系，温度和体系酸碱性对共混物的性能有很大的影响，材料只有在酸性条件下才能释放药物。

② 与聚己内酯（PCL）的共混　PCL 是一种能部分结晶的脂肪族聚酯，能与许多聚合物形成热力学相容或部分相容的共混体系。PCL 及其单体无毒，具有良好的生物相容性，并可生物降解。因此纤维素与 PCL 的共混物可作为生物降解材料，应用于药物控释的载体、手术缝线以及包装材料等方面。

③ 与聚乳酸（PLA）的共混　PLA 是近年来受到广泛关注的合成可生物降解材料，具有良好的力学性能、生物相容性和安全性，对人体无毒无害，在体内及自然环境中逐渐降解。为拓展 PLA 的应用领域并降低材料成本，近年来不断有 PLA 与纤维素等材料的共混改性的报道。

对回收的纤维素和 PLA 通过挤出-注射模塑工艺获得的共混物的研究表明，与纯的 PLA 相比，纤维素纤维的加入增大了弯曲模量弹性模量。DSC 和 TGA 的分析结果显示，当纤维素含量高于 30%时，纤维素的量对共混物的结晶度及热降解无显著影响。

3.7 功能纤维素材料制备及应用

纤维素纤维一种天然的高分子材料。随着科学技术的发展，纤维素纤维作为一种工业原材料，已不再限于纸浆和纸、再生纤维素纤维的制造，功能化纤维素以及其应用已越来越显示其重要地位。利用丰富的纤维素资源，采用新工艺新技术、制备性能特殊、附加值高的纤维素新材料，成为国内外最活跃的研究领域之一。前面讲的纤维素的性质，其实质也赋予了纤维素某些特殊性质，使纤维素功能化。本节主要介绍几种重要的功能化纤维材料。

3.7.1 吸附分离纤维素材料

吸附是自然科学和日常生活中一种常见的现象，是指液体或气体中的分子通过各种键力的相互作用在固体材料上的结合。

纤维素本身就具有一定的吸附作用，但其吸附容量小，选择性低。改性纤维素类吸附剂是目前纤维素功能高分子材料的重要发展方向之一。这类吸附剂既具有活性碳的吸附能力，又比吸附树脂更易再生，而且稳定性高、吸附选择性强、制备成本低。其中球形纤维素吸附剂不仅具有疏松和亲水性网络结构的基体，而且具有比表面极大、通透性能和水力性能好、适应性强等优点。

球形纤维素吸附剂的制备，首先要制成纤维素珠体。通过选择适当的介质，如烃类、卤代烃等，将黏胶分散成球状液滴，继而使球状纤维素液滴固化，再使纤维素珠体再生；然后使球形再生纤维素功能化。一般分两步骤：首先采用交联剂（常用环氧氯丙烷）与纤维素球体进行交联反应，以便改变纤维素珠体的溶胀性质，提高其稳定性；然后按一般酯化、醚化或接枝共聚等方法将交联纤维素珠体官能化，可引入的基团有磺酸基、羧基、羧甲基、脂肪氨基、氨乙基、氰基、氢乙基、乙酰基、磷酸基、胺基、肟基等。

球形纤维素吸附剂广泛用于生命科学的许多方面，如血液中不良成分的去除和血液分析、醚的分离纯化、医药生化工程材料及普通蛋白质的分离纯化，还可用作凝胶色谱亲和色谱的固定相，吸附分离和回收金属离子，从海水中提取铀、金等，吸附废水中燃料等化学物质。

3.7.2 高吸水性纤维素材料

纤维素中含有大量的醇羟基，具有亲水性。植物纤维的物理结构成多毛细管性，比表面积大，因此，可作为吸水材料。但天然纤维的吸水能力不大，必须通过化学改性，使之具有更强或更多的亲水集团，提高其吸水性能，可知的吸水性能比纤维自身吸水性高几十倍甚至上千倍的高吸水性纤维素。高吸水性纤维素有两类：酯化纤维素类和接枝共聚纤维素类。

通过纤维素的醚化，可以制造各种类型的吸水性纤维。所用的纤维原料有棉纤维、木质纤维和再生纤维素纤维，交联剂有环氧化合物、氯化物和酰胺类化合物，主要的醚化剂有一氯乙酸、二氯乙酸及其盐。醚化纤维素，如羟乙基纤维素、甲基羟乙基纤维素、羧甲基纤维素，可以采用先交联后醚化或先醚化后交联两种方法来制造。为了提高吸水性能，可将醚化纤维素进一步加工制造高吸水性能的产品，如羧甲基纤维素碳酸盐。

3.7.3 微晶纤维素材料

纤维素纤维由结晶区和非结晶区组成，在温和的条件下加水降解，就能得到大小为微米级的结晶的微小物质。微晶纤维素是由天然的或再生的纤维素，在较高的温度下通过盐酸、二氧化硫或硫酸酸催化降解而得到。产物的形状、大小和聚合度可以由降聚的反应条件来控制，微晶纤维素的聚合度视纤维素原料的品质而有区别。微晶聚集颗粒的尺寸为1500～3000nm，呈棒状或薄片状。微晶纤维素为高度结晶体，其密度相当于纤维素单晶的密度，为1.538～1.545g/cm^3。

微晶纤维素是一种水相稳定剂，它在水中形成胶质分散体。微晶纤维素适合作为食品纤维非能量膨化剂不透明剂抗裂剂和抗压剂，在各种食品中，除了使乳化稳定不透光以及悬浮外，还能显著改善口感，赋予或增加食品的类脂性。微晶纤维素在医药工业中作为载体和药片基质，用作赋形填充剂、崩解剂、胶囊剂和缓蚀剂等；再日用化学品中用于头发护理用品染发剂洗发液和牙膏等。最近的研究发现，微晶纤维素可以作为一种能够形成固定液态结晶相的新材料。

3.7.4　医用纤维素材料

生物医学材料是指以医疗为目的，用于与组织接触以形成功能的无生命的材料。生物医学而材料必须具备两个条件：一是要求材料与活体组织接触时无急性毒性、无致敏、致炎、致癌和其他不良反应；二是应具有耐腐蚀性能及相应的生物力学性能和良好的加工性能。生物医学材料可分为金属材料、无机非金属材料和有机高分子材料三大类。纤维素材料是其中一种高分子材料。

生物医用纤维材料主要有用于人工脏器的纤维素材料、用于血液净化的纤维素材料和用于医药的纤维素材料。

用于人工脏器的纤维材料包括用于人工肾脏的铜氨再生纤维素、醋酸纤维素（火棉胶），用于人工肝脏的硝酸纤维素（赛璐玢），用于人工皮肤的火棉胶以及用于人工血浆的羧甲基纤维素和甲基纤维素。

用于血液透析血液过滤和血浆交换的高分子膜必须具有良好的通透性、机械强度以及与血液相容性。纤维素的化学结构、立体结构和微细结构使其具有良好的透析性，在水中尺寸稳定性好，并有足够的强度。因此纤维素及其衍生物产品广泛用于血液净化体系，用得最多是铜氨法再生纤维素和三醋酸纤维素。

用于医药的纤维素产品较多，如微晶纤维素、羧甲基纤维素、甲基纤维素、乙基纤维素、醋酸纤维素、醋酸纤维素酞酸酯、羟丙基纤维素、羟丙基甲基纤维素和羟丙基甲基纤维素酞酸酯等，表3-3列出了口服制剂药用纤维素辅料。

表3-3　口服制剂药用纤维素辅料

功　　能	纤维素辅料
胶黏剂	羧甲基纤维素钠、微晶纤维素、乙基纤维素、羟丙基甲基纤维素、甲基纤维素
稀释剂	微晶纤维素、粉状纤维
崩解剂	微晶纤维素
肠溶包衣	醋酸纤维素邻苯二甲酸酯、醋酸纤维素三苯基羧酸酯、羟丙基纤维素邻苯二甲酸酯
非肠溶包衣	羧甲基纤维素钠、羟乙基纤维素、羟丙基纤维素、羟丙基甲基纤维素、甲基纤维素

纤维素经高碘酸盐选择性氧化生成二醛纤维素，再进一步氧化可得到分子链中具有均匀电荷性的羧酸纤维素。初步研究表明，羧酸纤维素具有较高的抗凝血性，可用作抗凝血材料。

3.7.5　离子交换纤维

顾名思义，离子交换纤维是一种纤维状的物质，其表面积远比离子交换树脂的粒状物和离子交换膜的薄膜体要大得多，故其吸附和再生的时间也相应地比较短。由于它具有这样的特性，因此一些被粒状或膜状的离子交换树脂无法吸收的气态物质，都能用离子交换纤维来吸收。这样就大大地扩大了离子交换技术的应用范围。

离子交换纤维的掺入能形成交换性能可调节的纤维。掺入专门的离子交换剂后能生产具有特殊性能的纤维。例如：这些纤维可用于饮用水的制造以去除重金属、硝酸盐或硬度。同时也能将离子交换剂与不同的性能相结合。离子交换纤维与传统离子交换粒子相比，一个关键的特征是其较高的交换速度。离子交换粒子在5min时交换能力达60％，20min时达到100％，而离子交换纤维在5min时交换能力即可达到100％。除了从溶液里去除专门的离子外，这些纤维也能有助于将专门的离子如银、铜和汞引入溶剂。这就开创了新的应用领域，如医用和卫生保健用的杀菌纤维，以及在造纸工业中用来生产特殊纸张。离子交换纤维能采用与生产纱线和非织造材料相同的工艺来生产。离子交换纤维不但是呈纤维状，而且还可以制成织物、泡沫纤维和纸张。这种离子交换纤维的抗张和耐破强度都比较高，同时在干湿状态下，其韧性也很好，加工制作亦比较方便，从而使其发挥的作用与日俱增。德国Thuringisches纺研所研制的ALCERU纤维素基离子交换纤维已获得成功。

3.8 细菌纤维素的制备及应用

3.8.1 细菌纤维素的制备及性能

细菌纤维素是由生长在液态含糖基质中的细菌产生的，并分泌到基质中的纤维素成分。它不是细菌细胞壁的结构成分，而是一种胞外产物。为了与植物来源的纤维素区分，将其命名为“细菌纤维素”。

细菌纤维素是最早在1886年由英国科学家Brown在静置条件下培养醋杆菌时发现的，其化学组成和分子结构上与天然（植物）纤维素一样，均是由β-1,4-萄糖苷键聚合而成的线型高分子，由于不含有植物纤维中的木质素、半纤维、果胶和阿拉伯聚糖等，因此具有高结晶度（可达95%）和高聚合度（DP值2000～8000）。细菌纤维素可由Acetobacter、Agrobacterium、Pseudomonas、Rhizobium和Sarcina等菌株生产，其中研究最多、产量最高的是木醋杆菌（Acetobacter xylinum）。发酵生产细菌纤维素需要适合发酵条件的培养基，而且培养基的组成对纤维素产量有很大的影响。生产细菌纤维素的培养基一般包括：碳源如葡萄糖、果糖、蔗糖等；氮源如酵母粉、蛋白胨；无机盐如含Mg的盐，有时还加入一些有机酸如乳酸、醋酸、柠檬酸等。

细菌纤维素的微纤丝束直径为3～4nm，而由微纤维束连接成的纤维丝带宽度为70～80nm，长度为1～9μm，是目前最细的天然纤维，微纤维的大小与结晶度有关。由于纤维丝束间大量的氢键存在，使其具有高的抗张强度和弹性模量。这种独特的超微纤维网状结构，使其具有优越的物理力学性能。细菌纤维素经处理后，杨氏模量可达（78±17）GPa。细菌纤维素分子内存在大量的亲水性基团，有很多“孔道”，因此具有良好的透气、透水性能，能吸收比自身干重大60～700倍的水分。极佳的形状维持能力和抗撕裂性，较高的生物适应性和良好的生物可降解性，可最终降解成单糖等小分子。细菌纤维素生物合成具有可调控性。采用不同的培养方法，如动态培养和静止培养，可得到不同高级结构的细菌纤维素。

3.8.2 细菌纤维素的应用

（1）细菌纤维素在食品工业中的应用　在传统的发酵工艺中，由醋酸菌纯种发酵或与其他微生物混合发酵，可产生富含纤维素的产品，如纳塔和红茶菌等。细菌纤维素对人体具有许多独特的功能，如增强消化功能，预防便秘，是人体内的清道夫，有吸附与清除食物中有毒物质的作用，同时还可优化消化系统内的环境，起到抗衰老作用，这些符合现在人们高蛋白、高纤维、低脂肪、营养、保健的饮食趋向。又由于细菌纤维素具有良好的亲水性、持水性、凝胶特性、稳定性及完全不被人体消化的特点，使之成为一种很具有吸引力的新型功能性食品基料，可作为增稠剂、固体食品成型剂、分散剂和结合剂等应用于食品工业中。现在已有将细菌纤维素用于发酵香肠、酸奶及冰激凌的生产研究报道。

(2) 细菌纤维素在造纸工业中的应用　将细菌纤维素作为造纸原料，可以免去植物纤维素脱木质素的过程，提高纸张强度及耐用性，也解决了废纸回收利用时纤维素强度降低的问题。把经过染色的细菌纤维素添加到植物纤维中，制造一种新型的防伪纸，这种防伪纸具有良好的鉴别性和很高的表层强度。细菌纤维素作为胶黏剂应用于非织造织物（无纺布）的生产，可以改善非织造织物（无纺布）包括强度、透气、亲水性以及最终产品的手感等在内的许多性能，所适用的纤维包括当前广泛使用于非织造织物（无纺布）的各类纤维，如人造纤维、尼龙、聚酯、木材纤维以及其他用于其他非织造织物（无纺布）的材料，如玻璃纤维、碳纤维等。

(3) 细菌纤维素在生物医学方面的应用　生物相容性是作为组织工程支架材料必备的要素之一。许多研究人员做了BC动物模型的体内相容性研究。例如，Kolodziejczyk等在兔子皮下植入BC膜（直径1cm），3周观察，无肉眼可见的炎症反应，组织学观察显示只有少量的巨细胞和成纤维细胞出现在材料组织界面上。Klemm等的研究同样证实了细菌纤维素良好的体内相容性，他们将一段中空的BC管植入鼠颈动脉，无任何排异反应。Helenius等在Wistar大鼠皮下植入细菌纤维素，使用免疫组化和电子显微镜技术，经过1～12周观察，从慢性炎症反应、异物排斥反应以及细胞向内生长和血管生成等方面特征，系统评估了植入物BC的体内相容性。结果表明，植入物周围无肉眼和显微镜可见的炎症反应，没有纤维化被膜和巨细胞生成，而且与宿主组织融为一体，并未引起任何慢性炎症反应。同时作者观察到，许多成纤维细胞可以透过BC材料的多孔结构进入材料内部，并且有成纤维细胞增殖和胶原合成。因此可以断定BC的生物相容性很好，在组织工程直接构建方面具有潜在的价值。

最近马霞等报道了以BC作为创伤辅料的研究，也发现BC膜表面孔径具备作为人工皮肤支架的物理条件，适于成纤维细胞和毛细血管的长入。细菌纤维素为新生的毛细血管和成纤维细胞提供了合适的三维支架，利于其长入和定位，并可诱导成纤维细胞生长，利于肉芽组织的生成。Svensson等利用牛软骨细胞对天然BC材料和经化学修饰的BC材料进行了评价。结果表明未经修饰的天然BC材料在保持良好的力学性能的前提下，Ⅱ型胶原基质大约为50%的水平，并且支持软骨细胞的增殖。与细胞培养用的培养皿材料和藻酸钙相比，天然BC中培养的软骨细胞表现出明显的高水平生长，说明BC材料更好地支持软骨细胞生长增殖。为模拟天然软骨组织中葡糖胺聚糖，BC经过磷酸化以及硫酸化修饰，发现并未进一步促进软骨细胞的生长水平。同时，材料孔率并未影响软骨细胞增殖能力。通过体外巨噬细胞屏蔽实验发现BC未导致显著性的致炎细胞因子活化。因此，未修饰的BC可能更适合于人组织工程软骨的开发。透射电镜分析及人软骨细胞Ⅱ型胶原RNA表达分析表明天然BC支持软骨细胞的分化、增殖。此外，软骨细胞向支架材料内部的长入也已通过透射电镜证实。结果表明细菌纤维素材料有作为软骨组织工程支架材料的潜力。

细菌纤维素结构与骨胶原纤维的形态形似，并且具有卓越的力学强度，使其在骨组织工程的应用成为可能。Wan等对羟基磷灰石和细菌纤维素复合进行了研究，发现经过磷酸盐和氯化钙处理后的细菌纤维素材料在模拟体液中可以形成羟基磷灰石的结晶。进一步的研究显示，磷酸化的细菌纤维素可以促进羟基磷灰石形成，并且形成的 HAp 晶体是被碳酸盐包裹的纳米级、低结晶度晶体。这种三维 HAp-BC 纳米复合结构类似于骨骼中的生物磷灰石，在骨组织工程支架应用方面具有良好的发展前景。Hutchens 等利用细菌纤维素作为生物陶瓷的沉积基质，合成了一种相似的低钙羟基磷灰石（calcium-deficient hydroxyapatite，Cd-HAP）复合材料。在生理 pH 值和温度下，通过先在氯化钙溶液中连续培养，然后再在磷酸钠中孵育，最终在细菌纤维素上形成了磷酸钙微粒。XRD 显示 10～50nm 的晶体颗粒在细菌纤维素中形成，并且形成的晶体颗粒为各向异性轴向拉伸片晶。这种低钙磷灰石与骨头的主要组成成分相似。SEM 证实了在纤维素中形成的是由片层状的纳米晶体组成的均一的低钙羟基磷灰石微球，微球直径约为 1μm。在研究中发现这种复合材料比天然的细菌纤维素优先支持成骨细胞的生长。Hutchens 指出这种模拟天然生物矿化骨的复合材料使有望成为整形外科的一种优良生物材料。可以作为骨再生治疗的植入物，并且有望进一步作为骨组织工程支架用于骨组织的重建。

Sanchavanakit 等研究了人的角化细胞和成纤维细胞在细菌纤维素上的体外培养状况。结果表明细菌纤维素对人的角化细胞和成纤维细胞没有毒性，并且支持两种细胞的增殖。对人的角化细胞，BC 材料与培养皿材料相比可以更好地支持细胞的黏附、增殖及迁移，并且可以很好地维持角质细胞的表达。对成纤维细胞，虽然支持细胞的增殖及迁移，但 BC 材料对成纤维细胞的黏附性较差。因此，BC 材料作为组织工程皮肤支架材料，需要进一步的修饰及改性以满足皮肤组织构建的需要。

参 考 文 献

[1] Yamada T，YEH Ting-feng，CHANG Hou-min，et al. Holzforschung，2006，60（1）：24.
[2] 蔡再生．纤维化学与物理．北京：中国纺织出版社，2004.
[3] 杨之礼，王庆瑞，邬国铭．粘胶纤维工艺学．第 2 版．北京：纺织工业出版社，1989.
[4] 张俐娜．天然高分子改性材料及应用．北京：化学工业出版社，2006.
[5] Ruan D，Zhang L. Gelation Behaviors of Cellulose Solution Dissolved in Aqueous NaOH/thiourea at Low Temperature. Polym，2008，49：1027-1036.
[6] Ishii D，TaIsumi D，Matsumoto T. Biomacromolecules，2003，4：1238-1243.
[7] Jin H，Zha Ch，Gu L. Direct Dissolution of Cellulose in NaOH/thiourea/urea Aqueous Solution. Carbohydr. Res，2007，342：851-858.
[8] Swatloski R，Spear S，Holbrey J，Rogers R. Dissolution of Cellulose with Ionic Liquids. J. Am. Chem. Soc.，2002，124：4974-4975.
[9] Schobitz M，Meister F，Heinze T. Unconventional Reactivity of Cellulose Dissolved in Ionic Liquids. Macromol. Symp.，2009，280：102-111.
[10] Sun N，Swatloski R，Maxim M，Rahman M，Harland A，Rogers R. Magnetite-embedded cellulose fibers prepared from ionic liquid. J. Mater. Chem.，2008，18（3）：249-356.
[11] Wu R，Wang X，Li F，Li H，Wang Y. Green Composite Films Prepared from Cellulose，Starch and Lignin in Room-temperature Ionic Liquids. Bioresour. Technol.，2009，100：2569-2574.
[12] Zavrel M，Bross D，Funke M，Buchs J，Spiess A. High-throughput Screening for Ionic Liquids Dissolving Ligno-cellulose. Bioresour. Technol.，2009，100，2580-2587.
[13] Varma R，Namboodiri V. An Expeditious Solvent-free Route to Ionic Liquids Using Microwaves. Chem. Commun.，2001：643-644.
[14] 罗慧谋，李毅群，周长忍．功能化离子液体对纤维素的溶解性能研究．高分子材料科学与工程，2005，21（2）：233-235.
[15] Zhang H，Wu J，Zhang J，He J. 1-Allyl-3-methylimidazolium Chloride Room Temperature Ionic Liquid：A New and Powerful Nonderivatizing Solvent for Cellulose. Macromolecules，2005，38：8272-8277.

[16] Kosan B, Michels C, Meister F. Dissolution and Forming of Cellulose with Ionic Liquids. Cellulose, 2008, 15: 59-66.
[17] 吴翠玲，李新平，秦胜利，王建勇．纤维素/NMMO溶液体系流变性能的研究．2005，13（1）：34-37.
[18] Dogan H, Hilmioglu N. Dissolution of Cellulose with NMMO by Microwave Heating. Carbohydr. Polym., 2009, 75: 90-94.
[19] Cao Y, Wu J, Meng T, Zhang J, He J, Zhang Y. Acetone-soluble Cellulose Acetates Prepared by One-step Homogeneous Acetylation of Cornhusk Cellulose in an Ionic Liquids. Carbohydr. Polym., 2007, 69: 665-672.
[20] Yin J B, Luo K, Chen X S, et al. Carbohydr. Chem., 2006, 63: 238-244.
[21] Wu Y B, Yu S H, Mi F L, et al. Carbohydr. Chem., 2004, 57: 435-440.
[22] LIANG S M, ZHANG L N, XUN J. J. Appl. Polym. Sci., 2007, 287 (1): 19-28.
[23] 陈洪章，刘丽英．中国发明专利CN1884642A.
[24] He C J, Ma B M, Sun J F. Journal of Applied Polymer Science, 2009, 113 (5): 2777-2784.
[25] Zhang L M. Colloid. Polym. Sci., 1999, 277 (9): 886-890.
[26] 高素莲，张秀真．应用化学，2005，22（8）：923-925.
[27] Gao S L, Zhang X Z. Journal of Applied Chemistry, 2005, 22 (8): 923-925.
[28] Kavakami M, Iwanga H, Hara Y, et al. J. Appl. Polym. Sci., 2003, 27 (7): 2387-2393.
[29] Li J T, Nagai K, Nakawaga T, et al. J. Appl. Polym. Sci., 2003, 58 (9): 1455-1463.
[30] Shen Q, Liu D S. Carbohydr. Chem., 2007, 69 (2): 293-298.
[31] Rosad S, Guedes C G F, Bardi M A G. Polym. Teat, 2007, 26 (2): 209-215.
[32] Gail M R, Gaboardi F, Bardi M A G. Polym. Test, 2007, 26 (2): 257-261.
[33] Huda M S, Mohanty A K, DRZAL L T, et al. J. Mater. Sci., 2005, 40 (16): 4221-4229.
[34] Klemm D, Schumann D, Udhardt U, et al. Bacterial synthesized cellulose-artificial blood vessels for microsurgery. Prog Polym Sci, 2001, 26: 1561-1603.
[35] Helenius G, Baeckdahl H, Bodin A, et al. In vivo biocompatibility of bacterial cellulose. J Biomed Mater Res, 2006, 76 (2): 431-438.
[36] 马霞，陈世文，王瑞明、纳米材料细菌纤维素对大鼠皮肤创伤的促愈作用．中国临床康复．2006，10（37）：45-47.
[37] Svensson A, Nicklasson E, Harraha T, et al. Bacterial cellulose as a potential scaffold for tissue engineering of cartilage. Biomaterials, 2005, 26: 419-431.
[38] Bodin A, Concaro S, Brittberg M. Bacterial cellulose as a potential meniscus implant. J Tissue Eng Regen Med, 2007, 1: 406-408.
[39] Bäckdahl H, Helenius G, Bodin A. Mechanical properties of bacterial cellulose and interactions with smooth muscle cells. Biomaterials, 2006, 27: 2141-2149.
[40] Bodin A, Bäckdahl H. Fink H, Influence of cultivation conditions on mechanical and morphological properties of bacterial cellulose tubes. Biotechnology and Bioengineering, 2007, 97 (2): 425-434.
[41] Kikuchi M, Ikoma T, Itoh S, et al. Biomimetic synthesis of bone-like nanocomposites using the self-organization mechanism of hydroxyapatite and collagen. Compos Sci Technol, 2004, 64 (6): 819-825.
[42] Wan Y Z, Hong L, Jia S R, et al. Synthesis and characterization of hydroxyapatite-bacterial cellulose nanocomposites. Compos Sci Techol, 2006, 66: 1825-1832.
[43] Wan Y Z, Huang Y, Yuan C D, et al. Biomimetic synthesis of hydroxyapatite/bacterial cellulose nanocomposites for biomedical applications. Mater Sci Eng C, 2007, 27: 855-864.
[44] Hutchens S A, Benson R S, Evans B R, Biomimetic synthesis of calcium-deficient hydroxyapatite in a natural hydrogel. Biomaterials, 2006, 27: 4661-4670.
[45] Sanchavanakit N, Sangrungraungroj W, Kaomongkolgit R, et al. Growth of human keratinocytes and fibroblasts on bacterial cellulose film. Biotechnol Prog, 2006, 22 (4): 1194-1199.

第4章 淀　　粉

淀粉在自然界中分布很广，是高等植物中常见的组分，也是碳水化合物贮藏的主要形式。在大多数高等植物的所有器官中都含有淀粉，这些器官包括叶、茎（或木质组织）、根（或块茎）、球茎（根种子）、果实和花粉等。除高等植物外，在某些原生动物、藻类以及细菌中也都可以找到淀粉粒。

植物绿叶利用日光的能量，将二氧化碳和水变成淀粉，绿叶在白天所生成的淀粉以颗粒形式存在于叶绿素的微粒中，夜间光合作用停止，生成的淀粉受植物中糖化酶的作用变成单糖渗透到植物的其他部分，作为植物生长用的养料，而多余的糖则变成淀粉贮存起来，当植物成熟后，多余的淀粉存在于植物的种子、果实、块根、细胞的白色体中，随植物的种类而异，这些淀粉叫做贮藏性多糖。将植物原料磨碎，使细胞破裂，然后用水冲洗，淀粉在水中混悬不沉，滤过后干燥即得。淀粉是白色、无臭、无味的粉末状物质。

淀粉广泛存在于许多植物的种子、根、茎等组织中，尤其是谷类如稻米、小麦、玉米等，马铃薯、木薯、甘薯等薯类的组织中大量贮存。由于淀粉原料来源广泛，种类多，产量丰富，特别是中国以农产品为主，资源极为丰富，而且价廉，因此研究和开发淀粉化学品是极有价值的。

4.1 天然淀粉

4.1.1 淀粉的来源分类

淀粉的品种很多，一般按其来源分为如下几类。

（1）禾谷类淀粉　这类原料主要包括玉米、米、大麦、小麦、燕麦、荞麦、高粱和黑麦等。淀粉主要存在于种子的胚乳细胞中，另外糊粉层、细胞尖端即伸入胚乳淀粉细胞之间的部分也含有极少量的淀粉，其他部分一般不含淀粉，但有例外，玉米胚中含有大约25%的淀粉。淀粉工业主要以玉米为主。针对玉米的特殊用途，人们开发了特用型玉米新品种，如高含油玉米、高含淀粉玉米、蜡质玉米等，以适应工业发展的需要。

（2）薯类淀粉　薯类是适应性很强的高产作物，在中国以甘薯、马铃薯和木薯等为主。主要来自于植物的块根（如甘薯、葛根等）、块茎（如马铃薯、山药等）。

（3）豆类淀粉　这类原料主要有蚕豆、绿豆、豌豆和赤豆等，淀粉主要集中在种子的子叶中。这类淀粉直链淀粉含量高，一般用于制作粉丝的原料。

（4）其他淀粉　植物的果实（如香蕉、芭蕉、白果等）、基髓（如西米、豆苗、菠萝等）等中也含有淀粉。另外，一些细菌、藻类中亦有淀粉或糖原（如动物肝脏），一些细菌的贮藏性多糖与动物肝脏中发现的糖原相似。

淀粉中的主要成分如表4-1。

4.1.2 淀粉的含量

淀粉含量随植物种类而异，禾谷类籽粒中淀粉特别多，高达60%～70%。大约占碳水化合物总量的90%左右。其次是豆类（约30%～50%）、薯类（约10%～30%），而油料种子中含淀粉较少。各种粮食籽粒中的淀粉含量如表4-2所示。

表 4-1　淀粉的主要成分　　单位：%

组成	玉米淀粉	马铃薯淀粉	小麦淀粉	木薯淀粉	蜡质玉米粉
淀粉	85.73	80.29	85.44	86.69	86.44
水分(20℃,65%相对湿度)	13	19	13	13	13
类脂物(干基)	0.8	0.1	0.9	0.1	0.2
蛋白质(干基)	0.35	0.1	0.4	0.1	0.25
灰分(干基)	0.1	0.35	0.2	0.1	0.1
磷(干基)	0.02	0.08	0.06	0.01	0.01
淀粉结合磷(干基)	0.00	0.08	0.00	0.00	0.00

表 4-2　各种粮食籽粒中的淀粉含量

品种	含量/%	品种	含量/%	品种	含量/%
糙米	75～80	燕麦(不带壳)	50～60	绿豆	50～55
玉米	64～78	(带壳)	30～40	赤豆	58
甜玉米	20～28	荞麦	35～48	大豆	2～9
高粱	69～70	黑麦	54～69	花生	5
小麦	58～76	甘薯	15～29	豌豆	21～49
大麦(不带壳)	56～66	木薯	10～32	绉皮豌豆	60～70
大麦(带壳)	38～42	马铃薯	8～29	蚕豆	35

同一种植物，淀粉含量随品种、土壤、气候、栽培条件及成熟条件等不同而不同，即使在同一块地里生长的不同植株，其淀粉含量也不一定相同，以玉米为例，见表 4-3。

表 4-3　不同玉米品种的淀粉含量　　单位：%（质量）

品种	淀粉含量	品种	淀粉含量
硬粒种	58～60	马齿种	70
粉质种	73	甜质种	20～28

同一品种不同组成部分淀粉含量不同，以马齿种玉米籽粒为例，见表 4-4。

表 4-4　马齿种玉米籽粒各部分质量比例及化学组成（平均值，干基%）

籽粒部分	质量比例/%	化学组成				
		淀粉	脂肪	蛋白质	灰分	糖
胚	11.5	8.3	34.4	18.5	10.3	11.0
胚乳	82.3	86.6	0.86	8.6	0.31	0.61
根冠	0.8	5.3	3.8	9.7	1.7	1.5
果皮	5.3	7.3	0.98	3.5	0.67	0.34
全粒	100	72.4	4.7	9.6	1.43	1.94

4.2　淀粉结构和性质

淀粉是由单一类型的葡萄糖单元组成的多糖，其基本结构单元是 α-D-吡喃式葡萄糖，即 C_1 位上的羟基位于右侧。其分子式可写为 $(C_6H_{10}O_5)_n$，式中 $C_6H_{10}O_5$ 为脱水葡萄糖单位，n 为组成淀粉高分子的脱水葡萄糖单元的数量，即聚合度。

从理论上讲葡萄糖每一个碳原子上的羟基与其相邻的结构单元可能具有多种连接形式，但研究发现，淀粉大分子中的葡萄糖基主要是由 α-1,4 糖苷键连接的，还有少量 α-1,6 糖苷键连接。

4.2.1 淀粉的化学结构

大多数天然淀粉是由两种多糖型的混合物组成，它的结构有直链淀粉（amylose）与支链淀粉（amylopectin）之分，如表4-5所示。

表4-5 天然淀粉的直链与支链含量及聚合度

含量及聚合度		玉米淀粉	马铃薯淀粉	小麦淀粉	木薯淀粉	蜡质玉米粉
直链淀粉	含量(干基)/%	28	21	28	17	
	平均聚合度	930	4900	1300	2600	
	平均聚合度质量	2400	6400		6700	
	表观聚合度分布	400～15000	840～22000	250～1300	580～2200	
支链淀粉	含量(干基)/%	72	79	72	83	99
	聚合度(范围)/$\times 10^6$	0.2～3	0.3～3	0.3～3	0.3～3	0.3～3

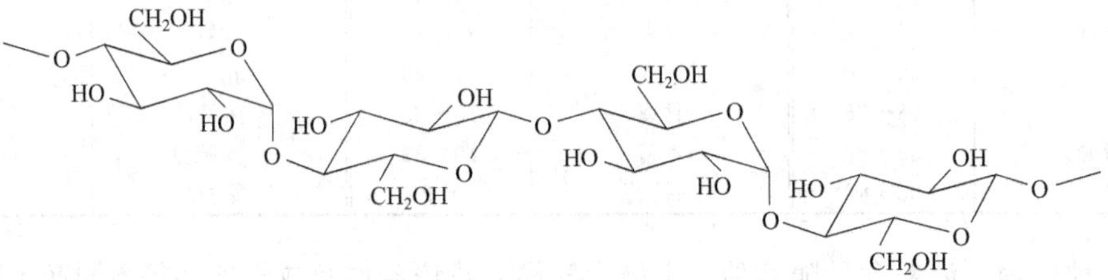

图4-1 直链淀粉的分子结构

（1）直链淀粉 直链淀粉是D-葡萄糖残基以α-1,4-苷键连接的多苷键线型聚合物，图4-1为直链淀粉的分子结构。用不同的方法测得直链淀粉的相对分子质量为3.2×10^4～1.6×10^5，甚至更大。此值相当于分子中有200～980个葡萄糖残基。

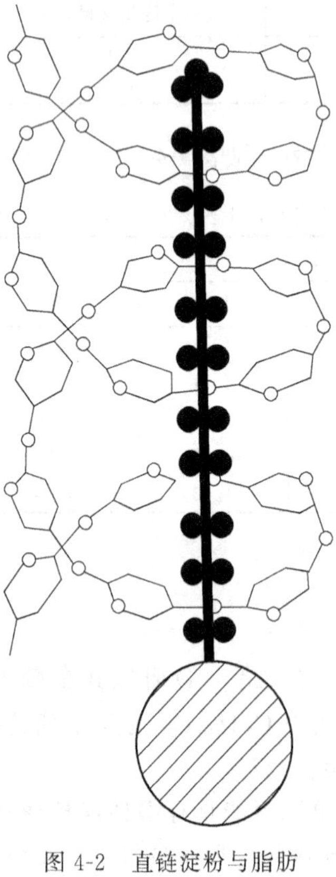

天然直链淀粉分子是卷曲成右手螺旋形状态，每一圈含有6个葡萄糖残基，在螺旋内部只有亲油性氢原子，羟基位于螺旋外侧。这种亲油性结构允许其与碘、有机酸、醇形成复合物，称为螺旋包合物，图4-2为直链淀粉与脂肪酸形成的包合物结构示意。

直链淀粉链上只有一个还原性端基和一个非还原性端基。对把直链淀粉转化成麦芽糖的淀粉酶的研究指出，在直链淀粉中也有微量的支链。淀粉中的直链淀粉比例表明分子大小的分布，平均聚合度随取得淀粉的不同植物而变化。根据不同淀粉类型，其平均聚合度变化范围约为250～4000AGU，每个直链淀粉相对分子质量约为40000～650000。土豆淀粉和木薯淀粉的直链淀粉，其相对分子质量比玉米的直链淀粉高。从植物分离出淀粉及从淀粉中分级分离出直链淀粉的处理方法的严格性将会影响直链淀粉和支链淀粉的分子大小。

图4-2 直链淀粉与脂肪酸形成的包合物

（2）支链淀粉 支链淀粉具有高度分支结构（图4-3），由线型直链淀粉短链组成，支链淀粉的分子较直链淀粉大，相对分子质量在1×10^5～1×10^6之间，相当于聚合度为600～6000个葡萄糖残基。支链淀粉分子形状如高粱穗，小

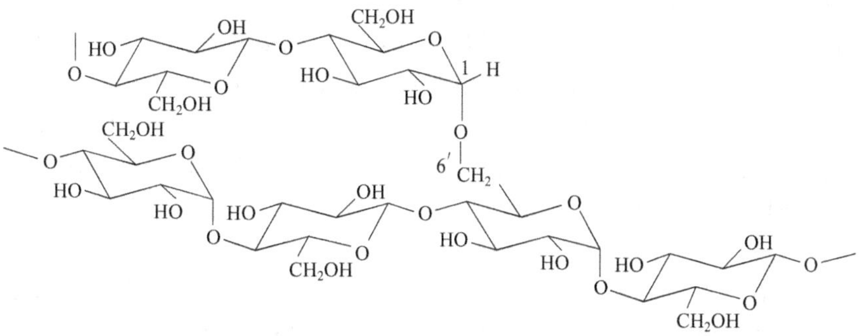

图 4-3　支链淀粉的分子结构

分子极多，估计至少在 50 个以上，每一分支平均约含 20～30 个葡萄糖残基，各分支也都是 D-葡萄糖以 α-1,4-苷键成链，卷曲成螺旋，但分子接点上则为 α-1,6-苷键，分支与分支之间间距为 11～12 个葡萄糖残基。

用酶分析法测得外侧链到分支点的平均长度约为 12 个 AGU，而内侧链则为 18 个 AGU。一般公认支链淀粉为 K. H. Meyer 于 1940 年提出的树丛或树形结构。近期有关酶的研究工作说明这些分支的很大一部分相隔不到一个葡萄糖单位的距离，这说明有分支密集区存在。根据这些结果，Prench 认为支链淀粉是长形簇状组成物，因为支链淀粉有高黏度，这就需要有不对称结构，在淀粉粒中有高结晶度，这就需要有高比例的能互相平行排列的分支。

4.2.2　淀粉颗粒的结构

淀粉以微小的颗粒形式存在于植物中。淀粉颗粒是由许多环层构成的，环层内是呈放射状排列的微晶束。在微晶束内，因直链淀粉分子和支链淀粉分子的侧链都是直链，这些长短不同的直链淀粉分子和支链淀粉分子的侧链相互平行排列，相邻羟基之间通过氢键结合。微晶束之间则很可能通过一部分的无定形的分子链联系起来。同一个直链淀粉分子或支链淀粉分子的分支，可能参加到几个不同的结晶束里；而一个微晶束也可能由不同淀粉分子的分支部分构成。微晶束本身有大小的不同，同时在淀粉的每一个环层中微晶束的密度也不一样。因此，可以说淀粉具有一种局部结晶的网状结构，其中起骨架作用的是巨大的支链淀粉分子，直链淀粉分子则可能有一部分单独包含在淀粉颗粒中，另有一部分分布在支链淀粉分子中，与支链淀粉一起构成微晶束。图 4-4 所示的是淀粉颗粒的微晶束结构模型。

淀粉颗粒的结晶区为颗粒体积的 25%～50%，其余部分为无定形区；结晶区与无定形区并没有明确的分界线，变化是渐进的。

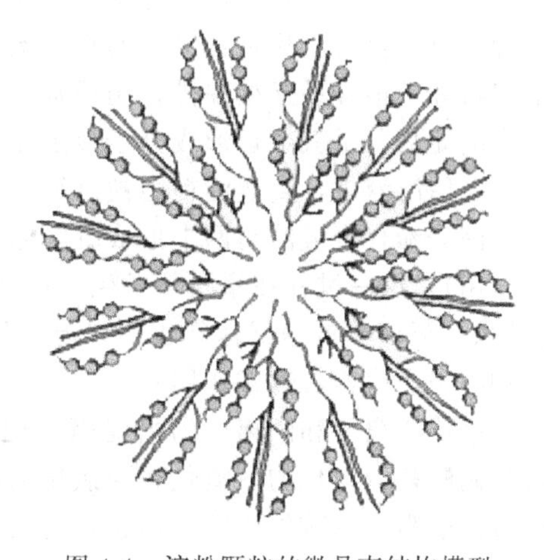

图 4-4　淀粉颗粒的微晶束结构模型

在显微镜下仔细观察淀粉颗粒，可以观察到淀粉颗粒的环层结构。有的可以看到明显的环纹或轮纹，与树木的年轮相似。其中以马铃薯淀粉颗粒的轮纹最为明显。

环层结构是淀粉颗粒内部相对密度不同的表现，每层开始时相对密度最大以后逐渐减小；到次一层时，密度又陡然增大，一层层周而复始，导致环纹的形成，而相对密度的不同，是由于昼夜之间光照强度的不同造成的。白天光合作用转移到植物胚乳细胞中的葡萄糖较多，合成的淀粉相对密度大，而晚上没有光合作用，昼夜相间造成环层结构。

淀粉颗粒水分低于 10%则观察不到环层结构，有时需要用热水处理或冷水长时间浸泡，或用稀的铬酸溶液或碘的碘化钾溶液慢慢作用后，才会观察到环层结构。

各环层共同围绕的一点叫做粒心或核，有的也称为脐。粒心位于中央的，为同心排列，如禾谷类淀粉；粒心偏于一端的，为偏心排列，如马铃薯淀粉。粒心水分含水较多，比较柔软，在加热干燥时，常造成裂纹，据裂纹形状，可辨别淀粉的来源和种类。

根据淀粉颗粒粒心数目和环层排列情况可将淀粉分为单粒、复粒和半复粒三种，如图 4-5 所示。单粒只有一个粒心，包括同心排列和偏心排列两种；复粒是由几个单粒组成的，具有几个粒心，尽管每个单粒可能原来都是多角形的，但在复粒的外围仍然显示统一的轮廓，如大米和燕麦的淀粉颗粒；半复粒的内部有两个单粒，各有各的粒心和环层，但最外围的几个环层则是共同的，由此构成一个整粒。有些淀粉颗粒，开始生长时是单个粒子，在发育中产生几个大裂缝，但仍然维持其整体性，这种颗粒称为假复粒。

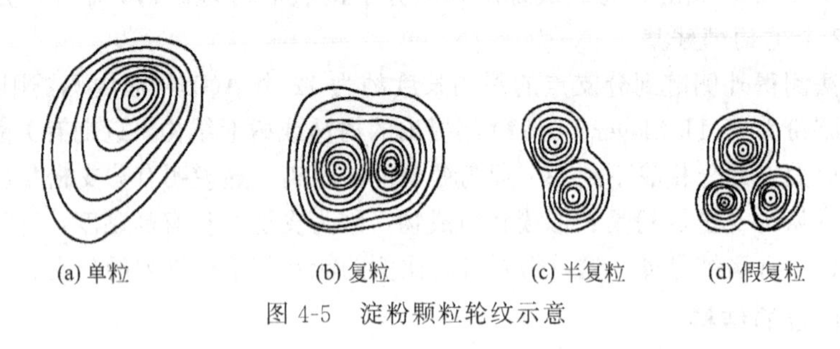

图 4-5 淀粉颗粒轮纹示意

在同一种淀粉中，所有的淀粉粒可以全部是单粒，如玉米淀粉；也可以同时在几种不同的类型，如小麦淀粉粒，除大多数为单粒外，也有复粒；马铃薯淀粉除单粒外，有时也形成复粒和半复粒。

4.2.3 淀粉的主要性质

淀粉的基本性质是由 5 种基本因素所决定的：①淀粉是葡萄糖的聚合物；②淀粉聚合物有两种类型，直链型和支链型；③直链型高分子能互相缔合，而对水有不溶性；④高聚物的分子可以形成和压成不溶于水的粒状物；⑤需要破坏淀粉的粒状结构，使它能扩散于水。淀粉改性需要这些因素。

由于淀粉分子有大量的羟基，使淀粉具有亲水性。除亲水外，这些羟基会互相吸引形成氢键。由于直链淀粉是含羟基的直链聚合物，在分散或溶于水时呈现一些特殊性质。线型直链淀粉分子很容易互相并排，用羟基形成链之间的氢键。当有足够多的链间氢键生成时，各个直链淀粉分子就缔合形成分子聚集体，其水合能力降低，从而也降低了溶解度。

在稀溶液中，直链淀粉会被沉淀出来。在较浓的悬浮液中，聚集的直链淀粉会把液体包含在部分缔合直链淀粉网中形成凝胶体。这种排列、缔合和沉淀的过程主要是结晶过程（退减作用），这一过程在室温下发生。退减速度取决于直链淀粉的分子大小和其浓度、温度和 pH 值。温度越低退减速度越快。干扰分子并排或干扰分子间生成氢键的任何过程，或添加剂均将防止或逆转退减作用。

一价阴离子和阳离子的盐能阻滞退减作用，阻滞作用从大到小的次序如下：碘＞氰酸盐＞硝酸盐＞溴化物＞氯化物＞氯化物；钾＞铵＞钠＞锂。硝酸钙对退减作用有很强的阻滞效应。能阻滞退减作用的其他化合物还有甲醛、尿素和二甲基亚砜。

直链淀粉的最主要性质是其在水分散液中的胶凝趋向，在特定的用途中能否使用某一种淀粉取决于这种趋势。淀粉的很多改性体是按抑制或消除直链淀粉的退减趋势的要求而制备的。

检测在淀粉中是否含直链淀粉和直链淀粉含量时，可利用在碘离子存在下与碘作用生成碘包合物成蓝色的性质。与极性和非极性有机化合物形成包合物的性质，可用来把淀粉分离成直链淀粉和支链淀粉。

直链淀粉是缔合性很强的线型分子，它能形成与纤维素类似的强度大、无需支撑的薄膜。

因为支链淀粉是高度分支的，它不像直链淀粉那么容易发生退减作用或结晶现象。因此，与直链淀粉相反，支链淀粉很容易扩散在水中，而不易凝胶。但是当支链淀粉悬浮液存在于冰箱温度下，或在结冰条件下，它的透明度下降，含水能力下降，有凝胶趋势。这些影响是由支链淀粉分子外侧链的缔合造成的。还要注意到支链淀粉不能形成不用支撑的坚固薄膜，因为高度分支的分子与其他支链淀粉分子不易相互平行排列起来造成大量具有缔合性的氢键而得到坚固的薄膜。

(1) 主要物理性质 淀粉为白色粉末，淀粉颗粒不溶于一般的有机溶剂，能溶于二甲基亚砜 [$(CH_3)_2SO$] 和 N,N'-二甲基甲酰胺 [$HCON(CH_3)_2$]，淀粉吸湿性很强。它的颗粒具有渗透性，水和水渗液能自由渗入原粒内部（众所周知，淀粉与稀碘液接触很快变为蓝色）。表4-6为淀粉粒的各种性质。纯支链淀粉溶于冷水（均匀分散于水中），而直链淀粉则不溶于冷水。天然淀粉也完全不溶于冷水。天然淀粉在适当湿度下（随淀粉的来温而变），一般为60～80℃。在水中发生溶胀、分裂，形成均匀的糊状溶液，这种作用被称为糊化作用。其本质是淀粉粒中有序与无序（晶质与非晶质）态的淀粉分子间氢键断裂，分散在水中成为胶体溶液。不同淀粉的糊化温度不同（表4-7），糊化后糊的性质也不同（表4-8）。

表4-6 淀粉粒的各种性质

淀粉	类型	大小(直径)/μm	形状	凝胶温度/℃	直链淀粉含量/%
玉米	谷物	5～26(15)	圆形,多角形	62～72	22～28
含蜡玉米	谷物	5～26(15)	圆形,多角形	63～72	<1
木薯	块根	5～25(20)	裁切形,圆形,椭圆形	62～73	17～22
马铃薯	块根	15～100(33)	椭圆形,球形	59～68	23
高粱	谷物	6～30(15)	圆形,多角形	68～78	23～28
小麦	谷物	2～35	圆形,椭圆形	58～64	17～27
米	谷物	3～8(5)	多角形,角形	68～78	16～17
西米	木髓	15～65	裁切形,椭圆形		26
直链玉米	谷物	3～25(12)	圆形,长形,扁形	63～92	50～80

表4-7 几种食物淀粉的糊化温度 单位：℃

淀粉来源	糊化温度	淀粉来源	糊化温度
大米	68～78	马铃薯	58～68
小麦	59.4～64	甘薯	82～83
玉米	62～70		

表4-8 淀粉糊的性质

性质	玉米	马铃薯	小麦	木薯	蜡质玉米
糊的黏性	中等	很高	低	高	高
糊丝的特性	短	长	短	长	长
糊的透明度	不透明	非常透明	模糊不透明	十分透明	颇透明
剪切强度	中等	低	中低	低	低
老化性能	高	中	高	低	很低

在糊化温度以下淀粉粒子虽不溶于水，当粒子受糊或暴露在高湿度环境中它能吸收少量水。其结果使粒子略有溶胀，但在干燥时可以恢复过来。考虑到粒子是由结晶区和非结晶区或糊化状区组成，有人认为在可逆溶胀时水进入粒子的非结晶区，使这部分溶胀，而结晶区则保持不变。干燥时，水分放出而对粒子性质没有大的影响。当淀粉粒子在水中加热到糊化温度以上时，水分也进入了结晶区，从而破坏了结晶区。暴露于大气中的淀粉随大气的温度和相对湿度建立吸水和脱水平衡，在正常的大气条件下，大多数淀粉含水10%～17%。

淀粉在水中可煮成糨糊是它的最重要性质之一。因此当淀粉水悬浮体加热时测量其黏度或稠度变化对估计某一种淀粉或淀粉改性物的有用性质是具有实际意义的。不同类型淀粉粒子的胶凝温度各不相同。但是对于某一个淀粉来说，不是所有粒子在同一温度部开始溶胀，而有一个温度范围。因为粒子是由分子间的氢键结合起来的，这些键被减弱或破坏造成胶凝现象，所以胶凝温度和溶胀速率可认为是这些缔合键的强度和性质的度量。当淀粉粒子溶胀时，相应的透明度、淀粉溶解度和黏度也增大。各类品种的淀粉具有各自的溶胀和溶解度特征。

淀粉糊化液经慢慢冷却或淀粉凝胶长时间放置，会变成不透明甚至产生沉淀的现象，这就是淀粉的“退减”作用（这个术语的其他说法尚有“凝沉”、“回凝”、“老化”等）。其本质是糊化的淀粉分子又自动排列成序，形成紧密、高度结晶化的不溶性淀粉分子微束。退减作用与淀粉含水量有关，含水量为30%～60%的淀粉易退减，在此范围之外的不易退减。温度大于60℃或小于－20℃的淀粉液都不易退减。不同来源的淀粉，退减难易不同。直链淀粉易退减，支链淀粉几乎不会退减。

综上，糊化过程可以分为三个阶段：一是可逆吸水阶段，这时水分子只是单纯地进入淀粉颗粒的微晶束的间隙中，与无定形部分的游离羟基结合，淀粉颗粒缓慢虹吸少量的水分，产生有限的膨胀，悬浮液的黏度无明显变化，淀粉颗粒外形没有变，内部保持原来的晶体结构，冷却干燥后，淀粉颗粒的形状没有什么变化。二是不可逆吸水阶段，当进一步加热到淀粉的糊化温度时，水分子进入淀粉颗粒的内部，与一部分淀粉分子结合，淀粉颗粒不可逆地迅速吸收大量水分，颗粒突然膨胀至原来体积的60～100倍，借助于外部的热能使氢键断裂，破坏了分子间的缔合状态，双螺旋伸直形成分离状态，破坏了支链淀粉的晶体结构。比较小的直链淀粉从颗粒中渗出，黏度大为增加，淀粉悬浮液变化为黏稠的糊状液体，透明度增加，冷却后淀粉粒的外形已经发生变化，不能恢复到原来的结晶状态。三是高温阶段，淀粉糊化后，继续加热，则大部分淀粉分子溶于水中，分子间作用力很弱，淀粉粒全部失去原形，微晶束相应解体，变成碎片，最后只剩下最外面的一个环层，即不成形的空囊，淀粉糊的黏度继续增加，若温度再升高到如110℃，则淀粉颗粒全部溶解。

因此，在一般情况下，淀粉糊中不仅含有高度膨胀的淀粉颗粒，而且还含有被溶解的直链淀粉分子和分散的支链淀粉分子以及部分的微晶束。

Brabender连续黏度计是一种旋转式黏度计，在以一定的速度对淀粉悬浮液升温、保温和冷却的过程中，连续测定淀粉悬浮液的黏度变化。

图4-6是马铃薯淀粉的糊化过程与其对应Brabender黏度曲线。

通过测定Brabender黏度曲线，可以获得以下6个要点数据。

① 糊化温度　随淀粉种类、淀粉改性和悬浮液中存在的添加剂而变化。

② 黏度峰值　已证明与达到峰值时的温度无关，通常蒸煮过程必须越过此峰值才能获得实用的淀粉糊。

③ 在95℃时的黏度　反映淀粉蒸煮的难易程度。

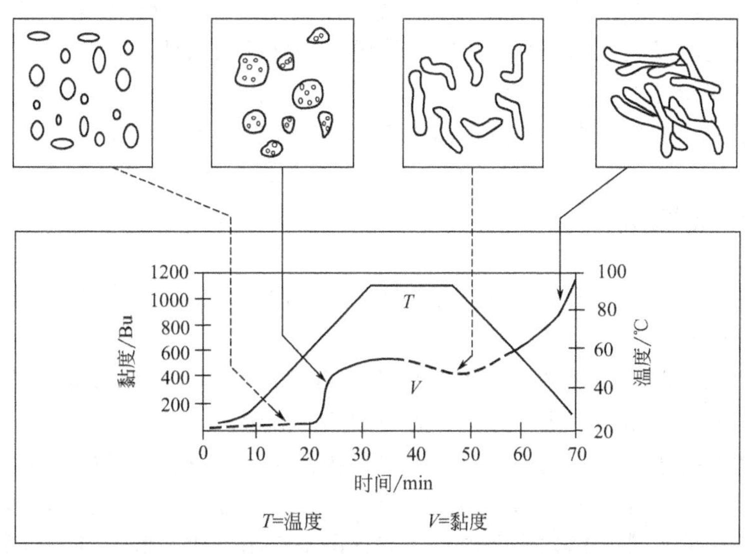

图 4-6 马铃薯淀粉的糊化过程及其 Brabender 黏度曲线

④ 在95℃、1h后的黏度 表明在相当低的剪切速率下，在蒸煮期间淀粉糊的稳定性或缺陷。

⑤ 在50℃时的黏度 测定热淀粉糊在冷却过程中发生的回凝。

⑥ 在50℃、1h后的黏度值 表示煮成的淀粉糊在模拟使用条件下的稳定性。

(2) 淀粉的主要化学性质 淀粉 $(C_6H_{10}O_5)_n$ 属于碳水化合物。也可以把它看成是葡萄糖的缩聚物。用酸或酶类水解淀粉生成葡萄糖。淀粉中的葡萄糖单元以脱水葡萄糖残基(AGU) 的形式存在，在AGU之间的苷键好像缩聚脱水而形成的。因为淀粉是在植物中经生物合成过程形成的，其缩聚过程是涉及酶的复杂过程。这些AGU用氧原子连接形成长链或AGU互相连接的缩聚物。在其中氧原子与一个葡萄糖残基（AGU）上的第一个碳原子和另一个葡萄糖残基上的第4个碳原子相连接而形成 α-1,4-葡萄糖苷键。

正是由于淀粉是由 α-D-葡萄糖通过 α-1,4 和 α-1,6-苷键连接成的高分子化合物。因此，从化学改性的观点看，淀粉的主要结构特征是AGU之间具有1,4-苷键，几乎每一个AGU都有 C_6 伯羟基和 C_2、C_3 的两个仲羟基。1,4-苷键是半缩醛羟基 C_1OH 和醇羟基 C_4OH 缩水的产物，它在碱性条件下是稳定的，而在酸性条件下水解。它在热、氧化剂、酸、碱、酶等的作用下发生分解，得到多种分解产物，如淀粉糊精、氧化淀粉、酸处理淀粉、麦芽糖、葡萄糖等。淀粉分子含有大量的羟基，淀粉分子中的羟基可发生：①酯化反应，由此可用来生产硫酸酯、磷酸酯、乙酸酯、淀粉黄原酸酯等；②醚化反应，可以生产羧甲基淀粉、羟乙基淀粉、羟丙基淀粉、淀粉丙烯醚等。故可以利用羟基的各种反应制造多种淀粉衍生物，淀粉还可以用多官能团化合物做交联剂发生交联反应；此外，淀粉还能与许多单体接枝共聚生产接枝化合物。这些都是通过化学处理淀粉使其性质发生改变，故称为淀粉衍生物，也属于变性淀粉。淀粉的另一个主要化学反应是水解反应，也称糖化反应，工业上用来制淀粉糖浆(无色透明，甜味温和，糖分组成为葡萄糖、麦芽糖、三糖、四糖和糊精)。制备时通常使用盐酸为催化剂，也有使用硫酸作催化剂的，但效果不如盐酸。

(3) 淀粉的其他主要性质 其他主要性质包括：①颗粒性质，包括凝聚状态的吸附性、凝聚性、吸湿性、再湿性等；②糊或浆液性质，加热或冷却时的黏度变化，包括低温贮藏和冻融过程中糊黏度的稳定性、保水性、凝沉性、保护胶体或乳化作用的性能等；③干淀粉膜性质，包括冷水或热水的溶解性、吸湿性、透气性、可塑性、弹性及坚韧性等。一般地讲，直链淀粉具有优良的成膜性和膜强度，支链淀粉有较好的黏结性。

大多数天然淀粉都不具备有效地充分利用的性能。因此，根据淀粉结构、理化性质及应用要求，开发了淀粉的变性技术，其产品称为变性淀粉或淀粉衍生物。

4.3 淀粉的变性加工方法

变性的目的主要是使淀粉具有更优良的性质，应用更方便，适合新技术操作要求，提高应用效果，并开辟新的应用途径。

使用淀粉时几乎都是先加热淀粉乳，应用所得的淀粉糊。而预糊化淀粉具有冷水分散性，用冷水即可调得淀粉糊，应用方便，省去加热的麻烦。

随着工业生产技术的快速发展，原淀粉的有些性质已不符合新设备和新工艺操作条件的要求，需要变性处理，保证获得好的应用效果。例如，新的糊化淀粉乳技术采用高温喷射器，蒸汽直接喷向淀粉乳，糊化快而均匀，节省设备费用，成本低，但是高温蒸汽使糊黏度降低，用为增稠剂或稳定剂是不利的，通过交联变性能提高黏度热稳定性，避免此缺点。高温蒸汽喷射也产生剪力，使黏度降低。交联处理同样能提高抗剪力稳定性，避免黏度降低。高速搅拌和泵送淀粉糊经管道都会产生相似的剪力影响。食品加工越来越多应用冷冻技术，但原淀粉糊经冷冻会发生凝沉，破坏食品结构，通道酯化、醚化或交联变性，能提高冷冻稳定性，避免这个缺点。

变性淀粉具有更优良性质，对一些旧的应用，效果更好。例如，次氯酸钠氧化淀粉的颜色洁白，糊化容易，黏度低而稳定，胶黏力强，凝沉性弱，成膜性好，膜强度、透明度和水溶性都高，更适于造纸和纺织工业用，效果优于原淀粉。阳离子淀粉具有阳性电荷，能更好地被带阴电荷的纤维吸着，在造纸和纺织工业应用，效果优过原淀粉。

若干变性淀粉具有新的优良性质，开辟了新用途。例如，羟乙基淀粉代替血浆；高度交联淀粉用作橡胶制品润滑剂代替滑石粉。淀粉接枝共聚物具有天然和人工合成二类高分子性质，为新型材料，开辟了新的用途。淀粉与丙烯腈接枝共聚物为强吸水剂，在工农业中用途广泛。

变性淀粉的制造方法有物理、酶生物和化学方法。其中，化学方法是最主要、应用最广泛的方法。

4.3.1 淀粉物理法变性加工

预糊化淀粉的生产工艺是用辊、喷雾或挤压法，加热淀粉乳，使其糊化，干燥而得，属于物理变性方法。有的应用工厂，如造纸厂常用喷射器，将高压蒸汽喷入原淀粉乳，利用热和剪力作用，降低淀粉糊黏度，用于施胶，也属于物理变性。用这样的方法可购买价格低的原淀粉，自行就地变性，就地应用，成本便宜，使用方便。

4.3.2 淀粉醚生物法变性加工

造纸工业用 α-淀粉醚处理原淀粉乳，通过适度水解，降低黏度，用于施胶，自行变性。可以就地应用，成本便宜，使用方便。这种醚法变性操作有间歇法相连续法。间歇法是将淀粉酶混了原淀粉乳中，调节 pH 为 6.5，加热到约 90℃，保温一定时间，待黏度降低到要求的程度时，快速加热到约 100℃，保持若干分钟，灭酶，冷却，供施胶用。连续法应用喷射器，自动控制操作，节省人工，成本低，糊黏度均匀。

4.3.3 淀粉化学法变性加工

化学变性是利用淀粉分子中的醇羟基化学反应，主要有醚化、酯化、氧化、交联等反应。组成淀粉的脱水葡萄糖单位具有三个醇羟基，C_8 为伯醇羟基，C_2 和 C_1 仲醇羟基。淀粉分子含有数目众多的羟基，其中只要少数发生化学反应便能改变淀粉的糊化难易、黏度高低、稳定性、成膜性、凝沉性和其他性质，达到应用要求，还能使淀粉具有新的功能团，如带阴或阳电荷。化学变性还有糖苷键水解、热解和接枝共聚等反应。

淀粉分子中醇羟基受颗粒结构的影响，其化学反应与普通醇化合物有差别。例如，C_8 的伯醇羟基，其反应活性本应高过 C_2 和 C_3 的仲醇羟基，但实际情况却非如此。在羟丙基化、乙酰化和甲基化反应中，C_2 羟基具有较高反应活性。例如，曾研究过羟丙基醚化淀粉反应，C_2、C_3 和 C_8 羟基的反应速度呈 33∶51∶6 比例。C_2 羟基为何具有这样高的反应活性，现在还未能充分了解。各羟基的相对活性因不同反应存在差别。

化学变性使葡萄糖单位的化学结构发生了变化，这类变性淀粉又称为淀粉衍生物。反应程度用平均每个脱水葡萄糖单位中羟基被取代的数量表示，称为取代度，常用英文缩写 DS 表示。例如，在乙酰酯化淀粉中，经分析计算，平均每个脱水葡萄糖单位中有一个羟基被乙酰基取代，则取代度（DS）为 1，若有两个羟基被乙酰基取代，则取代度为 2。因为葡萄糖单位总共有 3 个羟基，取代度最高为 3。取代度的计算公式如下，式中乙酰（%）为淀粉含乙酰基百分数（重量，干基），由分析而得，162 和 43 分别为 $C_6H_{10}O_5$ 和 CH_3CO 的相对分子质量。

$$\text{取代度(DS)}=\frac{162\times\left[\dfrac{\text{乙酰}(\%)}{43}\right]}{100-\left[\dfrac{42}{43}\times\text{乙酰}(\%)\right]}$$

工业上生产的重要变性淀粉几乎都是低取代的产品，取代度一般在 0.2 以下，即平均每 10 个葡萄糖单位有 2 个以下被取代，也就是平均每 30 个羟基中有 2 个以下羟基被取代，反应程度很低。也有高取代度产品，如取代度为 2～3 的淀粉醋酸酯，但未能大发展。这种情况与纤维素不同，工业上生产的纤维素醋酸酯多为高取代衍生物。

有的取代反应如羟烷基醚化反应，取代基团又能与试剂继续反应形成多分子取代链，这种情况可用分子取代度（MS）表示，即平均每个脱水葡萄糖单位结合的试剂分子数。分子取代度可大于 3。DS 和 MS 的含义区别表示于图 4-7。在低取代度，MS 在 0.3 以下，羟乙基多聚取代发生反应量很少，MS 基本等于 DS，在高取代程度时，MS 大于 DS。

取代度只是表示平均反应程度，不能表示衍生物的不同结构。脱水葡萄糖单位被取代所产生的异物体，可能数目多，分离和确定结构是困难的。例如，羟乙基醚化反应，2 个环乙烷与一个脱水葡萄糖单位起取代反应，MS 为 2，便有 6 种不同可能取代衍生物，3 个二取代羟乙基葡萄糖，DS 为 2.0，或 3 个羟乙基氧乙基葡萄糖，DS=1.0。虽然确定取代衍生物

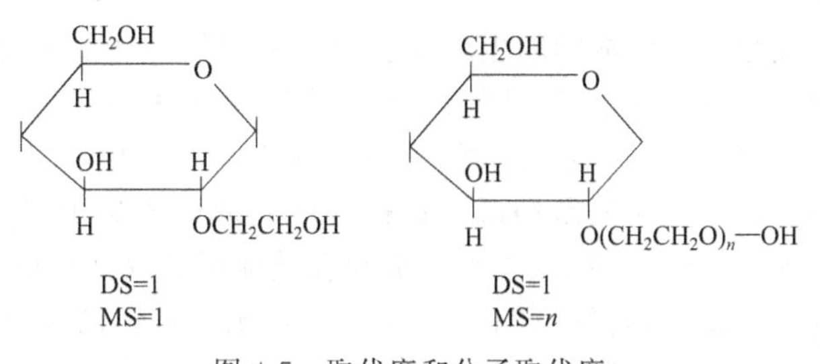

图 4-7 取代度和分子取代度

结构方法有很大发展，但分析工作复杂，只在研究工作中应用，工业生产很少用取代度控制化学反应或表示产品。工业上一般是分析产品的性质变化程度来控制反应。例如，变性目的是降低糊黏度，则分析黏度的变化，达到要求时停止反应。如变性目的是提高糊的抗冷冻稳定性，则测定冷冻稳定性，达到要求时停止反应。

化学变性工艺，一般是加试剂于原淀粉乳中，含量35%～45%，加稀碱液调到碱性，在低于糊化的温度起反应，一般不超过50℃，达到要求的反应程度，淀粉仍保持颗粒状态，过滤，水洗，干燥，得变性淀粉产品。淀粉在碱性条件下具有高反应活性，可用稀氢氧化钠溶液调节pH为7～12。但碱性促进淀粉颗粒膨胀，糊化，常需加入浓度为10%～30%的硫酸钠或氯化钠，其对糊化有强抑制作用，可抵消碱性的影响，使淀粉能保持颗粒状态，反应完成后易于过滤、回收。在这种反应体系中，淀粉为固体，试剂为液体，是非均相反应，水起到载体作用，使试剂能渗透到颗粒内部起反应。在亲水基取代反应中，随取代度增高，取代衍生物的亲水性增高，达到一定程度，则颗粒变为冷水分散溶解，需要加有机溶剂使之沉淀，回收困难。用水和有机溶剂（如异丙醇或丙酮）作混合介质起反应，能避免这种情况，得到较高取代度，且具有冷水溶解的变性淀粉，但仍能保持颗粒状态，收回产品容易。

将淀粉乳加热糊化或用有机溶剂（如二甲基亚砜或二甲基甲酰胺）溶解淀粉，再与试剂起反应，淀粉和试剂都是液相，属于均相反应，淀粉的反应活性高，速度快，取代均匀，且取代程度高，但产品回收困难，需加用另一溶剂沉淀，成本高，工业生产很少采用这种工艺。

半干法工艺是将试剂与淀粉混合，预干燥到含较低水分，在较高温度加热起反应，得取代度较高的颗粒产品。试剂和淀粉的混合可采用不同的方法，将试剂细粉与淀粉混合、将试剂溶液喷向淀粉，或将淀粉混于试剂溶液中再过滤。也可用干淀粉或干燥以前的湿淀粉与试剂混合。使用半干法工艺生产的产品，一般不水洗，产品中含有剩余未起反应的试剂、盐和反应副产物等杂质。

常采用复合变性工艺，即先后用两种不同化学试剂处理，得到的变性淀粉兼有两种单一变性淀粉的优良件质。例如，交联反应常与氧化、酯化、醚化等反应先后处理淀粉得复合变性淀粉，这些产品具有较高的抗高温、剪力和对酸影响稳定，并兼有氧化、酯化或醚化淀粉的优良性质。

接枝共聚是用物理方法，如用^{60}Co照射，或用化学方法如铈盐氧化、激活淀粉，产生反应活性高的自由基，引发人工合成单体的接枝共聚反应。

4.3.4 发展前景

变性淀粉的生产和应用虽然近年来发展迅速，但却已有一百年以上的历史。1821年英国一家纺织工厂发生火灾，储存的一些马铃薯淀粉受热变棕色，被发现能溶于水成黏稠胶体，黏合强，工业上便开始生产作为胶黏剂，得英国胶之名，为热解糊精的一种。这个意外的发现是变性淀粉的开始。

自20世纪70年代起，变性淀粉的生产和应用大为发展，产品种类不断增加，在食品、造纸、纺织、胶黏剂、化工、医药和其他工业中的应用越来越广。例如，美国造纸工业1979年生产纸张和纸板约6500万吨，消耗淀粉约64万吨，其中约70%为变性淀粉，其余30%为原淀粉，但一部分原淀粉还是经纸厂自行变性处理后才应用。1982年美国变性淀粉产量约180万吨，约为淀粉产量的1/3。变性淀粉在其他国家发展也很快。

变性淀粉科学技术已发展到很高水平，几乎能生产出适合任何应用的产品，具有优良性质，应用效果好。变性淀粉的科研工作仍在高速发展中，将会推出性质更优良、应用效果更好的变性淀粉品种，并开辟更多新的用途。变性淀粉具有广阔的发展前景。

4.4 变性淀粉的性质与应用

天然淀粉在现代工业中的应用，特别是在新技术、新工艺、新设备采用的情况下的应用是有限的。大多数的天然淀粉不具备良好的性能，因此，根据淀粉的结构及理化性质开发淀粉变性技术，使淀粉具有更优良的性质，应用更方便，且适合新技术操作的要求，提高了淀粉的应用效果，开辟了淀粉的新用途。

4.4.1 变性淀粉的性质

变性淀粉的性质取决于下列一些因素。淀粉的来源（玉米、薯类、小麦、大米等）、预处理（酸催化水解或糊精化等）、直链淀粉与支链淀粉的比例或含量、相对分子质量分布的范围（黏度或流动性）、衍生物的类型（酯化、醚化等）、取代基的性质（乙酰基、羟丙基等）、取代度（D5）或摩尔取代度的大小、物理形状（颗粒状、预糊化）、缔合成分（蛋白质、脂肪酸、磷化合物）或天然取代基。也就是说，不同来源的淀粉，采取不同的变性方法、不同的变性程度，相应可得到不同性质的变性淀粉产品。因此人们必须了解每一种变性淀粉产品的性质，以便在实际生产中加以选择利用。变性淀粉的性质主要考察以下几个方面：糊的透明度，溶解性、溶胀能力，冻融稳定性，黏度及稳定性，耐酸、耐剪切性，黏合性，老化性，乳化性。

下面将讨论各种常见的变性淀粉的性质，以供读者选用时参考。

(1) 酸变性淀粉　用酸在糊化温度以下处理淀粉改变其性质的产品称为酸变性淀粉。在糊化温度以上的酸水解淀粉产品和更高温度酸热解淀粉产品都不属于酸变性淀粉。在酸催化水解过程中，直链淀粉和支链淀粉分子变小，聚合度降低，产品流度增高，如表4-9所示。

表4-9　酸变性玉米淀粉中直链淀粉和支链淀粉性质的变化

流度/mL	直链淀粉					支链淀粉			
	聚合度	氰铁酸值①	碱值②	碘值③	产率(占原来淀粉)/%	聚合度	氰铁酸值	碱值	特性黏度
原淀粉	480	1.43	19.7	19.2	21.0	1450	0.46	4.8	1.25
10	—	—	—	11.6	34.9	920	0.59	7.1	1.07
20	525	1.59	20.4	16.6	37.0	625	0.85	9.7	0.70
40	470	1.80	22.8	17.1	28.8	565	0.91	10.8	0.65
60	425	2.01	27.9	18.0	25.2	525	1.00	11.1	0.58
80	245	3.72	43.0	18.1	23.1	260	3.31	25.9	0.26
90	190	6.90	—	16.3	12.0	210	4.27	27.6	0.29

① 氰铁酸值即10g淀粉还原铁氰化物的物质的量。
② 碱值即在0.1mol/L NaOH溶液中，用沸水浴蒸煮10g干淀粉1h所耗的物质的量，n(mol)。
③ 碘值为100mg试样吸收碘的质量。

酸变性淀粉仍基本保持了原淀粉颗粒形状，但在水中受热发生的变化与原淀粉有很大差别。原淀粉颗粒受热膨胀时体积增大几倍，而酸变性淀粉颗粒因酸的作用具有辐射形裂纹，受热沿裂纹裂解而不是膨胀。随流度的增加，裂解越容易。酸变性淀粉易被水分散，流度越高越易分散。酸变性淀粉具有较低的热糊黏度和较高的冷糊黏度（表4-10）。常用热黏度和冷黏度的比表示其胶凝性质。比值大，胶凝性强，冷却易于形成强度高的凝胶。改变酸变性条件能得到流度相同而胶凝性不同的产品。例如：0.1mol/L硫酸，在40℃处理玉米淀粉12h得流度60mL产品；提高酸的浓度、缩短反应时间，得到相同流度的产品，但其凝胶性能强于前者；而降低酸的浓度、延长反应时间则得到相反的结果，即凝胶强度降低。

表 4-10　酸变性淀粉玉米淀粉的热糊黏度和凝胶性能

淀粉流度/mL	热糊黏度/Pa·s	凝胶强度/(N/cm^2 ×10^{-4})	凝胶破裂强度/(mN/cm^2)	对玉米原淀粉比率			
				强度	黏度	凝胶破裂强度	冷热糊黏度比
原淀粉	3.40	185.0	1940	1.000	1.000	1.000	54.0
10	1.51	114.0	1180	0.944	6.615	0.610	75.5
20	0.55	81.0	715	0.250	0.438	0.368	95
30	0.60	73.8	611	0.175	0.398	0.314	120
40	0.36	51.0	403	0.105	0.276	0.207	140
50	0.30	42.2	326	0.088	0.238	0.166	140
60	0.11	31.8	236	0.031	0.172	0.121	290
70	0.02	15.6	134	0.006	0.085	0.069	300

不同品种淀粉经酸处理所得的变性淀粉产品的性质存在差别。玉米、小麦、高粱等谷类酸变性淀粉，热糊相当透明，凝沉性较强，冷却后透明度降低，生成不透明、强度高的凝胶。黏玉米淀粉是由支链淀粉组成，不含直链淀粉，经酸变性后，凝沉性很弱，热糊透明度和流动性都高，冷却不形成凝胶。80～90mL 流度酸变性淀粉由于产生较多链状分子水解物，凝沉性增强，稳定性有所降低。酸变性木薯淀粉糊，在 0～40mL 流度范围内稳定性和透明度与黏玉米粉相同；约 50mL 流度以上的产品的热糊透明度都高，但冷却后透明度降低。酸变性马铃薯淀粉热糊的流动性和透度都高，且胶凝性强，冷却后很快形成不透明的凝胶。

酸变性淀粉黏度低，能配制高浓度糊液，含水分较少，干燥快，黏合快，胶黏力强，适合于成膜性及黏附性的工业。例如经纱上浆、纸袋黏合、纸板制造等。酸变性淀粉的薄膜强度暗低于原淀粉，酸变性玉米淀粉对其薄膜性质的影响如表 4-11 所示。

表 4-11　酸变性玉米淀粉对薄膜性质的影响

淀粉流度/mL	特性黏度/(dL/g)	膜抗张强度/(N/mm^2)	伸长率/%
原淀粉	1.73	46.7	3.2
15	1.21	44.7	2.7
34	1.06	44.5	2.6
50	0.88	49.4	2.7
71	0.72	45.7	2.9
89	0.32	45.8	2.2

(2) 氧化淀粉　氧化淀粉的颗粒与原淀粉相似，仍保持原有的偏光性和 X 射线衍射图像，表明氧化反应发生在颗粒的无定形区，仍保持与碘的显色反应。

由于次氯酸盐的漂白作用，所以氧化淀粉比原淀粉色泽要白些。氧化淀粉一般对热敏感，高温下变成黄色或褐色。干燥过程、贮存以及氧化淀粉的悬浮液糊化或加碱变黄，这与醛基的含量有关。

与原淀粉相比，氧化淀粉糊化容易，糊化温度低，最高热糊黏度降低，热糊黏度稳定性提高，凝沉性减弱，冷黏度降低，溶解性增加，糊液的透明度增加，渗透性及成膜性提高。与酸变性淀粉相比，薄膜更均匀，收缩及断裂的可能性更少，薄膜也更易溶于水。

氧化淀粉颗粒具有羧基，带有负电荷，能吸收带正电荷的颗粒，如亚甲基蓝。吸收能力的高低与氧化程度成正比，原淀粉不能吸收亚甲基蓝。利用这一性质能确定样品是否为次氯酸钠所氧化。另外，从染色的均匀性可以看出反应的均匀程度。需要说明的是其他带有负电荷的变性淀粉也同样能吸收亚甲基蓝，必要时需要同时进行其他检验。

氧化淀粉的黏合力随氧化程度的增加而上升。木薯氧化淀粉的黏合力高于玉米淀粉，特别是较低氧化程度的产品。氧化淀粉广泛应用于造纸、纺织、食品、医药等工业。

(3) 预糊化淀粉　预糊化淀粉由于生产方法不同，其颗粒的形状及表观密度不同。喷雾干燥法生产的产品为空心球状，表观密度小；微波法生产的产品为不规则的类球形，表观密度大；挤压法生产的产品为薄片状，表观密度介于上述两者之间；转鼓上原淀粉糊层干燥而得的产品为立方形，表观密度大，复水速度慢，转鼓上很薄的淀粉糊层干燥而得的产品为薄片状，表观密度小，复水速度快，但常凝块。

预糊化淀粉由于生产方法不同，产品的性能也不同。Chiang 等报道挤压法生产的顶糊化淀粉，由于挤压机的强剪切力，使淀粉大分子降解较严重，因而在糊的黏度、吸水指数、溶解指数和黏弹性等方面均低于滚筒法。

无论哪种方法生产的预糊化淀粉，它们的共同特点是能够在冷水中溶胀、溶解，形成具有一定黏度的糊液，且其凝沉性比原淀粉小，使用方便，因而被广泛应用于食品、养鳗、医药、铸造和石油钻井等领域。

同一生产方法，不同原料生产的预糊化淀粉性能亦不相同。如预糊化马铃薯淀粉的黏弹性比其他预糊化淀粉好，比较适合于用作鳗鱼饲料的黏结剂。它也可用作观赏鱼浮性饲料的黏结剂，使饲料颗粒光滑度增大，同时鱼也喜欢食用。加用少量氯化钙或尿素对预糊化有促进作用，并使得产品具有更优良的性质，适于钻井应用。

近年来，国外用预糊化淀粉来代替滑石粉和淀粉制造新型爽身粉，除了具有普通爽身粉的特点外，还具有皮肤亲和性好、吸水性强的特点。

(4) 交联淀粉　交联淀粉的颗粒形状仍与原淀粉相同，未发生变化，但受热膨胀糊化和糊的性质发生很大变化。交联淀粉的糊黏度对热、酸和剪切力的影响具有高稳定性。交联淀粉具有较高的冷冻稳定性和冻融稳定性。交联使淀粉的膜强度提高，膨胀度、热水溶解度降低，随交联程度的提高，这种影响越大。

淀粉颗粒中淀粉分子间由氢键结合成颗粒结构，在热水中受热时氢键强度减弱，颗粒吸水膨胀，黏度上升，达到最高值，继续受热氢键破裂，颗粒破裂，黏度下降。交联化学键的强度远高于氢键，增强颗粒结构的强度，抑制颗粒膨胀、破裂和黏度下降。当交联度达到一定程度，能几乎完全抑制颗粒在沸水中的膨胀。

交联淀粉的抗酸、碱和剪切的稳定性随交联化学键的不同而存在差别。环氧丙烷交联为醚键，化学稳定性高，所得交联淀粉抗酸、碱、剪切和酶作用的稳定性高。三偏磷酸钠和三氯氧磷交联为无机酯键，对酸作用的稳定性高，对碱作用的稳定性较低，中等碱度能被水解。己二酸交联为有机酯键，对酸作用的稳定性高，对碱作用的稳定性低，很低碱度便能被水解。

交联淀粉的糊液由于能耐酸、碱和剪切力，冻融稳定性好，可广泛用作食品增稠剂（如罐头制品的凝胶剂、冷冻食品、罐装汤汁、酱、婴儿食品等）。在外科手套中代替滑石粉，还可在造纸工业用作打浆施胶剂，以及瓦楞纸和纸箱纸的胶黏剂。与其他变性方法结合，生产的复合变性淀粉可用于纺织上浆剂，另外还可用作石油钻井泥浆、印刷油墨、煤饼、木炭、铸造砂心、陶瓷的胶黏剂等。

还有一些酯化淀粉、醚化淀粉和一些接枝改性淀粉。

4.4.2 变性淀粉的应用

(1) 变性淀粉在纺织工业中的应用

① 变性淀粉在纺织轻纱上浆中的应用　目前国内生产使用的变性淀粉主要有酸解、氧化、酯化、醚化、交联及复合变性淀粉等。据报道，最近接枝淀粉在国内市场已批量生产，但应用效果有待实践检验。目前国内改性淀粉类浆料用量约占纺织浆料总用量的2/3。

接枝淀粉是最新一代的变性淀粉，从原理上讲也是最有前途的一种变性淀粉。国内从20世纪80年代开始研制这种变性淀粉，据报道目前国内已有厂家批量生产。数年前，国外有专利报道接枝淀粉可全部替代PVA用于涤/棉纱上浆，但还未见实用报道。因此接枝淀粉的性能还有待进一步完善，关于对PVA的替代量问题还需要进一步的研究探讨。

② 变性淀粉在印花糊料中的应用　纺织品印花是将各种染料或涂料调制成印花色浆，局部施加在纺织品上，使之获得各色花纹图案的加工过程。印花和染色一样，也是染料在纤维上发生染着的过程，但印花是局部着色。印花糊料是指加在印花色浆中能起增稠作用的高分子化合物。印花糊料在加入印花色浆前，一般先在水中溶胀，制成一定浓度的稠厚的胶体溶液，这种胶体溶液称为印花原糊。

(2) 变性淀粉在造纸工业中的应用　在造纸工业中，淀粉占有重要的地位。若从造纸工业内部的原材料消耗计，淀粉居纤维、矿物填料后的第三位。在造纸精细化学品中，淀粉及改性淀粉占80%～90%（以重量计）。造纸上常用的变性淀粉按离子特性分，在造纸上常用的变性淀粉有五类：阴离子淀粉、阳离子淀粉、两性及多元变性淀粉、非离子淀粉及其他变性淀粉。

变性淀粉应用于造纸工业的主要作用如下：用于湿部添加；用于层间喷涂；用于纸张的表面施胶；用于涂布加工纸。另外，变性淀粉还可作为纸制品的黏结剂，如纸箱、纸管的黏结剂等。具有黏结力强、成本低、对环境污染轻等特点。也就是说，变性淀粉几乎适用于造纸的全过程。

① 用于湿部添加　通过向造纸湿部体系中添加变性淀粉，可以优化湿部化学，有效地控制湿部Zeta电位，从而大致控制湿部化学组分的平衡，以达到提高纸机抄造性能和纸张的质量的目的。

近些年来，为了适应废纸原料的大量应用、高速造纸机抄造需求、造纸助剂的大量应用加之造纸体系阴离子垃圾增多等的生产实际，纸用变性淀粉新发展一个突出的方面是两性或多元变性技术的快速发展。所谓两性或多元变性技术是指在同一淀粉分子上既进行阴离子变性又进行阳离子及非离子变性的技术。多元变性淀粉的应用原理是多元变性淀粉分子中的阴离子基团能对阳离子基基团起保护作用，电性排斥纸浆体系中的活性“杂”阴离子干扰物质；反之多元变性淀粉分子中的阳离子基团也能对阴离子基团起保护作用，电性排斥纸浆体系中的活性“杂”阳离子干扰物质；这种阴、阳离子基团间的相互协调作用使得对含有阴、阳“杂”干扰离子物质较多的草浆、废纸浆及新闻纸浆等具有较明显的应用效果（相对普通的阴、阳离子变性淀粉）。而多元变性淀粉分子中的非离子取代基则往往起增效作用。

多元变性淀粉的电荷基本平衡，多加不会影响纸浆中的Zeta电位，使应用条件放宽了，从而方便了纸厂的应用。多元变性淀粉平衡了阴离子和阳离子基团，通常的阳离子淀粉与带阴离子的纤维、填料相遇吸附而形成絮凝结构，从而有助于细小纤维、填料的留着，改善滤水性，提高成纸的灰分及减少吨纸的浆耗、降低白水的浓度。但过度的絮凝会影响纸页的匀度，影响产品的质量。

在造纸增强剂方面，两性淀粉中的阴离子既能通过铝离子与带负电荷的纤维和填料发生吸附，又能电性排斥体系中的杂阴离子而保护阳离子，同时对带阴离子的纤维和填料起分散作用，避免了过度絮凝现象增强剂。两性淀粉在许多特定条件下表现出比阳离子淀粉更好的干部增强性能，增强效果主要表现为变性淀粉上的阳离子与纸纤维上的阴离子间的静电吸引。比较而言，高取代度阳离子淀粉内部存在静电排斥，而两性淀粉不存在这种排斥，所以在较低电导率浆料中两性淀粉表现出比阳离子更好的增强性。

② 用于层间喷涂　对于层间喷涂的变性淀粉要求：淀粉颗粒大小均匀；糊化温度一般要求不超过70℃；有较高的首程留着率以及较低的黏度和较高的黏结强度。

③ 纸张的表面施胶　纸张是由许多植物纤维形成，为使纸张具有光滑的表面、一定的强度、较好的书写和印刷性能，就要在生产过程中添加施胶剂，变性淀粉应用于表面施胶剂不仅提高了纸页的抗水性，还能提高耐破度、耐折度、抗张强度、平压强度、环压强度等强度指标。

④ 涂布加工纸　变性淀粉是涂布配方的重要组分，主要用作胶黏剂，它具有良好的黏结特性，能使颜料颗粒相互黏结并黏附在纸张上；具有良好的保水性，能防止涂料在制作时出现脱水现象；能提高刮刀涂布时的流变性，有较宽的黏度范围，可满足大多数涂料的黏度要求；能够与许多合成乳胶具有良好的相容性，且能改善合成乳胶的性能等。用变性淀粉代替价格昂贵的干酪素、合成树脂等，可大大降低涂布加工的生产成本，并且可以提高纸张的适印性能，使印刷时不易掉毛、掉粉、断头和糊版，并能控制纸张油墨的吸收性、平滑性、光泽度和白度等。

造纸工业用变性淀粉有许多品种，但在使用时，除层间喷涂系用淀粉颗粒以悬浮液状态以外，都是将淀粉糊化后使用，在使用过程中要求：糊液有较好的流动性和渗透性，稳定性好；糊液的黏着力合适；淀粉中非淀粉杂质的含量越少越好；成膜性能好；与其他化学助剂的相溶性好。

(3) 变性淀粉在食品工业中的应用　淀粉是人类饮食中的主要成分，它是碳水化合物能量的主要来源（1g淀粉能提供约16.72J的热量）。然而淀粉作为食品添加剂并不是基于它们的营养价值，而是它们方便于食品加工的功能性质和提供食品体系某些所要求的性质，例如：形状或“口味”、增稠性、胶凝性、黏合性和稳定性等。

在许多食品中都添加淀粉或食用胶作为增稠剂、胶凝剂、黏结剂或稳定剂等，随着食品科学技术的不断发展，食品加工工艺有很大改变，对淀粉性质的要求越来越高。为了满足一些特殊食品的加工产品的要求，通过选择淀粉的类型（如玉米、蜡质玉米、木薯、土豆等）或改性方法（转化、交联、酯化、醚化等）可以得到满足各种特殊用途需要的淀粉制品。这些制品可以代替昂贵的原料，降低食品制造的成本，提高经济效益。

增稠剂和胶凝剂是一类能提高食品黏度或形成凝胶的食品添加剂。在食品加工中增稠剂可起到提供稠性、黏度、黏附力、凝胶、硬度、脆性、紧密度、稳定乳化、悬浮体等作用，使食品获得所需各种形状和硬、软、脆、黏稠等各种口感。增稠剂一般应具备以下特性：在水中有一定的溶解度；在水中强烈溶胀，在一定温度范围内能迅速溶解或糊化；水溶液有较大黏度，具有非牛顿流体的性质；在一定条件下可形成凝胶和薄膜。

(4) 变性淀粉在石油工业中的应用　淀粉在石油工业中最早的应用是钻井液方面。在钻井作业中，淀粉及其衍生物，如预糊化淀粉、羧甲基淀粉（CMC)、羟丙（乙）基淀粉、磺化淀粉、接枝共聚淀粉和磷酸酯化淀粉等用作钻井液的降失水剂。

在压裂液中，利用淀粉与变性淀粉产品的吸水膨胀和在一定条件下降解的特性，用作可降解低伤害的降滤失剂。由特殊工艺变性的淀粉，能够与硼离子等交联成有一定黏弹性的冻胶，为其在压裂液增稠剂方面的应用开创了新的领域。

另外，在石油开采以及石油环保的聚丙烯酰胺分析和油水污染处理中，也用到淀粉或变性淀粉产品。应该说淀粉及其衍生物作为具有多功能的水溶性聚合物之一，在石油工业中应用广泛。并且随着石油工业的发展和淀粉技术的进步，其应用范围还会越来越广。

（5）变性淀粉在医药工业中的应用　现在的医药工业几乎有一半需要淀粉。抗生素多以葡萄糖为碳源，也有直接以淀粉为原料。生产维生素C的中间体山梨醇是葡萄糖氢化而成的，生产维生素B_2发酵厂也需碳源，四环素、土霉素生产直接用淀粉，所以说制药离不开淀粉。片剂生产大部分采用淀粉，虽然已有许多新辅料代替淀粉，但淀粉无毒性、资源丰富和价廉，是很好的辅料。随着制剂技术、工艺及设备的发展，对药品质量要求不断提高，单独使用原淀粉不但不能满足某些制剂的要求，而且也限制了制剂品种多样化。为了改善天然淀粉理化性质不足，可采取物理、化学及酶对淀粉进行处理，使之适合于制剂、工艺及设备的发展以及制剂品种的多样化。

变性淀粉在医药工业主要作为片剂的赋形剂、外科手套的润滑剂及医用淀粉辅料、代血浆、药物载体、淀粉微球，另外在湿布药用基材的增黏剂、治疗尿毒症、降低血液中胆固醇和防止动脉硬化等产品中也用到变性淀粉。

（6）变性淀粉在其他工业中的应用

① 建筑工业　建筑材料中的石膏板、胶合板、陶瓷用品和墙面涂料黏合剂等产品的生产要用糊精、预糊化淀粉、羧甲基淀粉、磷酸酯淀粉及淀粉的接枝共聚物等。如预物化淀粉用作水质涂料，黄糊精可用作水泥硬化延缓剂。

② 农业、林业、园艺　丙烯脂接枝共聚淀粉经塑化后具有强吸水性，最适合在农业应用。如用于种子和根须的覆盖以及用作渗水快土壤的保水添加剂，可提高出苗率和发芽率，从而增加产量。1kg吸水剂能涂层约100kg种子。4g吸水剂放于水中，将植物苗根部放入，吸着薄层，应用于飞机植树造林、人造草原，成活率都较高。在山坡干旱土地上实验，上部土壤5mm厚混入0.1%～0.2%的吸水剂能提高其蓄水能力，达到肥沃土壤作用。另外，CMC、阳离子淀粉、丙烯酸接枝共聚物等也具有提高土壤稳定性和粮食产量的性能，具有较好的应用前景。

③ 铸造工业　中国铸造所用的砂芯一般用黄糊精或预糊化淀粉作为胶黏剂，也有用可溶性淀粉和磷酸酯淀粉。预糊化淀粉用作铸造模砂芯胶黏剂，冷水溶解容易，胶黏力强，倒入熔化金属时燃烧完全，不产生气泡，制品不含“砂眼”，表面光滑。

④ 日用化工和化妆品　用淀粉为原料生产表面活性剂的研究越来越受到重视。在日用化工和化妆品中用到的主要代用品是氧化淀粉、CMS、羟乙基淀粉，另外还有甲基化淀粉、羟丙基淀粉、(羟基）乙基淀粉、经丙基甲基淀粉等。羧甲基淀粉在牙膏和美容膏（霜）中可用作胶黏剂和增稠剂。洗涤剂中加少量CMS能提高污物悬浮性，由衣服洗脱的污物不会再沉淀到衣服上，从而提高了洗涤效果，衣服洁白，洗涤剂中添加1.5%（取代度0.05～0.2）的CMC效果很好。污物带有负电荷，与羧甲基负电荷间有排斥作用，能防止污物沉降。合成洗涤剂中采用CMS还有降低对皮肤刺激的作用，深度氧化的淀粉也有同样的效果。

⑤ 工业废水处理　通过对淀粉分子带有羟基的醚化、氧化、酯化、交联、接枝共聚等化学改性，其活性基团大大增加，聚合物呈枝化结构，分散了絮凝基团，因而对悬浮体系中颗粒物有更强的捕捉与促沉作用。改性淀粉絮凝剂性质比较稳定，能够进行生物降解，不会对环境造成二次污染，从而减轻污水后续处理的压力。淀粉衍生物絮凝剂主要有阳离子型淀粉衍生物絮凝剂、阴离子型淀粉衍生物絮凝剂、非离子淀粉衍生物絮凝剂和两性淀粉衍生物

絮凝剂等四种类型。

4.5　环糊精

环状糊精（cyclodextrins，简称 CD）是由六个以上葡萄糖通过 α-1，4 糖苷键连接而成的环状麦芽低聚糖。但环状糊精结构和性质与普通直链或支链麦芽低聚糖差异较大，因此单独予以介绍。

环状糊精一般由 6～12 个葡萄糖组成，其中以含 6～8 个葡萄糖分子分别称为的 α-CD、β-CD 及 γ-cD 最为常见，其结构式如图 4-8(a)～(c)，其主体构型像一个中间有空洞、两端

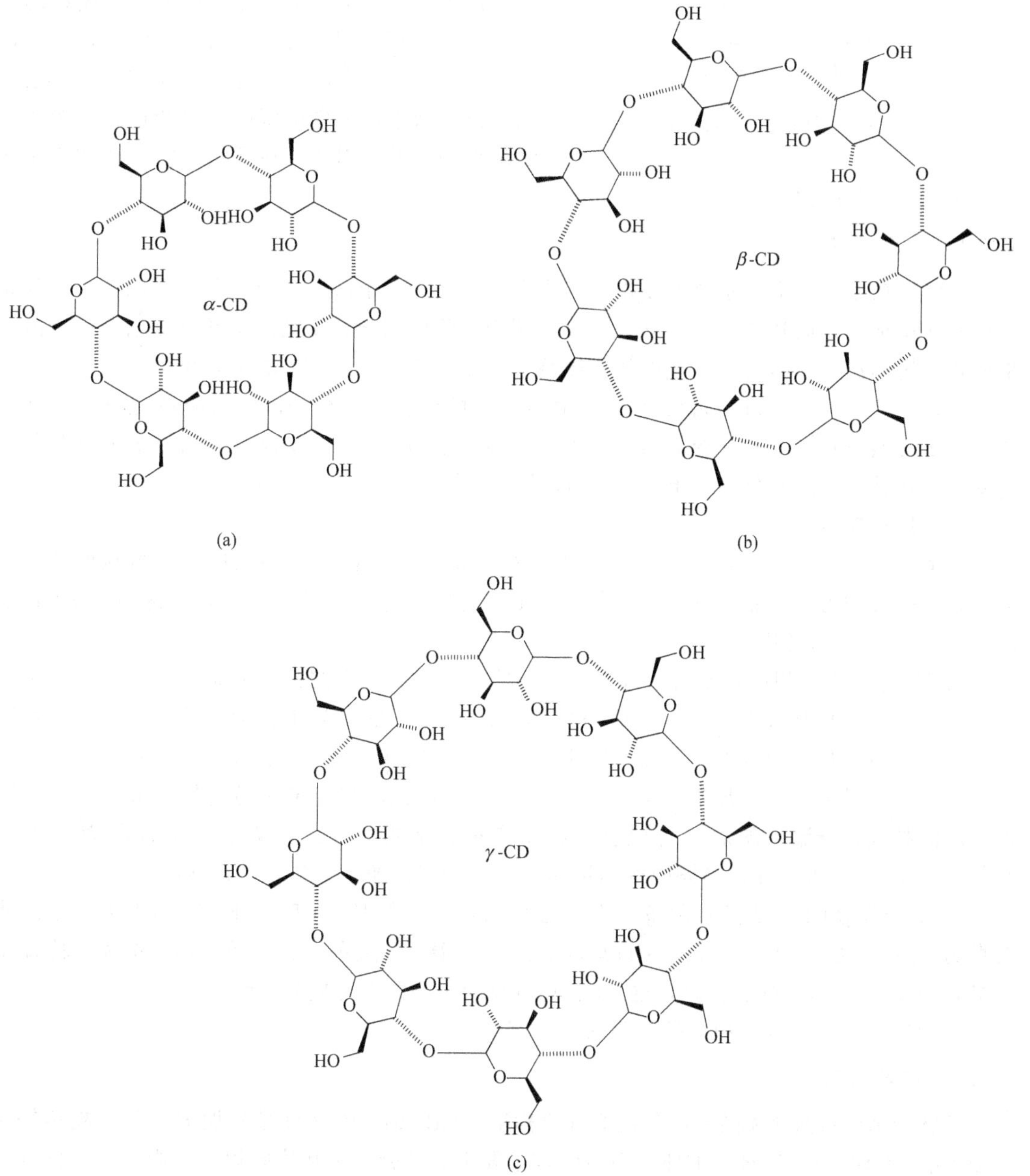

(a)

(b)

(c)

图 4-8　环状糊精结构简图

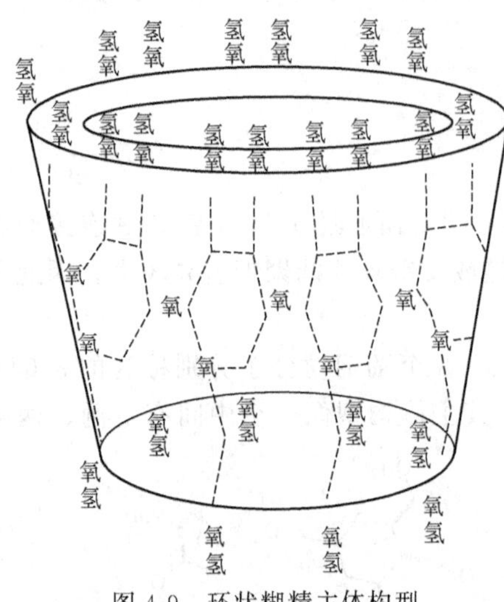

图 4-9 环状糊精主体构型

不封闭的圆桶，如图 4-9 所示。这个“圆桶”的腔内部呈相对疏水性，而所有羟基则在分子外部呈相对亲水性。

虽然早在 20 世纪初就已有关于环状糊精的报道，但对环状糊精的结构和其独特的理化性质的研究还是近几十年的事。20 世纪 70 年代初，随着生产环状糊精酶（环状糊精葡萄糖基转移酶，简称 CGT-ase）的细菌被发现，环状糊精才开始进入工业化生产。目前，日本在环状糊精的生产与应用方面处于世界领先水平，是国际市场上环状糊精的主要出口国，其环状糊精的年增长率在 100%左右，主要应用于医药、食品等行业。中国自 20 世纪 80 年代起也开始进行了少量试产，但产量和质量都难以满足市场需求，因此，在环状糊精生产和应用研究方面前景十分广阔。

4.5.1 生产工艺

环状糊精生产的主要原料为淀粉，其生产工艺分为三个阶段。第一阶段是制备生产环状糊精的环糊精葡萄糖基转移酶；第二阶段是利用该酶作用于淀粉糊产生环状糊精；第三阶段是环状糊精的提取和精制。本文以环状糊精中最主要的 β-CD 为例进行介绍。

（1）工艺流程　淀粉→调浆→CGT 酶液化→酶液化及转化→α-淀粉酶液化→脱色→过滤→离子交换→真空浓缩→冷却结晶→离心分离→结晶→β-CD（粗品）→加热溶解→脱色→过滤→冷却结晶→离心分离→干燥→β-CD 结晶（成品）。

（2）操作要点

① CGT 酶液制备　选择产 β-CD 的酶活较高的菌种，如巨大芽孢杆菌及嗜碱性芽孢杆菌等，经斜面制备、摇瓶和种子罐培养后，进发酵罐培养，最后经离心分离得到产 β-CD 的 CGT 粗酶液，冷却备用。

② 结晶 β-CD（粗品）制备　选择直链淀粉含量高的玉米淀粉，配成 10%（质量）的淀粉乳，调节 pH 值为 8.2～8.5，按适当比例加入酶液，在 90℃下保温反应 30min，冷却至 55℃左右，再补加适量酶液，继续反应 12～24h。当 β-CD 含量达到要求时调节 pH 值为 6.2 左右，加入少量淀粉酶，加热至 85～90℃，反应 30min，使未转化的淀粉和糊精水解，降低反应液黏度，升温灭酶后进行脱色、离子交换、精制，再经真空浓缩至含量为 65%～70%（质量），放入冷却结晶罐中冷却结晶，离心分离，即得结晶 β-CD（粗品）。

③ 重结晶 β-CD（成品）制备　将离心分离得到的结晶 β-CD（粗品）用去离子水配成含量为 25%～30%（质量）的 β-CD 溶液，经活性碳再次脱色、过滤后，真空浓缩、冷却重结晶，经 50～60℃干燥后粉碎，过 20～40 目筛的细晶即作为成品包装。

环状糊精的生产设备和结晶葡萄糖的生产设备基本相似。

4.5.2 质量标准

环状糊精因目前尚无国标，有轻工行业标准，QB 1613-1992 食品添加剂 β-环状糊精轻工行业标准（QB）本标准规定了环状糊精的技术要求，试验方法和检验规则等内容。本标准适用于淀粉经酶转化再用水提纯制取的环状糊精。用于食品作稳定剂、矫味剂、改形剂等。

参照日本食品化工（株）制订的产品标准自行制订企业标准。

① 感官指标　白色粉状结晶，无异味。

② 理化指标　纯度≥97%，灰分≤15%，水分10%～12%

③ 卫生指标　见表4-12。

表4-12　环糊精卫生指标

项目	指标	项目	指标
砷(As)/(mg/kg)	≤0.5	大肠菌群数/(个/100g)	≤30
铅(Pb)/(mg/kg)	≤1.0	致病菌	不得检出
细菌总数/(个/g)	≤1500		

4.5.3　性质与应用

（1）性质

①特殊的包络或包接能力，稳定多种挥发性物质，对光、热、氧气等敏感物质起保护作用，改变原有物质的理化性质，如溶解度、吸湿性、风味、色泽等。②良好的化学及生物稳定性。③毒性及食用安全。

由于环状糊精独特的结构和性质，其在食品、医药、农药、精细化工中的应用十分广泛。

（2）应用

① 食品工业中的应用

a. 稳定功能　许多食用香精易挥发，与CD形成包接复合物后可长期保存其独特风味；一些风味料精油易氧化，与CD形成包接物后，可在常温下延长保质期；食品中许多营养强化剂如维生素A等受热易被破坏，添加CD后，形成的复合物对热稳定，保证营养成分不受损失；许多食用天然色素化学稳定性较差，用β-CD制成包接物后，可增强色素稳定性，扩大色素应用范围，提高食品感官质量。

b. 脱除异味功能　使用CD能消除或减轻许多海味加工品、肉类制品的腥味或臭味，也可除去一些调味品、添加剂如食用骨粉、食用酵母等令人不愉快的气味。此外，还能除去豆制品中的豆腥味及柑橘制品中的特殊苦味。

c. 乳化功能　CD具有良好的乳化功能，并位乳化物质保持长久稳定，特别适合油脂含量较高的奶酪、冰激凌等食品，CD还具有提高蛋白的起泡能力，适合在焙烤食品中使用。

② 医药工业中应用　许多对外界条件敏感的药品可制成CD包接物，如维生素、抗生素等，使药物稳定性增加、有效期延长。使用CD包接物还能提高难溶药物的溶解度，增加药物的吸收率，减少用药剂量。此外，一些对肠胃刺激较强的药物以及有不良气味的药物，使用CD包接物后接受性均能有所改善。

③ 精细化工行业中应用　化妆品工业中，应用CD可使香味更为持久与稳定，营养成分不易损失，且无异味、无油腻感，对皮肤无任何刺激作用，CD还可用于牙膏和漱口液中，以除去口腔异味。

农药中使用CD后，可使有效成分更为稳定，提高药效，减少用药量。一些有机合成反应中使用CD，能提高催化率以及产物收率。据报道，CD在纺织、石油、环保等领域还有许多特殊的应用。

随着对环状糊精研究的进一步深入，该产品将会有更多的应用领域和更大的商品价值。

参 考 文 献

[1] Zhao Xin-fa, Li Zhong-jin. Chemical Engineering, 2007, 35 (9): 66.

[2] Ding Wei-jia, An Ying-ge, Yang Lin, et al. Spectroscopy and Spectral Analysis, 2005, 25 (5): 701.

[3] 贾玉涛，董海洲，侯汉学．玉米淀粉实验室提取方法研究．粮食与油脂，2006，(7)：29-30.

[4] 许永亮，程科，赵思明等．大米淀粉的分子质量分布及其与黏性的相关研究．中国农业科学，2007，40 (3)：566-572

[5] 钱芳，黄立新，杨晓晨．莲子淀粉性质的研究．食品工业科技，2007，28 (3)：57-60.

[6] 雨天风，夏平．马铃薯淀粉特性及其利用研究．中国农学报告，2005，21 (1)：55-58.

[7] 张正茂，史俊丽，赵思明等．超微细化大米淀粉的形貌与润胀特性研究．中国粮油学报，2007，22 (2)：40-44.

[8] 郭蕾，张正茂，胡莉莉等．水溶性大米淀粉的研磨动力学研究．农业工程学报，2007，23 (1)：202-206.

[9] Zaidul I S M, Yamauchi H, Kim S J, et al. RVA study of mixtures of wheat flour and potato starches with different phosphorus contents. Food Chemistry, 2007, 102 (4): 1105-1111.

[10] Zhao Siming, Xiong Shanbo, Qiu chengguang, et al. Effect of microwaves on rice quality. Journal of stored Products Reaearch, 2007, 43: 496-502.

[11] Fang J M, Fowler P A, Tomkinson J, et al. The preparation and characterisation of a series of chemically modified potato starches. Carbohydrate Polymer, 2002, 47: 245-252.

[12] 蒸鱼婴，王灿耀，许小平等．提高淀粉耐水性能的研究．应用化学，2005，10：1108-1112.

[13] 张燕萍．变性淀粉制造与应用．北京：化学工业出版社，2001.

[14] 于九皋，刘泽华．表面疏水化热塑性淀粉材料的性能．中国塑料，2002，16 (4)：35-38.

[15] 吴俊，李斌，谢笔均．微细化淀粉干法疏水化改性条件及其改性机理研究．食品科学，2004，25 (9)：96-99.

[16] 黄强，李林，罗发兴．淀粉疏水性改性研究进展．粮食与饲料工业，2006，4：28-29.

[17] 张卫英，夏升平，王灿霞等．淀粉基完全生物降解材料的研究．农业工程学报，2004，20 (3)：184-187.

[18] 吴俊，谢笔均，熊汉国．淀粉粒度对热塑性淀粉性能的影响研究．农业工程学报，2003，19 (3)：37-40.

[19] Xiong Hanguo , Tang Shangwen, Tang Huali , et al. The structure and properties of a strch-based biodegradable film. Carbohydrate Polymers, 2008, 71: 263-268.

[20] Tang Shangwen, Peng Zou, Xiong Hanguo, et al. Effect of nano-SiO_2 on the performance of starch/polyvinyl alcohol blend film. Carbohydrate Polymers, 2008, 72: 521-526.

[21] Xiao C M, Yang M L. Controlled preparation of physical cross-linked starch/PVA hydrogel. Carbohydrate Polymers, 2006, 64: 37-40.

[22] Shang Xiao-qin, Tong Zhang-fa, Liao Dan. Kui, et al. Graft co-polymerization of acrylamide onto starch in inverse emulsion. J Chem Eng of Chinese Univ, 2006, 20 (3): 460-463.

[23] Liang Xu-guo, Du Xiao-xia, Pan Qi-ring. Study on the mechanism of laminarin sulfate in the prevention of experimental atherosclerosis. Chinese Journal of Marine Drugs, 2002, 21 (5): 26-30.

[24] Tessler M M, Martin M. Preparation ofstarch sulfate esters. USP 4086419. 1976-02-24.

[25] Tessler MM, Martin M. Method for preparing starch sulfate ester. USP 4093798, 1976-12. 06.

[26] Zhang Li-jun. Compound preparation of starch sulfate. Hebci Chemical Engineering and Industry, 2004, 27 (3): 41-52.

[27] Chang Fa, HOU Gulli, Yi Changqing, et al. Synthesis and properties of sulfonated starch as superplasticizer. Fine Chemicals, 2006, 23 (7): 711-716.

[28] 陈嘉川，谢益民，李彦春等．天然高分子科学．北京：科学出版社，2008.

[29] 王亚君，张琳琳．变性淀粉在造纸工业中的应用．广西纺织科技，2009，38 (5)：39-40.

第 5 章　甲壳素、壳聚糖材料

甲壳素是继纤维素之后地球上最丰富的天然有机物，每年其生物合成量约为 1000 亿吨，可开发数量估计为 10 亿吨/年，也是一种取之不尽、用之不竭的自然资源。它广泛存在于微生物、酵母、蘑菇的细胞壁中，昆虫的表皮，乌贼、贝壳等软体动物骨骼内，尤其是虾、螃蟹等甲壳类动物的甲壳富含甲壳素。据报道，南极磷虾是地球上数量最多、繁衍最成功的单种生物资源之一，其生物量每年为 6.5 亿～10 亿吨，已引起人们开发和利用磷虾的巨大兴趣。甲壳素也是自然界除了蛋白质以外数量最大的含氮天然有机高分子，由于海洋、江河、湖沼的水圈，海底陆地的土壤圈，以及动植物的生物圈中的甲壳素酶、溶菌酶、壳聚糖酶等能将其完全生物降解，参与生态体系的碳和氮源循环，它在地球环境和生态保护中起着重要的调控协同作用。甲壳素在自然界中的生成量非常丰富，分布面广，它和石油、煤炭不同的是可以继代增殖。地球上太阳能是能量流动源泉，利用太阳能进行光合作用提供的生物量，其中森林占 44%，农作物占 6%，海洋生物占 35%。自然界就是靠动物、植物和微生物之间的生态平衡使生物繁衍生息，并不断提供生物资源的。

壳聚糖［学名为 β-(1,4)-2-氨基-2-脱氧-D-葡萄糖］，是甲壳素［学名为 β(1,4)-2-乙酰氨基-2-脱氧-D-葡萄糖］经化学法处理脱乙酰基后的产物，是至今发现的唯一天然碱性多糖。纯品的壳聚糖是带有珍珠光泽的白色片状或粉末状固体，相对分子质量因原料不同而从数十万到数百万。因制备工艺条件和需求不同，脱乙酰度由 60%～100%不等，壳聚糖脱乙酰度越高，相对稳定性越低，但机械强度增大，生物相容性增加，吸附作用增强。从 1811 年发现 Chitin 到 1859 年发现 Chitosan，直到 1910 年的 100 年间，壳聚糖研究中开创性的工作大多由法国人完成。20 世纪 70 年代以前，甲壳素和壳聚糖的研究重心主要集中在欧美国家。1934 年在美国首次出现了关于它们的专利，并在 1941 年制备出了壳聚糖人造皮肤和手术缝合线。中国是 1952 年开展甲壳素研究的，1954 年第一篇研究报告发表。20 世纪 70 年代后，研究重心就移到了日本。20 世纪 90 年代是中国研究和开发的鼎盛时期。

纤维素、甲壳素和壳聚糖的结构式如图 5-1 所示。

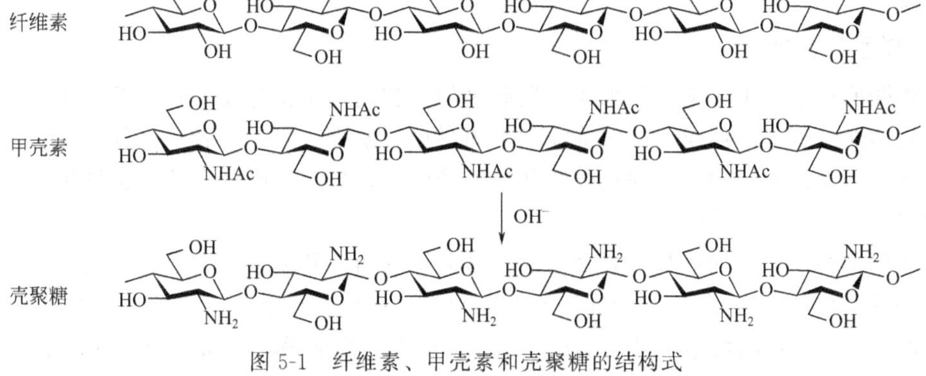

图 5-1　纤维素、甲壳素和壳聚糖的结构式

甲壳素和壳聚糖含有羟基和氨基，具有独特的生物功能和物化性质，因此通过分子设计可以实现受控化学修饰。近 10 年来，由于环境友好功能材料的发展和各学科的相互交叉与

渗透，使甲壳素和壳聚糖的化学修饰方法不断拓展。这些修饰反应不仅有利于构效关系的研究，而且有助于开发特定的功能高分子材料。如用 *N*-邻苯二甲酰化-壳聚糖能有效区分三种不同的官能团，可定量和有选择性地合成许多有复杂结构的功能高分子。D-氨基葡萄糖盐酸盐有较强的抑菌作用，而在 D-氨基葡萄糖的分子中引入其他基团，有可能发现抑菌作用更强的物质。糖链结构作为细胞识别的分子机制和某些细胞分化标志的结构基础，在肿瘤分化过程中起重要作用。肿瘤细胞分化后膜糖蛋白 N 型、O 型糖链有明显变化，而氨基葡萄糖 N、O 衍生化后与部分构建糖复合物碳链的糖的结构相似，有望成为肿瘤细胞新的诱导分化剂。尽管甲壳素和壳聚糖来源丰富，是一种环境友好的生物高分子，目前其衍生物的研究与开发取得了一定进展，但它的应用发展却仍然较慢。其主要原因：一是价格相对较高，作为一般材料很难在工业上大规模地应用；二是基础和应用基础研究偏多，应用和开发研究较少；三是衍生物产品的链较短。因此，加强应用研究、进一步降低成本和开发新型功能衍生物，已成为甲壳素和壳聚糖研发的发展方向。总之，甲壳素和壳聚糖是一类重要的天然高分子，通过化学改性可赋予各种功能性。未来它们将在化妆品、吸水剂、药物、酶载体、细胞固化、聚合试剂、金属吸附和农用化学制剂中有广泛的应用前景。

5.1 甲壳质及其衍生物

甲壳素是一种多糖类生物高分子，在自然界中广泛存在于低等生物菌类，藻类的细胞，节肢动物虾、蟹、昆虫的外壳，软体动物（如鱿鱼、乌贼）的内壳和软骨，高等植物的细胞壁等，甲壳素每年生命合成资源可达 2000 亿吨，是地球上仅次于植物纤维的第二大生物资源，是人类取之不竭的生物资源。

甲壳质是 1811 年由法国学者布拉克诺（Braconno）发现的，1823 年由欧吉尔（Odier）从甲壳动物外壳中提取，并命名为 chitin，译名为几丁质。外观及性质：淡米黄色至白色，溶于浓盐酸/磷酸/硫酸/乙酸，不溶于碱及其他有机溶剂，也不溶于水。甲壳质的脱乙酰基衍生物（chitosan derivatives）可溶于水。甲壳素具有抗癌、抑制癌、瘤细胞转移，提高人体免疫力及护肝解毒等作用。尤其适用于糖尿病、肝肾病、高血压、肥胖等症，有利于预防癌细胞病变和辅助放、化疗治疗肿瘤疾病。甲壳质有很多衍生物，其中壳聚糖是最主要的衍生物。甲壳素还有许多不同的衍生物，下面介绍树型衍生物、壳聚糖季铵盐和其他衍生物。

5.1.1 树型衍生物

壳聚糖的树形衍生物是近年来才发展起来的一类高分子化合物。它一般是在壳聚糖的氨基上接枝功能分子基团形成。如果接枝的基团是糖、肽类、脂类或者药物分子，所得的树型分子结合了壳聚糖的无毒、生物相容性和生物降解性，再有功能分子的药物作用，因此在药物化学方面将会有广泛的应用。

这类化合物可形象地形容为壳聚糖是这种分子的树干和主枝，树形分子是树枝，而功能分子就是树型材料的叶子和花。Sashiwa 等合成了一种树型分子：它是以四甘醇为起始原料，先得到 *N*,*N*-双丙酸甲酯 2112 氨基 23,6,92 氧杂-癸醛缩乙二醇，然后再与乙二胺发生胺解反应，经过同样步骤，在端基引入 8 个氨基，氨基再和含有醛基的单糖反应；最后和壳聚糖经席夫碱反应、还原得到（图 5-2）。该类反应过程一般较为复杂。通过分子设计所得的高分子树型材料在主客体化学和催化方面显示出良好的应用前景。

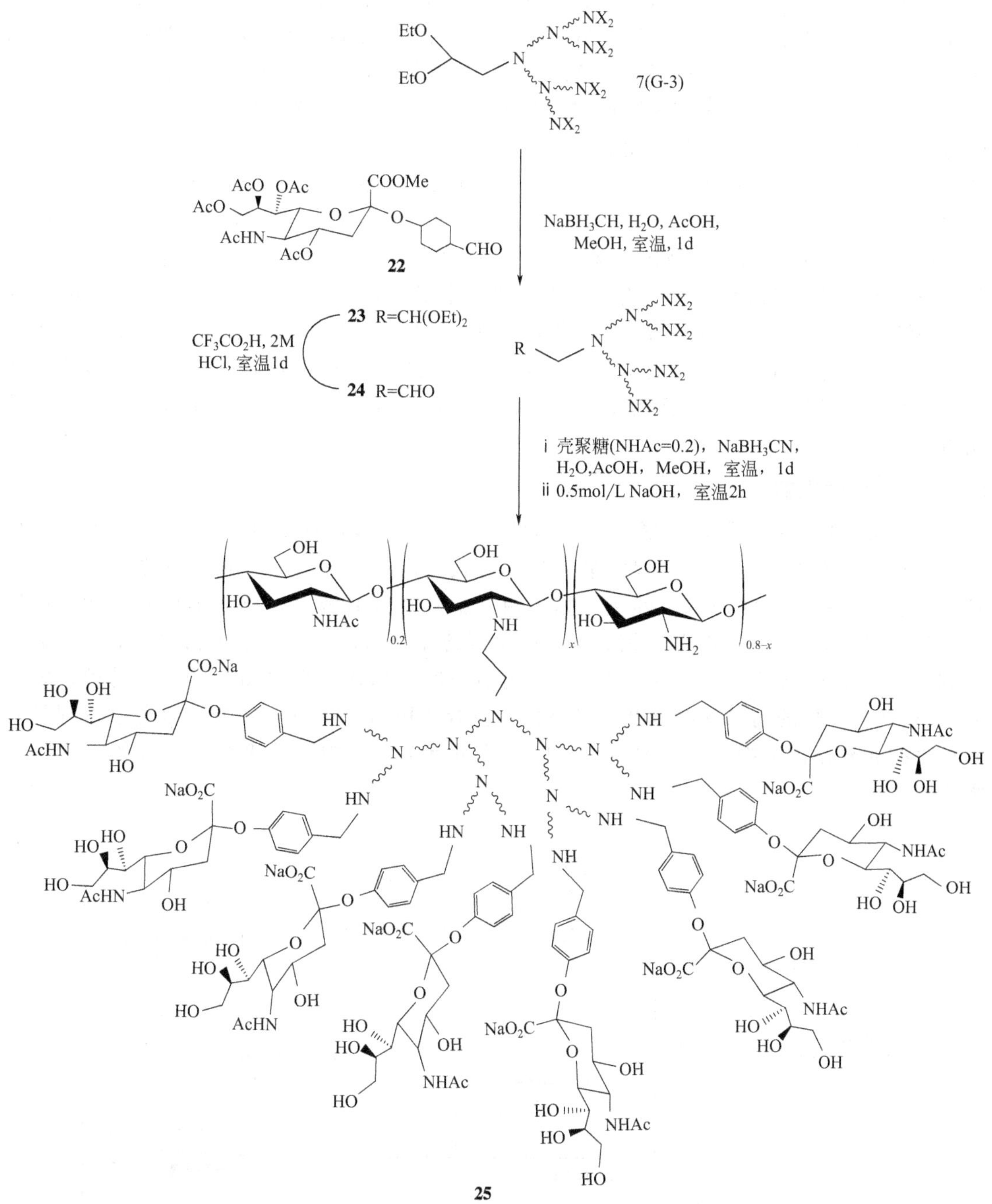

图 5-2　一种树型衍生物的合成

5.1.2　壳聚糖季铵盐

壳聚糖的季铵盐是一种两性高分子，一般情况下，取代度在 25％以上的季铵盐化壳聚糖可溶于水。壳聚糖的季铵盐也可以分两个类型：一类是利用壳聚糖的氨基反应制得，具体方法是用过量卤代烷和壳聚糖反应得到卤化壳聚糖季铵盐，由于碘代烷的反应活性较高，是常用的卤代化试剂。Jia 等用壳聚糖和醛反应，得到席夫碱，再用 $NaBH_4$ 还原，然后和过量的碘甲烷反应制得了壳聚糖季铵盐，并研究了它的抗菌活性。分别用 0.25％和 0.50％的壳聚糖季铵盐，对 *Escherichia* 大肠杆菌作抑菌性实验，发现随季铵盐的浓度增大而抑菌能力增强，并且它的酸溶液优于水溶液。另一类是用含有环氧烷烃的季铵盐和壳聚糖反应，得到含有羟基的壳聚糖季铵盐。许晨等用缩水甘油三甲基氯化铵和壳聚糖反应，合成了羟丙基三甲基氯化铵壳聚糖，它的水溶性随取代度的增加而增大，完全水溶性产物的 10%溶液，可以与乙醇、乙二醇、甘油以任意比混合而不发生沉淀。

壳聚糖季铵盐不仅有较好的抑菌性能，它还可以作为优良的絮凝剂，在污水处理中得到应用。控制 pH 值在 9～13 之间，三甲基氯化铵壳聚糖对谷氨酸钠生产废水 COD_{Cr} 的去除能力达到 80%以上；而用壳聚糖作絮凝剂，去除能力只有 70%，且只能在酸性环境使用。壳聚糖季铵盐处理油田污水和炼油废水，既有絮凝作用，又可以有效杀灭硫酸盐还原菌 SRB 菌。季铵盐壳聚糖还是一种新型的性能优良的表面活性剂，唐有根等通过壳聚糖接枝二甲基十四烷基环氧丙基氯化铵，再磺化引入—SO_3H，合成了一种吸湿性极强、具有优异表面活性的新型壳聚糖两性高分子表面活性剂，经测定，在环境湿度较大时，它的吸湿率超过了透明质酸。

5.1.3 其他衍生物

在 $NaCNBH_3$ 存在下，壳聚糖可与单糖、二糖甚至多糖在 NH_2 上发生支化反应，得到可溶于水的产物。这些反应很容易发生，有较高的取代度，一些衍生物作为水溶性多糖，表现出了一些特殊的溶液性质。如果糖苷配基中含有醛基，那么不用开环就可以接枝糖基，例如通过 C_{10} 接枝葡萄糖或半乳糖来制备壳聚糖衍生物。衍生物的乙酸水溶液加热到 50℃时，形成凝胶，冷却后又溶解。用不同糖类如葡萄糖（图 5-3）、半乳糖、乳糖和 *N*-氨基葡萄糖的丙烯基配糖基的臭氧化反应合成甲酰基甲基配糖基，也可以得到具有短桥链的壳聚糖衍生物。反应程度和配糖基的量有关，其中取代度高于 0.3 的衍生物可溶于水。

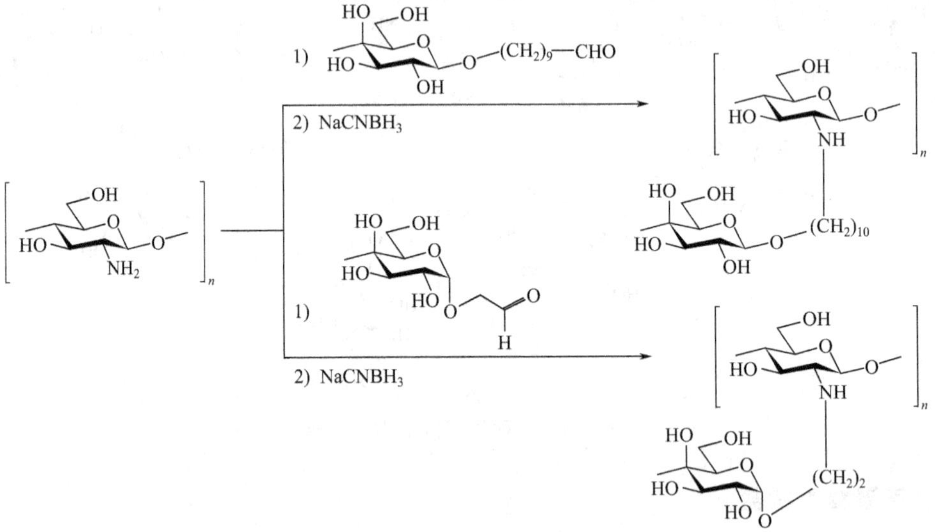

图 5-3 壳聚糖与单糖反应

Tojima 等合成了 α 环糊精交联壳聚糖（图 5-4），它对硝基苯酚和 3-甲基-4-硝基苯酚有选择吸附性，并对硝基苯酚有很好的缓释效果。α 环糊精交联壳聚糖还可作为高效液相色谱（HPLC）的固定相，可用于手性化合物的分离。

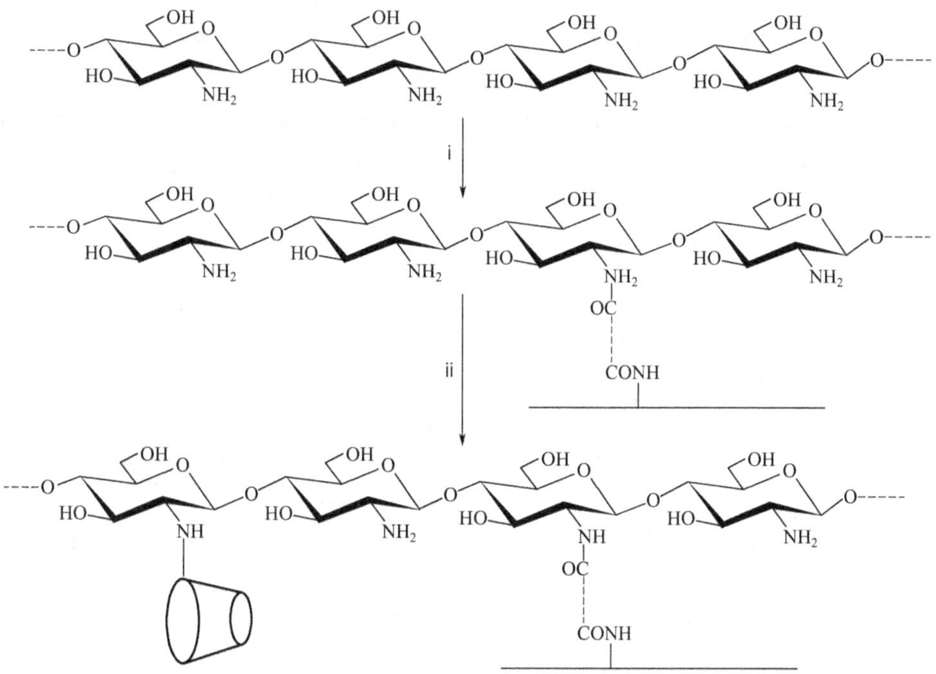

图 5-4　壳聚糖与环糊精反应

用 NaOH 活化的玻璃微球先与 γ-氨丙基三乙氧基硅烷反应；再与戊二醛发生席夫碱反应，形成端基含醛基的产物；然后再与 80%脱乙酰度壳聚糖发生席夫碱反应，生成的产物再用 $NaBH_4$ 还原就得到壳聚糖-玻璃复合物（图 5-5）。该产物对 Cu^{2+}、Ag^{+}、Pb^{2+}、Fe^{3+} 和 Cd^{2+} 的富集率都能达到 90%以上。

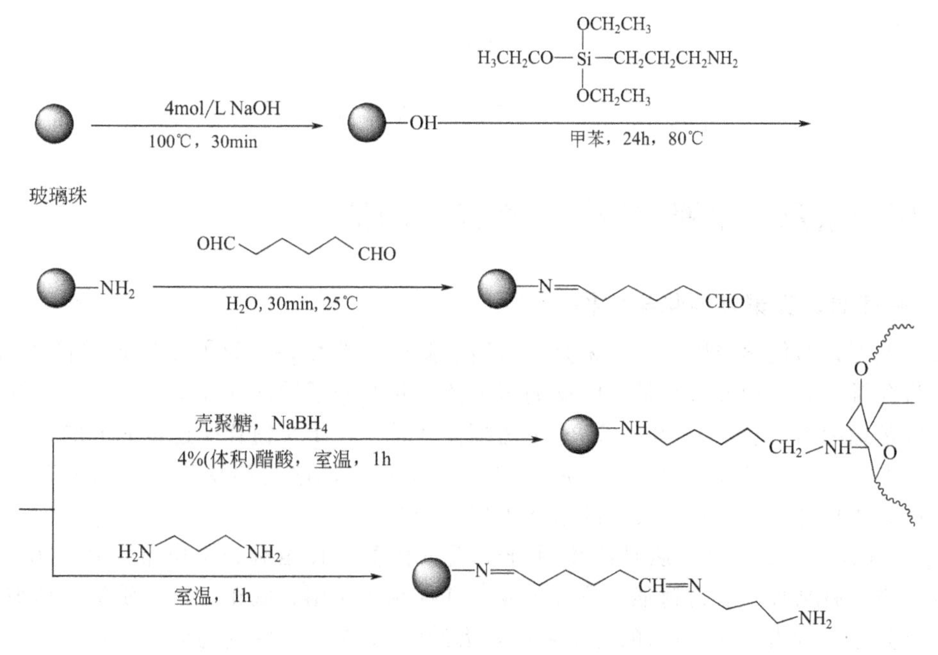

图 5-5　壳聚糖与多孔玻璃的反应

Yang 等合成了一种新型冠醚-羟基-氮杂冠醚壳聚糖，并研究了该化合物对 Ag^+、Pb^{2+}、Cd^{2+}、Cr^{3+} 的吸附特性，发现它对 Ag^+ 有很高的吸附选择性。对 Pb^{2+}、Cd^{2+} 的选择系数 $K_{Ag(Ⅰ)PPb(Ⅱ)}$、$K_{Ag(Ⅰ)PCd(Ⅱ)}$ 分别达到 32134 和 56.12。Jiang 等还制备了 $C_{60}(SO_3H)_5$-$TMePyP^{4+}$ 和壳聚糖薄膜的复合双分子层，具体方法是先将壳聚糖薄膜浸入 0.11mmol PL 的磺酰化富勒烯［图 5-6(b)］溶液中，取出干燥后，再浸入 $TMePyP^{4+}\cdot Cl^-$［图 5-6(c)］溶液中。重复以上步骤可得到不同的多分子层薄膜。它在 445nm 附近的光吸收是用同种方法制得的硅烷基双分子层的 2 倍，有可能成为一种理想的非线型光学材料。

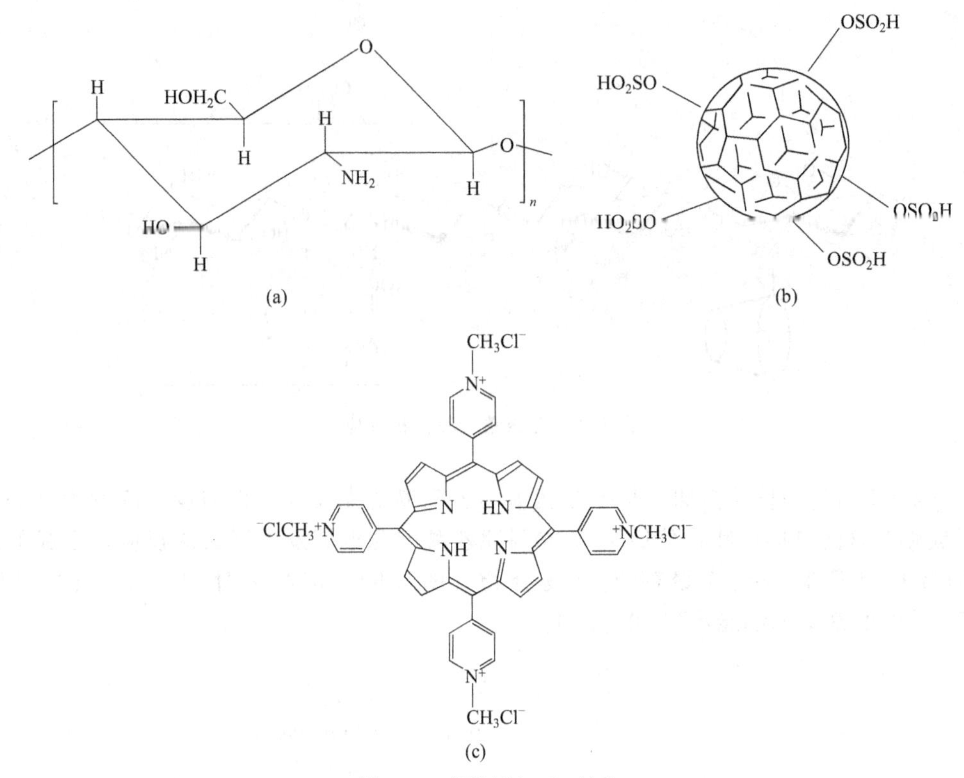

图 5-6 壳聚糖与 C_{60} 结构

5.2 甲壳素及壳聚糖的结构、性能及制备

5.2.1 甲壳素、壳聚糖的化学结构

(1) 甲壳素的化学结构 甲壳素是 *N*-乙酰基-D 葡糖胺 *β*-[1,4] 甙链连接的直链多糖，其结构与纤维素非常相似。都是六碳糖的多聚体，相对分子质量都在 100 万以上。纤维素的基本单位是葡萄糖，它是由 300～2500 个葡萄糖残基通过 1,4 糖苷链连接而成的聚合物。几丁质的基本单位是乙酰葡萄糖胺，它是由 1000～3000 个乙酰葡萄糖胺残基通过 1,4 糖苷链相互连接而成聚合物。而几丁聚糖的基本单位是葡萄糖胺。

① 相对分子质量 甲壳质是高相对分子质量物质，其相对分子质量可达 100 万以上。相对分子质量越高吸附能力越强，适合工业、环保领域应用。低相对分子质量容易被人体吸收。相对分子质量为 7000 左右的几丁聚糖，大约含 30 个左右的葡萄糖胺残基。

② 脱乙酰基纯度 几丁质经过脱乙酰基成为几丁聚糖。几丁质因为不溶于酸碱也不溶

于水而不能被身体利用。脱乙酰基后可增加其溶解性，因此可被身体吸收。几丁质脱乙酰基纯度越高其品质越好。目前作为机能性健康食品具有脱乙酰基纯度高、相对分子质量低等优点。

甲壳素是白色或灰白色、半透明的片状固体，不溶于水、稀酸、稀碱及一般的有机溶剂，可溶于浓的无机酸和一些特殊的有机溶剂。

壳聚糖略带珍珠般的光泽，不溶于水和碱溶液，可溶于大多数稀酸。在 $pH<6.15$ 的水溶液中可形成黏性溶液，但若对壳聚糖在纤维制造或纤维制品的后处理中进行接枝处理，则可改变其性质，成为不溶于酸的物质，使之成为具有新功能的材料。

(2) 壳聚糖的化学结构　壳聚糖（chitosan）是甲壳素（chitin）脱乙酰基后的产物，是甲壳素最基本、最重要的衍生物。甲壳素又名甲壳质、几丁质，化学名为（1,4)-2-乙酰胺-2-脱氧-β-D-葡聚糖，主要存在于虾、蟹、蛹及昆虫等动物外壳以及菌类、藻类植物的细胞壁中。节肢类动物的干外壳约含20%～50%甲壳素。自然界中甲壳素有3种结构：α、β、γ，其中最为常见、普通的是 α 型。地球上每年甲壳素的生物合成量为数十亿吨，是产量仅次于纤维素的天然高分子化合物。图5-7是甲壳素和壳聚糖的结构。

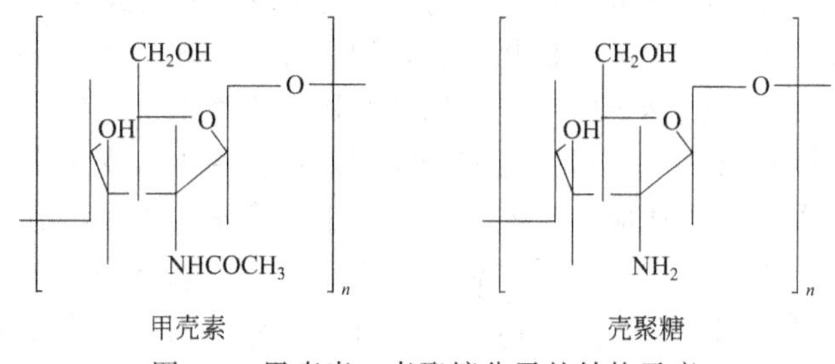

图5-7　甲壳素、壳聚糖分子的结构示意

5.2.2　甲壳素、壳聚糖的物理性能

甲壳素和壳聚糖都是白色或灰白色半透明的片状或粉状固体，无臭、无味、无毒性，壳聚糖略带珍珠光泽。甲壳素不溶于水、一般溶剂、稀酸和碱，但可溶于含有5% LiCl的 N,N-二甲基乙酰胺中。其他溶剂还有：甲酸、甲基磺酸、六氟异丙醇、六氟丙酮以及1,2-二氯乙烷/三氯醋酸的混合物（35∶65）。

壳聚糖不溶于水，但可溶于稀有机酸（如醋酸、环烷酸和苯甲酸）的溶液。在pH低于6.5时，可得到黏稠的溶液，但要注意，在稀酸中长期保存会逐渐水解。

与纤维素相似，生物体内的甲壳素的相对分子质量在100万～200万，经提取后甲壳素的相对分子质量在30万～70万；由甲壳素制取的壳聚糖的相对分子质量则更低，约为10万～50万。生产中甲壳素与壳聚糖的相对分子质量的大小，一般用它们的黏度高低来表示。

甲壳素和壳聚糖的某些特征见表5-1。

表5-1　甲壳素和壳聚糖的某些特征

特征参数	甲　壳　素	壳　聚　糖
天然物的相对分子质量	10^6	
商业产品的相对分子质量/$\times10^5$	3.5	1.3
脱乙酰度/%	10	80～90
X 射线数据、标准峰/(°)	9～10	19～20
含氮量/%	6～7	7～8.4
风干产物的吸湿性/%	2～10	2～10

甲壳素的化学性质是：为高分子线型聚胺（polyamine）；有活性的胺基与羟基，有强的化学反应能力；为阳离子聚电解质（在 pH 低于 6.5 时，有高的电荷密度，能黏合到负电荷物质的表面，能与许多金属离子螯合）。

壳聚糖的生物性质是：良好的生物相容性（无毒、天然存在的高分子，可生物降解为基体部分）；一定的生物活性（螺旋促进剂，胆固醇还原剂，免疫系刺激剂）。

即使在常温下，壳聚糖也会逐渐水解，使溶液黏度降低，最后水解为胺基葡萄糖，所以需用溶液时应随配随用。不论是甲壳素或壳聚糖，在 100℃的盐酸中都完全水解为胺基葡萄糖，在比较温和的条件下水解时，则得到胺基葡萄糖、壳二糖、壳三糖等低聚糖。

甲壳素和壳聚糖有极强的吸湿性和渗透性。甲壳质的吸湿率高于纤维素，壳聚糖的吸湿率更高，仅次于甘油，可用于化妆品。甲壳素及其衍生物制成的膜或中空纤维具有良好的渗透性，可用于化合物的分离膜、超滤膜、人工肾用的透析膜和药物缓释膜等。

通过土壤填埋，不同菌株（尤其是甲壳素酶、壳聚糖酶和溶菌酶等）平皿培养实验和生物降解率测定表明，甲壳素/壳聚糖是能被完全降解的物质。对于一种理想的生物降解材料，要求其具有优秀的使用性能，成本低廉，废弃后可完全分解并参与生态体系的自然循环。因此，甲壳素是一种理想的生物降解材料。含有 2%壳聚糖的天然或再生纤维素复合物是可以生物降解的，可以完全为土壤中的有机物分解，埋入地下 5cm，经 3 个月即完全分解。

甲壳素、壳聚糖在生物活体中的响应，以及存留于生物系统期间所引起的活体体系的反应，也就是通常所说的材料反应和宿主反应均能很好保持在可接受水平。因此，甲壳素具有特有的动植物组织和器官生理适应性、安全性。加上甲壳素、壳聚糖有着良好的物理、化学性质等，是一种优良的天然医用高分子材料。甲壳素对人体无毒害、无刺激，具有天然的生理活性，在印染、造纸、化工、食品、医药、环保等领域均有较高的应用价值和实用意义，是一种十分难得的精细化工原料。同时由于它是一种线型高分子物，故具有良好的成纤性能，作为制造纤维原料用的甲壳素的另一特征是可以亲和纤维素纤维用的染料，特别是可吸收直接染料。在这一点上它几乎能与纤维素相匹配，是化纤丰富的原料来源。以甲壳素为原料纺制的纤维，除可用作可吸收手术缝合线或医用卫生织物外，也可与化纤混纺制成具有优良服用性能的织物，还可用于制药、污水处理等各个领域。具有直径为 5～60μm 的纤维状壳聚糖，可用作除去自来水中氯臭的试剂。

5.2.3 甲壳素、壳聚糖的提取

虽然多种甲壳类动物都含有甲壳素，但从虾、蟹壳中提取甲壳素更为方便。虾、蟹壳主要由三种物质组成：以碳酸钙为主的无机盐、蛋白质和甲壳素，另外，还有痕量的虾红素或虾青素。虾、蟹壳中甲壳素的含量一般为 15%～25%，其中蟹壳为 17.1%～18.2%、龙虾壳为 22.5%、虾壳为 20%～25%，资源比较丰富。

从虾蟹壳中提取甲壳素的流程为：先将虾（蟹）壳经挑选，水洗，加入 6%的盐酸，在常温下浸渍 24h，使甲壳中的碳酸钙转化为氯化钙而溶解分离，经脱钙后的甲壳用水洗净后加入 10%的 NaOH 溶液中煮沸 6h，以除去蛋白质并得到粗品甲壳素。粗品甲壳素加入 0.5%高锰酸钾溶液中搅拌浸泡 1h 后取出水洗至中性，在 10%的草酸溶液中加热到 80℃，搅拌 1h 以进行脱色，再经充分水洗，干燥后得到白色精品甲壳素。

在提取和精制甲壳素的过程中，其技术关键是提高得率和控制相对分子质量。采用上述方法生产的甲壳素在稀酸、稀碱中均不溶解，只有少数的有机溶剂能溶解，但溶解度较低。经中国科研工作者的研究，提出了采用分步加酸法生产甲壳素，不但产品质量好、酸利用率高，而且成本低、不污染环境。

国外生产甲壳素的主要方法是以蟹壳为原料，用2% NaOH溶液在70℃先提取蟹壳中的蛋白质，然后用过量的亚硫酸除去甲壳中的钙以制取甲壳素。

由于生产过程中产生一定量的酸碱废液，对环境有一定的污染，研究人员在甲壳素的提取工艺方面作了改进。段元斐等探索了用复合酶和有机酸将蛋白质和碳酸钙分解转化成可二次高附加值利用的营养成分的方法，在提取甲壳素的同时，有效地将废水转化利用，制得了氨基酸类调味品和柠檬酸钙，基本达到了无污染生产，提高了废弃虾壳、蟹壳的综合利用率，提高了经济效益。此外，周湘池等还探索出用发酵法制备甲壳素的工艺，他们利用乳酸菌发酵新鲜虾壳，用发酵过程产生的乳酸脱去虾壳中的矿物质和蛋白质等，发酵产物经过固液分离即得到甲壳素。这种工艺也避免了强酸强碱的使用，发酵废水中富含多种营养素，可作为水产动物饲料的原料及饲料添加剂，洗水还能循环进入下一次发酵，因此，这种方法也基本上不产生二次污染。此法用葡萄糖作为发酵的限制性底物，成本低廉，当大规模生产甲壳素时，还可以用蔗糖代替葡萄糖，更加降低了生产成本。以上两种方法基本上都不会产生污染，并且在制备了甲壳素的同时，生产的副产物也有很高的利用价值，大大提高了经济效益。

甲壳素/壳聚糖不仅存在于虾壳蟹壳当中，还存在于一些细菌的细胞壁中，如蓝色梨头霉的细胞壁中含有壳聚糖，而且含量较高，尤其是利用海洋动物的甲壳来提取甲壳素存在一些弊端，如原料来源受到地域限制、海洋动物的季节性繁衍导致原料供应的波动、处理动物甲壳中的碳酸钙需要大量的酸并产生大量废水。因此，很多学者探索出了利用微生物来提取甲壳素的技术，国内已有从黑曲霉、米根霉细胞壁中提取甲壳素和壳聚糖的技术，这些方法克服了传统工艺的上述弊端。近期的研究是秦益民等利用丝状真菌发酵生产甲壳素的工艺。因为在一些丝状真菌的细胞中，存在着甲壳素合成酶和甲壳素脱乙酰酶，甲壳素合成酶可催化细胞中的尿苷二磷酸-*N*-乙酰-D-糖胺转化为*N*-乙酰-D-葡糖胺，即甲壳素。之后甲壳素脱乙酰酶立即作用于新生成的甲壳素，使甲壳素脱去乙酰基，形成甲壳胺，即壳聚糖。利用这一原理，他们将一些丝状真菌在合适的条件下发酵使其繁殖，生产出甲壳素含量很高的纤维状产物，这种产品既可以直接用于医用材料的生产，又可以进行后处理，提取其中的甲壳素，还可以在培养液中利用甲壳素脱乙酰酶制备壳聚糖。还有用蓝色梨头霉提取壳聚糖的方法——液态发酵法，但是长期以来用这种方法提取的壳聚糖不容易被分离出来，于是杜予民等改进了利用固态发酵法处理蓝色梨头霉的工艺，即固态发酵法。他们用马铃薯做培养基，添加一定配比的尿素溶液、蔗糖溶液、K_2HPO_4溶液、$MgSO_4 \cdot 7H_2O$，在自然pH值下提取壳聚糖，研究发现，在最佳培养基下发酵，壳聚糖的产率为11.6%，纯度为83.5%，脱乙酰度为81.31%，相对分子质量约为1.3×10^5。

在壳聚糖材料的应用中，它的黏均相对分子质量和脱乙酰度对其性能有重要影响，黏均相对分子质量越大、脱乙酰度越高，壳聚糖的电荷密度越大，材料性能越好，在制备高强度的功能性壳聚糖膜、壳聚糖纤维和固定化细胞和酶等生物、医药领域有重要应用。陈盛等对脱乙酰化的方法做了研究，发现采用浓度为60%的碱液，在95℃下反应23h，分3～4次碱处理，可获得［DD］为94%，黏度为220mPa·s的壳聚糖。根据不同的用途和实验条件，还可以分别用碱量法，电位滴定法和红外光谱法测定壳聚糖的脱乙酰度。

常用壳聚糖的生产是以甲壳素为原料，进行脱乙酰反应，通常在100～180℃，40%～60% NaOH溶液中进行。实验证明当NaOH溶液浓度低于30%时，无论温度多高，反应时间多长，脱乙酰度只能达到50%。当氢氧化钠浓度为40%时，脱乙酰反应速度随温度升高而加快，例如：在135～140℃，1～2h即能脱净乙酰基，在50～60℃则需一昼夜。关键技术在于脱乙酰率、时间和温度的控制。温度过高、时间过长均会影响产品色泽和黏度。在脱乙酰的同时，主链会发生水解、降解等副反应。因此碱的浓度、反应温度、时间必须严格控制。一般壳聚糖产品的含氮量在7%左右，脱乙酰度在70%～90%。脱乙酰度在70%以上的产品，工业上即为合格品。欲获高黏度产品，常可采用低温脱乙酰的方法，把甲壳质粉碎至1mm以下，并在反应时通氮气。

同时，许多研究人员正在探索新的制备方法。宋宝珍等利用微波间歇法在800W的微波功率下得到了脱乙酰度［DD］为94.5%、黏均相对分子质量为1.48×10^6的壳聚糖粉末，同时他们还利用这种壳聚糖制得了壳聚糖膜，其拉伸强度是传统电加热法制备的壳聚糖所制膜的3.22倍。另外，他们还发现，用微波间歇法可大幅缩短反应时间。

高相对分子质量的壳聚糖由于结晶度高而不溶于水，应用受到了限制，低相对分子质量的壳聚糖不仅具有与壳聚糖相似的性质，还有一些特殊的生物生理活性，使其在食品、医药及生物材料等领域有着比高相对分子质量壳聚糖更广泛的应用。目前制备低相对分子质量壳聚糖主要用的是降解法，在众多的降解方法中，物理降解法有明显优势，因为用此法生产的低相对分子质量壳聚糖比较均匀。蒋林斌等研究了采用γ射线辐射降解法、机械活化法和超声波降解法对壳聚糖进行降解，获得了重均相对分子质量在2×10^4左右的较低相对分子质量的壳聚糖。

对于某些特殊用途的壳聚糖，要求黏度很高。陈忻等探索了用超声波法制备高黏度壳聚糖的方法，他们用50%的氢氧化钠溶液浸泡甲壳素固体，于一定温度下，放入超声波仪中，一段时间后，将壳聚糖取出并洗至中性，烘干。他们将用超声波法制备出的壳聚糖与用常规碱法制备出的壳聚糖作了黏度的比较，发现前者的黏度为1273mPa·s，而后者的黏度小于50mPa·s。他们得出结论，在反应温度50℃、反应时间3h、NaOH溶液的质量分数50%的情况下，可以制得2886.7mPa·s的产物，且［DD］可以达97.17%。

由于大多数壳聚糖都是阳离子型的，在对同样具有阳离子性质的胆固醇脂蛋白的吸附效果较差，韩颖达等对壳聚糖氨基和3,6位羟基进行了阴离子修饰，引入亚磷酸酯基和磷酸酯基，制备出了*N*-亚甲基壳聚糖亚磷酸酯（NMPC）和*O*-3,6-壳聚糖磷酸酯（OPCS），可用于降低血液中胆固醇的含量。

5.3 甲壳素、壳聚糖的化学改性

甲壳素分子中有较强的分子间和分子内氢键，对它进行化学修饰通常需在较为苛刻的条件下进行，且往往伴随着降解和脱乙酰化反应，取代产物的均一性和重复性也不理想。所以，近年来在探索温和条件下甲壳素修饰反应的同时，着重开展了壳聚糖的化学改性。

由甲壳素和壳聚糖改性制得的衍生物显示出优越的功能性质，具有很大开发价值。甲壳素和壳聚糖大分子链上含有羟基、乙酰氨基和氨基，可以通过引入其他官能团进行化学改性，也可采用共混的方法改善其溶解性和成型加工性，制备出新的功能材料，使其获得更广泛的用途。

5.3.1 酰化反应

酰化反应是甲壳素、壳聚糖化学改性中研究较多的一种化学反应，在其大分子链上导入不同相对分子质量的脂肪族或芳香族的酰基，使其产物在水和有机溶剂中的溶解性得到改善。甲壳素分子内和分子间有较强的氢键，使酰化反应很难进行；聚糖分子中由于含有较多的氨基，破坏了一部分氢键，酰化反应较甲壳素容易进行，反应介质通常为甲醇或乙醇。壳聚糖分子链上由于存在羟基和氨基，因此酰化反应既可在羟基上反应（*O*-酰化），生成酯，也可在氨基上反应（*N*-酰化），生成酰胺。但壳聚糖 *O*-酰化反应是比较困难的，因为氨基的反应活性比羟基大，酰化反应首先在氨基上发生，因此要想得到 *O*-酰化的壳聚糖衍生物，常先将壳聚糖上的氨基用醛保护起来，再进行酰化反应，反应结束后脱掉保护基。

甲壳素和壳聚糖的酰化反应是化学改性研究最早的一种反应（图 5-8）。通过引入不同相对分子质量的脂肪或芳香族酰基，所得产物在有机溶剂中的溶解度可大大改善。早期的酰化反应是在乙酸和酸酐或酰氯中进行的，反应条件温和，反应速度较快，但试剂消耗多、分子链断裂十分严重。

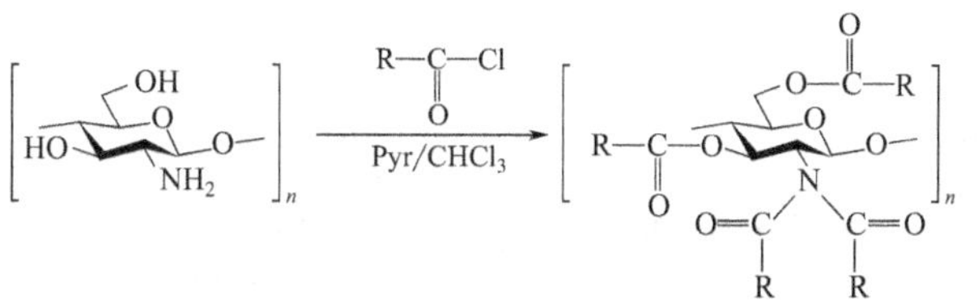

图 5-8　完全酰化壳聚糖衍生物的结构式

近年来的研究发现甲磺酸可代替乙酸进行酰化反应。甲磺酸既是溶剂，又是催化剂，反应在均相进行，所得产物酰化程度较高；壳聚糖可溶于乙酸溶液中，加入等量甲醇也不沉淀。所以，用乙酸/甲醇溶剂可制备壳聚糖的酰基化衍生物。三氯乙酸/二氯乙烷、二甲基乙酰胺/氯化锂等混合溶剂均能直接溶解甲壳素，使反应在均相进行，从而可制备具有高取代度且分布均一的衍生物。酰化度的高低主要取决于酰氯的用量，通常要获得高取代度产物，需要更过量的酰氯。当取代基碳链增长时，由于空间位阻效应，很难得到高取代度产物。

酰化壳聚糖反应通常发生在氨基上，但是反应并不能完全选择性地发生在氨基上，也会发生 *O*-酰基化反应。在乙酸水溶液中或在高溶胀的吡啶凝胶中，壳聚糖很容易发生 *N*-乙酰化反应。控制反应条件可得到 50% *N*-乙酰化壳聚糖。由于它可在有机溶剂中形成凝胶，有较好的反应活性，因此又可作为二次修饰的反应原料。如把水溶性甲壳素的水溶液加入吡啶和二甲基甲酰胺等有机溶剂中，就可得到高溶胀性凝胶，用邻苯二甲酸酐和均苯四甲酸酐等都可以与氨基发生 *N*-酰基化反应。将溶胀的完全脱乙酰化壳聚糖加到邻苯二甲酸酐的吡啶溶液中，反应得到 *N*-、*O*-邻苯二甲酰化壳聚糖，总取代度在 0.25～1.81 之间，溶于二甲亚砜、二氯乙酸和甲酸中，可以形成溶致液晶，它的临界浓度基本不受取代度变化的影响。

为了用壳聚糖制备有确定结构的衍生物和性能更好的功能材料，寻求一种容易控制反应的方法显得尤为重要。近年来，*N*-苯二甲酰化壳聚糖的选择性反应受到了关注。将壳聚糖悬浮在 DMF 中，加热至 120～130℃，与过量的邻苯二甲酸酐反应，所得的邻苯二甲酰化产物可溶于 DMSO 中（图 5-9）。该反应中也发生部分 *O*-邻苯二甲酰化，但邻苯二甲酰胺对碱

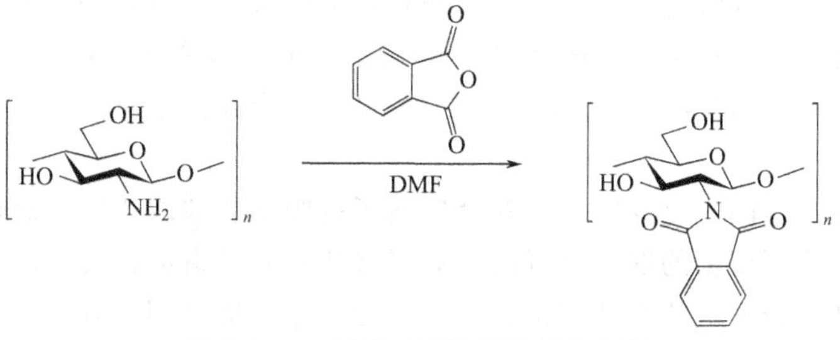

图 5-9　*N*-邻苯二甲酰壳聚糖的制备

敏感，在甲醇和钠作用下，发生酯交换反应，O-酰基离去只生成 N-邻苯二甲酰壳聚糖。

在均相条件下，N-邻苯二甲酰壳聚糖可进行很多选择性修饰反应（图 5-10）。例如，在吡啶中 C^6 羟基先进行三苯甲基化反应，反应完全后，C^3 进行乙酰化反应，最后 C^6 脱去三苯甲基得到自由羟基。这些反应可以在溶剂中平稳并定量进行。由此可见，N-邻苯二甲酰基在选择性取代反应中，起到了保护氨基的作用。

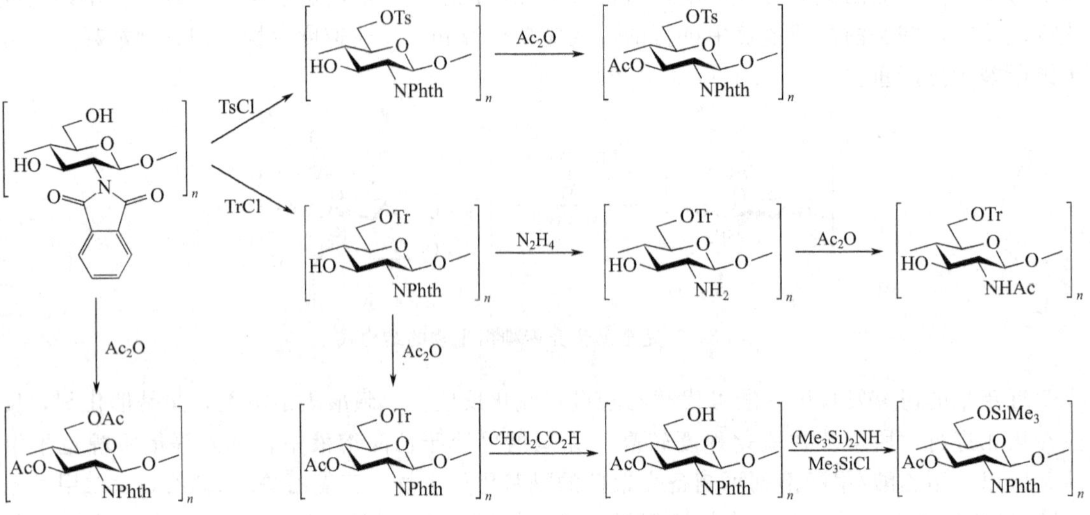

OTs HO O O NPhth n; Ac_2O; OTs AcO O O NPhth n
OH HO O O N O O n; TsCl; TrCl
OTr HO O O NPhth n; N_2H_4; OTr HO O O NH_2 n; Ac_2O; OTr HO O O NHAc n
Ac_2O; OAc AcO O O NPhth n
Ac_2O; OTr AcO O O NPhth n; $CHCl_2CO_2H$; OH AcO O O NPhth n; $(Me_3Si)_2NH$ Me_3SiCl; $OSiMe_3$ AcO O O NPhth n

图 5-10 N-邻苯二甲酰壳聚糖的选择性反应

三苯甲基化产物用肼脱去邻苯二甲酰基可得到 6-三苯甲基壳聚糖，它可溶于有机溶剂，因此它是重要的反应原料。如控制反应条件，可制得双取代和三取代的十六酰壳聚糖衍生物（图 5-11），产物可进一步磺酸化，该产物是一种两性分子，可形成 Langmuir 层。

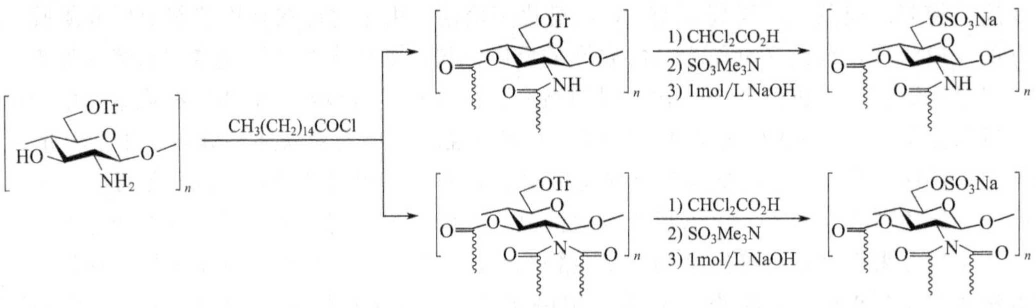

OTr HO O O NH_2 n; $CH_3(CH_2)_{14}COCl$
OTr O O O O NH n; 1) $CHCl_2CO_2H$ 2) SO_3Me_3N 3) 1mol/L NaOH; OSO_3Na O O O O NH n
OTr O O O O N O n; 1) $CHCl_2CO_2H$ 2) SO_3Me_3N 3) 1mol/L NaOH; OSO_3Na O O O O N O n

图 5-11 十六酰壳聚糖衍生物

三苯甲基壳聚糖可形成磺酸盐，脱三苯甲基后得到 C^2、C^3 位磺酸化的壳聚糖衍生物。对三苯甲基甲壳素进行磺酸化，只能在 C^3 位得到 O-磺酸化的衍生物，该衍生物显示出较强的抗病毒活性，对 AIDS 病毒也有很好的抑制作用；而 C^6 位的 O-磺酸基甲壳素有抗凝血功能。由此可见，磺酸基衍生物对 AIDS 病毒的作用是与特定部位的磺酸基有关，而不是与取代度大小有关。

在甲壳素和壳聚糖的酰化反应中，对金属离子的吸附并非取代度越高性能越好。研究表明，乙酰化或壬酰化壳聚糖的取代度越低，对 Cu(Ⅱ) 的吸附量越大。这是因为少量酰基的存在，一方面会破坏壳聚糖的晶体结构，另一方面占据功能基团氨基的位置较少，因而对金属的吸附量增加。壬酰基的影响比乙酰基的影响更为明显，是因为壬酰基的体积更大，憎水性更强。

在乙酸水溶液和甲醇混合溶剂中，用相应的酰氯可制得辛酰基、苯酰基和月桂酰基壳聚糖衍生物。所得凝胶是氨基酸的良好吸附剂，并且对 L 型氨基酸比 D 型吸附量大。用这种凝胶作为液相色谱的固定相，可以有效拆分氨基酸的旋光异构体，并且取代度越低，拆分效果越好。在较低的温度下，壳聚糖与苯甲酰氯反应，可得到苯甲酰化壳聚糖。将它制成薄膜，可用来分离对苯环己胺的混合物。俞继华等制得的 3,4,6-三甲氧基苯甲酰甲壳素可以吸收紫外线，可在化妆品方面用于防晒护肤。

值得关注的是，近年来 Rogovina 等采用固相法合成酰化壳聚糖衍生物也取得了一定进展。在 0.2～5MPa 下，用固体脂肪酸或酸酐与壳聚糖反应，可制备取代度大于 0.2 的衍生物。固相法具有成本低和污染少的优点，如果能进一步提高衍生物的取代度，该方法具有潜在的商业化价值。

5.3.2　醚化反应

甲壳素和壳聚糖的羟基可与烃基化试剂反应生成相应的醚，如羟烷基醚化、羧烷基醚化，腈乙基醚化。羟乙基醚化反应可以用甲壳素碱与环氧乙烷在高温、高压条件下制备，使产物的溶解性得到很大改善，同时具有良好的吸湿、保湿性。甲壳素和壳聚糖的羧基醚化反应是用氯代烷基酸在其 6-羟基上引入羧烷基基团，如甲壳素碱与氯代乙酸在室温下即可生成羧甲基甲壳素。

近年来，研究人员加大了对这类反应的重视，开发出许多新产品，如壳聚糖与丙烯腈在 20℃时进行腈乙基化反应（反应只在羟基上发生，氨基不参与反应），得到相应的醚，将其与纤维素的硝酸盐混合可形成微过滤膜，此膜在高压锅中灭菌时不会收缩。

5.3.3　烷基化反应

烷基化反应可以在壳聚糖中羟基的氧原子上发生，可在其氨基的氮原子上发生。壳聚糖的氨基上有一孤对电子，具有较强的亲核性，与卤代烷反应时，首先发生的是 *N*-烷基化。壳聚糖在含有 5mol/L 氢氧化钠的异丙醇中低温下反应制得壳聚糖碱，再与卤代烃反应，可以得到完全水溶性衍生物。

在不同反应条件下，甲壳素和壳聚糖的化学改性可形成 *O*、*N* 和 *N*、*O* 位取代的产物。在 *O* 位烷基化反应中，由于甲壳素的分子间作用力非常强，因而反应条件较苛刻。所以，烷基化反应以壳聚糖的研究工作居多。

（1）位烷基化　*O* 位烷基化壳聚糖衍生物，通常有 3 种合成方法。

① 席夫碱法　先将壳聚糖与醛反应形成席夫碱，再用卤代烷进行烷基化反应，然后在醇酸溶液中脱去保护基，即得到只在 *O* 位取代的衍生物。

② 金属模板合成法　先用过渡金属离子与壳聚糖进行络合反应，使—NH_2 和 C_3 位—OH被保护，然后与卤代烷进行反应，之后用稀酸处理得到仅在 C^6 位上发生取代反应的 *O* 位衍生物。

③ *N*-邻苯二甲酰化法　采用 *N*-邻苯二甲酰化反应保护壳聚糖分子中的氨基，烷基化后再用肼脱去 *N*-邻苯二甲酰。

由于自由—NH_2 的存在，该类烷基化壳聚糖衍生物在金属离子的吸附方面有着较为广泛的用途。甲壳素的 *O* 位反应通常是先制备成三苯甲基甲壳素，然后再与其他试剂进行反应。在 DMSO 中，用甲壳素与 NaI 反应得到碘代甲壳素，85℃时可实现完全取代；用 $NaBH_4$还原甲基苯磺酰基甲壳素和碘代甲壳素，可得到脱氧基甲壳素，用硫代乙酸钾处理可引入硫代乙酰基，在甲醇盐的甲醇溶液中脱去乙酰基后可得到巯基甲壳素（图 5-12）。巯基甲壳素是一种酶的固定剂，它可使酸性磷酸酶经过多次重复使用后仍保持较高的活性。

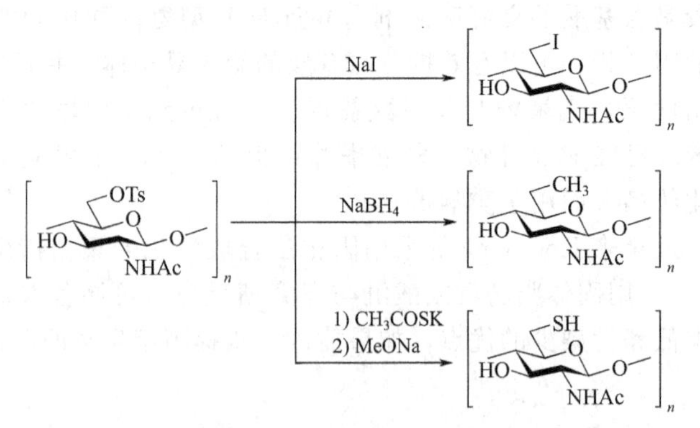

图 5-12 碘代和巯基甲壳素

（2）位烷基化 *N*-烷基化壳聚糖衍生物的合成，通常是采用醛与壳聚糖分子中的—NH_2反应形成席夫碱，然后用 $NaBH_3CN$ 或 $NaBH_4$ 还原得到（图 5-13）。用该方法引入甲基、乙基、丙基和芳香化合物的衍生物，对各种金属离子有很好的吸附或螯合能力。董严明等用苯甲醛和壳聚糖反应，硼氢化钠还原得到苄基壳聚糖，研究了它的溶致液晶行为，并提出若壳聚糖羟基苄基化可形成热致液晶，有可能成为有用的液晶材料。*N*-甲基壳聚糖与碘甲烷进一步反应可得到 *N*-三甲基壳聚糖碘代季铵盐。壳聚糖的季铵盐衍生物具有良好的生物相容性，近年来在药物缓释方面的应用得到了长足的发展。

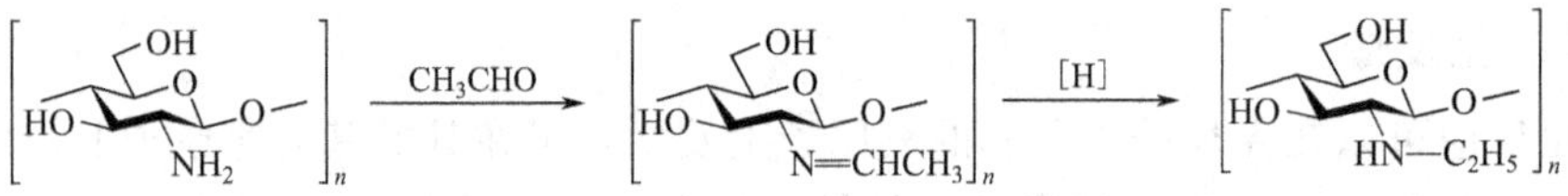

图 5-13 *N*-乙基壳聚糖衍生物的合成

（3）*N*、*O* 位烷基化 在碱性条件下，壳聚糖与卤代烷直接反应，可制备在 *N*、*O* 位同时取代的衍生物。反应条件不同，产物的溶解性能有较大差别。该类衍生物也有较好的生物相容性，有望在生物医用材料方面得到应用。

5.3.4 接枝共聚反应

甲壳素和壳聚糖的接枝共聚反应是通过在其葡胺糖单元上接枝乙烯基单体或其他单体来合成含有多糖的半合成聚合物，赋予其新的优异功能。甲壳素和壳聚糖进行接枝共聚反应的一般途径为通过引发剂、光或热引发等方式在其分子链上生成大分子自由基，从而达到接枝共聚改性的目的。在自由基引发的接枝共聚反应中，近年来对以硝酸铈铵（CAN）等 Ce^{4+} 盐引发甲壳素、壳聚糖与乙烯基单体接枝共聚研究较多，图 5-14 示出了反应过程。

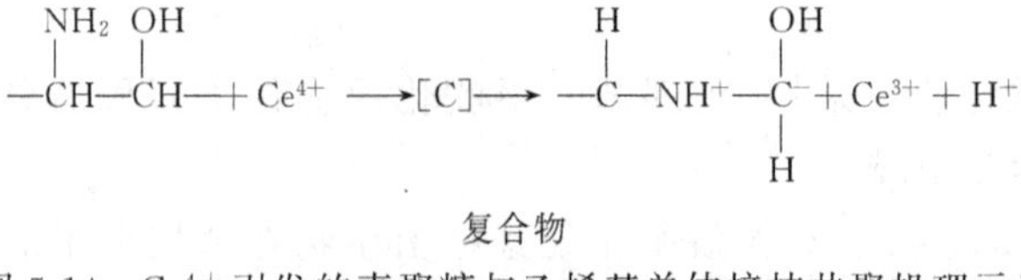

$$—CH(NH_2)—CH(OH)— + Ce^{4+} \longrightarrow [C] \longrightarrow —CH—NH^{+}—\dot{C}H(OH) + Ce^{3+} + H^{+}$$

复合物

图 5-14 Ce^{4+} 引发的壳聚糖与乙烯基单体接枝共聚机理示意

也可在壳聚糖分子上导入带双键的基团，使其与乙烯基单体的反应在普通游离基引发作用下进行。还可通过光、热引发对甲壳素、壳聚糖进行接枝共聚改性，如室温^{60}Co 照射下，壳聚糖可与甲基丙烯酸甲酯接枝共聚，接枝率可达 94.2%。

除上述化学改性外，甲壳素和壳聚糖还可以进行氧化、水解、交联等化学改性，制备出多种特殊功能的衍生物。

近几年甲壳素和壳聚糖的接枝共聚研究进展较快。通过分子设计可以得到由天然多糖和合成聚合体组成的修饰材料。

在 Ce(Ⅳ) 的引发下，用丙烯酰胺和丙烯酸与粉末状悬浮甲壳素进行接枝共聚反应，接枝率分别可达 240%和 200%。所得的共聚物与甲壳素相比，显示出高度的吸湿性。甲壳素的共聚也可在水中以硼酸三丁酯为引发剂进行，但接枝效率不高。用 γ 射线照射也可引发甲壳素和苯乙烯的聚合。

通常甲壳素的接枝共聚反应不能确定引发位置和所得产物的结构，而用甲壳素的衍生物如碘代甲壳素就可得到有确切结构的接枝共聚物。在碘代甲壳素的硝基苯溶液中，加入 $SnCl_4$ 或 $TiCl_4$ 等 Lewis 酸，反应可形成正碳离子，在高溶胀状态下与苯乙烯进行接枝共聚反应（图 5-15），接枝率可达到 800%。

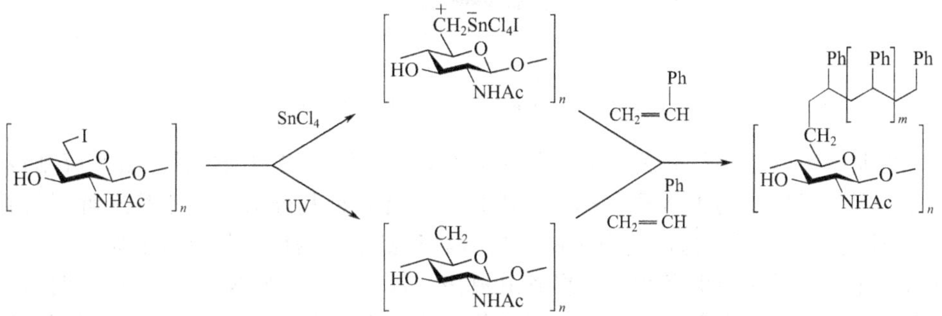

图 5-15　碘代甲壳素与苯乙烯的接枝共聚反应

巯基甲壳素不溶于水，但在有机溶剂中高度溶胀，且巯基容易脱去。所以它也是较为理想的一种接枝共聚反应原料。在 80℃ 的 DMSO 中，巯基甲壳素与苯乙烯的接枝率可达到 1000%（图 5-16）。

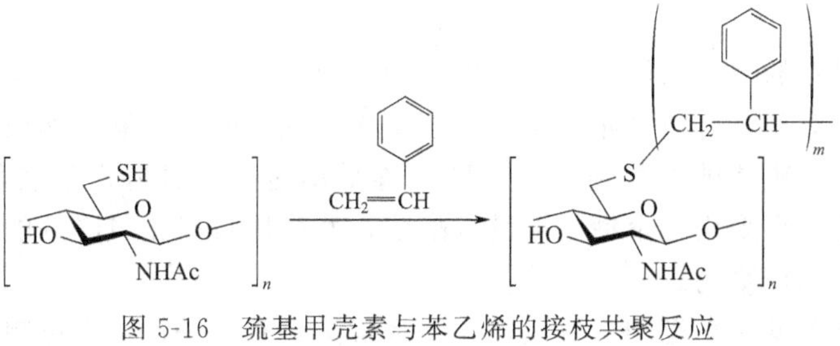

图 5-16　巯基甲壳素与苯乙烯的接枝共聚反应

5.3.5　水解反应

甲壳素和壳聚糖完全降解的产物是 D-氨基葡萄糖单糖（图 5-17），具有辅助治疗关节炎和刺激蛋白多糖合成等功能。*N*-乙酰氨基葡萄糖有免疫调节作用，能改善肠道微生态环境，促进双歧杆菌生长，对肠道疾病有治疗和预防效果。因此，有关氨基葡萄糖及其衍生物的研究近年来较为活跃。化学法是甲壳素和壳聚糖主链水解制备单糖的主要途径。甲壳素用热的浓盐酸水解可得到 D-氨基葡萄糖盐酸盐，用乙酸水解可得到 *N*-乙酰基-D-氨基葡萄糖。利用

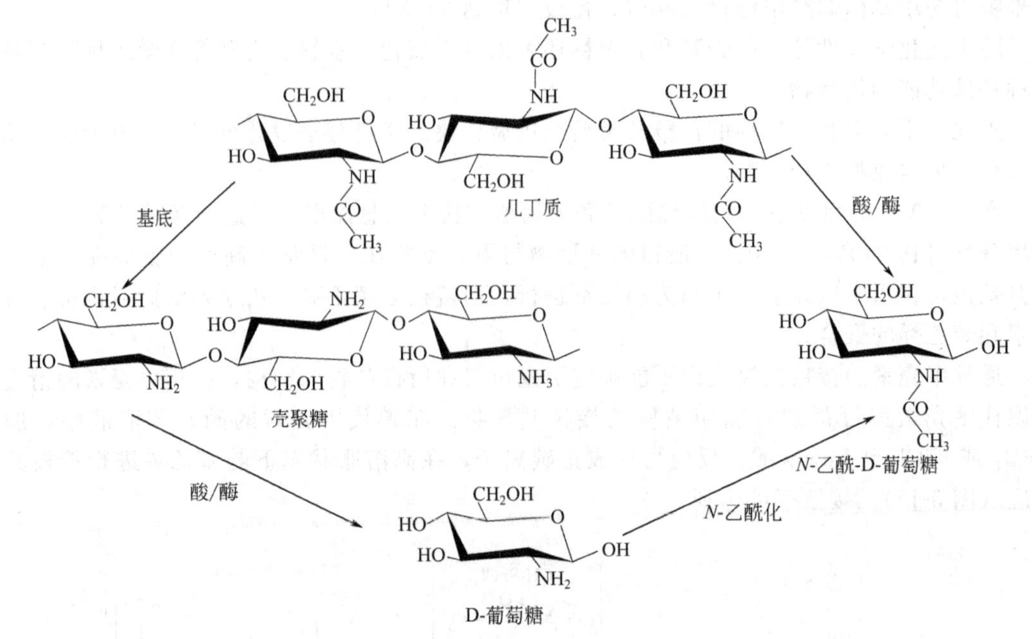

图 5-17 从壳聚糖制备单糖及其衍生物

盐酸盐还可制备硫酸盐和氨基葡萄糖的其他衍生物，是甲壳素和壳聚糖主链水解制备单糖的主要途径。甲壳素用热的浓盐酸水解可得到D-氨基葡萄糖盐酸盐，用乙酸水解可得到 *N*-乙酰基-D-氨基葡萄糖。利用盐酸盐还可制备硫酸盐和氨基葡萄糖的其他衍生物。

目前临床使用的抗风湿药物常有胃肠道损伤、骨质疏松、肌肉无力、肝和肺损伤等毒副作用，而利用季铵盐正电荷与软骨蛋白多糖负电荷的相互作用，可以将含有季铵盐基团的化合物作为抗风湿药物。为此，李英霞等合成了 *N*2 吡啶乙酰基-β-D-葡萄糖胺。罗宣干等以D-氨基葡萄糖为母体，合成了 4 种 5-氟尿嘧啶衍生物，对艾氏腹水癌细胞杀伤率均为 100%(24h，剂量为 0.10225mol/L)，远高于 5-氟尿嘧啶对艾氏腹水癌细胞杀伤力（杀伤率为67%；22h，剂量为 0.1019mol/L）和 D-氨基葡萄糖对艾氏腹水癌细胞的杀伤力（杀伤率为80%；24h，剂量为 0.28mol/L）。这些结果表明以 D-氨基葡萄糖为母体的合成，在医药方面有潜在的应用前景。

甲壳素和壳聚糖的部分水解产物是低聚寡糖。化学法中通常用酸和过氧化物进行降解，难点是降解产物相对分子质量分布较宽，但近年来仍取得一定进展。如用盐酸控制条件可得到五糖至七糖，用亚硝酸钠可得到三糖。Hsu 等采用过硫酸钾降解制备低聚物也取得了较好结果。尹学琼等首次采用壳聚糖与铜进行配位，然后用过氧化氢降解的方法，得到了相对分子质量分布较窄的低聚物。

酶水解法是制备低聚寡糖的主要途径。酶水解法具有专一性，它可制备确定聚合度的低聚寡糖，特别是二聚体以上的寡糖（图 5-18）。如用从 Bacillus sp 中得到的壳糖酶降解壳聚糖，可得到壳二糖到壳五糖的系列物，而不会得到单糖，这些产物再进行乙酰化可得 *N*-乙酰化甲壳寡糖。而用从 T. Viride 中得到的纤维素酶来降解壳聚糖，得到的是六糖至十糖。最近的研究发现，用排阻色谱可将壳糖低聚混合物中聚合度为 15 的低聚糖分离出来。目前将酶和超滤膜相结合，已实现了低聚糖的连续生产。

对低聚寡糖也可进行衍生化，并表现出了较强的生理活性。例如，*N*-乙酰基甲壳六糖和壳六糖，对 S2180 和 MM246 有明显的抑制作用。将壳三糖与三甲基缩水甘油氯化铵反

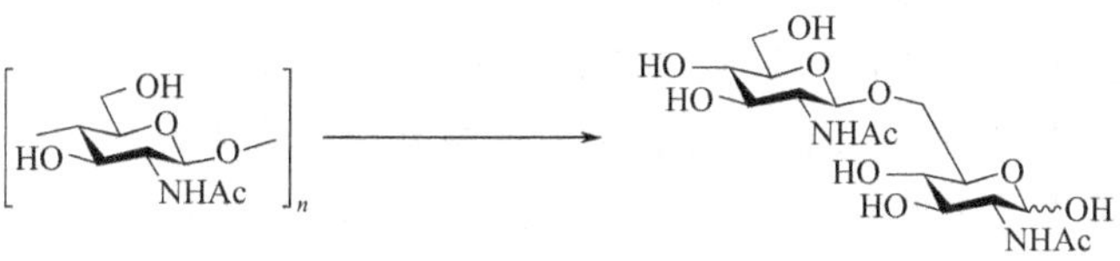

图 5-18　用酶降解甲壳素制低聚寡糖

应，目标化合物有非常强的抗菌活性。这些结果表明，低聚寡糖有显著的生理活性，已显示出在医药、食品、农业和化妆品领域的潜在实用价值。

5.4　甲壳质类纤维

5.4.1　甲壳素和壳聚糖的成形加工

甲壳素和壳聚糖均可在合适的溶剂中溶解而被制成具有一定浓度、一定黏度和良好稳定性的溶液，这种溶液具有良好的可纺性，可采用湿法或干喷湿纺成形方法纺制甲壳素和壳聚糖纤维或薄膜。目前较普遍采用的纺制甲壳素或壳聚糖纤维的方法是湿法纺丝法。把甲壳素或壳聚糖先溶解在合适的溶剂中配制成一定浓度的纺丝原液，经过滤脱泡后，用压力把原液从喷丝头的小孔中呈细流状喷入凝固浴槽中，在凝固浴中凝固成固态纤维，再经拉伸、后处理、干燥等过程就得到甲壳素或壳聚糖纤维。

其工艺路线一般分为两大类。

① 甲壳素（壳聚糖）→溶解→纺丝原液→过滤→脱泡→计量→纺丝→一浴→拉伸→二浴→定型→后处理→干燥→纤维

② 甲壳素（壳聚糖）→改性处理→溶解→纺丝原液→过滤→脱泡→计量→纺丝→凝固→拉伸→定型→后处理→干燥→纤维

即使采用适当的溶剂，要使甲壳素/壳聚糖溶解均匀，形成无凝胶粒子、而且黏度不太大的溶液，往往要采取一些措施，通常采用反复冷冻（−20℃）和解冻的方法帮助破坏胶束结构。

用甲壳素或壳聚糖制造纤维的工艺很多，但其主要原理、操作过程是相似的，只是在溶剂、凝固浴的选择、溶解、纺丝及后处理工艺等方面加以调整而已。除了甲壳素与壳聚糖可以生产纤维外，它们的衍生物也可以生产不同用途的纤维。甲壳素与壳聚糖纤维可以纺制成长丝或短纤维两大类。长丝主要用于捻制或编织成可吸收医用缝合线，切成一定长度的短纤维经开松、梳理、纺纱、织布制成各种规格的医用纱布。将开松的甲壳素或壳聚糖短纤维经梳理加工成网，再经叠网、上浆、干燥或用针刺即成医用非织造布。这种纱布或非织造布由于多孔性，有良好的透气性和吸水性，透气量可达 1500L/(m^2·s)，吸水率为 15%，裁剪成各种规格，经包装消毒，就成为理想的医用甲壳素敷料。另外，可把甲壳素与壳聚糖短纤维制成各种规格与用途的纤维纸和纤维毡等，用于水和空气的净化等。

5.4.2　甲壳素与壳聚糖纤维的制备

早在 1926 年就考虑到甲壳素作为纤维的资源。Rigby 于 1934 年申请了一个用于生产脱乙酰化甲壳素及从壳聚糖制造薄膜和纤维的专利。

(1) 从甲壳素制取纤维

① 烷基化甲壳素纤维　在低温下，用 NaOH 和十二烷基磺酸钠制得一种碱甲壳素，再

以不同链长和不同容积的各种烷基卤化物进行烷基化，所得产物在水中溶胀的程度相当于链长和烷基体积两者的大小，这种体积上的增加被认为是结晶结构部分裂构的结果。烷基化甲壳素纤维可以成功地用甲酸/三氯乙酸混合物溶解烷基化甲壳素，而后在醋酸乙酯中纺丝成纤。虽然烷基化甲壳素纤维的吸湿性远大于甲壳素和乙酰化甲壳素，但由于烷基化的结果，其他性质并无改善，而且稍有恶化。

② 黏胶法制甲壳素纤维 1939 年，Thor 最早采用与黏胶纤维素相同的方法纺丝。将甲壳素用二硫化碳黄原酸化，黏胶液经喷丝孔挤入含 34%硫酸铵和 5%硫酸的凝固（再生）浴中，所得纤维用 0.5%氨水溶液和水清洗后浸泡于 15%甘油浴 15min，取出挤干甘油，在张力下干燥。Ming 用 Thor 的方法，凝固浴为 14%硫酸铵和 5%硫酸溶液，水洗后在热甘油中拉伸 250%，然后干燥。甲壳素纤维的干强度为 0.9～1.1 cN/dtex，断裂伸长率为 30%，湿强度很低。Nogushi 等将甲壳素黏胶从 50 孔（0.1mm 直径）或 30 孔（0.2mm 直径）的喷丝头喷入 25%硫酸钠、10%硫酸和 1%硫酸锌水溶液的凝固浴中，以乙醇为拉伸浴，纤维用水和乙醇洗。纤维纤度为 3.4dtex，相应的干强为 1.05～0.81cN/dtex，干伸长率为 11.2%～3.9%，湿伸长率为 10.09%～2.2%，打结强度和伸长率低于 0.18cN/dtex 和 10%。交联虽然能增加湿强，但却降低了伸长率和模量。

③ 溶剂法 1975 年 Brine 等将甲壳素溶于 40：40：20（质量比）三氯乙酸/三氯乙醛合水/氯化甲烷混合溶剂中，在 30～45min 内缓缓加热蒸发出氯化甲烷，以丙酮为凝固浴进行纺丝，纤维用氢氧化钾的异丙醇溶液清洗，再用水洗，然后拉伸。Unitika 公司将 5 份甲壳素溶于 100 份上述混合溶剂中，从 0.06mm 喷丝孔喷入丙酮中，纤维用氢氧化钠的甲醇溶液处理。最佳的纤维强度为 2.9cN/dtex，伸长率 20%。

甲壳素可以溶于三氯乙酸/卤代烃二元混合溶剂，其中卤代烃可以是氯化甲烷、二氯甲烷、1,2-二氯乙烷、1,1,1-三氯乙烷和 1,1,2-三氯乙烷等。三氯乙酸的浓度为25%～75%（质量），甲壳素的浓度为 1%～10%。从 0.04mm 和 0.06mm 直径的孔喷至丙酮凝固浴中，再用甲醇为清洗液。纤维强度为 1.50～2.79cN/dtex，伸长率为 8.7%～20%。纤维进一步在 0.5g/L NaOH 溶液中浸泡 1h，可提高强度至 2.03～2.88cN/dtex，伸长率为 19.2%～27.3%。Kjfune 等建议该纤维可用作吸收性外科手术缝合线。Unitika 公司以 1：1（质量）三氯乙酸/二氯甲烷为溶剂，丙酮为凝固浴，所纺甲壳素纤维用氢氧化钾中和，清洗、干燥后强度为 1.8cN/dtex（纤度 0.45dtex）。

Tokura 等用 99%甲酸和二氯乙酸（少量）为溶剂，用不同有机溶剂为凝固浴，得到甲壳素纤维的干强度为 1.71cN/dtex，伸长率低于 4%，湿强度低于 0.45cN/dtex，但是湿伸长率却达到 13%。

含卤溶剂的最大问题是引起分子链的降解，并且有毒性。

④ 以甲酸为溶剂制取甲壳素纤维 将 5～7g 甲壳素于室温下悬浮于 100mL 的 99%甲酸中，在－20℃下冻结 24h，在室温下溶解。最初溶解性差，透明度不好，经反复冻结、溶解即得到透明度高、均一性好的溶液。此时，加入作为黏度调节剂的二氯醋酸和异丙醚到纺丝原液中，将此纺丝原液挤出到含醋酸乙烯、异丙醚和丙酮的凝固浴中纺丝，即得再生甲壳素纤维。

⑤ 以甲壳素在 LiCl/DMAc 溶剂中的溶液制取纤维

Austin 把甲壳素溶解于含 5%LiCl 的 N,N'-二甲基乙酰胺（DMAC）的溶剂中，配制成 5%（质量体积比）甲壳素溶液，在丙酮中凝固、洗涤和拉伸，最终用水清洗，得到强度较高的纤维。

（2）从壳聚糖制取纤维　与甲壳素相比，壳聚糖的溶解比较简单，溶解性也较好，下面介绍以壳聚糖制取壳聚糖再生纤维。

壳聚糖原液制造是把壳聚糖溶解于2%～4%的醋酸水溶液中，浓度为4%～7%，经过滤、脱泡即可制成纺丝原液。之后，可用三种凝固再生方法进行纺丝。

① 把这些纺丝原液从喷丝头喷出到铜-氨凝固浴［$2MCuSO_4 : NH_4OH = 1 : 1$（体积）］凝固成丝，在常温下用乙醇浸渍水洗，用0.2mol/L $EDTA_4Na$ 在70℃经5～6h进行处理以脱去铜氨，然后干燥。

② 用5%NaOH∶乙醇＝7∶3（体积）作为凝固浴进行中和反应，凝固再生。

③ 在改性凝固浴［$2MCuSO_4 : 1MH_2SO_4 = 1 : 1$（体积）］凝固再生。

将粒状壳聚糖溶解于醋酸和尿素的混合物水溶液中，即可得到纺丝溶液。过滤、脱泡后的纺丝溶液经计量泵计量后，通过喷丝头挤出到含90∶10的5%NaOH和乙醇的凝固浴中凝固成丝，经拉伸、干燥得到纤维，其强度为2.8cN/dtex，伸长为17.2%。这种壳聚糖纤维可以用作外科缝合线。如在凝固浴中加入金属盐，在壳聚糖的胺基和金属盐之间产生螯合键，能加速纤维的凝固。壳聚糖纤维也可以在空气中纺制，例如把20%壳聚糖溶液在15bar压力下纺丝到空气中，用 NH_3 处理，水洗、风干，可得到强度为1.8cN/dtex、伸长为11%的纤维。

5.4.3 甲壳素与壳聚糖纤维的性能

以上述方法制得的再生纤维的物理性质见表5-2。

表5-2　甲壳素和壳聚糖纤维的性质

<table>
<tr><td colspan="2" rowspan="2">项　目</td><td colspan="4">甲壳素纤维</td><td colspan="4">壳聚糖纤维</td></tr>
<tr><td colspan="2">甲壳素黏胶</td><td colspan="2">甲酸/二氯醋酸（添加异丙醚）</td><td colspan="2">DAc80</td><td>DAc84</td><td>DAc90</td></tr>
<tr><td rowspan="2">凝固浴</td><td>一浴</td><td colspan="2">硫酸系</td><td>醋酸乙烯</td><td>丙酮</td><td>$Cu-NH_4$</td><td>NaOH/乙醇</td><td colspan="2">$Cu-NH_4$</td></tr>
<tr><td>二浴</td><td>Na_2SO_4</td><td>乙醇</td><td>乙醇</td><td>醋酸/乙醇</td><td>乙醇</td><td>乙醇</td><td colspan="2">乙醇</td></tr>
<tr><td colspan="2">纤度/dtex</td><td>3.42</td><td>9.07</td><td>28.33</td><td>2.22</td><td>7.11</td><td>3.56</td><td>9.67</td><td>7.89</td></tr>
<tr><td rowspan="2">拉伸强度/(cN/dtex)</td><td>干</td><td>1.04</td><td>1.35</td><td>1.17</td><td>1.12</td><td>1.13</td><td>1.51</td><td>1.32</td><td>2.27</td></tr>
<tr><td>湿</td><td>0.2</td><td>0.13</td><td>0.16</td><td>0.14</td><td>0.76</td><td>—</td><td>1.04</td><td>1.0</td></tr>
<tr><td rowspan="2">伸长/%</td><td>干</td><td>11.2</td><td>5.8</td><td>2.7</td><td>3.4</td><td>17.8</td><td>6.9</td><td>13.0</td><td>37.3</td></tr>
<tr><td>湿</td><td>10.9</td><td>4.7</td><td>7.8</td><td>4.6</td><td>14.2</td><td>—</td><td>10.4</td><td>21.0</td></tr>
<tr><td>结节强度/(cN/dtex)</td><td></td><td>0.16</td><td>0.09</td><td>0.4</td><td>0.11</td><td>—</td><td>—</td><td>1.38</td><td>1.82</td></tr>
</table>

注：DAc表示脱乙酰度。

（1）强度　纤维的强度受纤维成形过程的影响很大，特别是牵伸倍率、凝固剂的类型和浓度，同时由于湿法纺丝使纤维存在较多的微孔，从而造成强度降低，断裂伸长下降，纤维脆性提高，纤维间的抱合性较差，使纤维的成纱性下降。

（2）保水率　甲壳质大分子存在许多大量的亲水性基团，同时又是湿法纺丝而成，在纤维上形成了微孔结构，致使纤维具有很好的透气性和保水率，一般保水率在130%以上，根据不同的成形条件，保水率也有较大的差异。

（3）耐热性　甲壳质纤维具有较高的耐热性，其热分解温度高达288℃左右，有利于纤维的热处理，扩大其应用范围。

（4）生物活性　甲壳质纤维是以甲壳素为原料的天然高分子材料，由于其分子结构的独特性，使之具有抗菌消毒，消炎止痛功能，同时与生物有良好的相容性和降解性，是一种天然的多功能环保型材料。

5.4.4 甲壳素与壳聚糖纤维的性能

作为低等动物组织中的成分，甲壳素和壳聚糖兼有高等动物组织中骨胶原质和高等植物组织中纤维素两者的生物功能，这种双重结构赋予了它们极好的生物特性，对动、植物体都有良好的适应性，并具有抑菌、消炎、止血、镇痛等治疗功能。大量的试验证明它们有多种医学功能和医疗作用，近年来甲壳素及其衍生物已成为一种广泛应用于医疗外科领域的新材料。

(1) 手术线 强度能满足手术操作的需要，且较柔软，便于使用，结扎性好，分解后安全，没有排异反应；易被人体组织吸收，而且在机体内不产生免疫反应，无毒、无害、无任何副作用，成本低，性能优于羊肠手术缝合线，传统缝合线的作用是在治愈前从物理上保持创面的洁净，而甲壳素缝合线还具有加速愈合的作用。

(2) 人工肾 由甲壳素和壳聚糖制成的膜，具有良好的黏附性、抗血凝性和通透性。湿膜的抗拉强度随乙酰基的减少而明显增强，可制成人工透析膜，能经受高温消毒，对溶质如氯化钠、尿素、维生素 B_{12} 均有较好的通透性，可在人工肾中获得应用。

(3) 非织造织物（无纺布） 用甲壳素纤维无纺织物经血清蛋白质处理，可以制成人工皮肤，用于医治深度烧伤等。纺制成短纤维经开松、成网针刺；还可制成医用敷料，用于烫、烧伤及其他溃疡等，具有显著的疗效，能促进伤口组织生长，促使伤口愈合；透气性好，透湿性佳，在敷料下无积液，能保持伤口干燥，伤口愈合快；经开松的短纤维，可制成止血棉，用于各种手术创口渗血处止血，并可留在体内被吸收。

(4) 纺织原料 用甲壳素、壳聚糖及其衍生物纤维制作的内衣裤，具有抑制微生物、菌类繁殖和吸臭功能。这类纤维与棉纤维混纺制成的面料挺括、不皱不缩、色泽鲜艳、光亮度好，制成运动衣穿在身上感觉舒适、爽滑、富有弹性、吸汗性好，对人体无刺激无静电作用，且不退色。

5.5 甲壳质、壳聚糖及其衍生物应用

甲壳素广泛存在于高等动植物组织中，对生物体有良好的适应性。随着人们对甲壳质及衍生物的研究开发不断深入，其应用领域日益发展拓宽，已被广泛地应用于纺织、医药、精细化工、食品、农业等领域。甲壳质纤维的生物活性和良好的吸湿性已越来越受到人们的关注，由此研制了丰富的纺织新产品。开发的产品以服用产品为主，在床上用品及无纺织品也大有开发的潜力。

5.5.1 生物医用材料

(1) 甲壳素/壳聚糖及其衍生物抑菌抗感染的应用研究 甲壳素/壳聚糖具有抗菌性能，一般认为是由于壳聚糖是碱性多糖，它可形成质子化铵盐，这种铵盐可吸附带负电的细胞壁，使壳聚糖吸附在细胞膜表面形成一层高分子膜，改变了细胞膜的选择透过性，扰乱了细菌正常的新陈代谢，导致细胞质壁分离，从而起到抑菌杀菌作用。不同相对分子质量和脱乙酰度的壳聚糖都对抑菌作用有影响，吴小勇等对此做了探索，他们研究了壳聚糖对金黄色葡萄球菌、枯草杆菌、大肠杆菌和假单胞菌的抑菌性能，发现在实验条件下壳聚糖对以上 4 种菌的抑制效果普遍比苯甲酸钠要好。他们还发现，在脱乙酰度相同的情况下，相对分子质量

在400～800Ku的壳聚糖的抑菌能力随相对分子质量的增大而增强；相对分子质量相近（约430Ku），脱乙酰度不同对上述菌的抑制能力相差不大；在pH为5.5～6.0的条件下，壳聚糖的抑菌能力最强；壳聚糖对上述4种菌的抑制作用相比较，对金黄色葡萄球菌的抑制作用最强，对大肠杆菌的抑制作用较弱。另外，如前文所述的蒋林彬等用物理方法降解壳聚糖，也对其的抑菌能力做了研究，他们还针对革兰菌进行了实验，发现降解后的壳聚糖对金黄色葡萄球菌和大肠杆菌T98有明显抑制作用，在相对分子质量4×10^4左右的抑菌性能最好，尤其对革兰阳性菌的作用效果好于革兰阴性菌。李鹏程等合成了羧甲基壳聚糖希夫碱并对其做了抑菌性能研究，发现经过修饰后的壳聚糖的抑菌性能有了明显提高。利用壳聚糖的抑菌特性，将甲壳素与氟哌酸及多孔性支撑创伤伤口材料混合，制成烧伤用生物敷料，取得了不错的效果。邓春梅等采用壳聚糖和明胶共混液加入成分相同的粉末成型冷冻，制成了壳聚糖-明胶海绵伤口敷料，这种敷料具有独特的膜孔结构，具有良好的透水性，较高的透气率和吸水率等特点。同时，他们又进行了全身毒性急性实验、热源实验、原发性皮肤刺激实验、皮内注射实验、眼结膜刺激实验和溶血实验，均证明此种材料对机体无毒副作用，并且能广泛用于全身多个部位。周少平等通过临床实践证明：壳聚糖在治疗胃溃疡方面有显著作用，它具有止酸和修补溃疡面的作用。唐涛等研究了羧甲基壳聚糖复合奥硝唑后对口腔厌氧菌的抑制作用，发现复合奥硝唑后的羧甲基壳聚糖对牙龈卟啉菌的抑制性能有了明显提高。

（2）抗病毒和抑制肿瘤的应用研究　甲壳素的抗肿瘤作用是通过增强机体非特异性免疫对肿瘤的抑制作用，其机制是促进巨噬细胞活性，作用途径是影响非杀伤性细胞（NK）活性IL22的分泌。因此提高机体的非特异性免疫功能，是其抗癌作用的主要机理之一。甲壳素在抗癌治疗中有很好的辅助作用。有关专家通过不同方式证实了甲壳素的酯类和金属络合物都具有抗病毒和抑制肿瘤的活性。如甲壳素硫酸酯具有抗病毒活性，Derek Horton等证明氨基上含有SO_4^{2-}的甲壳素衍生物对血液病毒有显著抑制作用，李岩等制备了低聚壳聚糖金属卟啉络合物，并采用SRB细胞染色法对低聚壳聚糖担载金属卟啉络合物的抗肿瘤细胞活性进行了研究，发现不同浓度此类化合物均对人体肝癌细胞Bel-7402有较强的抑制生长活性，IC50（半抑制浓度）值均小于100mg/mL，在10～30mg/mL范围内。其中，低聚壳聚糖增加了络合物的生物相容性，能降低铜卟啉络合物的毒活性。许向阳等制备了*N*-正辛基-*N*′-琥珀酰基壳聚糖并通过实验表明其对人肝癌细胞、人白血病细胞、人肺癌细胞和人胃癌细胞有较好的亲和性，并对这几种癌细胞有一定的抑制作用。可见，可以利用甲壳素的衍生物来合成抗癌药物。

（3）降脂和防治动脉硬化的应用研究　李铃等用壳聚糖分别对SD大鼠血清TC、TG、HDLC的影响和对SD大鼠肝脏TC、TG影响做了研究，发现壳聚糖能降低血清、肝脏组织内胆固醇含量和脂肪水平，对防治脂肪肝有良好效果，同时又因为壳聚糖的显著的降脂效果，可被开发成为减肥食品、保健品的潜力巨大。目前国内外已有不少此类商品上市。此外，他们还通过研究表明，壳聚糖的脱乙酰度越高，它的降脂作用、升高HDLC和降低LDLC的作用、减肥和抗动脉粥样硬化的作用越显著。但是，由于壳聚糖的降脂机理目前还存在不同的观点。壳聚糖及其衍生物防治动脉硬化的作用是因为壳聚糖及其衍生物（如硫酸酯）具有抗氧化活性，可直接清除自由基或者抑制自由基的产生，防止低密度脂蛋白被氧化修饰，减少内皮细胞损伤，阻断动脉粥样硬化的形成。

（4）止血的应用研究　由于壳聚糖在生物体内可以被质子化，它可以和许多带负电的生物大分子如黏多糖、磷脂及细胞外基质蛋白发生静电作用而形成血栓，从而起到止血作用。壳聚糖止血性质还与其相对分子质量、脱乙酰度、质子化程度和结晶度等有关。高度有序的分子链三维结构赋予了甲壳素优良的止血能力。利用这种特性，甲壳素和壳聚糖可制备成多种应用形式，包括溶液、粉末、涂层、膜状和水凝胶等，根据不同的伤口类型和治疗技术，各种形式的止血材料均表现出有效的止血效果。除溶液以外，其他应用形式的壳聚糖必须要有较高的相对分子质量，这样才能保证壳聚糖的不溶性以及较好的黏附性能和表面强度。目前，已有报道制成了部分甲壳素基止血材料如 Syvek 纱布、RDH 绷带和 Hem Con 止血敷料等都通过了美国 FDA 认证。由于甲壳素和壳聚糖具有无毒、无抗原性和生物相容性，可在体内降解、吸收等一系列理想止血剂的性质，使得甲壳素和壳聚糖基止血材料逐步成为甲壳素和壳聚糖应用研究的热点。

(5) 在防治老年痴呆症方面的应用研究　张秀芳等通过对老年痴呆症的病理的研究，设想了从以下 6 个方面利用壳聚糖来防治老年痴呆症（阿尔茨海默症 AD）：壳聚糖具有 β-分泌酶抑制剂的活性，可减少 β-淀粉状蛋白（Aβ）的产生；壳聚糖的抗炎作用对于 AD 的治疗会有帮助；壳聚糖可以作为金属螯合剂在 AD 防治中得到应用；壳聚糖清除自由基、抗氧化的作用，对 AD 的防治会有帮助；壳聚糖是一种比较理想的 AD 治疗药物载体；壳聚糖作为 AD 治疗用细胞的载体。这些设想的合理性有待于进一步的实验来检验。

(6) 在药物缓释载体剂型和作为药物载体的应用方面的研究　药物载体剂型包括壳聚糖纳米粒，壳聚糖膜，壳聚糖微球，壳聚糖片剂，壳聚糖微胶囊等。壳聚糖作为药物载体的应用包括壳聚糖作为结肠靶向载体，壳聚糖作为治疗慢性病的药物缓释载体，壳聚糖作为抗肿瘤药物载体，基因运载工具等。由于一般的药剂直接进入胃肠会对胃肠道黏膜有刺激作用，制成缓释片后，药物缓慢释出，在很大程度上可缓解其对胃肠道黏膜的刺激性，陈盛、罗志敏等制备了磁性壳聚糖-聚丙烯酸微球并测试了它的吸附性能和释放性能，发现其对牛血清白蛋白（BSA）的最大吸附量可达 400mg/g，又因为其本身具有磁响应性和 pH 值敏感性，能利用外界磁场进行靶向定位，在不同 pH 值环境中释放行为不同，将其作为“靶向药物”前景看好。徐甲坤等对壳聚糖改性得到羧甲基壳聚糖，然后用戊二醛交联制备羧甲基壳聚糖水凝胶（CMCS-GA），实验研究表明，制得的 CMCS-GA 载药凝胶在 1～96h 内可缓慢释放，并且释放率可达 99%，具备优良的缓释性能。Tse-Ying Liu 等合成了亲水羟甲基乙酰壳聚糖的水凝胶并对其药物包载和释放性能做了研究，发现这种水凝胶对包载和释放很多种亲水性药物如万古霉素和奈普生等很有效，说明这种水凝胶作为药物载体的应用是可行的。H-L Jiang 等将壳聚糖和聚乙烯亚胺的接枝共聚物半乳化，改进了壳聚糖和聚乙烯亚胺接枝共聚物作为对肝细胞靶向给药的基因载体的性能，克服了壳聚糖的低病毒转染率和较差的专一性的缺点，研究表明，半乳化的壳聚糖和聚乙烯亚胺（PEI）的接枝共聚物（GC-g-PEI）显示了很好的对 DNA 的结合能力和防止 DNA 受核酸酶降解的优良性能，与相对分子质量为 2.5×10^4 的 PEI 相比，GC-g-PEI 还具有更低的细胞毒性。GC-g-PEI/DNA 复合物在针对 $HepG_2$ 和 HeLa 菌株的实验中都显示了比 2.5×10^4 的 PEI 较强的病毒转染率。GC-g-PEI/DNA 复合物也能在腹腔内更有效地把肝细胞转染到活体上，上述结论都显示 GC-g-PEI 能够用于提高病毒转染率和活体及体外肝细胞专一性的基因疗法。杜予民等也合成了壳聚糖季铵盐/累托石杂化纳米复合材料，并对其进行了细胞相容性实验，研究表明这种材料的细胞相容性良好，对质粒 DNA 的结合较稳定、高效，并且对细胞是无毒的，是一种颇具潜力的非病毒基因载体。王芳等还合成了壳聚糖磁性微球并通过实验表明，由于壳聚糖磁性微球中小微球的表面活性基团—OH 和—NH_2 含量均多于大微球，所以其对牛血清白蛋白具有良好的吸附性能。

(7) 在生物组织工程材料应用方面的研究　因为壳聚糖对生物体无毒和可生物降解的特

性，现在已经制成了缝合线、人造皮肤、骨组织修复、神经组织修复、止血剂等。韩媛媛等制备了羧甲基壳聚糖复合磷酸钙骨水泥，在羧甲基壳聚糖添加的一定范围内，这种材料克服了传统磷酸钙骨水泥缺乏韧性、固定化时间长、降解速度慢、抗压强度低等缺点。

5.5.2 甲壳质和壳聚糖在复合材料方面应用

（1）壳聚糖-聚氨酯复合膜 壳聚糖是一种资源丰富的天然大分子，具有良好生物相容性、生物可降解性，但因吸水性极强，形成的纤维或膜材料的湿态力学强度差，作为医用材料应用受到限制。将壳聚糖与其他聚合物进行共混改性，既能保持壳聚糖所特有的优异性能，又能得到壳聚糖单独使用时所没有的综合性能。近年来，壳聚糖/聚氨酯复合膜作为人造皮肤、敷料、人造血管用多孔支架材料的应用前景引起人们广泛兴趣。由于壳聚糖和聚氨酯复合材料均采用在聚氨酯基膜上将壳聚糖溶液流延成膜，相对于纯聚氨酯膜，复合膜存在两层膜之间界面相互作用以及力学性能较差的问题。

（2）壳聚糖-淀粉复合膜 壳聚糖（chitosan，C）和淀粉（starch，S）均为可食性的成膜材料。人类对可食性膜的真正研究开始于 20 世纪 50～60 年代，随着人们对塑料包装废弃物所造成的白色污染以及塑料易产生有害气体、异味、对人体有一定的毒害作用等日趋重视，曾风行一时的塑料包装已逐渐被淘汰，被绿色环保可生物降解的膜所代替，这也是食品包装行业发展的趋势。壳聚糖膜具有透明度高、弹性好、阻气性强等特点，同时壳聚糖具有广谱抗菌作用，对 G^- 和 G^+ 细菌都表现出抑菌作用，特别对冷却肉中的假单胞菌、金黄色葡萄球菌、大肠杆菌、热死环丝菌和乳酸菌，并随着浓度的增加抑菌作用增强。淀粉也是一种天然高分子多糖，在自然界中大量存在，有很好的生物相容性和生物可降解性。近年来，人们对于用淀粉来制取各种环境友好材料的工作进行了大量的研究。用壳聚糖与淀粉复合可明显改善膜的性能、降低成本，制备复合膜也是可食性膜发展的方向。但淀粉是细菌的营养源，所以在引入淀粉的同时，必须加入防腐剂。

随着绿色食品的兴起，人们的饮食观念不断地发生变化，促使人们的饮食消费意识从最初的方便、经济实惠到今天的营养、方便、保健和安全。人们越来越强调食品的纯生物性。在冷却肉保鲜中以天然物质代替化学合成已成为保鲜剂研究的趋势。天然香辛料是一类植物源的天然防腐剂，具有香、辛、麻、辣、苦、甜等气味的典型的天然植物调味品，它除赋予肉品独特的风味外，还能够提高和改善食品的风味、抑制和矫正肉制品中不良的气味，突出食品典型风味特征，使食品风味协调。目前香辛料越来越引起人们更广泛的重视，国内外学者研究结果表明，香辛料除具有抑菌防腐能力外，还有较强的抗氧化性能，其主要的抗氧化成分为酚类及其衍生物。在以前的实验中我们已将各种香辛料（迷迭香、肉桂、丁香）复合使用来延长冷却猪肉的货架期，并获得了三者间的最佳配比。本实验研究可食性膜与天然保鲜液复合来延长冷却肉的货架期。

5.5.3 甲壳质和壳聚糖在吸附材料方面应用

（1）絮凝剂

21 世纪全球和中国均面临水资源紧缺的突出矛盾。为了节约用水、合理用水和保护环境，研究应用各种水处理有着极为重要的意义。

目前自来水混凝沉淀处理主要用聚铝、聚铁和聚丙烯酰胺等混凝剂，其中聚铝用量最大。近年来研究表明，水体中的残余铝进入人体后通过蓄积会产生老年性痴呆症，而残留的铁会给自来水带来颜色并有腐蚀性。聚丙烯酰胺则由于存在单体丙烯酰胺而不可避免地带有毒性，其应用也严格受到限制。这对传统自来水处理系统提出了严峻挑战。由此，甲壳素作为高效无毒的饮用水的净化剂，在美国、日本得到普遍使用，美国环保局也批准甲壳素用于应用水的净化。甲壳素作为新型絮凝剂，在处理食品加工厂的废水，回收蛋白质作为饲料方面已被大量采用。为了提高甲壳素的絮凝效果，减少用量，降低成本，我们对稀土-甲壳素复合絮凝剂进行了研究。

（2）壳聚糖多孔微球

在可生物降解天然大分子材料中，壳聚糖是一类从虾、蟹等甲壳类动物中的甲壳素经化学方法脱乙酰基后提取的氨基高分子多糖，它来源丰富、成本低廉，是仅次于纤维素的第二大类天然大分子材料。它具有良好的生物相容性和生物降解性，是目前唯一具备电正性特点的天然大分子，已在医药、食品、农业、环保、日化等领域获得广泛的应用。高分子微球由于其具有高分散性和大比表面积的特点，是一种性能优异的载体材料，在药物控制释放、生物工程、废水处理等方面已被广泛研究，有着广阔的应用前景。把壳聚糖材料制备成高分子微球，使壳聚糖和高分子微球的优异性能有机结合也是目前国内外较为热点的研究领域。壳聚糖微球的制备方法较为简单，主要分为反相悬浮交联法和沉淀法，由于壳聚糖材料在成球过程中容易絮凝，因此大量制备分散性好、粒度均匀、成本低廉的壳聚糖微球仍然是难点之一。

5.5.4 甲壳质和壳聚糖的其他应用

由于甲壳素/壳聚糖无色、无味、无毒，具有良好的抑菌杀菌能力、优良的成膜性能，并且还可以生物降解，因此在食品保鲜方面应用广泛。很多研究者已经在这方面做了深入的研究。陈忻等将羧甲基壳聚糖和叶绿素铜钠一起复配，用丙二醇-1,2 作为成膜助剂，开发出一种新型的可食用的涂膜保鲜剂，已通过实验证明其在草莓的保鲜上效果良好，有望在其他水果蔬菜的保鲜上广泛应用。袁毅桦等也利用羧甲基壳聚糖水溶液添加甘油对西兰花进行了保鲜的研究，在失水率、维生素 C 含量、总糖度、总酸度变化这四方面都显示了羧甲基壳聚糖-甘油水溶液具有优良的保鲜性能，也是一种值得推广的保鲜剂。

甲壳素/壳聚糖在环保领域的应用主要是作为絮凝剂、络合剂、吸附剂处理造纸废水、处理工业废水中的重金属离子以及处理废水中的有机毒物。有很多研究人员都在这些领域做了深入的研究。石中亮等将壳聚糖和硫酸铝进行一定量的配比制得的复合净水剂去除造纸污水中的 COD 效果明显好于硫酸铝，去除率高达 82%以上。熊春华等研究了甲壳素对二价锌离子吸附性能，为甲壳素在处理二价锌离子的应用中提供了理论依据和方法指导。朱再盛等以壳聚糖为原料，将甲醛作为预交联剂、环氧氯丙烷为交联剂制备了新型微球状壳聚糖树脂，用以吸附 Nd^{3+}，克服了壳聚糖耐酸性差、吸附能力弱等缺点。赵玉清等制备了戊二醛交联壳聚糖、邻苯二甲醛二丁酯致壳聚糖多孔膜、壳聚糖凝胶珠，并对它们吸附 Cr(Ⅵ)、Cd^{2+}、Pb^{2+}、Ni^{2+} 的性能做了研究，发现在同等条件下，壳聚糖凝胶珠对 Pb^{2+} 的吸附最好，而壳聚糖的多孔膜对 Cd^{2+} 的吸附最好。曹佐英等制备了一种新型的含 β-环糊精的壳聚糖衍生物，并对其吸附苯酚、壬基苯酚、间苯二酚的性能做了研究，发现它在 30℃，pH=2.65 的条件下对这几种酚的吸附性能最佳，由于这种条件并不苛刻，很容易获得，因此这种 β-环糊精壳聚糖在含酚类废水的处理中有较好的应用前景。薛丽群等首次用酶法接枝得到壳聚糖-对羟基苯甲酸膜，将其用于对 Cu^{2+} 的吸附中，显示了良好的效果，这一技术应用于工业化的方面还存在很大的探索空间。

在农业上，甲壳素/壳聚糖主要用于土壤改良剂、植物生长调节剂、植物病虫害诱抗剂、种子包衣、缓释农药和肥料等。目前很多农药都是有机物制剂，在杀灭害虫的同时，还会残留在农作物上，在食物链上发生传递，最终在人体上沉积，对人体危害很大，同时还会对生态环境造成破坏，因此，急需一类对生物体和生态环境都无害的生物农药。农药缓释剂就是在这种背景下诞生的，它可以提高农药的使用率和药效，减少对环境的污染和对人体的危害。马丽杰等把壳聚糖/木质素磺酸钠新型复凝聚体系（CL）用于生物农药缓控释放的研究，将生物农药阿维菌素（AVM）作为控释对象，制备了AVM-CL复凝聚微胶囊，并对其体外释放性能做了研究，发现AVM原药经过4h累积溶出量就达到99.1%，而AVM从AVM-CL微胶囊中的累积释放量达到50%时，时间可推迟到15h；累积释放量为90%时，时间为40h，表明这种胶囊具有一定的缓释性能。曹智等将羧化改性后的壳聚糖用于蚊净香草的繁殖培养上，研究了其对外植体分化、对芽诱导、对初代增殖、培养以及对生根的影响。发现附加4g/L羧化壳聚糖的植株在培养20天后外植体诱导芽的数量最多，且芽苗粗壮，同时诱导率可达80%；羧化壳聚糖还可以提高激素的利用率，促进根的生长。可见，羧化壳聚糖用于植物培养上具有很大的开发潜力。陈晓刚等用羧甲基壳聚糖和蔗糖混合溶液进行非洲菊切花保鲜的研究，发现这种溶液对切花的保水性能良好，可以延缓花的衰老，1‰的羧甲基壳聚糖溶液和2%的蔗糖溶液配比的营养液对花的保鲜效果最好。无土栽培的营养液中如果加入上述的营养液，是否会有更好的效果，有待于深入研究。甲壳素/壳聚糖还可以用做饲料添加剂，用于鸡饲料中可提高鸡的免疫力，用于猪饲料中可提高育肥猪的瘦肉率，而且目前添加有甲壳素/壳聚糖的饲料已经实现产业化。

由于壳聚糖及其衍生物的良好的成膜性能，因此可在工业上广泛应用，如超滤膜、反渗透膜、气体分离膜等都在工业生产上扮演了重要角色。王娟等将羧甲基甲壳素（CMCH）溶液浇铸在聚砜超滤膜上，并与戊二醛（GA）交联制得一种新型负电荷复合纳滤膜，并对其性能做了研究，发现这种膜具有较好的抗藻类附着性，可涂覆在轮船的船体，防止藻类腐蚀船体；这种膜还可以吸附水中的负电荷离子，在净水方面有应用前景。陈盛等研究了利用壳聚糖作为纤维素酶和碱性脂肪酶的载体，通过壳聚糖与戊二醛交联，再将纤维素酶或碱性脂肪酶固定其上，研究表明，固定化的纤维素酶或碱性脂肪酶的理化性能有了改善，特别是热稳定性明显优于原酶，可用于酶法分解纤维素为葡萄糖或鱼片脱脂的工业化生产。

参考文献

[1] Chakrabandhu Y，Pochat-Bohatier C，Vachoud L，Bouyer D，Desfours J-P. Control of elaboration process to form chitin-based membrane for biomedical applications. Science Direct，2008，233：120-128.

[2] Alves N M，Manoa J F，Chitosan derivatives obtained by chemical modifications for biomedical and environmental applications. International Journal of Biological Macromolecules，2008，43：401-414.

[3] Azad A K，Sermsintham N，Chandrkrachan S，et al. Journal of Biomedical Materials Research（Part B）Applied Biomaterials，2004，69B（2）：216-222.

[4] Jin Y，Ling P X，He Y L，et al. Burns，2007，33（8）：1027-1031.

[5] Sashiwa H，Shigemasa Y，Roy R. Carbohydr. Polym，2002，49：195-205.

[6] Jia Z，Shen D，Xu W. Carbohydr. Res.，2001，333：1-6.

[7] Yalpani M，Hall L D. Macromolecules，1984，17：272-281.

[8] Yalpani M，Hall L D，Tung M A. Nature，1983，302：812-814.

[9] Liu X，Tokura S，Haruki M，Nishi N，Sakairi N. Carbohydr. Polym，2002，49：103-108.

[10] Seiichi Mima，Masaru Miya，Reikichi Iwamoto，et al. J Appl PolymSci，1983，28：1909.

[11] 秦益民，朱长俊．发酵法生产甲壳素纤维．纺织学报，2007，28（8）：31-34.

[12] 陈盛，陈祥旭，黄丽梅等．甲壳素脱乙酰度方法及测定比较．化学世界，1996（8）：419-422.

[13] He C J，Ma B J，Sun J F. Journal of Applied Polymer Science，2009，113（5），2777-2784.

[14] Kurita K，Yoshino H，Nishimura S，Ishii S，Mori T，NishiyamaY. Carbohydr. Polym.，1997，32：171-175.

[15] Muzzarelli R A A，Tanfani F，Enamuelli M，Mariotti S. J. Membrane Sci，1983，16：295-308.

[16] Muzzarelli R A A, Tanfani F. Carbohydr. Polym, 1985, 5: 297-307.

[17] 陈煜，陆铭，罗运军等．甲壳素和壳聚糖的接枝共聚改性．高分子通报，2004，4（2）：54.

[18] Kim S, Nimni M E, Yang Z, et al. Journal of Biomedical Materials Research（Part B）Applied Biomaterials. 2005, 75B（2）：442-450.

[19] Seong H S, Whang H S, Ko SW. J. Appl . Polym. Sci . , 2000, 76: 2009-2015.

[20] Hsu S C, Don T M, Chiu W Y. Polym. Degrada. & Stability, 2002, 75: 73-83.

[21] 沈德兴．甲壳胺纤维的结构与性能．中国纺织大学学报，1997，23（1）：63-69.

[22] 钱清．甲壳质纤维的制备及应用．合成技术及应用，2001，16（3）：29-32.

[23] 唐涛，薛毅，信玉华．羧甲基壳聚糖复合奥硝唑后对口腔重要厌氧菌增效抑菌作用的评价．实用口腔医学杂志，2007，23（3）：451-452.

[24] Jayakumar R, Prabaharan M, Reis R L, et al. Carbohydrate Polymers, 2005, 62（2）：142-158.

[25] Ma L, Yu W, Ma X. Journal of Applied Polymer Science. 2007, 106（1）：394-399.

[26] Aoyagi S, Onishi H, Machida Y. International Journal of Pharmaceutics. 2007, 3（30）：138-145.

[27] 陈盛．生物高分子化学．厦门：厦门大学出版社，2003. 22-23.

[28] 陆柱，蔡兰坤．水处理药剂．北京：化学工业出版社，2002. 96-100.

[29] 姚重华．混凝剂与絮凝剂．北京：中国环境科学出版社，1991. 45-46.

[30] Wang Y J, Wang X H, Luo G S, et al. Adsorption of bovin serum albumin（BSA）onto the magnetic chitosan nanoparticles prepared by a microemulsion system. Bioresource Technology, 2008, 99（9）：3881-3884.

[31] Li L L, Chen D, Zhang Y Q, et al. Magnetic and fluorescent multifunctional chitosan nanoparticles as a smart drug delivery system. Nanotechnology, 2007, 18: 405.

[32] 蒋挺大．壳聚糖．第2版．北京：化学工业出版社，2007，1：349

[33] Arpornmaeklong P. , Suwatwirote N, P. Pripatnanontand K. Oungbhov. Growth and differentiation of mouse osteoblasts on chitosan-collagen sponges, Int. J. Oral Maxillofacial Surg. , 36（2007）：328-337.

第 6 章　蛋白质纤维

6.1　蚕丝

蚕丝是人类最早利用的天然蛋白质之一，享有“纤维皇后”之誉。具有很好的吸湿性和优雅的光泽，丝绸服装穿着舒适、优美、典雅，对人体有很好的保健功能，深受国内外人们的喜爱。随着科学技术日新月异的发展，近年来蚕丝经历了巨大的变化与更新，蚕丝再也没有千篇一律地用于编织。自 20 世纪 70 年代至今，国内外的研究人员一直在积极地探索开拓蚕丝的新的用途。

随着对蚕丝结构研究的不断深入，其开发利用的研究领域也不断地拓宽。逐渐延伸到食品、发酵工业新材料、生物制药、临床诊断治疗、环境保护、能源利用、医用材料及化妆品等领域，并呈现出欣欣向荣的景象。如蚕丝蛋白膜制成人工皮肤、人造角膜及生物传感器等。蚕丝蛋白在日用化工领域可用做具有优良特性的护肤、护发品及皮肤外用药等。利用蚕丝蛋白还可以生产丝蛋白果冻等新型保健食品，具有良好的应用前景和经济价值。

6.1.1　蚕丝蛋白的结构与性能

（1）蚕丝的结构与组成　国内外学者对蚕丝蛋白结构进行许多研究和探讨，但由于蚕丝蛋白结构的复杂性而后易变性，致使研究结果互不相同，甚至相差很大。蚕丝中蛋白含量高达 98%以上，主要是由两条丝素和周转覆盖的丝胶两部分组成，见表 6-1 所列。

表 6-1　蚕丝的组成

成　分	丝素	丝胶	蜡	碳水化合物	色素	灰分
含量/%	70～80	20～30	0.4～0.8	1.2～1.6	0.2	0.7

丝素的氨基酸组成和丝胶有一定差别，以家蚕蚕丝中丝素和丝胶的氨基酸组成为例，见表 6-2。

表 6-2　家蚕蚕丝中的丝素和丝胶的氨基酸组成

名　称	丝　素	丝　胶
甘氨酸	41.81	13.75
丙氨酸	27.03	4.90
缬氨酸	3.04	2.02
亮氨酸	0.32	0.80
异亮氨酸	0.31	0.91
苯丙氨酸	0.66	1.07
蛋氨酸	0.70	0.87
色氨酸	0.60	0.50
脯氨酸	0.34	1.40
酪氨酸	6.44	2.97
胱氨酸	0.30	0.20
丝氨酸	12.45	33.31
苏氨酸	0.58	8.07
天门冬氨酸	1.23	19.62
谷氨酸	1.29	3.25
组氨酸	0.36	1.91
赖氨酸	0.71	0.87
精氨酸	1.83	3.58

（2）丝素　丝素又称丝心，是蚕丝的主体部分，是具有结晶结构的蛋白质，有18种氨基酸组成，其中7%左右为人体所必需的8种必需氨基酸。丝素的氨基酸组成结构简单，并且组成多肽分子后分子间容易聚集，导致有一定结晶性，其结晶度在50%～60%。丝素中极性侧基约占29.5%，非极性占70.5%，两者比为0.42，而丝胶中两者比为2.91，两者差别大也是丝胶易溶于水而丝素不溶于水且具有一定强度的根本原因。其中侧基为简单的甘氨酸、丙氨酸、丝氨酸约占总数的85%，三者摩尔比为4∶3∶1，并且按一定的序列结构排列成较为规则的链段。这些链段的大多位于丝素蛋白的结晶区域，而带有较大侧基的苯丙氨酸、酪氨酸、色氨酸等主要存在于非结晶区域。丝素蛋白的构象主要是无规则线团为主，其相对分子质量普遍认为在（3.6～3.7）$\times10^5$范围。在水中只发生膨胀而不溶解，亦不溶于乙醇。

（3）丝胶　被覆丝素外层的是丝胶，丝胶在蚕体内对丝素的流动起润滑剂作用，在茧丝中对丝素起到保护和胶黏作用，约占茧层质量的25%。除含少量蜡质，碳水化合物，色素和无机成分外，主要成分为丝胶蛋白，丝胶是一种球状蛋白，相对分子质量为1.4万～31.4万，其中Ser（丝氨酸）、Asp（天冬氨酸）和Gly（甘氨酸）含量较高，相对质量分别达到33.4%、16.17%和13.49%。丝胶的2级结构以无规则卷曲为主，并含部分β构象，几乎不含单一螺旋结构，故丝胶分子空间结构松散、无序。

在丝胶的氨基酸组成中含大量的丝氨酸、苏氨酸、天冬氨酸等羟基和羧基的氨基酸以及赖氨酸、组氨酸等碱性氨基酸，极性侧链氨基酸占74.16%，因此丝胶表现出较好的水溶性和吸水性，可在水中膨润溶解。将溶于水的丝胶，在自然条件下放置，可得到可逆性的丝胶凝胶。在丝胶向凝胶转化的过程中，伴随着部分无规卷曲向构象的不可逆转化，凝胶强度与凝胶的浓度呈正比。丝胶能抑制酪氨酸酶和多酚氧化酶的活性，其机理可能是由于丝胶中高比例的羟基氨基酸与微量元素如铜、铁的络合，从而影响了酶活性的正常发挥。丝胶的肽链中含有较多的氨基、羟基和羟基等官能团等，可以引入其他基团进行改性，开发出多种以丝胶为主体的新型材料。

（4）丝肽　丝肽是丝素蛋白水解的中间产物，丝素蛋白水解可采用酸法和碱法以及酶法得到丝肽。

丝肽粉中含有多种氨基酸，其中人体所必需的八种氨基酸几乎全具有，其含量约占氨基酸总量15%左右，而丝肽粉具有水溶性，极易被人体吸收，特别是丝肽组成中的Ser、Lys（赖氨酸）、Asp、Arg（精氨酸）、Glu（谷氨酸）都是皮肤的营养要素。

丝肽相对分子质量分布在300～20000很广的范围，由于丝肽多肽链比丝素要短得多，所以其相对分子质量亦必然要比丝素小。控制丝蛋白的水解程度，可得到不同相对分子质量的丝肽。丝肽相对分子质量在300左右的，其水溶性最好；相对分子质量在2000以下的，其水溶性良好；当丝肽分子最高达4000～5000，丝肽基本上以大分子聚合肽的形态出现，水溶性较差，放置稳定性亦随之变差。另外平均相对分子质量低于1000的丝肽，味道可口，可直接食用，而分子质量在1000～5000的丝素肽具有良好的保湿性，分散性和溶解性，用于冰淇淋中具有很好的起泡性，持泡能力和保香性，并使口感良好。

高纯度的丝肽在冷水中的溶解度非常大，而丝素只在水中发生膨润而不溶解，其主要原因是由于丝肽与丝素的分子构象不同所引起的。从圆二色光谱分析来看，丝肽分子以无规则卷曲结构为主，而丝素的分子构象为反平行的β折叠为主。两者构象不同的原因是丝肽的制得必须要用强极性的浓盐溶液溶解丝素，在溶剂溶解丝素过程，在数量众多强极性离子的强烈的水化作用下，水分子不仅能进行丝素的非结晶区，而且还能进入结晶区，削弱了多肽链间的范德华力；溶剂化的作用还可以用丝素大分子的多肽链部分发生断裂，这些强极性的浓度溶液使丝素发生无限膨润而成黏稠溶液，同时又破坏了丝素紧密有序的聚集态结构，使之变为疏松无序结构。而用红外吸收光谱也验证了此结果。

（5）蚕丝的功能性　蚕丝的食用价值主要取决于其营养功能和易于被肌体消化和吸收的程度。从现代营养角度分析。丝蛋白中富含18种氮基酸，其中包括8种体必需氨基酸，而脂肪和碳水化合物含量极少。所以说，食用丝素蛋白非常符合人类现代营养学方面的要求。

从丝素中主要氨基酸的功用分。蚕丝中富含多种对人体有益的氨基酸，如甘氨酸能促进胰岛素分泌，降低血液胆固醇含量；丙氨酸能加速酒精代谢，解酒保肝；丝氨酸能增加血管壁的渗透性，促使血管扩张；酪氨酸能治疗神经痛、关节炎等症；丝氨酸是抗癌药物二氯乙酰丝氨酸的主体成分，还是治疗肺病的特效药。

天然丝素是一种大分子长链结构的蛋白纤维，不溶于水，牙齿咬不烂，人体肠胃也无法直接吸收。只有丝素分子降解到较低相对分子质量水平后，才能达到食用化的最佳效果。

6.1.2　蚕丝蛋白的改性

丝素蛋白虽然具有很多优良的使用性能，但也存在着一些难以克服的缺陷，如丝素蛋白纤维在紫外光照射下，蛋白质分子链发生裂解，白度明显下降，取向的β折叠构象被破坏，形成了无序的结构，同时力学性能和热性能也大幅度下降，而且丝素蛋白存在难以染色和易于退色等问题。为了使丝素蛋白保持原有的优良性能，使一些缺陷得以改善，必须对丝素蛋白进行改性，改性可以用生物学的基因方法来改善蛋白品种，也可以采用化学和物理的方法加以改进。以下介绍化学改性和高分子共混两种方法。

（1）接枝改性　日本和印度在丝素蛋白纤维的接枝聚合改性方面作了大量的研究。一般使用化学引发法来实现烯类单体在丝素蛋白纤维表面上的接枝聚合，常用的化学引发体系有下述三类：①金属离子及还原剂组成的引发体系；②非金属化合物组成的引发体系；③光敏剂引发体系。中国用Ce^{4+}引发体系首次将强紫外吸收稳定剂2-羟基-4-丙烯酰氨二氧二苯酮接枝到丝素蛋白纤维上，纤维的抗紫外辐射性能、热稳定性能明显得到改善，并发现几种极性溶剂，如二甲基亚砜、二甲基甲酰胺、二甲基乙酰胺、丙酮等与水组成的混合溶剂作为反应介质时，其配比对接枝率影响极大，在3/2（体积）的介质中，丝素蛋白发生β折叠向α-螺旋的构象转变，接枝率达到最大值，并发现这种构象转变是由接枝链引起的，可以通过降低接枝率来加以抑制，但是力学性能却大幅度下降。

为了改善蚕丝的染色性能，将三种染料单体2-羟基-4-丙烯酰氨二苯酮、1-羟基-2-丙烯酰氧蒽醌和1,5,8-三羟基-2-丙烯酰氧蒽醌采用一定的引发剂体系分别接枝到丝素蛋白纤维上，所得到的产物不仅色泽鲜艳，不退色，而且热稳定性和抗紫外线性得到明显的改善，力学性能也没有下降，成功地使用蚕丝染色和抗紫外改性在同一步完成，将接枝整理工序和染色工序简化为一道工序。

（2）共混改性　共混是普遍采用的改进高分子性能的一种简便易行的方法。蚕丝具有优良的吸湿性能，手感好，穿着舒适，光泽佳，但其耐光和耐化学试剂等性能较差，其织物的抗皱性差；另外，腈纶对日光、大气及化学试剂等作用的稳定性非常好，也有很好的耐霉菌、耐虫蛀性能，但其吸湿性、透气性和抗静电性等性能不足，织物易起球，为了发挥这两者的优点，克服彼此的缺点，我们把这两者进行了共混纺丝，通过透射电镜发现两者是部分相容的，部分丝素蛋白呈“蜂窝”状结构分散于聚丙烯腈组分中。通过广角X射线衍射的方法发现共混复合纤维中含量高的聚丙烯腈组分的晶型基本未变，只是聚丙烯腈的晶粒尺寸变小，结晶度有所下降。而且用氧等离子体蚀刻通过扫描电镜发现部分丝素蛋白在复合纤维的外部，即聚丙烯腈被丝素蛋白包埋在中间，使共混纤维吸湿性得到了改善，吸湿率提高，吸湿速度较蚕丝为快。另外，为了克服蚕丝蛋白膜在干燥状态和有机体中变脆的缺点，人们采用了与成膜性能良好的合成高分子聚乙烯醇进行共混，虽然外观看无色均匀透明，通过SEM发现两者不完全相容，有明显的分相结构，通过FT-IR也发现两者不完全相容，有明显的分相结构，两者分子间的相互作用不强，但性能得到改善，表现在吸水性大大改善，力学性能也有所改善，制得的共混膜可以在干燥状态和有机体系中使用。

(3) 整理改性　将丝素蛋白直接制成整理剂，在织物，特别是合成纤维为主的织物上进行整理改性，可以得到优良的制品。

6.1.3 蚕丝蛋白在生物材料方面的应用

蚕丝及其丝蛋白具有优越的生物相容性和一定的可降解性，近年来在生物医药领域，如细胞培养和组织工程等方面有着广泛的应用，其中由再生丝蛋白制成的膜、多孔支架和凝胶等材料尤其受到重视。

(1) 酶的固定化载体　酶的固定化是指通过物理或化学方法将酶固定在某种载体上（此时的酶或酶的衍生物仍具有很高的催化活性）。与游离酶相比，固定化的酶对热、酸、碱的稳定性得到了相应的提高，而且能轻易与底物和反应物分开、回收并反复利用。丝素蛋白是天然的高分子蛋白，具有独特的分子结构、优异的力学性能、良好的吸湿和保温性能以及抗微生物性能，是一种理想的酶固定化载体材料。以丝素蛋白作为固定化载体的形式有三种：丝素纤维固定化载体、丝素粉末固定化载体和丝素膜固定化载体。目前，已经有很多丝素蛋白应用于固定化载体，如葡萄糖氧化酶、辣根过氧化酶、A2淀粉酶、青霉素酰化酶、糖化酶等。

(2) 生物传感器　将生物活性物质材料用作敏感元件，配以适当的换能器构成的分析系统称为生物传感器。其原理为：待测物质经扩散作用进入固定化生物敏感膜，经过分子识别，发生生物学反应，产生的信息被相应的化学或物理换能器转变成可定量处理的电信号，再经二次仪表放大输出从而获得待测物质含量的信息。生物传感器中研究和应用最多的是酶传感器。丝素膜是一种优良的酶固定剂，它的优点在于不需要任何胶黏剂，只需通过物理作用和化学处理，如改变温度、pH值、溶剂、拉伸等就可以完成。因此，它减少了酶的失活，扩大了酶活性的pH值范围，提高了酶的利用效率，且丝素膜对大多数溶剂都相当稳定，具有一定的强度和弹性。除了酶传感器外，丝素蛋白膜还可用于免疫传感器和神经传感器。

(3) 组织工程支撑材料　组织工程是将组织细胞黏附在一种生物相容性良好，可在人体内逐步被降解吸收的支架材料上，并提供营养使之扩增，在体外形成细胞生物材料复合物，然后将这种复合物植入肌体内，在支架材料逐步被人体降解吸收的同时，细胞不断增殖并分泌基质，最终形成具有与原来特殊功能和形态相应的组织和器官，从而达到修复创伤和重建功能的目的。组织工程中支架的材料必须符合以下基本要求：具有足够的机械强度以支持细胞分化增生；材料来源充足，易于重复制作、加工成型；良好的生物相容性，其本身及降解产物对细胞和肌体无毒性，不会或较少引起炎症和免疫排斥反应；有适度的生物降解速率，且该降解速率需和组织再生的速率相匹配，最后可被完全吸收或安全排出体外；良好的表面相容性，即材料表面具有足够的细胞吸附能力，有利于细胞的黏附和生长。丝素蛋白正是由于比较符合上述性质要求，在生物材料领域得到了日益广泛的应用。而将其用于细胞培养的基质，或对一些生物高分子进行修饰，改善它们的生物性能，使其适用于组织工程，更是近年来丝素蛋白应用研究的热点。Minoura等研究鼠细胞L2929在丝素蛋白膜上的生长情况表明，丝素蛋白和胶原蛋白一样，能促进细胞的生长；吴海涛等采用蚕丝与软骨细胞进行复合培养，探索了蚕丝作为软骨细胞体外培养支架的可行性，发现蚕丝对软骨细胞具有良好的吸附作用，并能维持软骨细胞正常形态和功能，是适合软骨细胞立体培养的良好天然支架；Gregory等则直接将蚕丝纤维用于人工十字韧带的制作，证明了蚕丝纤维具有良好的力学性质、生物相容性以及缓慢的降解性，是制作人工韧带的良好支架材料；David Kaplan等研究了成骨细胞在蚕丝蛋白上的生长情况，发现Arg-Gly-Asp丝基质从各方面更能促进成骨细胞的生长。所有这些研究工作表明了丝素蛋白作为一种良好的细胞生长介质，能促进细胞的生长和繁殖。对丝素蛋白进行修饰，将使其能适于不同细胞的生长。但人们更希望将天然生物大分子与合成高分子结合起来，从而得到性能优异的支架材料，以满足在组织工程中对支架材料的多方面性能要求。近年有人把丝素蛋白用作透析膜和隐形眼镜的材料。

(4) 人工器官或组织　丝素制造人工器官的热点主要集中在人造皮肤上。已有暂时性皮肤替代物应用于烧伤的临床治疗，其透明性使观察创面的情况较为容易，创面的痛感较弱，丝素膜与创口结合紧密，不易融化，可防止感染，保持良好的透气性，再加上丝素对皮肤细胞的生长促进功能，使其愈创效果更显突出。目前，有人正在研制含抗菌药物的丝素膜，其不仅具有丝素创面保护膜优良的物理、化学和生物学性能，还具有良好的杀菌作用，可作为一种抗感染的创面覆盖材料应用。由于蚕丝的强度和弹性系数与生物体的肌腱有近似的数值，具有良好的生物亲和性，因此，有学者开展了人工肌腱与韧带方面的研究。在绢丝中导入带电化合物，改质后的丝素钙的凝集量比无处理的绢丝有大幅度的增加，特别是导入磷酸基的绢丝中，钙的凝聚量比无处理的绢丝高10倍以上，可望用于开发人工肌腱与人工韧带。

(5) 抗凝血活性　动物内脏中肝磷脂具有较强的抗凝血活性，是一种硫化多糖，其分子中的硫酸基对凝血活性起重要作用。当丝素中导入硫酸基时同样能表现出抗凝血活性。在进一步研究中，使用氯化硫酸来代替浓硫酸，得到的抗血液凝固活性提高约100倍，活性达到肝细胞的20%左右。由于这种物质可低价制造，不仅可作为防止血液凝固的试用药，也可用于提高人工血液的抗凝固机能，目前已有人开发出此类抗凝血药。

(6) 化妆品　丝素蛋白具有天然的护肤美容效果。先从其氨基酸组成来看，丝素蛋白含量最高的几种氨基酸恰恰是皮肤胶原蛋白的主要成分，它与皮肤有很好的亲和性，极易被皮肤吸收，可视为能被皮肤直接食用的营养物质；同时，丝素蛋白中含有大量的亲水基团（如OH、COOH、NH_2等），可发挥天然保湿因子的作用；最后，丝素蛋白中含有相当数量的酚羟基，具有吸收紫外线、抗氧化和防止或减缓皮肤黑色素形成的作用。在日本学者平林洁教授研究将蚕丝应用于非衣料服饰领域之后，日本及国内市场相继出现了添加可溶性蚕丝蛋白（如丝素肽、丝素氨基酸）的化妆品。

(7) 药物的控释材料　丝素蛋白可以作为药物的控释材料，增强或减缓药物在体内的作用时间和效力。闵思佳等在丝素蛋白用于药物载体方面的研究表明，丝素凝胶具有一定药物透过性，在释放药物时，具有一定程度的pH值响应性和酶分解性。

6.1.4　其他应用

目前，人们对丝素蛋白的研究和利用还非常有限，如在组织工程方面，把丝素蛋白作为支撑材料的研究才刚刚起步，其稳定性还有待进一步研究；在医学方面，用丝素蛋白制作人工器官和人工组织也只是初级阶段；即便是已有大量正在销售的化妆品，其某些作用机理也没有十分明确。因此在丝素蛋白质应用开发方面的研究还任重道远。家蚕丝素蛋白的氨基酸序列已经被确定，如果能从分子生物学和基因工程入手，培育出更加适合人们需要的氨基酸序列的品种，将会给蚕业带来一次历史性的革命。同时，丝素蛋白的氨基酸组成特殊，虽然不同种类蚕的氨基酸组成存在着较大的差异，但其中的甘氨酸、丝氨酸、酪氨酸和丙氨酸这四种氨基酸的质量分数均高达85%左右。而这几种氨基酸都具有自己独特的生理功能，如甘氨酸具有降低血液中胆固醇浓度的作用；丝氨酸和甘氨酸都具有解毒保肝的功效；丙氨酸具有解酒功能；酪氨酸具有预防痴呆症的作用等。因此，把其降解成丝素肽或丝素氨基酸也具有很大的研究价值。研究者通过酶解、分离、纯化得到了一种具有降血压作用的丝素肽。不同酶的酶解丝素蛋白将会产出不同的酶解产物，这就大大增加了酶解后丝素肽具有多种生物活性的可能。相信不久的将来，丝素肽的研究也将会成为对丝素蛋白研究的热点。

6.2 大豆蛋白质材料

随着人们膳食结构的改善，世界各国大豆（图6-1）蛋白产品的需求量在不断增长。据报道，全球生产含有大豆蛋白的食品已超过1.2万种，在美国有2500种食品添加了大豆蛋白质，而中国大豆蛋白食品种类只有100个左右。大豆中蛋白质含量约为38%，氨基酸种类齐全，内含人体所必需的各种氨基酸，是植物性的完全蛋白质，且大豆蛋白有显著的降低血胆固醇特性，美国FDA证实长期食用大豆蛋白可降低冠心病的发生率。蛋白质不仅是食品中的重要营养成分，且其功能性质对一些食品的品质有着决定性的作用。大豆蛋白作为一种食品添加剂，不仅可以补充人体所需的必需氨基酸，而且具有良好的功能特性如起泡性、乳化性和凝胶性等，因此可明显改善食品的口感、增加食品的弹性、持油性和持水性、提高食品的储存性能等。目前，国内大豆蛋白企业生产的产品主要有：脱脂大豆蛋白粉、大豆浓缩蛋白和大豆分离蛋白等。

图6-1 大豆

目前研制出的大豆蛋白质高分子材料与石油基高分子材料相比使用性能还存在一定的差距，主要体现在耐水性和力学性能上，大豆蛋白质高分子材料一般遇水后力学性能都会大大降低。虽然不少研究报道称能有效提高其使用性能，但由于工艺复杂或所用试剂昂贵等原因导致成本增加而难以商业化。改性后的大豆蛋白材料由于配方、工艺等原因降解速度、降解度一般难以预测，且不易控制。以上几方面是目前国内外大豆蛋白质高分子材料研究中亟待解决的问题，提高使用性能、降低成本及提高降解速度、降解度的可控性是大豆蛋白质高分子材料研究的发展趋势。

作为一种廉价、可再生和可生物降解的天然高分子，大豆蛋白的开发和利用一直是材料研究领域的热点之一。化学改性制备大豆蛋白质材料，一方面为大豆深加工、提高其附加值提供了一条有效的途径，另一方面也符合世界研制绿色工艺产品、追求环境友好的发展趋势，因而有良好的前景。随着社会的进步和人类文明的提高，人们对环境、能源和资源的关注程度会越来越高，研究开发大豆蛋白的化学改性途径和方法，满足不同用途对改性大豆蛋白材料性能的要求，将继续受到人们的重视。

6.2.1 大豆蛋白质结构及性能

（1）大豆蛋白的结构　蛋白质分子结构是蛋白质表现其生物活性与物理和化学特性的基础，蛋白质结构一旦被破坏，其生物功能及物理、化学特性也会随之改变或消失。大豆蛋白质是由18种氨基酸通过肽键共价连接成的一系列高分子化合物的总称，其组成极为复杂，相对分子质量分布非常广泛，从8000～600000，而且是非均匀分布的。根据沉降系数（S）可分为4个组分，即2S、7S、11S和15S，每一组分子之间分子结构有着较明显的差异。

2S组分主要成分是胰蛋白酶抑制剂和细胞色素C，还含有尿素酶和两种局部检定的球蛋白。其中Bownan-Birk（包曼-勃格）和Kunitz（库尼兹）两种胰蛋白酶抑制剂是目前已经明确一级结构的大豆蛋白质。7S组分至少由4种不同种类的蛋白质组成，即血球凝集素、脂肪氧化酶、β-淀粉酶及7S球蛋白。血球凝集素是一种糖蛋白，它有2个N-末端残基，表明它有2个多肽链，即有2个次级单位。脂肪氧化酶可能是由2个相对分子质量为58000的次级单位构成的。7S球蛋白是一种糖蛋白，含糖量约为4.8%。与11S球蛋白相比，7S球蛋白中色氨酸、蛋氨酸、胱氨酸含量略低，而赖氨酸含量则较高。因此，可以说7S球蛋白更能代表大豆蛋白质的氨基酸组成。7S多肽是紧密折叠着的，其中α-螺旋结构、β-层叠结构和不规则结构分别占5%、35%和60%。7S组分与大豆蛋白的加工性能密切相关，7S组分含量高的大豆制得的豆腐组织就比较细嫩。

11S组分比较单一，到目前为止仅发现一种11S球蛋白。11S球蛋白含有较多的谷氨酸、天冬酰胺的残基，以及少量的组氨酸、色氨酸和胱氨酸。旋光色散和红外吸收光谱测定表明，11S球蛋白的二级结构、三级结构与7S球蛋白相类似。11S球蛋白分子中，α-螺旋结构为数很少，主要是逆平行β-片层结构和不规则结构。紫外光谱研究表明，在11S球蛋白三级结构中，86个酪氨酸残基侧链和23个色氨酸残基侧链，有34～37个酪氨酸、10个色氨酸处于分子立体结构的表面，其余的则处于分子内部的疏水区域。另外，在1个分子中，大约有44个胱氨酸残基侧链，其中一部分以—SH基形式存在，一部分以—S—S—形式存在。由于疏水键和二硫键的作用，使其具有稳定的坚实的结构。11S组分与7S组分在食品加工性能方面有很大的不同。大豆11S蛋白比7S蛋白能形成较多的氢键和疏水键，从而使疏水作用增强。由钙诱导形成的11S蛋白凝胶比7S的硬度要大、黏结性强。11S球蛋白膜比7S膜有较高的张力强度。11S膜有弹性，但7s膜硬而脆。但是，在pH值2和pH值10之间，11S比7S有较低的乳化能力、乳化稳定性和溶解度。

大豆蛋白纤维的纵横截面形态如图6-2和图6-3所示其横截面呈扁平状呈哑铃形或腰圆形，具有一定的抗弯性能纵向形态呈现不规则沟槽和海岛状的凹凸，表面不光滑，这对纤维的光泽、刚度及导湿性能都将有重要影响。

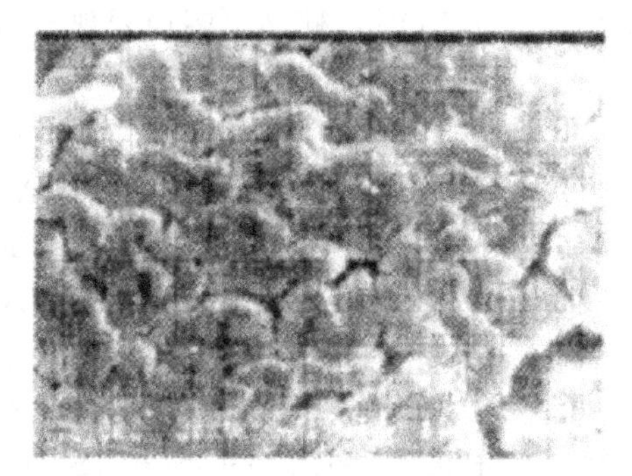
图6-2　纤维横向形态

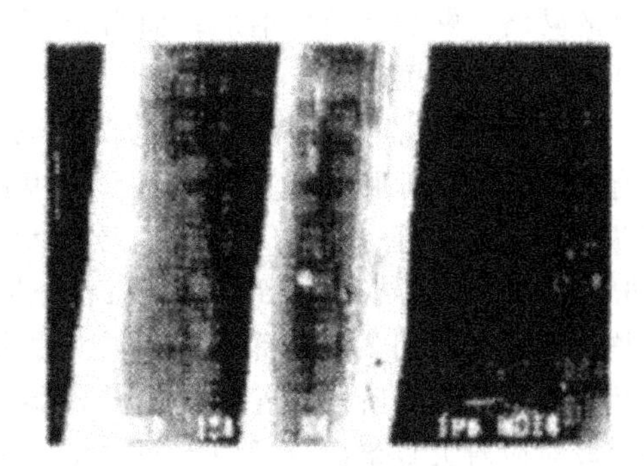
图6-3　纤维纵向形态

（2）大豆蛋白质的性能　大豆蛋白纤维具有良好的物理力学性能，同时其干热性能较好，化学性能稳定，耐日光性强，具有良好的开发和应用前景。大豆蛋白纤维的成纤工艺还需要进一步改进，以提高纤维的强力和卷曲回复性能。大豆蛋白纤维在纺织过程中，要做好纺织油剂的选配和工艺调整，如在梳理过程中轻开松梳理和轻加压等。

6.2.2 大豆蛋白塑料

（1）大豆蛋白塑料的制备　由于大豆蛋白质具有热塑性，所以目前大豆蛋白塑料主要通过模压、挤出和注射成型方法制备。

① 模压成型　Mo Xiaoqun 等对在不同温度，压力和时间下模压制备的大豆蛋白塑料的拉伸强度、耐水性等性能进行测定。样品在 150℃，20MPa 下模压 5min，达到最大的拉伸强度 4219MPa 和最大断裂伸长率 4161%。实验表明，在适当的压力（20MPa）下模压的温度和时间对样品性能的影响是相互的，在高温下（如 150℃）只要模压 3min 就能达到最佳加工性能，而在较低温度下（如 120℃）则需 10min。

② 挤出成型　挤出成型或挤出造粒再注射成型是另一种常用的制备大豆蛋白塑料的方法。

Graiver 等利用甘油作为增容剂和增塑剂与大豆蛋白以质量比为 30∶70 的比例混合，经双螺杆机于 130～140℃下挤出造粒，再与商品名为“Eastar Bio Copolymer”的聚酯混合挤出成蛋白质/聚酯混合材料。该材料的力学性能与大豆蛋白和甘油的结合程度有关。在较高的剪切力和较高温度下反应挤出，可使大豆蛋白变性，促使蛋白质分子与甘油分子间反应，达到较好的增塑效果。大豆蛋白与甘油在室温下混合反应挤出最终制备的材料拉伸强度为 8MPa，而当温度升至 135～140℃时，拉伸强度可达到 13MPa。他们还发现，采用较多的捏和块数虽然会减少产量，但可以为大豆蛋白变性及大豆蛋白和甘油的反应提供足够长的时间和空间，从而达到更好的增塑效果。

（2）大豆蛋白塑料的性能

① 力学性能　力学性能是大豆蛋白塑料最重要的性能，决定材料能否最终应用于实际。大豆蛋白塑料的力学性能与增塑剂的种类、含量及改性方法、改性程度直接相关。作者用乙二胺四乙酸二酐（EDTAD）酰化改性大豆分离蛋白，再用戊二醛进行交联，测试所得样品的拉伸性能，结果显示，样品中 mEDTAD∶mSPI(EDTAD 与大豆分离蛋白的质量比）越高的，其断裂伸长率越高。mEDTAD∶mSPI 为 0.11 的样品，其改性程度较小，为 54.15%，赖氨酸残基的量仍然较多，样品网络的强度较小，因而断裂伸长率较小；而 mEDTAD∶mSPI 为 0.13 的样品，酰化程度提高至 88.10%，较高的改性程度保证了肽链间适当的作用力，同时又保留了一定量未改性的赖氨酸残基参与戊二醛交联，使形成有一定强度的网络，断裂伸长率增加；而当 mEDTAD∶mSPI 为 0.15 时，样品更多地表现出橡胶的性质，断裂强度较高。

② 热力学性能　蛋白质塑料的 T_g 与蛋白质相对分子质量，增塑剂含量，蛋白质变性程度有关。Swain 利用 DSC 分析纯大豆分离蛋白塑料和含 5%甲醛的大豆分离蛋白塑料的 T_g 和 T_m（熔点）。前者的 T_g 和 T_m 分别为 243.13℃和 499.15℃，后者 T_g 和 T_m 分别为 236.14℃和 461.14℃，导致 T_g 和 T_m 下降的原因可能是在交联过程中蛋白质分子结构发生重整。他们又利用 TG 分析甲醛交联大豆分离蛋白塑料，发现热重曲线在 237～710℃温度区间内可分成 4 个阶段，各阶段的转折温度分别是 237℃、382℃、583℃和 710℃，在不同的阶段对应着大豆蛋白分子中不同类型的键发生断裂。Morales 等利用 DSC 分析 7S 和 11S 球蛋白塑料的 T_g 及含水量对其的影响。发现 7S 和 11S 都只出现 1 个 T_g，且都随着含水量的升高而降低，在水分含量相同时，11S 的 T_g 高于 7S 的 T_g。

③ 耐水性　大豆蛋白塑料的耐水性是决定其使用的重要指标。Zhong 采用 ASTM 的 D570281 标准测定 GuHCl 改性 11S 球蛋白塑料的吸水性，GuHCl 明显降低了塑料的吸水率。当 GuHCl 浓度为 0.19mol/L 时，吸水率最低（40%），但随着 GuHCl 浓度的增加，吸

水率反而增大，原因是过多的GuHCl使蛋白分子间距离增大，塑料结构松散，而且GuHCl分子本身也会吸水，直接导致吸水率的增大。Mo等研究了模压压力和温度对大豆蛋白塑料耐水性的影响。随着压力增大，吸水率缓慢上升。另外，模压温度的增高也可提高塑料的耐水性。大豆蛋白塑料的耐水性也可通过材料在干态和湿态下的拉伸强度的比值来表示。

④ 生物降解性　大豆蛋白塑料是可完全生物降解材料，在土壤或海洋中可降解成二氧化碳、水和低分子含氮物。根据大豆蛋白塑料生物降解的机理及特点，测定其降解性的主要根据是大豆蛋白塑料降解所产生的物理和化学变化，以及塑料基质上微生物的活性等。失重是标志材料实际生物降解能力的一个重要数据，Lodha等研究了填制肥料实验过程中大豆分离蛋白质塑料的失重情况，实验第1天样品失重达25%，到第7天失重速度较为缓慢，第11天后重新加速直至第21天样品达到恒重，最终失重为93%。另外，通过测定大豆蛋白塑料在土壤中被微生物降解产生的CO_2气体的量，并将其与塑料在理论上分解能产生的CO_2气体的量相比较，可求出生物的降解速率及降解程度。Tkaczk等通过该方法测定多磷酸盐填充大豆蛋白塑料在土壤中降解程度，发现随着多磷酸盐填充物相对密度的增大，大豆蛋白塑料的降解速率减小，原因可能是填充物抑制了微生物的生长或阻碍了空气在塑料内部的流动。

(3) 大豆蛋白塑料的应用前景　大豆蛋白塑料具有可观的应用前景。首先，大豆蛋白塑料可以制备各种一次性用品，如盒、杯、瓶、勺子、片材以及玩具等家庭用品，育苗盆、花盆等农林用品，以及各种工艺、旅游用品等，还可用于美容、化妆，甚至用于大型机器的保护和包装等。研究发现，当水的质量含量保持低于5%时，大豆蛋白塑料具有比石油化工塑料更高的杨氏模量(44GPa)，其韧性也比双酚A型环氧树脂和聚碳酸酯高。因此，可生物降解的大豆蛋白塑料具有代替不可降解的石油化工塑料应用于工程塑料领域的潜力。其次，随着对生物降解塑料认识的深入，中国已充分认识到这种材料及其产业对中国可持续发展的战略作用。《国家中长期科技发展规划纲要》和“十一五”(第十一个五年规划)科技发展规划中，都将发展生物降解塑料产业作为重要内容之一。

(4) 大豆蛋白塑料的改性

① 增塑改性　在制备大豆蛋白塑料过程中，为了提高其力学性能，通常采用增塑的方法。其中甘油是大豆蛋白塑料常见的增塑剂。甘油中的羟基与大豆蛋白质分子上的氨基可以结合形成氢键，降低蛋白质分子间的相互作用，增加大豆蛋白塑料的可塑性、韧性和加工性能。乙二醇、山梨醇、乙烯基乙二醇等多羟基醇均可有效地提高大豆蛋白塑料的韧性，它们的增塑原理与甘油相似。但由甘油增塑的大豆蛋白塑料有很高的吸水率，大大限制了此种材料的应用范围，姚永志等用环氧丙烷对大豆分离蛋白进行增塑改性，制得的材料具有高强度、低吸水率的优点，拉伸强度在20MPa以上，吸水率在30%～45%。此外，丙酸也是一种非常有效的增塑剂，可用来代替甘油作为增塑剂。

② 交联改性　交联一般可提高大豆蛋白塑料的拉伸强度，杨氏模量，硬度和耐水性；但会降低其断裂伸长率和韧性，有时会增加加工难度。最常见的交联剂是甲醛、戊二醛和乙二醛等醛类。用醛类交联时，由于生成的醛亚胺中的碳氮双键与碳碳双键形成共轭体系的稳定结构，从而提高塑料的耐水性。甲醛、戊二醛是有毒的致癌物质，蛋白质塑料在使用过程中会发生解聚，将甲醛、戊二醛单体释放出来。Swain尝试用糠醛代替甲醛作交联剂糠醛的交联作用使蛋白质分子聚集，随着糠醛含量的增加，蛋白质的平均相对分子质量增大，从而降低了吸水率。此外，含二价锌离子的盐类(如硫酸锌)能够与蛋白质中氨基酸中带负电的官能团发生螯合交联作用，降低大豆蛋白质塑料的吸水率。对大豆蛋白进行热处理也可以使

蛋白质分子结构发生重整，从而导致蛋白质分子内及分子间的交联。

③ 共混改性　大豆蛋白可与聚磷酸盐、纤维、淀粉、聚己内酯（PCL）、聚羟基酯醚等可降解高分子共混制备复合材料。共混可提高塑料的力学性能，疏水性和加工性能，是制备大豆蛋白热塑性工程塑料的有效途径。Zhong Z L 等用二苯基甲烷二异氰酸酯（MDI）作为增容剂，模压制备了大豆分离蛋白/PCL 复合材料。MDI 使复合材料中的大豆分离蛋白的 T_g 下降，改善了加工性能，而且提高了大豆分离蛋白与 PCL 之间的相容性以及材料的力学性能和疏水性。

6.2.3　大豆蛋白质的应用现状

经过漫长的历史变迁，大豆蛋白食品不仅成为东方国家和地区的传统食品，而且不同于传统食品的新大豆蛋白食品的研究、开发、利用正在全球范围内悄然兴起。这里所说的新大豆蛋白食品主要是指以脱脂大豆为原料的大豆蛋白制品以及近年来研究开发出来的全脂大豆制品。

目前世界上对于新大豆蛋白食品研究开发和生产消费处于领先地位的是美国和日本。早在 20 世纪 50 年代初，美国就以高等院校、科研机构、生产厂商等三位一体的形式建立了研究、推广、应用大豆蛋白的完整体系。据 1983 年统计，美国生产大豆蛋白制品的骨干企业主要有九家，这九家大公司几乎垄断了美国大豆蛋白制品对内对外全部市场。这些公司都设有专门的研究机构，开展产品的基础理论研究、制造工艺研究和开发利用研究。仅 Purina 公司就在美国取得了近百项专利，并在 30 多个国家取得专利权。其产品主要是大豆粉、大豆浓缩蛋白、大豆分离蛋白和大豆组织蛋白。这些产品不仅大量用于外销，而且在其国内已普遍用于各种食品生产，如香肠、火腿、肉馅、咖啡伴侣、面包、糕点等。美国大豆蛋白制品基本品种仅 5～6 种，但通过功能性和配方调整派生出来的产品却达 50～60 种。

20 世纪 80 年代以来，美国在大豆蛋白加工方面又取得了一些新的进展，其中较重要的有以下几种。

① 用挤压膨化方法制造大豆蛋白肉，采用两次挤压法改进大豆蛋白肉的组织结构。

② 应用超滤技术分离浓缩大豆中的低聚糖类、矿物质和蛋白质。

③ 通过三项分离技术将大豆中的蛋白质、脂肪和其他成分一次分开，并分别加以纯化。

④ 利用超临界 CO_2 萃取技术提取大豆中的脂肪，不仅提取率高，无溶剂残留，而且蛋白质未变性，因而有较好的功能特性。

美国是世界上第一盛产大豆的国家，虽说没有食用大豆食品的传统和习惯，但却是研究开发新大豆制品最先进的国家。近年来美国大豆食品的消费竟以 10%的速度递增，成为美国食品工业发展最快的产业之一。

目前，全世界大豆分离蛋白的产量约为 70 万吨，其中美国达 30 万吨。为了进一步抢占世界大豆市场，他们正在致力于研究适于加工各种大豆食品的品种，供给日本等大豆进口国。为了保证原料品种的纯度和品质的一致性，美国对大豆供应实行签约定点栽培、专项储存运输等一整套供给质量保证系统，即 Identity Preserved（IP）系统。

美国的许多企业已意识到了全球农业生产和大豆产业正在进行的变革，也在积极地利用大豆和大豆蛋白制品设计开发新的食品品种，开发和改良中等规模的大豆加工技术，并在全球范围内推广。目前，美国的一些生产设备和技术已推广到孟加拉、肯尼亚等发展中国家。尽管在许多国家大豆用于食品的比率还不到 1%，但是，这一举措会使大豆的消费量在全球范围内迅速增加。

日本是一个传统的有食用大豆食品习惯的国家，在过去几十年里，对大豆的营养、加工特性、传统食品加工的理论和技术进行了深入的研究，并且走在世界的前列。在新大豆蛋白食品的研究开发上日本仅次于美国。1964年世界食品技术协会在日本召开了油脂蛋白食品国际会议。不久，日本便通过引进技术生产大豆分离蛋白。

1970年，组织化大豆蛋白进入日本，继而又开发了大豆浓缩蛋白加工工艺。1975年日本农林水产省组织成立了“日本蛋白食品协会”，正式开展了大豆蛋白的研究和生产，并制订了大豆蛋白的国家标准（JAS），提倡在食品工业中使用大豆蛋白。

据不完全统计，目前在日本的食品加工厂中，已有60%～70%厂家不同程度地利用了大豆蛋白，其应用范围主要为面包、面条、糕点、水产炼制品、肉制品等。有资料称，日本每年消费大豆约500万吨，并且97%依赖进口。其中传统大豆食品生产消费大豆约85万吨，占大豆消费总量的17%，用于大豆蛋白制品生产的为40万吨，占10%～12%。

为了满足消费者对大豆食品的营养、保健、适口等要求，在原料上育成了与加工相适应的大豆品种，如适于加工豆腐的高11S含量品种，适于加工煮豆的大粒大豆，适于加工纳豆的小粒大豆以及用于青毛豆加工的绿大豆等。同时为了扩大大豆的应用范围，研究开发了许多具有保健功能的大豆制品，如大豆肽、大豆胚芽等。

中国的大豆产业化刚刚起步，市场竞争能力还比较弱，生产大豆蛋白的企业较有规模的有几百家，目前，大豆蛋白食品的发展已呈现出席卷全球之势，大豆蛋白食品将是21世纪最受欢迎的食品，这一点无论在发达国家还是发展中国家都是毫无疑义的。这主要是由于人们认识到大豆中有许多成分具有保健功能，能够防止诸多“现代文明病”的发生。

有关大豆的营养学研究已经明确，大豆不含胆固醇，并且大豆蛋白质具有降低胆固醇、减少心血管疾病发生的功效。大豆蛋白质经适度水解后制得的大豆肽具有促进营养吸收和降血压作用。大豆脂肪中50%是亚油酸，具有促进儿童生长和降低成年人血清胆固醇作用。大豆磷脂的两个组分——磷脂酰丝氨酸（PS）和磷脂酰胆碱（PC）是大脑的必需营养素，具有增强记忆力、降低血脂和抗老年痴呆作用。大豆中的棉子糖、水苏糖等低聚糖能够促进肠道双歧杆菌的增殖，可有效地肠道菌丛组成，提高机体免疫功能，增强抗癌能力。大豆种皮的主要构成成分是纤维素、半纤维素、果胶类物质等多糖类的木素，统称为膳食纤维。膳食纤维被营养学家称为第六营养素，具有预防和治疗“现代文明病”的作用。

此外，大豆中还含有皂角苷、异黄酮类等多种生物活性成分，其中皂角苷具有抗氧化、降血脂、抗艾滋病病毒等功能；而异黄酮类则具有抗氧化、抗心血管疾病以及缓解妇女停经期热潮现象等功能。

上述种种表明，大豆蛋白食品之所以风靡全球，其主要原因不仅在于是对优质蛋白质摄入量不足的补充，而且更重要的是大豆蛋白食品具有多种生理调节功能。正因为如此，1999年10月。美国食品与医药管理局（FDA）批准了大豆蛋白质的健康认证。允许在含有大豆蛋白的食品上明确标明大豆蛋白质具有保健功能，中国政府从提高全民族健康水平出发，十分重视大豆产业的发展，并从1996年起实施了“大豆行动计划”，收到了较好的效果。2000年年初，中国政府又进一步强调实施“学生豆奶计划”。由此可以推断，伴随着21世纪的到来，大豆蛋白食品必将在全球范围内出现新的高潮，形成新的食品工业领域。

6.2.4　其他蛋白质塑料

(1) 玉米蛋白质塑料　玉米是人们的重要食品之一，玉米中淀粉含量多，蛋白质含量少，由于玉米蛋白成分具有高的疏水性，因此应用前景好。玉米所含的蛋白质中，可用于含水醇提取的成分占全部蛋白质的一半，称作玉米醇溶蛋白，其相对分子质量为21000～25000，为疏水性很强的蛋白质，应用广泛。玉米醇溶蛋白可溶于丙二醇、醋酸等极性溶剂，溶于 pH 值为 11 以上的碱性水溶液，具有肠溶性等特性，其氨基酸组分构成见表 6-3 所列。

表 6-3 玉米醇溶蛋白中氨基酸组分构成

氨基酸种类	天冬氨酸	白氨酸	脯氨酸	苯丙氨酸	缬氨酸	异白氨酸	酪氨酸	甘氨酸	蛋氨酸	其他氨基酸
摩尔组成/%	19.3	19.5	10.1	5.5	3.7	3.7	3.6	2.0	1.7	—

玉米蛋白质可用于可食用薄膜、生物分解容器等方面，制成的薄膜和涂层广泛地应用于新鲜水果、蔬菜、糖果、冷冻食品和肉产品的包装而阻隔油脂、水蒸气、气体、气味。

Hyun 等研究了由玉米蛋白、小麦麸质蛋白溶液流延制成的薄膜，测量了薄膜的 O_2、CO_2 和水蒸气的渗透率，并检测了厚度对气体渗透性的影响。实验中发现成型玉米蛋白薄膜的厚度可以在 0.112～0.131mm 的范围，小麦蛋白薄膜的厚度可以在 0.123～0.142mm 之间，发现蛋白质薄膜的氧气和二氧化碳的透过率低于塑料的，如 PE、PVC、水蒸气的透过率高于塑料薄膜，小麦蛋白质薄膜的最高。氧气和二氧化碳的透过率随蛋白质薄膜的厚度减小而增大，水蒸气的透过率随薄膜的厚度增加而增大。随配方中甘油/蛋白质比率的增加，气体透过率增加。

Bassi 等的专利对用不同配比的玉米或小麦蛋白质和淀粉共混材料的配方注射成型固体制品的方法提出了专有要求。配方中还包含增塑剂、还原剂、纤维等助剂，配方在最高温度为 80℃下被加热而形成充分均匀并具流动性的混合物。专利所有者还指出，还原剂可以与蛋白质及其他助剂一起在加工中使用，也可以先预处理蛋白质，然后再加工，工艺为造粒后挤出、注塑或滚压，可以成型餐具、杯子、盘子、薄片物、外包装等一次性传统产品。

A Ianaivo 和 G Aciela 研究了两个不同工艺：混合物热层压成型和直接涂覆油层成型玉米薄膜对其拉伸和透气性能的影响，并测试了薄膜的拉伸性能，水蒸气、氧气、CO_2 的透过率。层压成型的薄片更透明，刚度高，弯曲性好，且比未经油处理过的片更光滑。层压的薄片通过片膜结构中的空隙和针孔而使 O_2 和 CO_2 的透过率更低；表面涂覆成型的薄膜拉伸强度和伸长率增加，降低了水蒸气的透过性，涂覆的复合层阻止裂纹的扩展而增加膜的强度，油性的表面能够阻止膜与水的接触。部分数据见表 6-4 所列。

表 6-4 不同工艺下薄膜的透气性

处理工艺 / 透气能力	未经处理	未层压处理表面涂覆处理	层压处理未表面涂覆处理	层压处理表面涂覆处理
O_2 渗透性能/[$\times 10^{-10}$g·cm/(cm^2·s·kPa)]	1167	1002	319	255
CO_2 渗透性能/[$\times 10^{-10}$g·cm/(cm^2·s·kPa)]	526	514	190	150

王学智等将玉米淀粉加工厂的下脚料——玉米朊加工成一种全新的生物降解塑料，玉米朊含有 60%（干基）以上的蛋白质。研究者通过正交试验，分别对溶解时间、溶解温度、H_2O 的用量、KOH 的用量等 4 个影响玉米蛋白基塑料性能的主要因素进行试验。当水的用量为 50mL 时，KOH 的加入量为 1g 左右，温度在 80℃时，恒温在 30min 左右成型的效果较好。

（2）向日葵蛋白质塑料　在生产瓜子油过程中，可以从副产品瓜子油饼中通过碱溶液抽取，离心过滤，再加入酸在等电点进行沉淀得到向日葵蛋白质，与其他植物蛋白提取过程类似。

F. Ayhllon 等研究了向日葵分离蛋白质形成的膜。通过 pH 为 12 的碱溶液中分散蛋白质，加入增塑剂流延成膜，干燥后可以得到质地均匀的膜。蛋白质的充分溶解和伸展使得膜有很高的弹性。作者研究了5种不同的溶液和5种不同的增塑剂对其力学性能的影响，发现离子无机物 LiOH、NaOH 的加入可以形成非共价键的作用，有较大的拉伸强度（可达319MPa），和较高断裂伸长率，分别为215%和251%。增塑剂的不同使得膜的拉伸性能不同，加入丙二醇的膜有最大的强度2711MPa，含有甘油的膜有最大的伸长率251%。

由于蛋白质流动性差，大部分研究集中在溶液成膜和压缩模塑方面，而 Olivie Oliac 和他的同事们对向日葵蛋白质塑料的注塑作了相关研究。通过流变学的研究，增加水和甘油的量对提高蛋白质塑料的流动性很有帮助，但甘油对熔体假塑性指数的影响没有水大。加入 Na_2SO_3 可以减少增塑剂的用量，可以极大地减小熔体的黏度，而通过确定合适的增塑剂和还原剂的量，制成注塑样品并研究其力学性能，在相对湿度分别为43%、60%、85%时，样品的拉伸强度分别对应为11.14MPa、10.16MPa、15MPa，显示了蛋白质塑料对湿度的敏感性。

（3）小麦蛋白质塑料　Da al Woe deman 等的研究成功地在小麦蛋白质结构中引入带硫醇终止基的星形分子使其成为韧性可塑性的物质，使小麦蛋白有可能发展成生物降解的高性能工程塑料或复合物。通过加入星型分子增加了本性脆的蛋白质基材料的韧性，提高了屈服应力和应变，而没有减弱其刚性。与未改性的同样的麸质蛋白比较，水吸收的结果表明分子的交联度增加，液相色谱的数据也进一步地证明高聚物得到进一步的交联。同时发现，随时间的推移，改性后蛋白质的力学性能提高，拉伸强度由26MPa增加到35MPa，断裂伸长率由317%增加到716%。硫醇基星形分子的分子结构示意如图6-4。

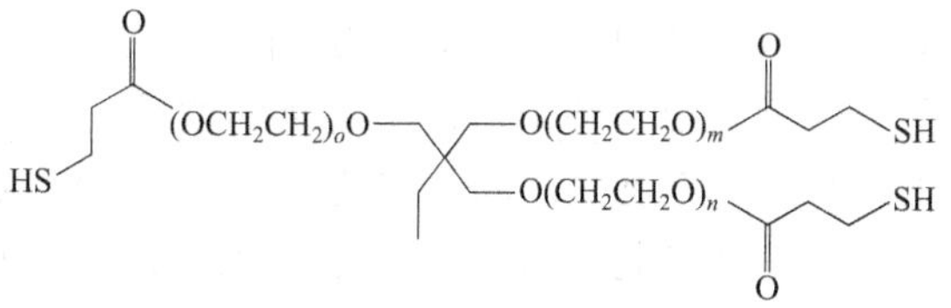

图6-4　硫醇基星形分子结构示意（$m+n+o=20$）

Zhang Xiaoqing 等用高分辨率的 NM，研究了小麦蛋白/PVA 混合物各相间的作用，并比较了纯 PVA、小麦蛋白和不同配比混合物样品的 DMA 图谱。纯 PVA 的 $\tan\delta$ 在10℃的峰，在混合物中渐渐偏移至较高温度并且峰尖变得不明显，显示了混合物中两相的混合相容性好。但随 PVA 量的继续增加，微观混合程度并未提高，所以混合物的断裂伸长率逐渐减小。

（4）棉籽、鹰嘴豆蛋白质塑料　棉籽也是一种重要的蛋白质来源，可以用于非食用领域作为合成聚合物的代替品。Joel G evellec 对其研究作了报道。棉籽分离蛋白质（CPI）经甘油塑化，研究了其黏弹性，以确定温度范围便于挤出或其他热模成型。DSC 分析确定了甘油的含量对蛋白质变性和分解温度的影响；A TG/TG/FTI，表征了蛋白质的降解情况。实验表明甘油含量从0～40%，棉籽蛋白质的 T_g 从200℃向80℃变化，对应的蛋白质热变性温度从141℃到195℃。蛋白质分解温度发生在230℃，而与甘油的含量关系不大。甘油可以作为一种增塑剂和热稳定剂在80～175℃的范围内加工蛋白质塑料。

Salmonal 等研究了一种产于阿根廷西北部的鹰嘴豆的分离蛋白和脱脂豆粉压缩模塑得到的塑料，并将其分别与大豆分离蛋白质和大豆粉塑料作了比较。鹰嘴豆脱脂粉材料比大豆脱脂粉材料性能好，但都不如各自的分离蛋白材料，在20MPa和120℃下压缩7min的鹰嘴豆分离蛋白复合物力学性能好，拉伸强度为218MPa，水吸收率低，为15%。作者还研究了复合物中加入硼酸以及对样品进行辐射处理后的力学性能变化，证明对最终样品都有增强和减少水分吸收的作用。

6.3 羊毛

羊毛纤维作为一种天然的蛋白质纤维，是纺织纤维中的精品。随着人民生活水平的提高及生活方式的改变，服装向轻薄化、舒适化、休闲化、功能化、高档化方向发展。毛纺织品穿着的刺痒感和不适感是影响其使用的主要原因之一，而这是由于羊毛纤维整体偏粗且细度离散大造成的，而细支羊毛（直径 19μm 以下）主要产自澳大利亚，且数量有限，价格昂贵。因此，有必要对普通羊毛纤维进行细化。改性后的细羊毛织物具有类似山羊绒织物的手感和风格，这样可以充分利用羊毛资源，提高羊毛产品的附加值，满足人们服用舒适性能的要求。

6.3.1 羊毛的结构、性质与表征

（1）结构

① 羊毛的基本结构　羊毛是一种高档的天然蛋白质纤维，其内部结构可分为四个组成部分：外表皮层，包覆着表皮层的最外层膜；表皮层，扁平细胞交叠覆盖的鳞片形成保护层；皮质层，组成羊毛实体的主要部分；髓质层，位于毛干中心，只存在于较粗的羊毛中，细羊毛中没有。

羊毛由鳞片细胞、皮质细胞和细胞膜复合物（cell，memb，and complex，CMC）组成，每一部分又有极其复杂的微细结构，其基本结构如图 6-5 所示。羊毛的鳞片层导致的定向摩擦效应是羊毛具有毡缩性能的结构基础，是羊毛化学改性的主要对象。CMC 结构存在于羊毛细胞（包括鳞片细胞和皮质细胞）之间，在整个羊毛结构中成网状分布，是羊毛细胞连接的桥梁，因而对羊毛的力学性能起着至关重要的作用。在羊毛改性处理过程中，为了将羊毛的力学性能保持在一定的水平，必须对 CMC 予以保护。如何对羊毛外边鳞片进行合理改性，又对羊毛内部 CMC 结构予以适当的保护，已成为羊毛化学改性中一个需要调和的主要矛盾。

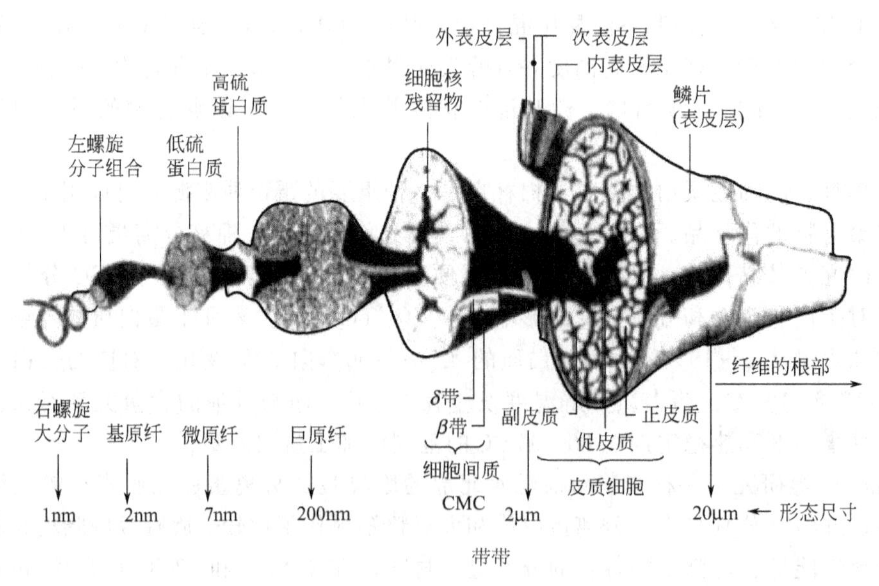

图 6-5　羊毛纤维的各层次结构示意

② 羊毛的鳞片层结构及其化学组成 羊毛的鳞片层由片状鳞片细胞组成，鳞片细胞又分为性质不同的外表皮层、次表皮层和内表皮层，如图6-6所示。

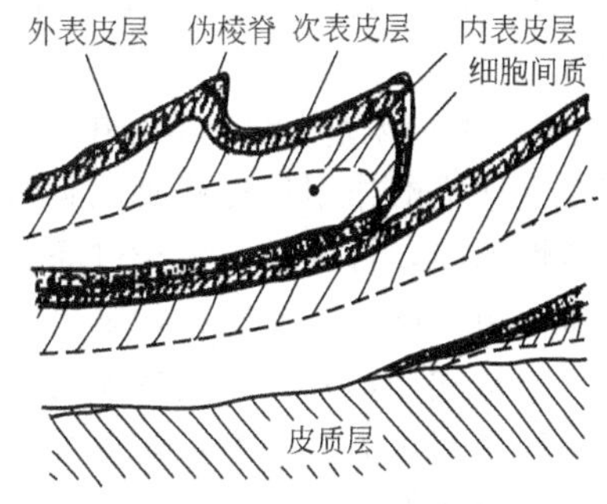

图6-6 羊毛鳞片结构示意

鳞片外表皮层：高硫含量的细胞膜，约为2～4nm厚。主要为磷脂化合物、角质化蛋白质及少量的碳水化合物，具有极好的化学惰性，难以被酶消化；鳞片次表皮层：含硫量略低于外表皮层，厚为100～200nm。典型的角质化蛋白，氨酸残基含量相当高，其结构紧密，难以膨化。在肽链的每三个氨基酸残基中，就有一个难以被蛋白酶消化的胱氨酸残基。

鳞片内表皮层：含硫量低，厚100～150nm，属非角质化蛋白，胱氨酸残基含量低，约为3%，但极性基团如—COOH、—NH_2基含量相当丰富，化学性质活泼，易于膨化，能被蛋白酶消化。鳞片外表皮层之所以稳定，与其独特的化学结构有关，如图6-7所示。羊毛鳞片表面具有整齐的类脂层排列，其主要结构为18-甲基二十酸和二十酸，它和鳞片外表皮层的蛋白以酯键和硫酯键结合，类脂层的厚度约为0.9nm。在类脂层之下是蛋白层，该蛋白层在肽链间除有二硫键交联外，还存在酰胺交联，该交联由谷氨酸和赖氨酸残基反应形成。据估计，鳞片外表皮层中50%的赖氨酸和谷氨酸残基形成了酰胺交联。酰胺交联的存在，可能是鳞片外表皮层具有较强耐化学性能的原因之一，由于酰胺交联的链长约为二硫交联的2倍，样就使肽链之间具有较大的伸缩空间，使鳞片细胞膜不易破裂（图6-8）。

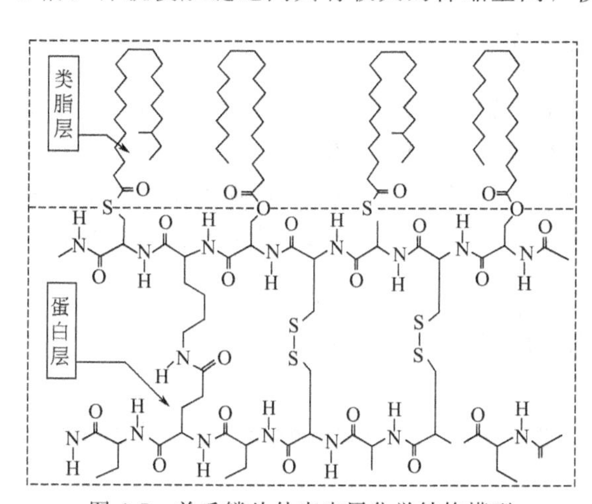

图6-7 羊毛鳞片外表皮层化学结构模型

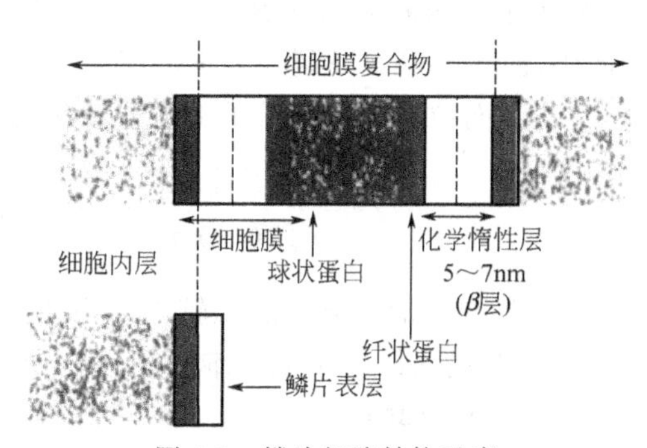

图6-8 鳞片细胞结构示意

③ 羊毛的CMC结构 CMC结构主要有以下三部分组成：柔软的、易溶胀的细胞胶黏剂，该部分为有轻微交联的球状蛋白；类脂双分子结构，通常简称为β层；处于球状蛋白和类脂结构之间的耐化学纤状蛋白层，它具有耐蛋白水解，耐强酸、强碱、氧化剂和还原剂作用的性能。

（2）性质

① 耐酸性 羊毛是酸碱两性纤维，但因微结构不同，其耐酸、耐碱程度有差异。羊毛的耐稀酸性较好，关毛纤维的耐碱性较差，稀碱即可破坏鳞片外层的表面膜。

② 染色性 羊毛纤维的上染速率主要取决于毛纤维对染料的吸附能力和料自表面向内部扩散的速率。在常规的酸性染浴染色中，鳞片层的表面膜一般未被破坏、表面的吸附性主

要与表面膜结构的致密性和活性有关。羊毛面向空气的表面膜外层是一种致密的角阮类物质。

③ 耐生物酶性能　羊毛中细胞间质中的精氨酸和氨酸的含量比其他成分高。故胰蛋白酶对毛纤维的作用首先从腐蚀胞间物质开始，进而腐蚀皮质细胞。由于正、副皮质层的结构稳定性不同，特别是羊毛经过高温高压处理后，正皮质细胞的大分子排列变得杂乱，更易被胰蛋白酶所腐蚀，不同品种羊毛的耐生物酶性差异很大，基本上由正皮质组成的胆间物质较多、精氨酸和赖氨酸含量较高的羊毛，其耐生物酶性特别差。同一根羊毛中，正皮质的耐生物酶性比副皮质差。鳞片与皮质层间的黏合物尤其是皮质细胞间质的耐生物酶性比鳞片之间的黏合物更差。

④ 热学性质　羊毛在加热条件下，由于内部分子运动状态发生变化而产生吸热或放热现象。吸热或放热曲线上的某些特征峰，反映了毛纤维内部分子或超分子结构的变化。据资料介绍可以从羊毛的曲线得到几个特征峰是羊毛纤维内大分子的 α-螺旋涟结构的熔解（210℃左右）。月型结构的熔解（约 260℃左右）及角朊分子的热分解（约 320℃）引起的。羊毛品种不同，吸热曲线上的特征峰及其对应的温度有所不同。

（3）表征

① 纤维细度及其细度变化率　羊毛细度是拉伸细化效果的最重要的体现，也是羊毛纤维品质的重要物理指标。羊毛细度测量采用激光细度仪测量，给出的指标为纤维平均直径 d（μm）；直径标准差 SDd（μm）和纤维直径变异系数 CVd（%），并根据羊毛纤维细化前直径 d_1 和细化后直径 d_2 的变化率 ϕ_d 来表征其细化效果。

$$\phi_d=\frac{d_1-d_2}{d_1}\times 100\% \tag{6-1}$$

② 纤维拉伸性能　试验采用束强仪来测量拉伸前后的羊毛纤维的强伸性指标。主要测试指标为束纤维断裂强度 B_T（cN/tex）、断裂伸长率 B_E（%）、断裂比功 B_W（cN/tex）、初始模量 B_M（cN/tex）、断裂强力 F_p（N）。其中，$B_T=100F_p/T_t$，T_t 为拉伸毛束纤维的线密度（tex）。而拉伸细化前后羊毛强伸性质的差异率采用式(6-1) 相近的概念计算，即细化差异率：

$$\delta(\%)=\frac{\text{细化后指标}-\text{细化前指标}}{\text{细化前指标}}\times 100\% \tag{6-2}$$

以下各指标的差异率的比较均采用此方式计算。

③ 纤维的光泽　羊毛纤维经细化后光泽有明显变化，主要为丝般光泽。具体测试指标为光泽、白度和黄度。

④ 湿热收缩率　通常采用湿热收缩率，来表征毛条拉伸定形的效果，主要为沸水煮后（100℃水，1h）收缩 b 和该纤维高温干燥（75℃，1h；120℃，3min）后的收缩 d，其目的是模拟实际生产和使用中的作用。

$$R=R_b+R_d \tag{6-3}$$

式中，$R_b=\frac{L-L_b}{L}\times 100\%$；$R_d=\frac{L_b-L_d}{L_d}\times 100\%$；$L$ 为拉伸细化定形后的毛条长度；L_b 为沸水处理后毛条长度；L_d 为烘燥后毛条长度。

⑤ 羊毛纤维的表面和截面　对羊毛纤维拉伸细化前后，纤维表面形貌和截面形状变化，采用 JEOL 公司的 J SM 5600 LV 扫描电子显微镜进行观察分析。

⑥ 纤维的长度　纤维长度分析采用 Almete，100 长度分布测试仪进行测试，得出羊毛拉伸细化前后毛条的长度分布及其分布特征参数巴布（Babe）长度和豪特（Hauteu）长度

及其变异系数CVB和CVH；短纤维含量SFH（%）和SFB（%）；以及长度整齐度值$L_{50}/L_{2.5}$，其中，L_{50}和$L_{2.5}$分别表示有50%或2.5%纤维的长度大于或等于的长度。

6.3.2　羊毛的改性与应用

（1）改性　随着技术的发展和市场的需要，人们对羊毛进行了各种改性处理，而且目前改性技术还在继续发展。羊毛改性技术包括以下几点。

① 羊毛拉细技术　可获得极为柔软的手感和丝绸般的光泽，根据具体用途不同，可分为细化羊毛和膨化羊毛。

② 低温等离子体技术　改善可纺性和染色性，并可细化羊毛和防缩。

③ 蛋白酶处理法　减少羊毛刺痒感，改善手感，结合其他物理或化学酶处理法还可防缩。

④ 氯化防缩法　常用方法，但对环境有影响。

⑤ 高锰酸钾氧化防缩法　传统方法。

⑥ 羊毛丝光整理　可防缩、耐洗、抗起球。

⑦ 保健整理　抗菌、远红外、抗紫外线整理。

⑧ 防蛀处理　采用安全、高效的防蛀剂处理，可使产品具有永久的防蛀性能。

上述改性保留了羊毛的天然高档形象，改善了羊毛产品的加工、护理和使用性能，扩大了羊毛的适用范围，在有些情况下还可提高生产效率。

（2）应用　羊毛在室内空气净化中的应用

羊毛是一种天然的蛋白质纤维，当受到摩擦时会通过织物表面的毛羽向周围空气放电，从而加剧空气电离产生负离子。羊毛纤维负离子的发射量可达5000个/cm^3以上，羊毛本身和通过摩擦羊毛产生负离子均对甲醛具有较好的净化效果。人的一生中约有80%的时间是在室内度过的。室内空气污染问题引起了人们极大的关注。目前，室内空气的净化方法主要有过滤、吸附、静电、负离子、低温等离子体、光催化、臭氧、紫外线杀菌以及膜分离等技术。负离子净化技术以其节能、环保和健康而备受人们推崇。

传统羊毛非织造产品及其应用如下。

用羊毛制成的织物，手感滑糯、身骨丰厚、弹性好、挺括性好，尤其是作为各种装饰材料，不仅名贵华丽，而且具有天然阻燃、净化空气、增进健康等功效。由于价格和有关技术限制因素，过去羊毛在非织造材料生产中使用得并不多，采用纯新优质羊毛生产的非织造材料仅限于针刺造纸毛毯、高级针刺毡等不多的高级工业用产品，一般采用的是羊毛加工中的短毛和粗毛，通过针刺、缝编等方法生产地毯的托垫布、针刺地毯的夹心层、绝热保暖材料等。随着技术的进步和人们生活水平的提高，传统羊毛非织造产品的应用范围也在逐渐拓宽。

① 毛毡　毛毡是利用羊毛鳞片层的毡缩特性，在湿热状态下通过手工或机械的挤压作用毡合而成的片状物。毛毡是最古老的羊毛制品，也是最早的非织造材料之一，早在二千多年前就有生产，当时用料粗糙、式样简单，仅作御寒之用，随着时代的发展和技术的进步，毛毡加工越来越精细，用料也越来越广泛，应用范围不断扩大。毛毡的应用如下：个人用品；家庭用品；工业用途；其他用途。

目前的毛毡生产工艺流程如下：原毛准备（洗炭除杂）→梳毛成网→压缩成形→缩呢→去酸→烘燥→理化测试→包装。

② 造纸毛毯　造纸毛毯是造纸工业中不可缺少的一种专用器材，在造纸过程中起湿纸页脱水和平滑、干燥纸张的作用。一般采用纯羊毛或羊毛混合纤维经梳理成网，再针刺在环

形底布上，达到一定的紧密度和平整度，经整理加工而成。造纸毛毯的特点是平滑、耐磨、滤水性好、毯纹轻、毯面平整、抗拉强度大、不变形、使用寿命长。根据在造纸机上使用部位不同，造纸毛毯可分为上毯、湿毯、浆板毯和干毯。

③ 工业用途　工业用途（工业毡）一般采用高级羊毛经梳理成网、针刺加固而成，按其具体应用不同可分为不同类型：a. 适形毡；b. 针布毡；c. 吸油毡；d. 预缩呢毯；e. 清洁毡。

④ 过滤材料　羊毛针刺非织造材料广泛应用于各行各业的过滤单元中，其纤维排列方向与流体的流动方向平行，降低了流体通过时的阻力，提高了过滤效率。过滤分湿滤和干滤两种。湿滤用于造纸厂、浆粕厂、石棉水泥厂、选矿场等；干滤用于食品厂、石粉厂、水泥厂以及耐火材料厂过滤空气、粉尘等（亦称空气过滤）。

⑤ 填充材料　羊毛非织造材料可作为填充料，用在家用的床垫、枕头、沙发、被子中，高档夹克、大衣、手套衬里等服装类制品中以及汽车和飞机的坐垫、蒲团与运动器材中。

（3）新型高端羊毛非织造产品　高新技术纺织品已成为国际纺织品市场的一个竞争点。羊毛的天然特性使其相对于其他纤维具有明显的竞争优势，近年来在世界性崇尚自然、绿色消费的浪潮下，各国纺织业都在积极开发有利于环保、健康的高新纺织技术，因而新型的羊毛非织造产品应运而生，目前可以尝试在以下方面开发新型的羊毛非织造产品。

① 美容用品　羊毛含有天然蛋白成分，不易产生静电，弹性好，经过一定方法处理后的羊毛对皮肤及呼吸道无刺激和过敏现象，可作为一种理想的高档美容护肤产品的原料。将细羊毛经过改性处理后与少量其他纤维（如棉、丝或黏胶纤维）混合后，通过水刺或针刺等非织造加工技术加工而成的羊毛非织造材料，柔软、细腻，具有良好的吸水性、保湿性和生物相容性，可用作面膜材料、粉扑纸、洗脸按摩巾等高档美容护肤用品。

② 医疗用品　羊毛具有良好的吸液能力并且对人体无刺激性，可作为医疗用品原料。采用细羊毛或经过功能处理的羊毛或羊毛混合纤维，通过水刺或针刺等非织造加工工艺生产出羊毛非织造材料后，再进行层压复合（功能性膜）得到的复合型羊毛非织造材料用作医院病床褥、急救毯等，透气、吸湿、柔软、保暖、舒适，还可缓解病人胫骨压迫，防止长期卧床疼痛和深度血栓症的伤害。

利用高级细羊毛或改良毛与粘胶纤维混合，通过水刺缠结、功能性整理、后加工而制成的医用绷带，柔软、透湿、贴身，可吸收病人渗出的体液和血液，且可防止伤害和控制损伤，是一种高档的医疗护理用品。

③ 床上用品　可利用针刺和喷胶棉工艺来生产羊毛被、羊毛垫等床上用品。羊毛非织造寝具四季可用，冬夏皆宜。羊毛的呼吸功能可以更好地降低体表温度，与人体自然的生理冷却节奏一致，能自动调节体表温度到最适于睡眠的32.7℃。羊毛床上用品在体表温度高于室内温度时就会自动吸湿、调温，发挥调节人体体表微环境温度在32.7℃的功能，达到最佳睡眠效果。夏季使用专门设计的夏凉空调被，其功用主要是借助羊毛的强力吸湿、排汗和调节局部微环境功能。羊毛轻软而富弹性，经长久使用仍能保持蓬松与弹性，只要定期在阳光下暴晒2～3h，即可快速恢复蓬松与弹性。科学研究表明，在羊毛寝具的微环境中的睡眠者在睡眠全过程中心律缓和平稳，较慢的心率表明更好的睡眠状态。

④ 汽车内饰材料　采用非织造材料做汽车内装饰材料已是当前国际发展趋势。由于羊毛具有与生俱来的难燃性，并能吸收空气中的有害气体，如甲醛、二氧化氮、二氧化硫等，可以让人在许多存在着有害气体的环境中少受其害，所以用羊毛非织造材料制成的汽车顶篷衬、汽车地毯、汽车坐垫等不仅能隔声、防潮、减震、抗污、阻燃，增加汽车的豪华感和舒

适感，而且还具有净化车内空气的特殊功用。新开发的羊毛非织造汽车内饰材料一般采用针刺法加工，可通过花式针刺机和纤维的颜色组合，加工成带有花纹的针刺产品后再通过整理而成。

⑤ 地毯 可用针刺方法生产羊毛针刺地毯。羊毛的表面呈鳞状，有良好的吸湿作用和排拒水的能力，因此羊毛很难被污染；羊毛呈螺旋状卷曲，弹性大，不容易粘在一起；羊毛很容易染成各种颜色，使用寿命长。上述结构特点使羊毛具有了有别于其他纤维的特性。在热带气候里，羊毛能够吸收高达自身重量30%的水蒸气，而不感觉到潮湿。在高湿时羊毛吸收水分；当空气干燥时，羊毛再把吸收的水分释放出来，起着相当于大气缓冲器的作用。因此，羊毛地毯能调节室内的干湿度，能防止室内在湿空气中带电，避免雷击。光着脚在羊毛地毯上面行走会感到凉爽，与合成纤维地毯相比无粘连感，更舒适，难被污染。针刺羊毛地毯有固有的阻燃功能、防尘和抗踩踏功能，还有卓越的染色性，瞬染快。可燃物在建筑物中燃烧，产生的气体（包括二氧化氮、二氧化硫和甲醛）会污染室内空气，而羊毛能与这些气体进行化学反应，并使其凝结在羊毛的结构中。羊毛可以净化许多对人体有害的气体，保持空气清新，且在加热时不会释放有害气体。人们估计羊毛地毯能够连续净化室内空气达30年之久。

⑥ 绝热吸声制品 羊毛绝热吸声制品是采用低级羊毛或羊毛下脚料经特殊加工工艺制成的，属羊毛工业的废物回收再利用，在绝热吸声制品的生产过程中无须高温操作，无有害添加剂，无论生产过程还是使用过程都保证良好的环保性能，使在绝热吸声、装饰装修工程中产生的废弃物可重新循环利用。羊毛绝热吸声制品有板、毡、管壳、吸声装饰板以及有覆面（如贴铝箔、玻纤布、牛皮纸、金属丝网等）和无覆面的各种规格的制品。羊毛绝热制品质量轻，导热系数小，柔韧性良好，不易松脱，也适合作为各种钢结构屋面墙体的保温隔热材料。

⑦ 服装粘合衬 羊毛与其他化纤以一定的比例混合，通过热粘合或其他工艺制成非织造材料，然后在衬布机上进行热熔胶涂层，制得羊毛服装衬布。羊毛服装衬布手感非常柔软、丰满，弹性和尺寸稳定性好，可用于高档服装如真丝绸、高技术化纤、高支精梳棉和毛织物服装生产用衬布，可赋予服装挺括、飘逸和形态稳定的特性，是目前服装黏合衬布中的高端产品，在高档服装辅料中有很好的竞争能力。

⑧ 装饰墙布 羊毛与其他化纤以一定的比例混合，通过热黏合工艺制成热轧非织造材料，然后经过特殊的表面花纹整理，制得羊毛墙布。羊毛非织造墙布具有良好的透气性和美丽的图案，所使用的材料不含任何有害物质，坚实牢固，可覆盖裂纹，阻燃，便于擦洗和修复，产品保留了历史上所有墙纸的优点，摒弃了原有墙纸的易脱落、排放有害物质、变黄等缺点。具有浮雕纹表面结构和织物表面结构，能给人们生活带来意想不到的装饰效果，缔造一个优雅的居住环境。羊毛非织造装饰墙布还具有良好的透气性能与吸音功能，对人体没有任何化学侵害，墙面的湿气、潮气都可透过墙纸，长期使用不会有憋气的感觉；产品表面凹凸感及不同的纹理使其对声音产生有效的吸收，从而大大降低了声音的能量，有利形成宁静温馨的居住环境。产品还具有优异的遮盖功能，能避免新房墙面或保温层裂纹问题显露。

6.4 羽绒

羽绒作为一种天然保暖隔热材料，已有久远的应用历史，尤其是其质软，高蓬松，保暖绝热性好，几乎没有其他纤维材料可以取代，因而，一直被作为冬季保暖产品的最佳填充材

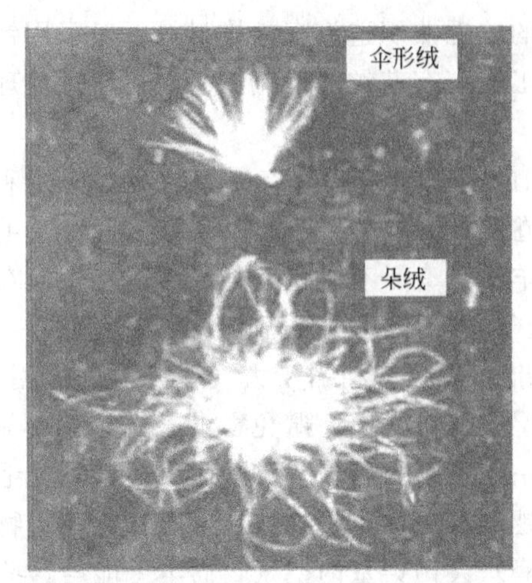

图 6-9 朵绒与伞形绒

料。羽绒之所以具有如此优良的保暖性能，与其独特的分叉结构和形态结构是密不可分的，因此，对其各部分结构的细致研究，对分析羽绒优良保暖性背后的隔热机制具有十分重要的意义。随着可持续发展战略和新能源开发浪潮的掀起，对羽绒纤维这一有限天然资源的仿制，已成为材料研究领域的另一个发展方向，因此，对羽绒形态结构进行细致地研究，会为更有效地仿制羽绒和工业化大生产带来重要且必要的理论依据。

6.4.1 羽绒纤维结构与性能表征

朵绒与伞形绒如图 6-9 所示。

(1) 羽绒的分叉结构　羽绒纤维与圆柱体的羊毛纤维不同，它不含羽轴，以绒朵的形式存在，在扫描电镜下呈现巨大的树枝状结构。在羽绒中心有一个极小的核，称为绒核（图6-10），绒核呈树根状，随羽绒的发育情况不同而大小不同，一般长度在 0.15～4mm 之间，成熟绒的绒核较粗而硬，呈干瘪状。

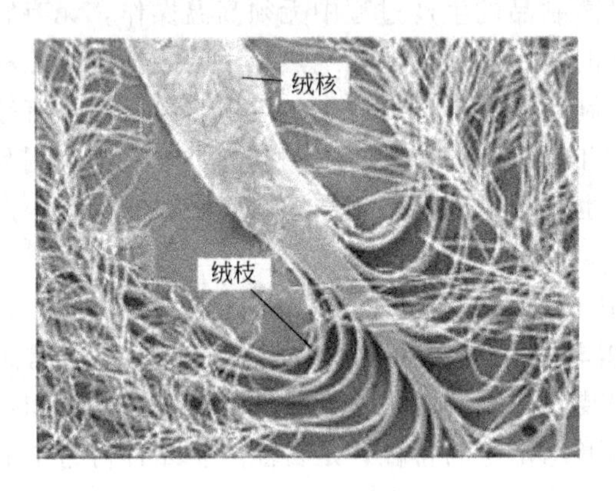

图 6-10 绒核与绒枝

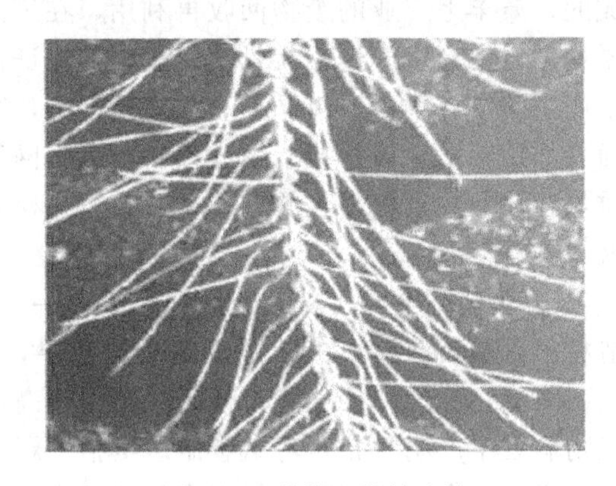

图 6-11 绒枝上的绒小枝

绒核上生有一根根微细而纤长的绒枝，绒枝构成了整个绒朵的主体，绒枝伸向不同方向，围绕绒核，形成球状的绒朵（图 6-11～图 6-13）。

图 6-12 绒枝上又生有的绒枝

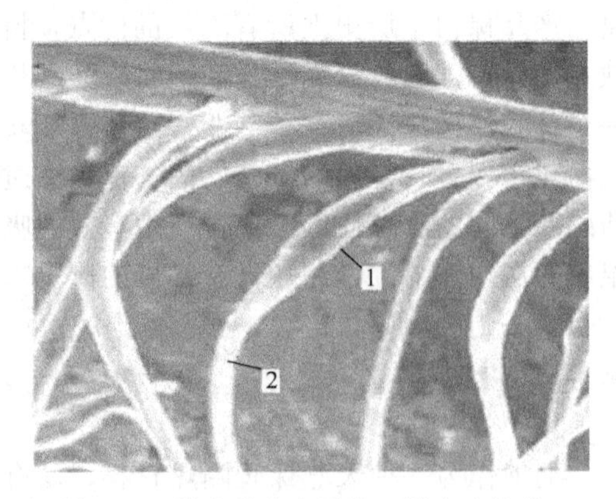

图 6-13 绒小枝由扁平状 1 转变为柱状 2

绒小枝靠近根部处，存在距离一定间隔的骨节（见图6-14），越向梢部，骨节逐渐进化为三角形和叉状节点（见图6-15～图6-17）。节点的有无和形态与绒的生长状况、在小枝上的位置及绒小枝在绒枝上的位置都有关。一般情况，绒枝末端的绒小枝生有节点，而绒枝梢端的绒小枝往往不生节点。

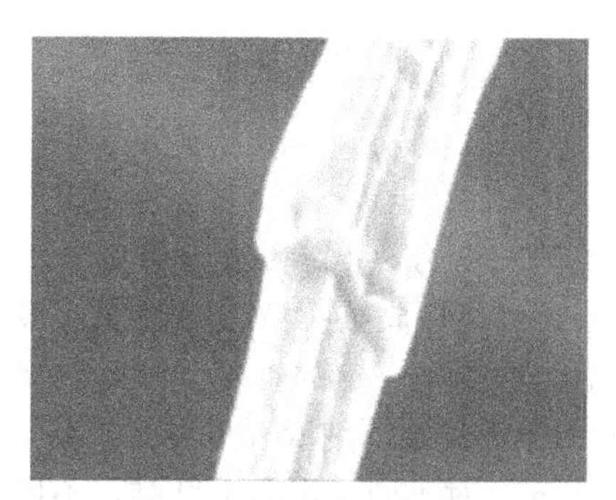

图6-14　绒小枝上的骨节

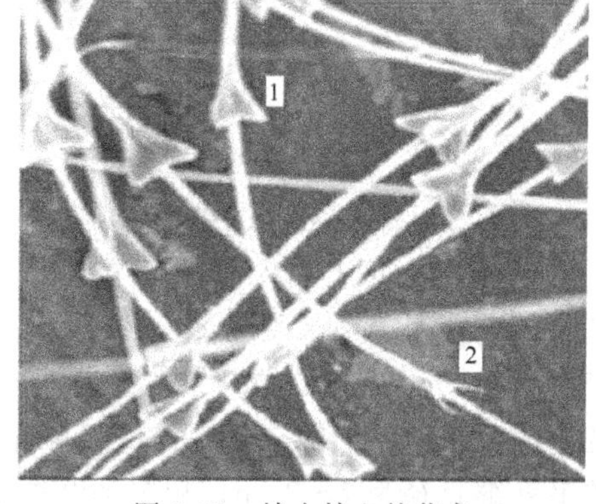

图6-15　绒小枝上的节点

图6-16　三角形节

图6-17　叉状节点

（2）羽绒的表面结构　从图6-18可以看出，在羽绒绒枝表面，呈或深或浅的坑凹状，这时沟槽径向并不明显，沟纹呈无规则状。而次一级的绒小枝表面则出现了较为明显的沟槽，越到梢部，沟槽径向越发突出。

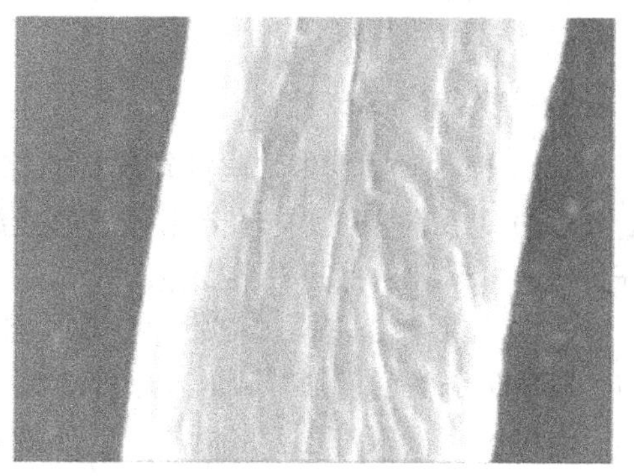

图6-18　绒枝表面

（3）鹅绒与鸭绒的对比　鹅、鸭绒的外形特征大体相同，在一般情况下，鹅绒的绒朵比鸭绒大，但大型鸭的绒朵也很大，而仔鹅的绒朵又小于一般的鸭绒，所以，绒朵大小，不是区分鹅、鸭绒的显著标志。放大观察倍数后，可以看出，鹅、鸭绒的绒枝及节点形状、大小及分布状况都存在差别：鹅的绒小枝从约1P3处有节点，节点三角形较小，间距较长，分布密度较稀，而鸭绒绒小枝从约1P2处开始有节点，节点的三角形较大，间距较短，分布密度较稠［图6-19(a)］；鹅绒绒小枝之间距离较小，绒枝较细，鸭绒绒小枝之间距离较大，绒枝较粗［图 6-19(b)］；鹅绒绒枝约 1P3 处开始有绒小枝，鸭绒绒枝约 1P2 处开始有绒小枝［图 6-19(c)］。

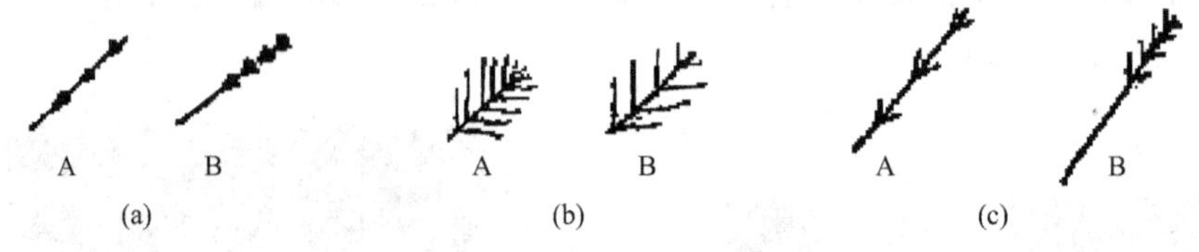

图 6-19 鹅绒 A 与鸭绒 B 的对比

（4）羽绒纤维与羊毛纤维的对比

① 长度与细度的对比 一般情况下，国产细羊毛的长度为 5.15～9cm，半细羊毛长度为 7～15cm，粗羊毛长度为 6～40cm；羽绒较羊毛短很多，构成绒朵的绒枝长度一般只有 0.15～3.15cm，由于羽绒纤维较短，可纺性较差，给纺纱带来一定的难度，因此限制了羽绒的应用，目前，羽绒一般用作保暖填充材料。不同的羊毛纤维，细度有很大的差别，最细的羊毛纤维直径为 7～8μm，粗羊毛纤维直径可达 200μm。对于同一根羊毛纤维，不同位置的细度差异可达 5～6μm。相比之下，羽绒细度较细，由于同一根羽绒中存在不同级别（绒枝和绒小枝）的纤维，因此整个羽绒中，纤维细度变化范围也较大，绒枝细度为 8～30μm，绒小枝细度为 2～15μm。总体上说，羽绒较羊毛更细、更柔软，但绒枝纤维强度较低。

② 外观形态的对比 羊毛纤维为圆柱状，沿长度方向存在着周期性的天然卷曲，卷曲形态对羊毛性能有较大影响，卷曲度越大，羊毛的柔软性和蓬松性越好。与之相比，羽绒的绒枝纤维由扁平状逐渐过渡为圆柱状，枝干上具有天然的树枝状分叉结构，枝干上生有大量的绒小枝，绒小枝上又生有大量的节点。绒枝之间为保持一定的距离，伸向不同的方向，占据更大的空间；绒小枝细密排列，彼此保持一定间距，其上的节点在纤维体受到压缩后，起到支撑与回复的作用，使羽绒纤维具有高度的蓬松性和回弹性。

③ 表面形态的对比 羊毛表面具有鳞片，鳞片的根部附着于毛干，尖端伸出毛干表面而指向毛尖，因此羊毛沿长度方向具有不同摩擦因数的摩擦，使羊毛具有毡缩性。同时，羊毛表面的鳞片层增加了表面粗糙系数，在一定程度上，使羊毛的吸湿性得到改善；羽绒纤维表面呈或深或浅的沟纹状，枝干细度越细，沟纹径向越发明显，因此，羽绒绒枝表面摩擦因数没有羊毛高，抱合性较差，吸湿性不如羊毛明显，这些特点使其易蓬松，不易黏合，保暖性较好。

6.4.2 羽绒混纤絮料

① 木棉/羽绒/羽绒飞丝混纤絮料的综合保暖效果与木棉质量分数、羽绒飞丝及羽绒质量分数的关系非常密切，随着木棉质量分数增大，絮料的保暖效果提高；随着羽绒飞丝质量分数增大，絮片的保暖效果变差。

② 絮片的蓬松度与木棉质量分数、羽绒飞丝和羽绒质量分数比值之间的关系非常密切，随木棉质量分数的增加絮片的蓬松度变大；随着羽绒飞丝的质量分数提高，絮片的蓬松度变小。但经过多次压缩之后木棉的质量分数对絮片蓬松度的影响下降。

③ 絮片的压缩率与木棉质量分数和羽绒飞丝和羽绒的质量分数关系非常显著，木棉的质量分数越小，羽绒飞丝与羽绒的质量分数比值越大，絮片的压缩率就越大。

④ 絮片的压缩功回复率与木棉、羽绒飞丝和羽绒的质量分数关系非常显著，木棉的质量分数越小，如若羽绒飞丝与羽绒的质量分数比值越大，絮片的压缩功回复率就越小，3 种

纤维的压缩弹性的优劣排序为：羽绒>羽绒飞丝>木棉。但经过多次压缩之后，木棉的质量分数对压缩功回复率的影响结果有变大的趋势。

兼顾絮料的保暖性能和压缩弹性，推荐木棉与羽绒混用，为降低成本可适当混用羽绒飞丝，但会损失保暖性和蓬松性。

参 考 文 献

[1] 孔样东．蚕丝蛋白的营养保健功能．中国食物和营养，2000 (5)：42-43.

[2] Fraser ROB，MacRae TP. Conformation in Fibrous Proteins. New York：Academic，1973.

[3] 许才定．蚕丝蛋白质的开发利用．国外丝绸，1999，6.

[4] 李德元，陈宗道，文德卿．蚕丝蛋白食品的研究开发．食品科学，1994 (4)：36.

[5] 上海市丝绸工业公司编．丝绸染整手册．北京：纺织工业出版社，1982：4.

[6] 侯爱芹．丝蛋白的应用价值．北京纺织，1998，19 (4)：61.

[7] 刘永成，邵正中，孙玉宁，于同隐．蚕丝蛋白的结构和功能．高分子通报，1998，3：42-49.

[8] 杨新菊．桑蚕丝蛋白结构的STM研究．真空科学与技术，1994，14 (5)：15-17.

[9] 志村宪助．蚕丝蛋白的分了生物学．蚕业科学，1996，22 (1)：56.

[10] 陈华．蚕丝丝胶蛋白的结构及利用．功能高分子学报，2001 (3)：344-348.

[11] 倪莉．废蚕丝在食品中的开发和应用．食品工业，1999 (3)：6-7.

[12] 蔡彩凤．蚕丝的新用途．丝绸，1998 (6)：47.

[13] 朱良均，姚菊明，李幼禄．蚕丝蛋白的氨基酸组成及对人体的生理功能．中国蚕丝，1997，1：43.

[14] Qian J，Liu Y，Liu H，YuT，Deng J. Fresenius J Anal Chem，1996，354：173-178.

[15] He S J，Valluzzi R，Gido S P. In J Bio Macromol，1999，24：187-195.

[16] WangL，Nemoto R，SennaM. J Eur Ceram Soc，2004，24：2707-2715.

[17] Chen Jianyong，FengXinxing，Xu Dan. Acta Polymerica Sinica，2006，(5)：649-653.

[18] Coradin T，Durupthy O，Livage J. Langmuir，2002，18：2331-2336.

[19] Coradin T，Coupe A，Livage J. Colloid Surface B，2003，29：189-196.

[20] 朱祥瑞，徐俊良．家蚕丝素固定化A-淀粉酶的制备及其理化性质．浙江大学学报，2002，28 (1)：64-69.

第 7 章　多糖改性材料

糖类又称“碳水化合物”，后一名词，沿用已久，所以仍在使用。所谓“糖”是指多羟基的醛、酮、醇与它们的氧化或还原衍生物；以及由其糖苷键连接的化合物。

所谓“多糖”是指具有上列结构的多聚体。它们在植物、动物与微生物体中广泛存在，是天然高分子的一个大类。从功能说，多糖类不但是生物体、特别是植物体的主要组成，而且是生物体的主要能量来源。许多特种多糖还是动物体骨架的连接关节，和植物体受到创伤以后用以保护的物质。不但陆生生物体中多糖是很重要的，在海洋生物体中也是主要的成分。特别从人类远景需求看，目前世界人口爆炸，人均所掌握的种植植物的土地面积日益减少，人类与动物将来所需要的多糖来源非靠海洋不可，因此海生物特别是海产植物（如藻类）的重要性会日益凸显。所以海洋多糖也是研究天然高分子的一个重要部分。

7.1　动植物多糖

植物中有多种多糖，它们主要有两种功能：一种是形成细胞壁和基架物质；另一种是以淀粉和葡萄糖的形式作为储存物质。植物多糖主要包括人参多糖、黄芪多糖、魔芋葡甘聚糖、当归多糖、红花多糖、枸杞多糖、蔗渣多糖、茶叶多糖、女贞子多糖等。动物多糖也是作为生命物质存在于动物体内。

动物多糖有壳聚糖、透明质酸、硫酸软骨素、角质素等。此外，海藻地衣多糖有褐藻多糖、海藻酸钠、螺旋藻多糖等。

7.1.1　魔芋葡甘聚糖

魔芋葡甘聚糖（konjac glummannan，KGM）主要来源于草本植物魔芋（amorphophallus konjac）的提取物，属于水溶性非离子型天然聚多糖。其相对分子质量因产地、品种、加工方法不同而有较大差异，相对分子质量大多在 10^5 数量级以上。天然 KGM 吸水性强、在水中溶胀度高、溶胶的流变性和稳定性差，限制了它的进一步开发应用。但是，KGM 分子链上存在大量活泼的羟基，提供了广阔的结构修饰空间。现在，KGM 及其衍生物由于具有良好的生物降解性、生物相容性和生物活性，已广泛应用于食品、保健、医药、材料、环保、能源等领域。

魔芋葡甘聚糖是由 β-D-葡萄糖和 β-D-甘露糖以 2∶3 或 1∶1.6 的摩尔比，以 β-1,4 糖苷键结合构成的杂多糖。在其主链甘露糖的 C-3 位上存在着通过 β-1,3 键结合的支链结构，每 32 个糖残基上有 3 个左右支链，支链只有几个残基的长度，含有少量的乙酰基、糖醛酸残基和磷酸基。其单体分子中 C2、C3、C6 位上的—OH 均具有较强的反应活性。

葡甘聚糖具有甘露糖Ⅰ和甘露糖Ⅱ两种结晶变体。天然的葡甘聚糖多为甘露糖Ⅰ型，即脱水多晶型，晶体中不存在水分子；经过碱处理的葡甘聚糖多为甘露糖Ⅱ型，即水合多晶型，晶体中结合有水分子。高相对分子质量葡甘聚糖多以甘露糖Ⅱ形态存在，低相对分子质量葡甘聚糖则多以甘露糖Ⅰ形态存在。

KGM 具有极好的亲水性，其水溶液黏度较高、稳定性较好。1%的 KGM 水溶液的黏度可达到数十至 200Pa·s。当 KGM 水溶液的浓度高于 7%（质量分数）时会形成液晶，但其黏度并不会因此而降低。这可能是由于 KGM 溶液的凝胶化作用强于液晶相的形成，从而限制了有序结构的发展。另外，KGM 水溶液具有明显的剪切变稀现象，随着 KGM 浓度的增加，特别是当浓度高于 7%（质量分数）时，黏度对剪切速率的依赖性降低。KGM 还具有优良的增稠性能，与常用的增稠剂黄原胶、卡拉胶及海藻酸钠等形成协同增稠效应，并通过强的协同作用而形成热可逆凝胶，即加热成为液体，冷至室温成为凝胶。

7.1.2　海藻酸盐

海藻酸盐（alginate）是一种天然多糖类，多糖与蛋白质、核酸一起是与人类关系最为密切的三大类天然高分子。海藻酸盐的主要来源是从天然海藻中提取，其结构为 β-D-甘露糖醛酸（M）和 α-L-古洛糖醛酸（G）的无规嵌段共聚物，其中 G 是 M 在 C-5 位的立体异构体。Kurt 等研究表明，相同单元数的 GG 均聚段的均方末端距是 MM 段的 2.2 倍，这说明 G 单元的刚性比 M 单元的刚性大。G 和 M 的结构式及其连接方式如图 7-1 所示。

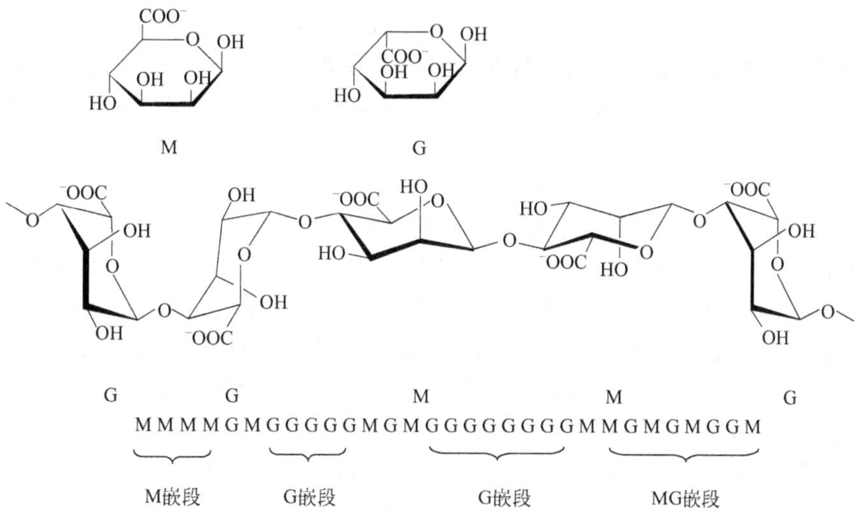

MMMMGMGGGGMGMGGGGGGGMMGMGMGGM

M嵌段　G嵌段　G嵌段　MG嵌段

图 7-1　海藻酸盐结构式及其连接方式

由图 7-1 可知，海藻酸盐由一定长度的 G 嵌段、M 嵌段和 GM 交替嵌段组成，均匀的多嵌段的终端可能具有不对称的三聚糖，即以 M 为中心单位的 MMG 和 GMM，以及以 G 为中心单位的 GGM 和 MGG。由于 G 和 M 在立体结构上的不同，导致了它们在海藻酸盐与二价阳离子形成凝胶的过程中所起的作用也不同。海藻酸盐中 M、G 组分的含量可用两者的摩尔比值 M/G 来表示，由于 M 和 G 在海藻酸盐凝胶化过程中所起的作用有很大的不同，所以 M/G 比值是表征海藻酸盐凝胶化能力和分子特性的重要参数。

海藻酸盐易溶于水，糊化性能良好，加入温水使之膨化吸湿性强，持水性能好，不溶于乙醇、乙醚、氯仿和酸（pH$<$3）。不耐强酸、强碱及某些金属离子，因为它们会使海藻酸凝成块状，但碱金属（钠、钾）并不会使海藻酸盐浆发生凝冻。海藻酸盐水溶液遇酸会析出海藻酸凝胶，遇钙、铁、铅等一价以上的金属离子会立即凝固成这些金属的盐类，不溶于水而析出。海藻酸钠低热无毒。

由于海藻酸盐无毒、无臭，水溶液黏度高，能与二价金属阳离子迅速反应形成凝胶，并且具有良好的生物相容性，原料丰富、易得且价格低廉，这使它不仅在食品、纺织、造纸、医药、化妆品等工业具有广泛的用途，更重要的是它在近年来发展迅速的组织工程领域有重要的用途。组织工程是近年来的热点研究领域，其中细胞支架材料起着引导细胞附着、生长和新组织在三维空间形成的关键作用。海藻酸盐和其他多种生物可降解的材料被尝试用作制造这种多孔疏松的支架材料，海藻酸盐与硫酸钙形成的凝胶已被用来作为在体内的细胞传输载体。

海藻酸盐在食品工业中的应用历史悠久，它可用作稳定剂，如冰淇淋、冰牛奶等制品；用作增稠剂，代替果胶作果酱、果冻等；还可以用作肠衣薄膜、蛋白纤维、固定化酶的载体。海藻酸用作印花色浆，特别适用于活性染料的印花，印出的花色鲜艳、上色量高。海藻酸盐在医药领域可用作止血剂和齿科印模材料，还可以用作制胶囊、药片崩解剂和赋形剂、药膏基材、放射性银的阻吸剂、钡餐稳定剂、药物控释体系等。

7.1.3 透明质酸

透明质酸（hyaluronic acid，hyaluronan，HA）又名透明酸或玻璃酸，是由β-D-*N*-乙酰氨基葡萄糖和β-D-葡萄糖醛酸为结构单元的以β-1,3和β-1,4糖苷链交替连接而成的一种直链线型阴离子黏多糖，其相对分子质量数量级为10^4～10^7。透明质酸的分子长度随浓度和pH值等的不同而改变。在固体中，HA形成螺旋状；在稀溶液中，HA分子任意卷曲形成高度黏弹性透明胶体，是一种柔韧性很好的聚合阴离子电解质；高浓度下，随着HA浓度的提高，分子与分子间发生重叠，促进了分子间非共价键之间作用力的产生，具有较强的成膜性。

HA最早由美国Meyer等从牛眼玻璃体中分离出来，广泛存在于生物体软结缔组织细胞外基质（ECM）、生物体滑液和脐带中，具有很好的保水作用和润滑作用，可调节胶原的合成，抑制创面收缩，减少疤痕形成，并在临床应用中得到证实。另外，HA作为聚合阴离子电解质，分子上所带的大量负电荷，可调节周围正负离子浓度，抑制多种酶的活性。

HA的重复二糖单元在所有物种和组织中都是一致的，具有低免疫原性，因此不导致HA分子自身的免疫排斥反应；HA的聚阴离子、线性无分支结构和相对分子质量大等特性使HA溶液具有高度的黏弹性，其衍生物用于注射治疗关节炎，眼科显微手术，如眼球晶体移植术，药物传递载体等。HA具有良好的生物相容性和生物降解性，作为生物材料可广泛用于医药和组织工程。

HA易溶于水，吸收迅速，在组织中停留时间短，降解速度快，却限制了用于对材料硬度、机械强度和稳定性有一定要求的场合，因此需要对HA进行修饰改性，或者与其他材料复合，拓宽其应用领域。

7.2 微生物多糖

微生物多糖主要来源于细菌、真菌、蓝藻等的代谢过程。微生物多糖按其在细胞内的存在形式可分为胞壁多糖、胞内多糖、胞外多糖三类。其中，胞壁多糖是维持细胞正常形态的结构性多糖，例如肽聚糖、脂多糖等。胞内多糖主要是以糖原的形式存在，它起着储存能量的作用。胞外多糖是指分泌到培养基中的多糖，它包括细菌的糖胞（主要指黏液层）和各种分泌到胞外的真菌多糖。胞外多糖由于易与菌体分离，因而可通过深层发酵来实现工业化生产。

微生物多糖若从来源角度又可细分为细菌多糖、真菌多糖、藻类多糖三大类。其中研究得最早的是从细菌中得到的荚膜多糖。而近些年来真菌多糖逐渐成为新的研究热点，如酵母菌多糖和食用菌多糖等。其中对食用菌多糖的研究更是相当的普遍，科研成果报道的频率也相当的高。真菌多糖以其容易提取、来源广泛、功能范围广等诸多优点日益受到人们的关注。

7.2.1　茯苓多糖

茯苓的主要成分为 β-茯苓聚糖，此外还有茯苓酸、麦角固醇、胆碱、组氨酸、卵磷脂及钾盐等，从茯苓菌核中提取的 β-(1→3)-D-葡聚糖，含少量 β-(1→6）键连接的 D-葡聚糖支链、D-半乳糖、D-木糖、D-甘露糖。β-茯苓聚糖占干菌核的 93%。茯苓多糖或茯苓异多糖具有促进细胞分裂、补体激活、抗诱变、抗肿瘤、抗癌、增强免疫性等生物活性。

现代医学研究认为，茯苓中所含有的茯苓聚糖，由于含有 β-(1→6）分枝，抗肿瘤活性较低，但若用化学方法切去其分枝后，就转化为具有高度抗肿瘤的茯苓多糖。据报道，茯苓多糖对小白鼠肉瘤 S-180 的抑制率高达 96.88%。此外，该菌用深层培养产生的齿孔酸，属于四环结构的三萜（烯）化合物，常用于合成甾体药物。茯苓全身是宝，不同部位药用效果均不一样。茯苓皮偏于利水消肿；赤茯苓（即去皮后内部淡红色的部分）偏于清利湿热；茯神（抱木而生、切片中央有木心的茯苓，疗效最好，较为名贵）和朱茯苓（即加朱砂粉的茯苓片），则偏重于安神。

近年来研究显示茯苓中的多糖（茯苓羧基多糖 CMP）或异多糖具有抗肿瘤、增强免疫的功能，对生长迟缓型的移植性肿瘤可达到强烈的抑制作用，增强机体的免疫功能，激活免疫监视系统，间接达到抗癌的作用。

茯苓多糖对免疫功能的主要影响：能增强巨噬细胞的细胞毒作用，也能增强 T 淋巴细胞的细胞毒作用，增强细胞的免疫反应并激活机体对肿瘤的免疫监视系统，其机制与激活补体有关：肿瘤细胞膜附近的多糖局部激活了补体活性，这样在肿瘤临近区域被激活的补体通过巨噬细胞、淋巴细胞及细胞与体液因子协同杀伤肿瘤细胞。羧甲基茯苓多糖对艾式腹水癌细胞有直接的细胞毒性作用，其抑制作用是通过抑制 DNA 合成而实现的。

7.2.2　香菇多糖

香菇（lentinus edodes）为担子菌纲伞形科真菌（basidiomycetes)，是世界上第二大流行的食用菌。中医理论认为香菇具有多种功效，可以治疗伤寒、天花、溃疡、便秘、痛风和低血压。现代医学研究认为香菇中的提取物具有多种生物活性，包括抗肿瘤、免疫调节、抗病菌、抗病毒和降血脂等活性。

1969 年，日本的科学家 Chihara 等在 Nature 杂志上首次发表了从香菇实体中提取并分离出的一种 β-(1→3）葡聚糖（即香菇多糖，lentinan）在老鼠体内具有抑制肉瘤 180 的活性的文章。此后香菇多糖等食用菌多糖就引起了各国科学家的兴趣。1978 年在日本香菇多糖进入临床试验，1987 年香菇多糖成为日本十大抗肿瘤药物之一。

香菇多糖为白色或棕黄色粉末，对光和热稳定，具吸湿性，相对分子质量较大，无甜味和还原性，部分能溶于水，在水中的溶解度随分子质量增大而降低，水溶液为中性，不溶于甲醇、已醇、丙酮等有机溶剂。

7.2.3　灵芝多糖

灵芝是担子菌门担子菌纲多孔菌科灵芝属药用真菌，古代就认为其有扶正固本、滋补强壮的功效，对其药性十分推崇。现代科学检测表明，灵芝在免疫系统的调节、通过增强宿主免疫调节功能达到抗肿瘤作用、抗病毒作用、通过提高氧化酶活性而清除体内自由基达到抗衰老的作用、降血脂等方面有着极其重要的医学作用。随着近年来对灵芝研究的不断深入，发现灵芝多糖是灵芝的主要活性物质之一，其重要性不言而喻。

由于灵芝的种类、产地、分离提取方法各异，所获灵芝多糖的理化特性、相对分子质量、化学结构、单糖组分和连接方式不同，生物活性亦有差异。且多糖化学结构复杂，多糖微观不均一性，或结构键中有缺陷，或是相对分子质量分散，难于得出完全正确的其多糖的化学结构式。单糖间糖苷键连接有（1→3），（1→4），（1→6）数种。目前发现多数灵芝多糖具有分支，部分多糖还含有肽链。

灵芝多糖是由肽多糖、葡萄糖、杂多糖等多糖均一体组成的混合物，是灵芝中的主要有效成分。从构成来看，灵芝多糖大多为杂多糖，即除葡萄糖基外，还含有少量D-阿拉伯糖、D-木糖、D-半乳糖、D-甘露糖、L-岩藻糖、L-鼠李糖、L-阿拉伯糖等单糖。

目前已分离到的灵芝多糖有200多种，其中大部分为β-型的葡聚糖，多存在于灵芝细胞壁内壁中，液体培养的发酵液和固体培养的培养基中也有灵芝菌丝分泌的胞外多糖。多糖链由三股单糖链构成，是一种螺旋状立体构形物，其立体构型和DNA、RNA相似，螺旋层之间主要氢键固定定位，相对分子质量从数百到数十万。除少数小分子多糖外，大多灵芝多糖不溶于高浓度的酒精中而溶于热水中。灵芝多糖可分为三种：即灵芝子实体多糖、液体发酵产生的菌丝体多糖（胞内多糖）和发酵液多糖（胞外多糖），胞内多糖和胞外多糖都是其有效多糖。

7.2.4 黄原胶

黄原胶（xanthan gum）又称汉生胶或苦胶，是以碳水化合物为主要原料，由黄单胞菌属（xanthomonas campestris）微生物经好氧发酵产生的一种高黏度水溶性的胞外多糖（extracelluar polysaccharide，EPS），是新型的发酵工程产品及食品添加剂，是近年来微生物多糖工业中产量较大的一种，广泛用于石油开采、食品等二十多个行业。

黄原胶是一种水溶性生物多糖，由D-葡萄糖、D-甘露糖、D-葡萄糖醛酸、乙酸和丙酮酸组成的“五糖重复单元”的结构聚合体，具有类似纤维素的一级结构，包括由β-1,4键连接的D-葡萄糖基主链以及含三个糖单位的侧链，侧链由两个D-甘露糖和一个D-葡萄糖醛酸交替连接而成。

黄原胶是由淀粉在黄杆菌酶的作用下，1,6-糖苷键被切断，支链被打开，并重新按1,4键合成直链组成的一种生物高分子多糖聚合物，其相对分子质量为$2\times10^6\sim2\times10^7$之间，黏度≥0.55Pa·s，无毒。黄原胶是一种浅黄褐色或灰褐色微具甜橙臭的粉末，属碳水化合物多聚糖类物质，具有纤维素葡萄糖的主链及含三糖的侧链，有些侧链带丙酮酸和醋酸基团，因此具有许多独特而优良的特性。他易溶于水，其水溶液呈透明胶状；在冷水、热水中的分散性稳定；在低浓度下能产生很高的黏度，增稠性良好，浸泡1h（搅拌时间≤1h）应呈溶胶状。其水溶液具有较高的假塑性，良好的稳定性，广泛pH值（pH=1～13）稳定性和宽温度范围（18～80℃黏度变化很小）的稳定，同时也具有良好的分散作用、乳化作用。在碱性及高盐条件下也很稳定。黄原胶与酸碱和盐类的配伍性好、与半乳甘露聚糖的反应性好、抗污染力强、抗生物酸降解，对于各种酸的氧化、还原稳定性好，还具有优良的冻融稳定性和优良的乳化性能与固体悬浮能力。总的来说，黄原胶具有无毒、安全，悬浮性好、假塑性强，低浓度、高黏性，可控制最终产物的流变性，可控制产品的结构、风味及外观形态等特点，他的高黏度、保水抗盐、耐温、抗剪切性能均优于线型高分子聚合物，比聚丙烯酰胺、变性淀粉和纤维素衍生物有较优良的特性。

7.2.5 裂褶菌多糖

裂褶菌（Schizophyllum commune Fr.）又名白参、树花等，是一种具有较高营养和药用价值的大型真菌。裂褶菌广泛分布于中国河北、山西、黑龙江、吉林、辽宁、山东、江苏、内蒙古、安徽、浙江、江西、福建、台湾、河南、湖南、广东、广西、海南、甘肃、西藏、四川、贵州、云南等地区。裂褶菌多糖是从裂褶菌子实体、菌丝体或发酵液中提取出来的水溶性微生物胞外多糖，具有β-(1,6)分支的β-(1,3)-D葡聚糖的独特的活性结构。据研究表明，裂褶菌多糖是由3条葡聚糖单链互相盘绕卷曲形成螺旋结构。它的活性是由螺旋结构和连接单个葡萄糖的糖苷键决定的。裂褶菌多糖具有抑制肿瘤、抗菌消炎、抗辐射提高机体免疫力等多种生理活性。近年来，国内主要关于裂褶菌及裂褶菌多糖的研究主要集中在裂褶菌的生物学特性、食用和药用价值、人工栽培驯化和深层发酵等领域。在国外，日本、美国等主要研究是从分子生物学、抗癌活性物质、优良育种等的方面研究。人们还把裂褶菌多糖作为多聚物添加剂提高石油回收率，随着石油的减少和价格的上升，裂褶菌多糖的这种作用发展前景很大。

7.2.6　凝胶多糖

凝胶多糖是以β-1,3-键连接的D-葡萄糖同聚物，分子式为（$C_6H_{10}O_5$）$_n$，分子结构如图7-2所示。凝胶多糖的聚合度（DP）为450，无支链。据Nakata等报道，0.3mol/L的NaOH溶液中凝胶多糖的平均相对分子质量在$5.3\times10^4\sim2.0\times10^6$。

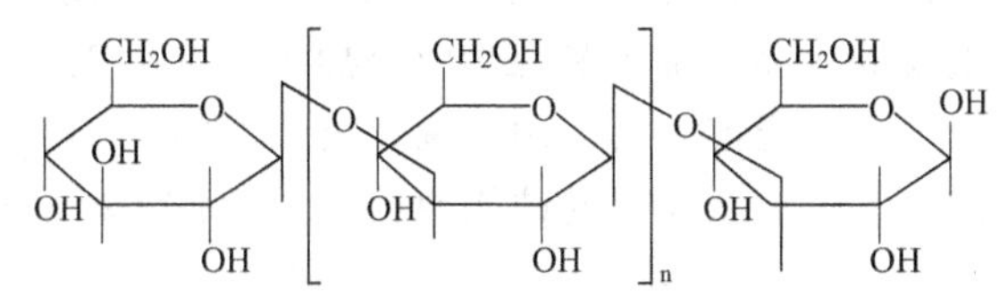

图7-2　凝胶多糖的结构

凝胶多糖的三种构象已有报道，包括单螺旋、丁螺旋和无序卷曲。Ogawa等通过测定其旋光色散、特性黏度和流动双折射，研究了凝胶多糖在碱性溶液中的构象行为：在低氢氧化钠浓度下，凝胶多糖具有螺旋构象，而当氢氧化钠浓度在0.19～0.24mol/L时其构象会发生显著的变化；在氢氧化钠浓度大于0.2mol/L的碱性溶液中，凝胶多糖几乎完个溶解，并以无序卷曲的形式存在；但当溶液被中和时高聚物形成由单螺旋和三螺旋混合态构成的“有序态”。单螺旋和三螺旋构象之间的转换可通过不同的化学或物理方法进行。

凝胶多糖是一种无味、无臭、无毒的天然多糖，在水悬浮液中加热会形成凝胶，且形成的凝胶在高温下仍可保持固态，为热不可逆型凝胶、它不溶于水、乙醇和除DMSO（二甲亚砜）以外的大部分有机溶剂，可溶于碱（如NaOH溶液、磷酸三钠等碱性溶液）、DMSO、甲酸、水饱和尿素、25%的碘化钾、Cadoxen（羟基三乙二胺）水溶液中。

7.2.7　茁霉多糖

茁霉多糖（pullularl，简称Pul），又名短梗霉多糖，是出芽短梗霉（aureobasidium pullulans）产生的一种黏多糖，为麦芽三糖（内含极少数麦芽四糖）之间由外侧葡萄糖按α-1,6糖苷键相连构成的线型高分子多糖。

茁霉多糖是一种天然的水溶性中性葡聚糖，无色、无味、无毒，主要特点表现为：①无毒、安全，动物实验表明，茁霉多糖不引起任何生物学毒性和异常状态，可以安全可靠的用于食品和医药行业；②耐热性，炭化时不产生有毒气体；③耐盐性，其黏度不受溶液盐分含量的影响，所以在用作食品添加剂时其黏度不因食盐的存在而改变；④耐酸碱性，在结构稳定的前提下，能承受的pH范围为2～10；⑤黏度，茁霉多糖是线型结构，因此它的黏度远低于其他多糖，茁霉多糖溶液黏度随平均相对分子质量而增加，也随浓度而增大。但比起其他高分子物质的黏度增加要小。并且它的黏度的热稳定性较好；⑥可塑性，茁霉多糖的可塑性强，可以用来制膜、纺丝、任意造型；⑦成膜性质，茁霉多糖具有良好的成膜性，其膜光泽而透明，透气性较其他高分子膜低，膜的透气性也随含水量增加而增加，在制膜时添加一些糖类如山梨醇、甘油等可增加膜的韧性；⑧阻氧能力强，与玻璃纸、聚丙烯薄膜、聚乙烯薄膜相比，短梗霉多糖膜具有更好的阻隔氧气的性能。因此，茁霉多糖可作为新型被膜剂研究后使用。

随着其他生物多糖的开发研究以及应用，茁霉多糖的优点日益引起重视，在食品、医药、轻工、化工和石油领域得到广泛应用。

7.3 多糖的改性与应用

7.3.1 魔芋葡甘聚糖的改性与应用

魔芋葡甘聚糖（konjac glucomannan，简称 KGM）是继淀粉和纤维素之后，一种较为丰富的可再生天然高分子资源，具有可生物降解性，其水溶胶具有很高的黏度和多种特性如增稠、凝胶和成膜等性能；也是一种优良的膳食纤维，可用于预防和治疗高血压、高血脂、心血管病等症，已成为重要的食品添加剂和保健食品原料。在化工、环保及石油钻探等领域也有重要用途。经改性后 KGM 能扩大其应用范围，故天然的 KGM 及其改性产物，成为研究的热点之一。因此探讨 KGM 性能改善的结构原因，为 KGM 的改性及应用提供理论依据具有重要意义。

（1）魔芋葡甘聚糖的物理改性

① 单一改性　乙醇纯化；甘油改性。

② 物理共混　用物理方法对魔芋葡甘聚糖进行改性进而改善其性能，从结构上看是利用两种不同分子之间的不同基团相互作用，软化膜的结构。而有关魔芋葡甘聚糖的物理共混的研究也主要分为两类，其一是魔芋葡甘聚糖和其他天然植物共混，以增稠或提高胶凝强度为目的；其二是将魔芋葡甘聚糖和合成高分子共混，以获得功能性材料，但这也是近几年才开始的研究方向。

（2）魔芋葡甘聚糖的化学改性

① 醚化反应　醚化改性的多糖往往具有较好的稳定性、粘接性及较高的黏度，广泛应用于增稠、絮凝、保鲜等方面，如羧甲基纤维素钠、羧甲基淀粉等。醚化反应通常要求强酸介质参与，反应条件较强烈，容易造成链的降解。因此，选择在碱性条件下的醚化反应。

魔芋葡甘聚糖与羟乙基的醚化反应如下。

羟乙基 KGM 的颗粒形状与原 KGM 的颗粒相同，但其性质发生很大变化。羟乙基的存在增大了亲水性，破坏 KGM 分子间氢键的结合。由于羟乙基的存在，羟乙基 KGM 水溶胶中 KGM 分子链间再经氢键重新结合的趋向被抑制，黏度稳定，透明度高，胶黏力强，凝沉性弱，凝胶性强，冻融稳定性高，储存稳定性高。经乙基 KGM 水溶胶经干燥形成水不溶性膜，透明度高，柔软、光滑、均匀，油性物质难渗透，在较高温度不变黏，保水性好。

魔芋葡甘聚糖与一氯醋酸或其钠盐的醚化反应。

KGM 在碱性条件下与一氯醋酸或其钠盐起醚化反应生成羧甲基 KGM，其反应为双分子亲核取代反应，葡萄糖和甘露糖单体中醇羟基被按甲基取代，所得产物是羧甲基钠盐，但习惯上称为羧甲基 KGM。羧甲基 KGM 为高分子电解质化合物，经用酸洗能使钠离子全部被氢原子置换，羟甲基钠转变成羧甲基游离酸型，其因取代度不同而不同。KGM 中的葡萄糖和甘露糖单位分别都有 3 个游离醇羟基，C^2，C^3 碳原子为仲醇羟基，C^6 碳原子为伯醇羟基，羧甲基取代优先发生在 C^2 和 C^3 碳原子上，这与其活性有关。

② 酯化反应　国内外对魔芋葡甘聚糖的酯化反应研究较多，结果表明，酯化反应后的魔芋葡甘聚糖其稳定性、成膜性和透明性显著增加。主要工作有：魔芋葡甘聚糖与磷酸盐的酯化反应，魔芋葡甘聚糖与马来酸酐的酯化反应，魔芋葡甘聚糖与苯甲酸的酯化反应。

③ 脱乙酰反应　魔芋葡甘聚糖主链上具有乙酰基，脱除乙酰基往往会对其性能造成重大的影响，从研究魔芋凝胶食品的性能的基础上，系统研究了脱乙酰基诱导反应的速率方程和诱导反应的影响因素，以及产物的光学特性与流变学特性。

用适量的 $Ca(OH)_2$ 在一定条件下对一定量的魔芋精粉进行改性，所得改性物与未改性的魔芋精粉相比，其成膜的抗张性、耐折度均有提高，膜表面更为均匀，改性物溶胀吸水性有一定改善。

④ 接枝共聚　对天然产物进行接枝共聚往往使接枝共聚物兼有天然和合成高分子的特性。用魔芋葡甘聚糖的接枝共聚反应来提高其性能，从其结构上分析应引入一种亲水性物质或一种基团，使其分子链增长，氢键的形成、活泼羟基的减少更有利于改性物的性能提高，而魔芋精粉的颗粒结构也可以不变。

⑤ 交联反应　魔芋葡甘聚糖（KGM）的糖残基上的羟基可与具有二个或多个官能团的多种化学试剂起反应，而制成交联凝胶，由于不同 KGM 分子的羟基间形成不同的化学键而交联起来，因此所得的 KGM 衍生物称为交联 KGM。目前文献上报道的种类的确不少，但是普遍应用的为数不多，主要有三氯化铬、三氯化铝、三氯化钛、三氯氧磷、有机钛和硼砂等。

(3) 魔芋葡甘聚糖的生物改性　两种生物大分子共混产生了协同增效作用，也避免了用化学改性存在的操作复杂、化学药品残留问题。但是改性物的成膜性仍然存在着溶解性差、抗菌性能差、膜的持水性能下降等不足。因此，用物理方法对魔芋葡甘聚糖单一膜的改性存在着不足。我们可采用生物方法对魔芋葡甘聚糖单一膜进行改性。

① 酶法改性　用 R 酶对魔芋葡甘聚糖进行改性，用 HAC、NaAC 作为缓冲液，酶解 2h。用 75%的工业酒精后处理，可得 KGM 低聚糖。但是，改性物的重均相对分子质量为 7160，数均相对分子质量为 5100，其大分子断裂成小分子，黏度下降，其性能不能符合成膜包装。有待进一步研究。

② 克隆改性　淀粉占魔芋球茎干样质量的 15%～20%，是魔芋精粉加工去除的主要杂质，按常规育种手段很难培育出低淀粉含量的品种。从魔芋球茎组织中克隆了 ADP-葡萄糖焦磷酸化酶大亚基的 *cDNA* 片段，而此 ADP-葡萄糖焦磷酸化酶（AGP）是淀粉生物合成的关键酶，但是，目前并不能克隆出魔芋 ADP-葡萄糖焦磷酸化酶（AGP）小亚基的反义基因，也就不能用反义基因植入魔芋葡甘聚糖植株内控制其淀粉的含量，且目前的克隆技术并不很成熟，基因遗传是否稳定也不能确定，基因食品是否安全也不能明确。因而，用生物技术的克隆方法来提高魔芋球茎中葡甘聚糖的含量，对魔芋品质进行改良还是不确定。

但是，用生物的方法对魔芋葡甘聚糖单一膜进行改性存在着改性物黏度下降、克隆技术不够成熟，基因遗传不稳定等问题。

(4) 改性产物的应用

① 食品行业　用改性后的魔芋精粉可以制作许多人造食品和仿制食品。用改性后的魔芋精粉研制成人造海蜇皮，脆性和韧性都较理想，完全可以代替褐藻酸钠制造人造海蜇皮，使人造海蜇皮的成本大大降低。利用魔芋所具有的很好的胶凝性、悬浮性试制的魔芋果酱、

魔芋巧克力布丁、魔芋软糖、魔芋花生奶冻以及魔芋海参等食品，色、香、味都良好，为利用魔芋代替价格昂贵的琼脂、果胶作为食品的胶凝剂、增稠剂做了成功的尝试。魔芋还可以制作各种风味的菜肴，四川在魔芋烧鸭传统名菜的基础上加以发展，已制作出四十多种不同风味的魔芋川菜（分凉菜、热菜和小吃）。

② 化工行业　改性 KGM 和二乙基氨基乙醇（DEAE）反应制备的 DEAE-KGM，是一种弱碱性阴离子交换树脂，可作为离子交换层析介质；将 KGM 酯化、成型、皂化和交联后制成的色谱填料能用于离子交换色谱；改性 KGM 可用于 GPC 填充材料。改性魔芋 KGM 黏度极强，是造纸、印刷、纺织、电子、橡胶、摄影胶片等行业中优异的黏着剂和添加剂，可作为丝绸双面透印的染糊料及后处理柔软剂、建筑业的涂料、净水剂和钻井的泥浆处理剂和压力液注入剂。

利用改性魔芋 KGM，可制得类似“章鱼”结构的高效非离子、阴离子、阳离子型絮凝剂，可替代有副作用的铝系列与铁系列絮凝剂，用于废水处理和净化，不仅克服了金属二次污染，而且能够防止废水管道藻类的生长，从而保护水资源，维护生态环境和人类健康。

③ 生物医药行业　KGM 凝胶吸收体液后转变为水溶胶，能促进伤口的愈合，并有止血和缓释药物等功能，研究发现，魔芋葡甘聚糖在经过上消化道时不会被存在于胃及小肠的酶所降解，当到达结肠部位后，被存在于结肠部位的 β-甘露糖酶降解，利用这一特性，可将 KGM 开发为蛋白质、多肽等药物缓控释靶向载体。

④ 其他领域　利用改性魔芋 KGM 制成的无固相冲洗液，具有失水量低、黏度可调、抗盐、抗钙性能强以及理化性能好等特点，经 5000m 深层下钻实验表明，该液能顺利通过不同程度的复杂地质层，且机械转速、钻头寿命均有提高。

7.3.2 海藻酸钠的改性与应用

海藻酸钠（Sodium alginate，SA）是由 β-D-甘露糖醛酸（M）和 α-L-古洛糖醛酸（G）组成的聚阴离子多糖（海藻酸）的钠盐，具有良好的生物相容性和生物降解性，无毒，无免疫原性。在制药工业，SA 用作创伤辅料和牙科印模材料，也可用作片剂胶黏剂和崩解剂、作为缓控释制剂的辅料，可通过优化 SA 添加剂量控制药物释放速度。还可用于制备蛋白药物微囊，开发口服蛋白药物制剂。但 SA 在应用中尚有不足。如作为缓控释制剂辅料对外界环境响应不够敏感，机械强度不够，作为黏膜黏着剂黏附力不够大等。因此，国外不少研究利用 SA 的结构特点，与多种化合物通过不同反应机理进行改性，以达到不同的改性目的。本小节主要介绍海藻酸钠的接枝改性。

（1）化学-酶法　化学-酶法是指化学法和酶法结合对 SA 进行接枝改造。Sakai 等以 EDC 和 NHS 为介导通过酰胺键将酪胺接枝到 SA 骨架上得到含有苯酚的 SA（SA-Phenol），然后将 SA-Phenol 加入到含有辣根过氧化物酶（HRP）和 H_2O_2 的溶液中；过氧化物酶催化氧化 SA-Phenol 分子间的酚发生共价偶联形成凝胶。Rokstad 等先通过异丁烯酸酐与 SA 反应，将异丁烯酸接枝到只含有 M 糖的海藻酸上，然后经过海藻酸差向异构酶 SA_4 和 SA_6 催化差向异构反应，使一部分 M 糖被转变成 G 糖，得到 SA-MA。SA-MA 只有 M 糖有侧链，并且有足够的 G 糖形成凝胶。在卤素灯照射下，三乙醇胺和曙红引发 SA-MA 的侧链异丁烯酸发生自由基聚合反应，1-乙烯基-吡咯二酮（VP）加快聚合反应速度，形成的凝胶珠进行光敏化反应进一步交联，获得稳定的化学-酶光致交联凝胶珠（chemoenzymatic photocroselinked beads，CEPC 凝胶珠）。化学酶法制备的凝胶机械强度大且稳定性高，对钙离子无依赖性，有作为组织工程材料的潜力。采用化学-酶法对 SA 进行接枝修饰具有节能环保、特异性高、效率高等优点，具有广泛应用前景。

（2）紫外光接枝　紫外光接枝技术是指在紫外光的作用下，体系中的光引发剂通过光化学反应生成活性粒子或基团，从而引发体系中的活性物质进行交联聚合，是一种环境友好的绿色技术。Solak等在氮气环境下用二苯甲酮作为光合作用系统，在水介质中紫外光照射3h，引发*N*-乙烯基-2-吡咯酮（NVP）连接到SA骨架上的接枝共聚反应，合成SA-*g*-NVP，制成1种分离二甲基甲酰胺（DMF）和水混合液的渗透蒸发膜。二甲苯酮是一种广泛应用的夺氢自由基型光引发剂，在吸收紫外光后，二甲苯酮的羰基变得很活泼，能夺取氢给体的氢，形成自由基，引发自由基聚合反应。紫外光接枝技术与自由基聚合技术本质上相同，但是引发阶段不同。紫外光接枝具有设备便宜、方法简单、成本低、聚合速度快、单体转化率高、易于大规模应用等优点。小分子光敏引发剂（如二甲苯酮）在使用过程中经常出现难与反应物分离、不易回收等缺点，而大分子光引发剂则克服了这些缺点，因此大分子光引发剂更具应用前景。

（3）海藻酸钠的应用　由于海藻酸钠具有良好的增稠性、成膜性、稳定性、絮凝性和螯合性，因此受到了相当广泛的应用。目前主要应用在以下几方面。

① 在食品工业上的应用　海藻酸钠是人体不可缺少的一种营养素-食用纤维，对预防结肠癌、心血管病、肥胖病以及铅、镉等在体内的积累具有辅助疗效作用，在日本被誉为“保健长寿食品”，在美国被称为奇妙的食品添加剂。它作为海藻胶的一种，以其固有的理化性质，能够改善食品的性质和结构。海藻酸钠具有低热无毒、易膨化、柔韧度高的特点，将其添加到食品中可发挥凝固、增调、乳化、悬浮、稳定和防止食品干燥的功能。海藻酸钠最主要的作用是凝胶化即形成可以食用的凝胶体，近于固体，以保持成型的形状。因而，它是一种优良的食用添加剂，不仅可以增加食品的营养成分，提高产品质量，增加花色品种，也可以降低成本，提高企业的经济效益。比如：在生产面包等面食、糕点时，加入0.1%～1%的海藻酸钠，可以防止成品老化和干燥，减少落屑，吃起来有筋力，口感好；在酸奶中加入0.25%～2%的海藻酸钠，可以保持和改善其凝乳形状，防止在高温消毒过程中出现黏度下降的情况，同时还可以延长存放期，其特殊风味不变。海藻酸钠还可以用于人造奶油的增稠剂和乳化剂。在啤酒中加入少量的海藻酸钠可使泡沫稳定。

② 在医学上的应用　应用海藻酸钠制备的三维多孔海绵体可替代受损的组织和器官，用来作细胞或组织移植的基体。海藻酸钠是一种具有控释功能的辅料，在口服药物中加入海藻酸钠，由于黏度增大，延长了药物的释放时间，可减慢吸收、延长疗效、减轻副反应。国外的消心痛缓释片就是以海藻酸钠为基质制成的，国内也以海藻酸钠为基质制成了长效消心痛片。海藻酸钠是一种天然植物性创伤修复材料，用其制作的凝胶膜片或海绵材料，可用来保护创面和治疗烧、烫伤。实验研究也证实，口服海藻酸钠对γ射线致小鼠口腔黏膜的损伤有明显保护作用。用海藻酸钠制成的注射液（国内称701注射液、褐藻酸钠注射液、低聚海藻酸钠注射液；国外称Alginon，Glyco Algin等）具有增加血容量、维持血压的作用，可维持手术前后循环的稳定。制药工业用海藻酸钠制片，用量即使增加到1%以上或压力加大，其崩解时间并不增加，此性质优于明胶、淀粉，是一个较理想的胶黏剂，也可用于制备肠溶胶囊。海藻酸钠在医药中还可用作牙科咬齿印材料、止血剂、涂布药、亲水性软膏基质、避孕药等。近年来，海藻酸钠在医学上的应用有向纵深发展之势。

③ 作为增稠剂　由于海藻酸钠在低浓度时就有较高的黏度，可代替阿拉伯胶、西黄蓍胶等制成饮料，具有稳定性好、透光率强、无异味、低热、口感好的特点。海藻酸钠用于固体食品可控制其黏度，用量为0.5%。

④ 作为净水剂　利用海藻酸钠与钙离子、铁离子等形成凝胶沉淀，及其较强的吸附性

的特点可用作水的净化剂。净水时，一般悬浮离子用硫酸铅即可；但当凝聚条件不利，浊度大时，加入吸附力强的海藻酸钠能促进凝聚作用，过滤速度良好。此性质还可用于糖加工中对絮状固体的吸附。

⑤ 在纺织工业上的应用　由于海藻酸钠具有易着色、得色量高、色泽鲜艳和使印花织物手感柔软等特点，因此在纺织品印花中一直是棉织物活性染料印花中最常用的糊料。在纺织工业中，海藻酸钠还可作为经纱浆料、制造花边用水溶纤维。

⑥ 其他方面的应用　由于海藻酸钠易溶于水，而经处理即可成膜，因而可以相当方便地作为冷藏的包覆材料，主要用于肉类、水产品及水果的冷藏保鲜。另外，还可以作为酒类的澄清剂和人造蜇皮的原料。此外，海藻酸钠可用与牙膏基料、洗发剂、整发剂等的制造，在造纸工业上可作为施胶，在橡胶工业中用作胶乳浓缩剂，还可以制成水性涂料和耐水性涂料。

7.3.3　透明质酸的改性与应用

透明质酸分子中可进行化学修饰的4个部位分别为羟基、*N*-乙酰基、羧基和还原末端，其中末端修饰较少见。主要改性方法有交联、接枝、酯化和复合等，改性后，HA在保持原有生物相容性、降低水溶性的同时，被赋予了一系列良好的特性，如机械强度、黏弹性、流变学特性及抗透明质酸酶降解能力等。

（1）透明质酸的交联改性　交联是在含有相关官能团的交联剂存在的条件下，使分子之间发生部分交联或者完全交联，形成分子网状结构，且交联度可以控制。天然高分子HA很难满足临床上许多特殊情况所要求的流变学性能和黏弹特性，因此常将其进行交联，使HA分子链增长，平均相对分子质量增大，黏弹性增强，水溶性相对减弱，提高其机械强度，延长其降解时间等。20世纪80年代以来人们一直致力于研究用于注射、移植、药物载体的HA及其衍生物，开发了HA流体和HA凝胶两种交联形式，广泛研究了其生物活性及其在医学上的应用。

（2）透明质酸的接枝改性　HA可以接枝到天然或合成聚合物上，形成具有生物力学性能和物理化学性质改变的新型材料。此外，HA还可以接枝到脂质体表面，提供靶向和遮蔽作用。

将药物分子接到HA-ADH衍生物上，加合生成HA-链系药物，可提供新型药物靶向和控制释放的作用。多酰肼与HA连接后，酰肼剩余NH_2可与HA分子中的其他羧基再连接，使HA发生分子内或分子间交联，同时还有剩余NH_2与药物活性部位发生连接，或药物也可先与多酰肼连接，再将此药物分子系挂到HA分子上。

（3）透明质酸的复合改性　HA为非抗原性，与其他材料复合，具有多重生物活性，不会引发炎症和异体排斥反应。目前做的有：①与胶原复合，②与壳聚糖（CS）复合，③与聚乳酸（PLA/PLGA）复合。

（4）透明质酸改性材料的应用　透明质酸改性衍生物的开发大大地拓展了透明质酸在医学领域的应用，包括外科手术防粘连、关节炎治疗、眼科疾病治疗、局部给药载体、组织工程等各个领域，其应用领域见表7-1。

表7-1　HA改性产品的应用领域

HA改性产品	物理形态	应用领域
羟基交联	流体	涂于眼表面具有保护和湿润作用，关节润滑剂
	凝胶	组织填充剂、防组织粘连，药物缓释载体
	水不溶	防组织粘连，药物缓释载体

续表

HA改性产品	物理形态	应用领域
羧基交联	凝胶	生物材料和药物缓释载体
酯化产品	海绵体	药物传递、人工皮肤、人工软骨研制、间充质干细胞培养、抗炎等
	固体	组织工程支架材料
复合产物	液体或固体	眼科疾病的辅助治疗
共聚物制品	液体喷雾、薄膜覆盖、粉雾剂和胶体剂	眼科、耳科、骨科、妇科、普外、烧烫伤等

参 考 文 献

[1] 孔繁祚．糖化学．北京：科学出版社，2005.
[2] 晓波，司书毅．微生物来源活性多糖的研究进展．中国抗生素杂志，2006，2：158.
[3] Hwang H S，Lee S H，Baek Y M，et a1. Production of extracellular polysaccharides by submerged mycelial culture of Laefiporus sulphureureus var. miniatus and their insulinotropic preperties. Appl Microbiol Bioteehnol，2008，78：419-429.
[4] 张悦，宋晓玲，黄健．微生物多糖结构与免疫活性的关系．动物医学进展，2005，26（8）：10-12.
[5] 高学军，孙亚荣，李艳波．茯苓多糖的抗肿瘤作用及药理研究．中医药学报，1996，（1）：45.
[6] Wu J Z，Cheung P C K，Wong K H，et al. Studies on submerged fermentation of Pleurotus tuber-regium（Fr.）Singer-PartI：physical and chemical factors affecting the rate of mycelial growth and bioconversion efficiency. Food Chemistry. 2003，81，389-393.
[7] 刘永强，宋心远．海藻酸钠的改性及印花性能探讨．染整技术，2000，22（1）：38-41.
[8] 王孝华，聂明，王虹．海藻酸钠提取的新研究．食品工业科技，2005，26（11）：146-148.
[9] 魏靖明，张志斌，冯华等．海藻酸钠作为药物载体材料的研究进展．化工新型材料，2007，35（8）：20-22.
[10] 黄成栋，白雪．黄原胶（Xanthan Gum）的特性、生产以及应用．微生物学通报，2005，32（2）：91-99.
[11] 聂凌鸿，周如金．黄原胶的特性、发展现状、生产及其应用．中国食品添加剂，2003（13）：82-85.
[12] 周林，郭祀远，蔡妙颜，李琳．裂褶多糖吸湿和保湿性能初步研究．天然产物研究与开发，2005，17（6）：708-711.
[13] 王振河，霍云风．裂褶菌及裂褶菌胞外多糖研究进展．微生物学杂志，2006，26：73-75.
[14] 郝瑞芳，李荣春．灵芝多糖的药理和保健作用及应用前景．食用菌学报，2004，11（4）：57-62.
[15] 牛君仿，方正，王红秉等．灵芝有效化学成分研究进展．河北农业大学学报，2002，25（5）：51.
[16] 赵桂梅，张丽霞，于挺敏等．灵芝孢子粉水溶性多糖的分离、纯化及结构研究．天然产物研究与开发，2005，17（2）：182-185.
[17] 庞杰，李斌，谢笔钧等．氧化魔芋葡甘聚糖的结构研究．结构化学，2004，23（8）：912.
[18] 李娜，罗学刚．魔芋葡甘聚糖/丙烯酸甲酯薄膜的研究．塑料工业，2005，33（7）：63.
[19] 马惠玲，张院民等．魔芋精粉的物理改性研究．食品工业科技，1998，（5）：27-28.
[20] 林晓艳，陈彦等．魔芋葡甘聚糖去乙酰基改性制膜特性研究．食品科学，2002，23（2）：21-24.
[21] 邱慧霞，赵谋明．一种新型生物胶凝剂——凝结多糖．食品与发酵工业，1998，24（6）：66-69.
[22] 凌沛学，张天民．透明质酸．北京：中国轻工业出版社，2000. 25：188-194.
[23] 姚磊，王静，赵海田．香菇多糖生物活性研究进展．中国甜菜糖业，2004，3：27-30.
[24] Leather TD. Biotechnological production and applications of Pullulan. Appl Microbiol Biotechnol，2003，62：468-473.
[25] 汤兴俊等．茁霉多糖的微生物发酵及在食品工业中的应用．粮油加工与食品机械，2002.

第 8 章　天然橡胶

8.1　天然橡胶的结构与性能

8.1.1　天然橡胶的化学结构

现在科学研究已经证明，普通的天然橡胶（nature ruber，NR）至少有97%以上是异戊二烯的顺式1,4-加成结构，其中还有2%～3%的3,4-键合结构。链上有少量的醛基，胶在贮存中醛基可与蛋白质的分解产物氨基酸反应形成支化和交联，进而促进生胶黏度增高。关于端基，根据推测大分子的端基一端是二甲基丙基；另一端是焦磷酸基。相对分子质量很大，主要由顺1,4-聚异戊二烯组成，所以结构式为：

$$\overset{\displaystyle CH_3}{\big(CH_2-\overset{|}{C}=CH-CH_2\big)_n}$$

天然橡胶和其他高分子化合物一样，具有多分散性，即分子链有长有短，相对分子质量有大有小。其平均相对分子质量约为70万左右，相对于平均聚合度在1万左右。NR的相对分子质量分布范围比较宽，绝大多数在3万～3000万之间，分布为双峰。有三种类型，Ⅰ型和Ⅱ型都有明显的两个峰。Ⅲ 型的低相对分子质量部分少，仅有一点峰的倾向。双峰的低相对分子质量部分对加工有利，高相对分子质量部分对性能有利。用GPC测定的相对分子质量求出，当相对分子质量大于（0.65～1.00）$\times 10^5$ 范围时，就开始有支化，随相对分子质量增高，支化程度增高。NR中有10%～70%的凝胶，因为树种、产地、割胶季节、溶剂的不同，凝胶变化范围比较宽。凝胶中有炼胶可以被破开的松散凝胶，还有炼胶不能破开的紧密凝胶，紧密凝胶约120mm，分布在固体胶中。紧密凝胶对NR的强度，特别是未硫化胶的强度（格林强度）有贡献。

8.1.2　天然橡胶的性能

（1）NR的化学性质　天然橡胶是不饱和的橡胶，每一个链节都含有一个双键，能够进行加成反应。此外，因双键和甲基取代基的影响，使双键附近的α-亚甲基上的氢原子变得活泼，易发生取代反应。由于天然橡胶上述的结构特点，所以容易与硫化剂发生硫化反应（结构化反应），与氧、臭氧发生氧化反应，与卤素发生氯化、溴化反应，在催化剂和酸作用下发生环化反应等。

在天然橡胶的各类化学反应中，最重要的是氧化裂解反应和结构化反应。前者是生胶进行塑炼加工的理论基础，也是橡胶老化的原因所在；后者则是生胶进行硫化加工制得硫化胶的理论依据。而天然橡胶的氯化、环化、氢化等反应，则可应用于天然橡胶的改性方面。

（2）NR的物理力学性质

① NR的弹性　天然橡胶在常温下具有很好的弹性，在0～100℃范围内回弹性为50%～85%，弹性模量仅为钢的1/30000，伸长到350%时，去掉外力后迅速回缩，仅留下15%的永久变形。这是由于天然橡胶分子链在常温下称无定形状态、分子链柔性好的缘故。

② NR的强度　天然橡胶具有相当高的拉伸强度和撕裂强度，未补强的硫化胶NR可达17～25MPa，补强的可达25～35MPa，撕裂强度可达98kJ/m，且随温度升降变化不那么显著。

特别是未硫化胶的拉伸强度（格林强度）比合成橡胶高许多。未硫化胶的强度对加工很重要。

③ NR 的电性能　天然橡胶的主要成分橡胶烃是非极性的，虽然某些非橡胶烃成分有极性，但含量很少，所以总的讲，NR 是非极性的，是一种电绝缘材料。硫化胶和生胶的电性能见表 8-1。虽然硫化引进了少量的极性因素，使绝缘性能略有下降，但仍然是比较好的绝缘材料。

表 8-1　硫化胶和生胶的电性能

电性能	硫化胶	生胶	电性能	硫化胶	生胶
体积电阻率/Ω・cm	10^{14}～10^{15}	10^{15}～10^{17}	介电损耗	0.5～2.0	0.16～0.29
介电常数	3～4	2.37～2.45	击穿电压/(MV/m)	20～30	20～40

④ NR 的耐溶剂性质　天然橡胶为非极性物质，易溶于非极性溶剂和非极性油，因此天然橡胶不耐环已烷、汽油、苯、异辛烷等介质，不溶于极性的丙酮、乙醇等，不溶于水，耐 10%的氢氟酸、20%的盐酸、30%的硫酸、50%的氢氧化钠等。不耐浓强酸和氧化性强的高锰酸钾、重铬酸钾等。

⑤ NR 的热性能　天然橡胶常温为高弹性体，玻璃化温度为－74～－69℃，软化并逐步变为黏流的温度为 130℃，开始分解的温度为 200℃，激烈分解的温度为 270℃。比热容（25℃）为 1.88kJ/(kg・K)；热导率为 0.134kW/(m・K)；体积膨胀系数为（T_g 以上，硫化胶）1.5～1.8；燃烧热为 44.7kJ/kg。

（3）其他性能

天然橡胶由于相对分子质量高、相对分子质量分布宽，分子中 α-甲基活性大，分子链易于断裂，再加上生胶中存在一定数量的凝胶成分，因此很容易进行塑炼、混炼、压延、压出、成型等，并且硫化时流动性好，容易充模。

天然橡胶还具有良好的耐屈挠疲劳性能，纯胶硫化胶屈挠 20 万次以上才出现裂口。原因是滞后损失小，多次变形生热低。耐磨性、耐寒性较好，具有良好的气密性，渗透系数为 $2.969\times10^{-12}H_2/(s\cdot Pa)$，同时具有良好的防水性、电绝缘性和绝热性。

8.2　天然橡胶的改性与应用

橡胶与钢铁、石油和煤炭号称四大工业原料。橡胶以其来源划分，可分为天然橡胶（NR）和合成橡胶两大类。天然橡胶（NR）具有多种良好的特殊性能，然而，NR 是非极性橡胶，虽然在极性溶剂中反应不大，但易与烃类油及溶剂作用，故其耐油、耐有机溶剂性差。另外，NR 分子中含有不饱和双键，故其耐热氧老化、耐臭氧性和抗紫外线性都较差，以上这些都限制了它在一些特殊场合的应用，为了克服 NR 的缺点、扩大其应用范围，这就有必要对 NR 进行改性。NR 的改性方法包括物理改性（共混改性）和化学改性两大类。

8.2.1　环氧化天然橡胶

环氧化天然橡胶（ENR）是在受控条件下与芳香族或脂肪族过氧酸反应，在分子链的不饱和双键上引入环氧键（—C—O—C—）和少量的碳氧双键（—C═O）而制得。环氧化反应的关键问题是能否使用合适的胶乳稳定剂以及控制几种会对材料性能带来负面影响的副反应如呋喃化或自交联反应。因此，看似简单的反应，却经历了数十年的努力，才得以直接在天然胶乳中实现。

与 NR 相比，ENR 具有完全不同的黏弹性和热力学性能，如具有优良的气密性、黏合性、耐湿滑性和良好的耐油性。以玻璃化转变温度 T_g 为例，环氧化程度每增加 1 个百分点，T_g 升高 0.92℃。由于 ENR 的 T_g 向高温移动，使 ENR 用作高速行驶的轿车轮胎的胎面胶与路面将有更好的路面抓着力。

（1）环氧化天然橡胶制备原理　早期的研究首先尝试在均相溶液（苯、氯仿）中进行溶液环氧化，采用过苯甲酸类（邻单过苯二甲酸、过苯甲酸、卤化过苯甲酸）和过氧乙酸等作为环氧化试剂，小心控制反应条件可获得高的环氧化度。由于工业化的要求，胶乳中直接环氧化引起人们的更大兴趣，显然其生产成本比使用有机溶剂低得多。目前主要采用在酸性条件下用过氧乙酸或过氧甲酸对 NR 胶乳进行环氧化制备 ENR。工艺流程如下：NR 乳胶→加稳定剂→酸化→环氧化→ENR 乳胶→凝固→洗涤→中和→干燥→ENR 干胶。

采用过氧乙酸对 NR 胶乳进行环氧化时，过氧乙酸预先由乙酸或乙酸酐与过氧化氢反应制备，反应体系的 pH 值用乙酸进行调节，环氧化程度主要是通过改变干胶质量分数与过氧乙酸的用量比来控制的。由于制备好的过氧乙酸要经过标定才能使用，既不方便，一致性也差，且过氧乙酸贮存稳定性差，高浓度时还有爆炸的危险。此外，反应过程中产生大量的乙酸，容易引起环氧基团的开环反应。目前主要倾向于在反应体系中直接产生新生态的过氧甲酸，在原位进行环氧化反应。新生态的过氧甲酸的氧的活性高，无需分离，反应条件方便简单，环氧化程度可通过 NR 的干胶质量分数与过氧化氢的用量比来控制。

随着环氧化程度的提高，ENR 分子链上相邻环氧基团数目也增加，已开环的环氧结构易向邻近的环氧基团进攻，发生分子内反应形成五元环醚。这种反应一直沿橡胶分子主链进行，直到非环氧基团或空间位阻使之终止。其反应机理如下：

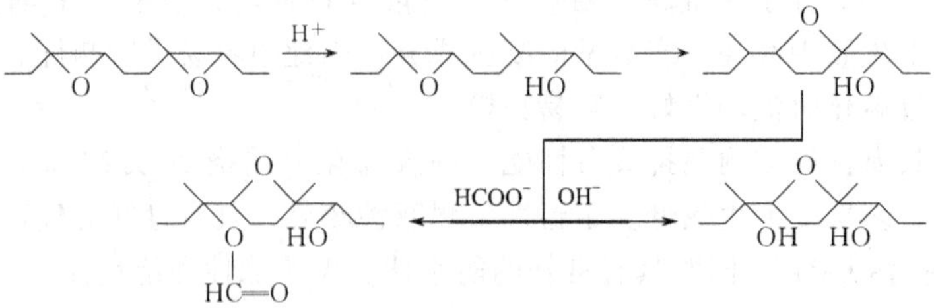

ENR 的环氧化程度与其性能有着密切的关系。摩尔分数低于 10%的环氧化水平，其性能与天然橡胶无大的区别；但摩尔分数高于 75%的环氧化水平则几乎失去橡胶的许多优点；只有摩尔分数为 10%～50%环氧化范围的 ENR 的应用特性最好。

（2）环氧化天然橡胶制备方法

① 用过氧甲酸对 NR 胶乳在一定条件下进行环氧化反应制备了 ENR。将稀释到一定浓度的 NR 胶乳加入三口瓶中，加入乳化剂 OP210 恒温搅拌 1h，滴加 HCOOH 水溶液将胶乳酸化至一定程度，再缓慢滴加定量的 H_2O_2 水溶液进行反应，反应至一定时间，用乙醇沉淀反应过程中所取样品与反应最终产物，经水洗、质量分数为 1%的 Na_2CO_3 浸泡 24h、再水洗至中性，最后在 40℃恒温状态下真空干燥至恒重。

② 以过氧乙酸为环氧化试剂，在天然橡胶胶乳中实施环氧化反应，可达高环氧化程度，获得不同环氧化程度的 ENR。并通过 IR、DSC、^{13}C-NMR 等手段对产物作了全面分析和表征。

③ 采用过氧乙酸对 NR 胶乳进行环氧化反应，控制过氧乙酸浓度为 2.66～4.18mol/L，体系胶质量浓度为 0.11～0.15kg/L，反应温度为 273～283K 的条件下，过氧乙酸中活性氧可定量转化为环氧基，活性氧转化率为 100%。

制备环氧化橡胶的过程中，严格控制反应条件十分重要，否则会产生副反应。副反应产物的性质取决于体系中游离酸的数量和类型，也取决于环氧化程度。在环氧化程度低的情况下，如果体系中存在强无机酸，则会生成二醇类化合物［图 8-1(Ⅰ)］。如果过乙酸的用量过高，则会生成羟基乙酸基团［图 8-1（Ⅱ）］。这些基团的生成，是由于简单的酸催化使环氧环打开所致；在环氧化程度高的情况下，游离酸引起一个环氧环开环，生成的羟基同邻近的一个环氧环起化学反应，生成取代的呋喃结构［图 8-1（Ⅲ）］和另一个羟基。这一过程可以沿天然胶主链上的环氧基反应下去，最后生成聚合的 1,5 取代的饱和呋喃结构。这种聚合的呋喃衍生物是一种硬而脆的塑料，其玻璃化温度超过 100℃。

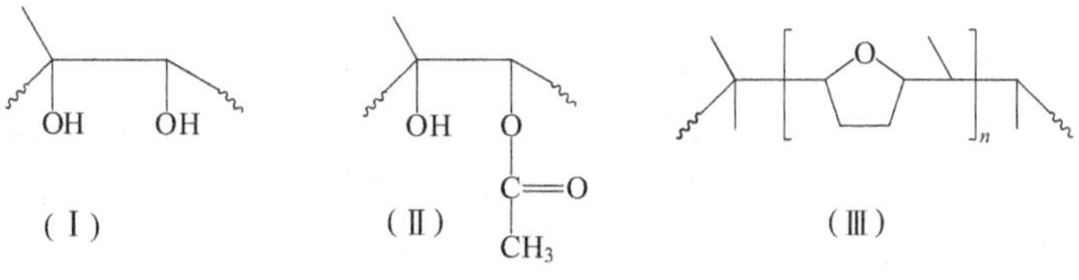

（Ⅰ） （Ⅱ） （Ⅲ）

图 8-1 环氧化过程的副反应产物

避免发生副反应的主要措施是：使用的过酸必须不含强无机酸；酸的总用量必须低，当需要增加环氧化程度时，必须将胶乳稀释以校正所需的过酸用量的增加；在整个反应过程中，必须严格控制温度；胶乳的干胶含量不宜过高，否则在反应过程中容易引起局部凝固；制得的橡胶在干燥前必须在压皱过程中彻底清洗，以除去其中所有的酸。

环氧化天然橡胶的性能特点：环氧化天然胶的半有效和有效硫化系统；环氧化橡胶的玻璃化温度（T_g）比天然橡胶的高，而且随环氧化程度的提高而提高；环氧化天然胶的溶胀性提高；环氧化天然胶的透气性降低。

（3）环氧化天然橡胶的改性方法

ENR 利用橡胶烃上的不饱和双键，在控制的条件下与过酸反应，生成环氧键。环氧化天然橡胶的结果是使材料具有优良的气密性、黏合性、耐湿滑性以及良好的耐油性，这使 ENR 的应用范围更为广泛。但是由于环氧基团是化学活性相当大的基团，使 ENR 仍然存在性能不稳定及耐老化性能差的缺点。针对这些问题，可继续在结构上作进一步的改进，即 ENR 的改性。包括：与胺类防老剂反应、与硅氧烷反应、与卤素反应、ENR 的共混改性。

8.2.2 氯化天然橡胶

氯化天然橡胶（CNR）是由 NR 通过氯化改性而制取的，是第一种已工业化应用的 NR 衍生物，它具有优良的成膜性、黏附性、耐候性、耐磨性、快干性、抗腐蚀性、阻燃性和绝缘性等优点，因而广泛应用于涂料、胶黏剂、油墨添加剂、船舶漆、集装箱漆、路标漆和化工重防护漆等方面，是工业上最重要的衍生物之一。

（1）氯化天然橡胶的发展状况 CNR 的研究最早始于 1859 年，1915 年由 Peachey 首次获得工业化生产专利，并于 1917 年由/Untied Alkali 公司实现了工业化生产。20 世纪 30 至 40 年代，CNR 的研究开发达到一个高潮，生产得到迅速的发展。到 20 世纪 90 年代初，世界 CNR 的年产量约为 40kt。据统计，到 2000 年，全世界 CNR 的年产量约 70kt。近年来，CNR 的研究又出现了一个新的热潮，出现了以日本厂家为代表的水相氯化技术和德国 Bayert公司的溶剂交换技术为主的生产方法。

中国于 20 世纪 70 年代初，由上海电化厂率先实现了 CNR 的工业化生产，1980 年广州化工厂开始生产 CNR 并投放市场，其后浙江建德农药厂、青岛化工厂、江苏江阴市西苑化工厂、宜兴市助剂化工厂等也相继建成生产装置。目前，国内所有装置均采用溶液法制备 CNR，与国外先进水平相比，规模小，工艺技术落后，产品质量差，品级牌号少，因此需大量进口 CNR 产品。据分析，近年来中国 CNR 的年需求量超过 10kt，而国内总生产能力约为2.5kt/a，实际产量不足1kt/a。

(2) 氯化天然橡胶的氯化机理与结构　对CNR氯化机理和结构的研究，已有大量的研究结果见诸报道。在20世纪30年代以前，人们认为CNR是由$C_{10}H_{13}C_{17}$和或多或少的$C_{10}H_{12}C_{18}$（含氯质量分数不小于65%）所组成。实际NR的氯化产物含氯质量分数一般为62%～68%。

20世纪30年代Bloomfield提出了$C_{10}H_{11}Cl_7$（含氯质量分数为65.48%）的分子式。他认为NR在氯化过程中，除了发生加成和取代反应外，同时还有脱HCl和环化反应发生。在反应初期，主要发生取代反应和环化反应（生成六元环），然后发生加成反应，最后又发生取代反应。在CNR中除了有链状的结构存在外，还存在环状结构。当氯原子与橡胶分子作用时，释放出大量的HCl，这表明在双键上的卤化过程是取代反应而不是加成反应，这一反应的特征可在被应用于NR和其他具有—CH_2—CMe═CH—CH_2—的烯烃上检测到。但用碘值测生成物的饱和度时，其饱和度明显地降低，这种降低一部分是真实的，归因于某种程度上的环化；部分是表观的，归因于检测过程中ICl的加成。根据反应释放出的HCl量来推断，3mol氯原子与1mol异戊二烯单元结合。

用实验证明加成和取代氯化反应对聚异戊二烯胶乳、NR、反式古塔胶在黑暗中和在氮气中达到的含氯质量分数是不同的。对合成聚异戊二烯胶乳。加成到聚合物中的最大量为1.21：1.00（氯原子与异戊二烯质量比，下同）；对NR其最大量为1.14：1.00。取代氯化反应可以氧和过氧化物为催化剂，加成反应可用紫外光催化；增大加成反应，可部分抑制环化；在过氧化物和紫外光辐射的共同作用下，氯化可达很高的程度。他还认为氯化过程包括两个单元的成环反应，生成独立的活性单元；成环导致的不饱和度降低可用Flory和Wall方程进行计算，其结果与完全氯化产物的总含氯质量分数一致；环化在氯化初期与最初的取代反应同时发生，对NR（所有异戊二烯单元，下同）与聚异戊二烯胶乳（含10%头-头结构）环化反应的理论计算统计极限值为86.5%和72%；碘滴定法对含氯质量分数小于35%的试样可获得精确的结果，该法并不适用于含氯质量分数高的试样，对于后者可用测定不饱和度来确定其环化程度。

通过采用停流法，研究室温下在CCl_4中NR含氯质量分数小于34.6%的氯化起始阶段动力学（此时氯化反应极快），建立与NR、Cl_2、HCl相关的反应速率一级方程，提出的反应机理为：在聚合物单元和Cl_2，Cl之间形成了分子配合物，相应的动力学可以解释实验数据；采用了小分子模型2-甲基-2-戊烯，其未催化和自动催化的速率与NR接近。实验结论为：具有高反应活性的NR单元（含一个甲基取代的碳碳双键）能提高NR氯化起始阶段反应速率，这与聚合物无关。

从已发表的有关CNR氯化机理和结构的研究看来，CNR的分子结构仍然不清楚，CNR分子链上带有环，这似乎已是无疑的，但有近期的研究（核磁共振和红外光谱）表明，其结构可能是嵌段共聚物，由线性的氯化单元和环化的氯化单元相间而成。

(3) 氯化天然橡胶的合成制备技术　自CNR研究开发以来，对NR的氯化采用过多种氯化剂，如氯气、次氯酸、液氯、氯气与氯化氢混合物及可产生氯气的试剂如盐酸和碱或碱土金属次氯酸盐等，用得最多并工业化生产的只有氯气。氯化前对NR的预处理有：将NR直接溶解或溶胀在四氯化碳、甲苯、溶剂石脑油、氯化萘及混合溶剂等溶剂中，效果最好的是四氯化碳；对NR先降解再氯化，如捏合、紫外光照、热氧或臭氧降解以及加入化学试剂如金属盐使之降解；氯化前后用酸或碱处理；直接用固体的NR氯化；对NR硫化后再氯化及直接对NR胶乳氯化。下面仅对溶液法和胶乳法作一介绍。

① 溶液法　长期以来，CNR主要采用“溶液法”工艺进行生产对NR先塑炼降解，使

其相对分子质量从约 100×10^4 降至约（6～7）$\times10^4$。然后将塑炼后的胶片切成约 40mm×60mm 的小块，投入装有四氯化碳（质量分数为2%～5%）的溶解罐中，加入约1%的引发剂，在一定温度下，搅拌溶解成含胶量约5%的胶体溶液。将该胶体溶液送至氯化釜，在一定温度下通氯氯化，直至不再产生氯化氢、产品含氯量达63%以上为止。反应初期和后期均通入少量空气，以阻止发生交联及驱散溶液中残留的氯化氢。氯化完成后，将胶液放至贮罐，进水洗塔通热水水析。热水蒸出的四氯化碳经冷凝回收，析出的 CNR 悬浮液进行离心脱水，分出 CNR 湿料，经气流或沸腾干燥得 CNR 成品。为了确定 NR 的氯化反应步骤，前人精确地研究了 NR 在 CCl_4 中的氯化反应。认为 NR 的氯化至少分3阶段，每个阶段都涉及氯的加成和 HCl 的释出：

$$C_{10}H_{16} + 2Cl_2 \longrightarrow C_{10}H_{14}Cl_2 + 2HCl\uparrow$$

$$C_{10}H_{14}Cl_2 + 2Cl_2 \longrightarrow C_{10}H_{13}Cl_5 + HCl\uparrow$$

$$C_{10}H_{13}Cl_5 + 2Cl_2 \longrightarrow C_{10}H_{11}Cl_7 + 2HCl\uparrow$$

② 乳胶法　室温下，在反应釜中加入一定量的酸性水，在通氯情况下，边搅拌边滴加已经稳定化处理的天然胶乳，在表面活性剂存在下，调制成橡胶颗粒细小、分散均匀的水分散液。继续通氯，加入引发剂，在紫外光照下初步氯化，制备出初步氯化的细粉状中间物。然后逐步升温，进行深度氯化。过滤分离出微粒状 CNR，水洗干燥，成品含氯量约65%。

研究结果表明，制约胶乳法 CNR 生产和应用的难题是产品的溶解性和稳定性。溶解性问题已得到解决，因此亟待在研究了解胶乳法 CNR 分子结构及降解机理的基础上，对胶乳法 CNR 的稳定性进行研究，从根本上解决胶乳法 CNR 稳定性差的问题，为胶乳法 CNR 的生产及应用铺平道路。

(4) 氯化天然橡胶的降解和稳定性　CNR 降解时，无论是热、光，还是氧引发的，都是以释放出 HCl 为特征，这是由 CNR 的结构所决定的。

研究结果表明：小于300nm 的吸收导致 CNR 分解很强烈，但只限于表层；100℃下干加热的数据表明，分解反应速率极低，甚至无反应发生；某些牌号的 CNR 中含有 CCl_4，所以分离出来的氯不是由于 CNR 分解所致，经提纯的 CNR 可分解的氯原子从1.5%降至1.0%。总的说来，CNR 的含氯质量分数、黏度及稳定性之间无一定的关系。

对于新型胶乳法制备 CNR 的热稳定性。通过观察到随老化温度的上升，所有 C—C 吸收峰出现衰减，并伴随所有甲基峰（包括亚甲基）的衰减，这是因为在老化的过程中，甲基为脱 HCl 提供了氢原子的缘故。用热重分析、傅里叶变换红外光谱-热重联用研究了胶乳法 CNR 的热降解、热氧降解过程，讨论了升温速率与降解温度及降解速率的关系，分析了 CNR 在降解过程中逸出气体成分，并求出了反应动力学参数，得出 CNR 脱 HCl 的反应级数为1.1，反应活化能为101.7kl/mol。

8.2.3　接枝天然橡胶

(1) 天然橡胶接枝改性的历史回顾　早在1914年 Francais Ducaoutchouc 研究所首先开始了对天然橡胶（NR）的接枝共聚的研究，他们通过化学方法使一些单体如丙烯酸酯（AE）、苯乙烯（St）、丙烯腈（AN）等作为支链附着于橡胶分子链上，并通过差热分析和选择性溶解度测定证实了接枝物的存在。随后英、法等国的研究人员采用不同的引发体系对 MMA 与 NR 的接枝共聚作了详细的研究。而进入20世纪60年代，有关 NR 接枝共聚的研究比较少，许多研究是前期工作的补充与完善。20世纪70年代，Beniska 等讨论了不同温度下二硫化四甲基秋兰姆对 NR 接枝 St 共聚的影响。进入20世纪80年代，有关 NR 接枝共聚的研究报道再次迅速增加，如印度尼西亚的 Sundari 等对辐射引发 MMA 与 NR 的接枝共聚体系做了研究，并成功地采用田间胶乳与 MMA 进行了接枝共聚。进入 20 世纪 90 年代，有关 NR 的接枝共聚研究仍在继续发展之中，如日本与印度尼西亚合作，进一步采用辐射引发法研究了 MMA 在 NR 上的接枝共聚。2000 年以后，泰国的 C. Nakason 研究小组在天然橡胶的接枝改性以及接枝橡胶与其他单体共混改性方面做了大量的研究。

（2）天然橡胶接枝改性的基础　由于在天然橡胶的长分子链中碳原子都是 α-碳原子（见图 8-2），每个链节都含有一个双键，与双键相邻的其他具有一定的活性，可以脱氢产生自由基，发生 α 氢取代反应，从而接上单体。

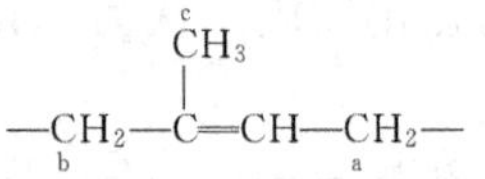

$$-\underset{b}{CH_2}-\overset{\overset{c}{CH_3}\,|}{C}=CH-\underset{a}{CH_2}-$$

图 8-2　NR 的 α-碳原子

NR 分子链中，1,4-聚合链节中双键旁边有 3 个 a 位置（a，b，c），接枝聚合点的位置取决于 3 个位置上的 C—H 键的解离能，根据表 8-2，可以确定三个位置的反应活性顺序为 a>b>c。由于异戊二烯单元中的侧甲基具有推电子作用，从而使双键的电子云密度增大，并使 a 氢易于发生取代反应。a，b 两位与 c 位相比，前两者是仲氢而后者是伯氢，一般脱仲氢比脱伯氢容易，因此，a，b 两位的反应活性比 c 位大。a 位与 b 位相比，a 位活性大的原因在于脱氢后所形成的大分子自由基更为稳定。故天然橡胶链中 α-亚甲基的氢原子很活泼而易被夺去，引起取代反应或形成大分子游离基。这些都给改变橡胶分子结构、在天然橡胶主链上接枝上其他单体提供了有利条件。

表 8-2　α 氢的活性

位置	C—H 解离能/(kJ/mol)	C—H 断裂容易程度(相对比较)
a	320.5	11
b	331.4	3
c	349.4	1

接枝后的产物，除可保持橡胶主链原有的基本性能外，还能使橡胶具有接入单体的某些新性能，因此可以达到改善 NR 性能的目的，从而扩大橡胶的使用范围。

（3）接枝机理　在 NR 的分子链中，每个异戊二烯链节都含有一个双键，在双键碳原子上可以进行加成反应，主链上的其他碳原子均为 α-碳原子，可以脱氢产生自由基，从而接上单体，因此在 NR 主链的任何碳原子上都可以接上单体。自由基引发剂在接枝体系中可以两种方式引发接枝共聚（图 8-3）。

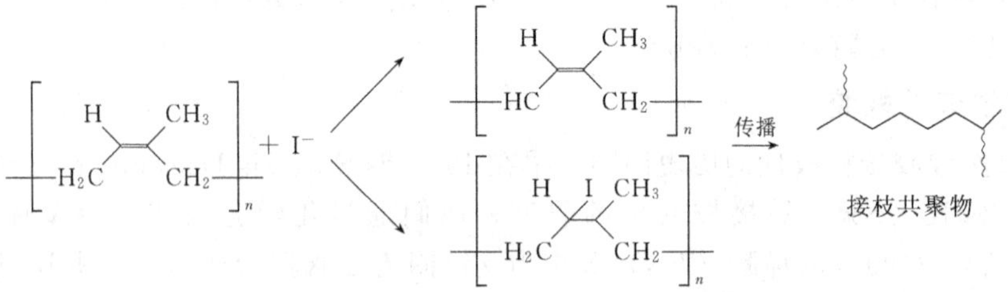

$$\left[-H_2C-C(H)=C(CH_3)-CH_2-\right]_n + I^- \rightarrow \left[-HC(\cdot)-C(H)=C(CH_3)-CH_2-\right]_n \;\text{或}\; \left[-H_2C-C(H)(I)-C(CH_3)-CH_2-\right]_n \xrightarrow{\text{传播}} \text{接枝共聚物}$$

图 8-3　自由基引发剂引发接枝共聚的两种方式

8.2.4　环化天然橡胶

1781 年，Leonhardi 观察到用硫酸处理后的天然橡胶变得又硬又脆，是一种树脂状物质。研究发现，在橡胶转化为树脂的过程中会部分损失初始的不饱和基团，但聚异戊二烯的

经验结构式 C_5H_8 未发生任何变化。环化产物仍可溶解在非极性溶剂中，所以主链的交联并不显著。研究结论是通过分子内的键会在橡胶分子内形成环化结构，因此，这些产品被称为环化橡胶（C-NR）。

（1）环化天然橡胶的机理

环化天然橡胶也是从化学结构上对天然橡胶进行改性。环化反应是碳正离子引发的反应，它可以将线性和有规立构聚合物转化为梯形聚合物。质子酸、路易斯酸、热、电磁和微粒子辐射都可以引发不饱和聚合物的环化反应。在不饱和聚合物中，NR 是最敏感和最易发生环化聚合反应的，天然胶乳或生胶用芳香烃溶剂溶解后，加入硫酸或磺酸等环化剂加热反应，则橡胶的顺式 1,4 结构部分被环化，并有一小部分转化为反式结构，环化反应的结果使 NR 生成具有双环或三环结构的环化橡胶，不饱和度降低到原来的 50%左右。环化反应导致 NR 相对分子质量大大降低，密度和折射率增高，环化结构的存在使 NR 分子链的刚性增强，软化点在 95～120℃之间。

天然胶环化过程的主要反应如下：

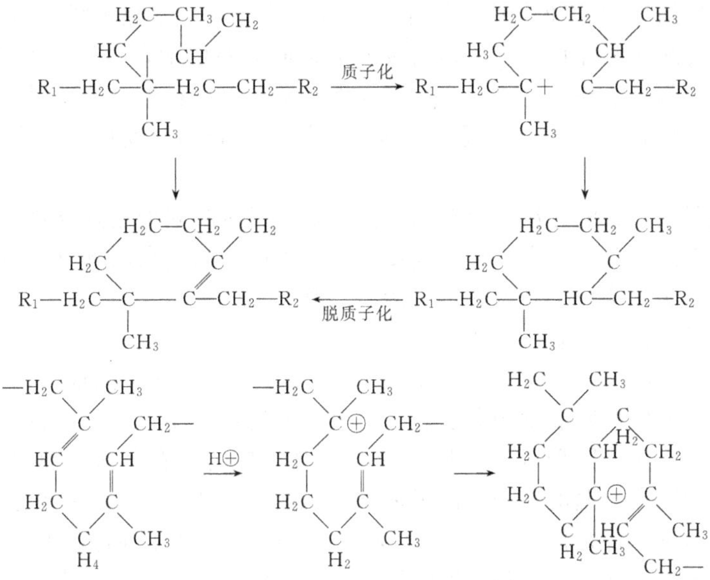

上述反应继续进行的结果，可生成具有双环或三环结构的环化橡胶。典型的环化天然橡胶的结构如下图所示：

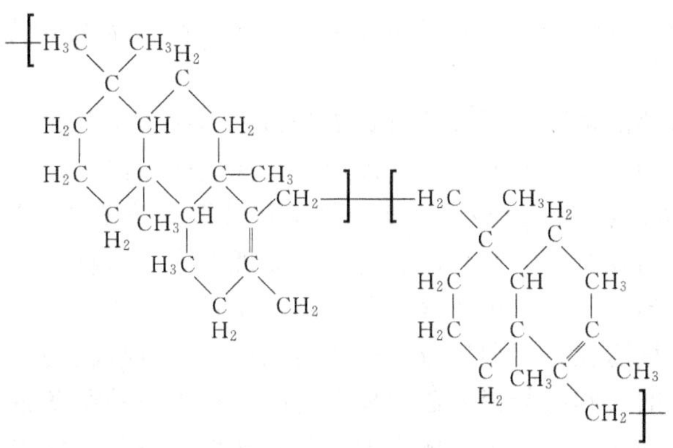

（2）环化天然橡胶的制造方法　过去制造环化橡胶是把生胶溶解在有机试剂后进行，或

将生胶与环化剂一起加热混炼。后来发现直接用胶乳环化，可大大方便操作和降低生产成本。

在胶乳中进行环化的方法是光加非离子型稳定剂（如加O）或阳离子稳定剂使胶乳稳定，然后加入浓度为70%硫酸，在100℃的温度下作用2h，让橡胶完全环化。这个反应在最初阶段进行得很剧烈，放热量很大，必须注意冷却。否则，温度过高，橡胶有被硫酸炭化的危险。

(3) 环化天然橡胶的性能特点与应用　环化橡胶分子链呈环状结构，因而不饱和度减小，密度加大，软化温度提高，折射率增大。环化天然橡胶可用作橡胶的补强剂，加各种填料使橡胶达到同一硬度的胶料时，以环化橡胶作填料者拉伸力最高，密度最小。一般用来制造鞋底和坚硬的模制品或机械的衬里；用于涂料工业，可增加涂料的耐酸、耐碱性能；用于胶黏剂，对金属、木材及混凝土等都具有良好的附着力。

8.2.5 热塑性天然橡胶

热塑天然橡胶（TPNR）是在常温下显示橡胶弹性，高温下又能塑化成型的材料。这类材料兼有塑料的易加工特性和橡胶优良的物理力学性能。由于热塑橡胶可以用热塑机械加工，而且无需经过配料和硫化工序，因而减少了添加剂的用量，也简化了混炼和硫化过程，从而节省了时间和能量消耗。此外，出于不合格产品和边角料可以重复利用，因而还能降低材料的消耗。由于具有这些优点，近年来对热塑橡胶的研制和使用在国内外已引起普遍的重现。

目前制备热塑天然胶的方法主要有两种：一是用天然胶同聚乙烯或聚丙烯共混，二是用接枝的方法，沿天然胶分子链在一定间隔接上大小受控制的硬高聚物或结晶高聚物支链。下面简单介绍用共混法和接枝法制备热塑天然胶的要点。

(1) 热塑性天然橡胶的制备方法

① 共混法制备热塑天然橡胶　将NR与聚苯乙烯（PE）或聚丙烯（PP）在炼胶机上共混，是制备热塑性天然橡胶的常用方法之一。所得到的共混物中，聚烯烃的微结晶区提供了刚性和补强能力。天然胶同聚丙烯或聚乙烯的共混物是用附有蒸汽加热设备的密炼机制备的。混炼周期的初期要求温度高于聚丙烯的熔点（165～175℃），这一点很重要。因此，在整个混炼周期，蒸汽压通常保持在0.38MPa左右。用大型高速混炼机时，无蒸汽加热也可以。为了保持高的混炼速率，在整个混炼周期中，应使密炼机的上顶栓处于中等压力。混炼温度平均为150～160℃，排胶温度一般为180～200℃。采用的混炼周期大致如下：0min——加天然胶、聚丙烯、炭黑（需要时加）；3～4min——加过氧化二异丙苯（胶黏剂，用量为每70份橡胶0.4～0.6份）；5min——加防老剂（需要时加）；6.5～7.5min——排胶。

混合胶料在非常热的情况下通过开放式炼胶机滚压一次，压成厚度为4～6mm的胶片，这种尺寸的胶片适于切割成胶条或造粒，以便送入注模或压出机。

② 梳形接枝法制备热塑天然橡胶　实验性接枝共聚的热塑橡胶是利用活性聚合物技术，使硬链段单体在主链引发位置上聚合而成的。从原理上讲，这种活性聚合物接枝技术也可应用于天然胶主链，但出于天然胶中所含的非橡胶物质具有终止离子聚合过程的化学基团，因而必须采用另外的接枝途径，即用反应预聚物与天然胶主链接枝的方法。

制造具有热塑性的天然胶与聚苯乙烯聚合物时，首先单独制备带有偶氮羧酸酯作端基的聚苯乙烯预聚物。另外，在苯乙烯单体中加入丁基锂作引发剂，使单体进行阴离子聚合，加环氧乙烷和酸终止聚合反应，并生成每个链的一个末端带一个羟基的聚合物。最后加入制好的酸性偶氮氯化物与之反应，生成端基为偶氮羧酸酯基的聚苯乙烯。此反应预聚物为稳定的黄色粉末，在室温下储存18个月还能保持其化学性质和接枝活性。

天然橡胶中的非橡胶物质会影响接枝效率。其中，不饱和脂肪酸或其氧化物是降低接枝效率的因素之一。接枝前用丙酮抽提天然胶，则接枝效率可显著提高（表8-3)。为了抵消非橡胶物质对接枝效率的影响，最好加少量氧化钙的矿物油分散体。当氧化钙用量为橡胶的1%时，接枝效率即显著提高。

表8-3　天然胶中的非胶物质对预聚物接枝效率的影响

主链聚合物	接枝效率/%
合成聚异戊二烯	76
SMR 5L	48
丙酮抽提过的SMR 5L	73

注：由聚苯乙烯总含量为40%（质量）的混合物测定。

(2) 影响热塑性天然橡胶性能的因素

① 橡胶与聚烯烃的比例　改变弹性相（天然橡胶，用NR表示）和硬相（聚丙烯，用PP表示）的比例，可获得刚性范围非常广泛的共混物。一般说来，共混物的拉伸强度和弯曲模数随聚丙烯含量的增加而增大（表8-4)；而当共混物注模时，由于流动而产生的径向和切向刚性的差异随聚丙烯含量的增加而减少。

表8-4　天然橡胶聚丙烯（NR/PP）共混物的性能

项目		指标			
天然胶(SMR 5L)/质量份		65	60	50	40
聚丙烯/质量份		35	40	50	60
过氧化二异丙苯/质量份		0.39	0.36	0.30	0.24
防老剂[2,2'-亚甲基(4-甲基-6-叔丁基苯酚)]/质量份		1	1	1	1
模制品性能					
拉伸强度/MPa	径向	11.0	13.6	16.1	19.6
	切向	10.0	10.6	14.8	16.7
拉伸伸长率/%	径向	65	53	60	115
	切向	405	330	475	540
弯曲模数/MPa					
23℃	径向	400	500	620	880
	切向	200	240	370	580
70℃	径向	150	160	240	300
	切向	70	80	130	210
−30℃	径向	1200	1400	1900	2100
	切向	600	750	1100	1650
−30℃弯曲模数/70℃弯曲模数		8.2	8.3	8.1	7.4

② 交联剂的用量　用过氧化二异丙苯使弹性相产生部分交联，可增加天然胶与聚烯烃共混物的硬度。这一效应对天然胶含量高的共混物更为明显。NR/PP为85/15的共混物中，过氧化二异丙苯含量为0.4质量份以下时，模压胶片是柔软的，稍呈黏性，而且由于模压收缩不均匀而有变形，过氧化物增加至0.6～0.8质量份时，模制品的性能大大改善；NR/PP为65/35的共混物，由于硬相含量较高，过氧化物用量为0.2质量份也可防止变形。

③ 温度效应　以聚丙烯为基料的热塑天然胶共混物加热时软化，但在150℃以下不会发

生由于内应力消除而引起的变形，这些共混物在零下低温时的刚性比室温时大很多，而−30℃和70℃是汽车的塑料和橡胶部件能够正常使用的两个极限温度。

④ 填充效应　使用最适量的交联剂时，通用炭黑基本上不会再增加对聚烯烃的补强作用；当过氧化物用量低时，加有通用炉黑的共混物的拉伸强度比无填料的共混物的高，但过氧化物用量为0.4～0.5质量份时，其拉伸强度同不加炭黑的相似。加炭黑会使径向的扯断伸长率减少，但对切向的扯断伸长率无影响。

使用导电炭黑可以使热塑天然胶共混物具有抗静电性，适用于静电喷雾法上漆。在混合周期开始时，当剪切力高的时候，也即在聚烯烃软化之前，将炭黑加入聚合物中，能获得良好的分散。在混合周期的后期或第二阶段混合时加入炭黑，则分散不良，虽电阻率较低，但共混物的强度下降。

(3) 热塑性天然橡胶的应用　由于热塑橡胶的硬度和刚性处于橡胶和硬质材料之间，适合于制造汽车的阻性耐冲击零部件，如保险杆、摩擦带和车身地毯等。在其他方面的试验产品，有铁轨缓冲垫、管子接头和热塑天然胶板等。在鞋类工业方面，较硬的热塑天然胶共混物可用作滑雪鞋、滑冰鞋和鞋跟揉曲性部分的材料。

8.2.6　液体橡胶

液体天然橡胶（LNR）是天然橡胶的改性产物，是外观像蜂蜜的不含水分的低相对分子质量弹性体，一般相对分子质量较低，大约在20000以内，具有天然橡胶的一些基本性能，且都由顺1,4-异戊二烯结构单元组成。

液体橡胶作为橡胶的第二代原材料，多年来备受世人关注，竞相研发。因为橡胶加工如果从固态改为液体，可以省掉许多庞大复杂的加工设备，并使生产过程由间断操作变成连续化作业；同时还可提高生产效率，节省能耗，降低劳动强度，减少环境污染，使产品质量的均一性也进一步得到提升。

(1) 液体橡胶的合成　液体橡胶的合成方法有自由基聚合、乳液法聚合、阴离子聚合、基团转移聚合、开环聚合、高聚物臭氧降解法和间接的端基转化法等。目前，工业化生产的方法主要有自由基乳液聚合、自由基溶液聚合和阴离子聚合法。

① 自由基聚合法　适用于遥爪型液态聚合物的制备，需选择带官能团或能产生官能团的化合物作引发剂或链转移剂，引发二烯烃单体聚合。待偶合终止，即得到遥爪型聚合物。

② 离子聚合法　早期的遥爪型二烯类液体橡胶即采用此法，所用的引发剂为碱金属、萘钠络合物或有机锂化合物。

③ 其他方法　采用传统的催化聚合，可得到1,4结构大于70%的液体聚丁二烯。所用的催化体系为三烷基锂。

活性液体橡胶从加工成型上可以分为浇铸和注射两大类（图8-4和图8-5）。浇铸成型法主要用于液体聚氨酯（CPU）和液体硅橡胶（RTV）；其工艺过程为将预聚物加入链增长剂并进行混合，然后铸入模内进行固化而成。注射成型法适用于一般烯烃和二烯类液体橡胶，如聚丁二烯橡胶（LBR）、丁腈橡胶（LNBR）等，是将液体橡胶加入填料进行混合，而后再混入固化剂经过注射或挤出、压模、压缩、传递、旋转、喷雾、涂覆等的成型工艺的一种而制成橡胶制品。注射成型也可制成发泡体材料。

(2) 液体橡胶的特性

① 液体橡胶的分子结构特点　人们已经知道液体橡胶可以分为无活性官能团的液体橡胶和带活性官能团的液体橡胶。对于无活性官能团的液体橡胶来说，它们的分子结构与固体橡胶相同，只是相对分子质量比固体橡胶小而已。对于带活性官能团的液体橡胶，其性质除

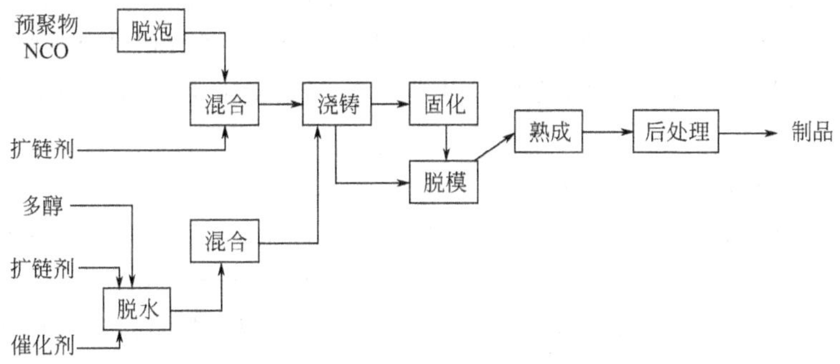

图 8-4　液体橡胶浇铸生产工艺流程

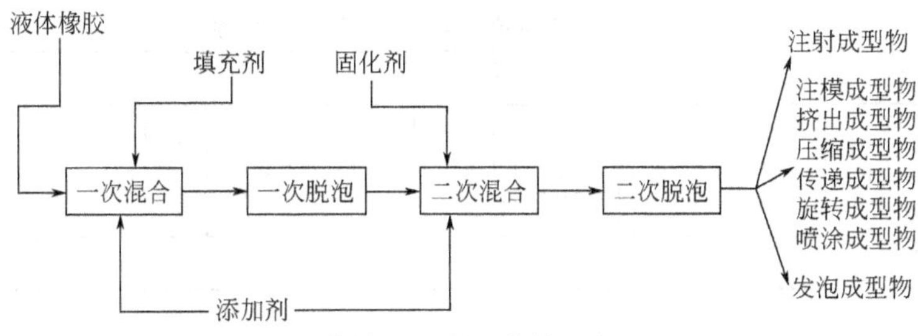

图 8-5　液体橡胶注射及其他生产工艺流程

了主链结构的影响外，主要取决于带官能团的种类和数量。

常见官能团按活性可以分为：低反应活性，如—OH、—C ═O、—Cl、—NR_2；中反应活性，如—CH_2Cl、—CHO、—COOH、—CH—CH_2、—Br；高反应活性，如—OOH、—SH、—NCO、—COCl、—Li、—NH_2。

此外官能团的极性、亲和性和对胶液的增黏作用表现为：无官能团＜—OH＜—COOH，0 官能度＜1 官能度＜2 官能度。正是这些特征端官能团决定了液体橡胶性质与应用。

所得产物平均每个液体橡胶分子中含反应性基团的数目称之为官能度。重均官能度 f_w 与数均官能度 f_n 的比值称为官能度分布，它表明聚合物中所含官能团数目的分散性。平均官能度不同，阴离子聚合法 $f \leqslant 2$ 而自由基聚合产物的 $f \geqslant 2$，一般在约 1.9～3.0 之间。这可能是由于聚合物烯丙基上氢被—OH 或—COOH 取代的缘故。随平均官能度和侧链烃基或羧基数提高，固化速度加快，有利于形成网状结构，固化所得产物的交联密度、抗张强度、硬度增加，耐油性和耐热空气老化性能提高，伸长率和永久变形下降。而平均官能度下降，则固化物软段 T_g 下降，低温性能良好。f 的数目对于不同的液体橡胶应该有不同的最佳值，比如在 HCTPB 分布中有可能存在 0 官能团、单官能团、双官能团和多官能团分子，当官能度为 2 时，有利于链延伸反应；无官能团和单官能团分子在固化时不能进行有效的链延伸反应；而多官能团分子在固化时会过早地产生交联反应，也降低了聚合物分子的延伸性能，故在合成时应对无官能团、单官能团及多官能团的分子予以控制。

② 液体橡胶的流变性能　液体橡胶是低相对分子质量高分子化合物，它是一种在室温下具有流动性的聚合物，受外力作用时它不但表现出黏性，还表现出弹性和塑性，即其既具有流动性又具有形变性能，这种流动性和形变性能强烈地依赖于液体橡胶的分了结构和外界条件（环境温度和作用力等）。

液体橡胶的表观黏度与剪切速率有关，在高剪切速率下呈非牛顿流体，而在低剪切速率下表现出牛顿流体性，可用本体黏度表征其流动性，本体黏度与相对分子量（M_n）及其分布、官能团种类和数量、支化度和链长以及剪切速率、温度等有关，通常遵守经验公式：$\eta_a = k\,\overline{M}_n^{\alpha}$

式中，k、a 为与温度有关的常数。

低 Mn 液体橡胶的流动性符合阿累尼乌斯关系［$1/\eta_a = A\ \exp(-E/RT)$］，随温度升高，$\eta_a$ 下降，聚合物的支化对 η_a 有影响，短支链有助于推开大分子，使柔性增加，η_a 下降；长支链则妨碍大分了的内旋转，使 η_a 升高；就活性官能团而言，它们的极性与 η_a 有很大关系，极性增加，剪切黏度急剧上升。研究发现，HCTPB 的 η_a 随羧基与烃基配比增大（强极性基含量增加）而显著提高（如表 8-5 所示）。

表 8-5 剪切黏度与羟基/羧基比的关系

羟基：羧基(摩尔比)	9：1	3：1	2：1	1：1	1：2
羟基/(×10⁴ mol/g 胶)	6.5～7.5	5.5～6.5	4.0～6.5	3.5～5.0	2.0～4.0
羧基/(×10⁴ mol/g 胶)	0.5～1.5	1.5～2.5	2.0～4.0	3.0～5.0	4.0～7.0
黏度(40℃)/Pa·s	<4	<5	<7	<10	<15
数均相对分子质量	2500～3500				

③ 液体橡胶的交联特性　液体橡胶的交联特性与其分子结构有关。对于第一代液体橡胶，无活性端基或侧基的液体橡胶与普通的固体橡胶一样，在硫化剂、促进剂的作用下，分子之间可以产生交联。这类液体橡胶只能在分子链的中间部位发生交联，而分子的末端则成为自由链端，其硫化胶的交联结构与对应的固体硫化橡胶的相同。加工时，可以将配合剂与液体橡胶混合，再采用设备将其注入模具，加温硫化成型。同时，也可以将它与固体橡胶共混并进行硫化。此时，液体橡胶也会参与固体橡胶的硫化过程。

对于第二代液体橡胶中的遥爪型液体橡胶，在预聚物固化时，是分子端部的活性端基发生化学交联，硫化胶的交联结构中不含自由链端，所得硫化胶的交联点间相对分子质量比普通橡胶大，同时，交联网络结构规整有序、交联结构中无短链，所以硫化胶的柔软性很好，其交联速度和交联程度依赖于活性端基的活性和官能度等结构特性。

（3）液体橡胶的种类及应用　液体橡胶的品种繁多，所有的固体橡胶品种几乎都有相应的液体橡胶，有无活性官能团及含活性官能团（如烃基羧基、卤基、异氰酸酯基、氨基等）两大类。对于无活性官能团的液体橡胶来说，它们的分子结构与固体橡胶相同，只是相对分子质量比固体橡胶小。带活性官能团的液体橡胶包括分了链内具有活性侧基的液体橡胶和遥爪型液体橡胶。下面主要介绍 11 种应用较广泛的液体橡胶。

① 液体聚丁二烯橡胶

其结构式如下：

$$X\!-\!(CH_2-CH=CH-CH_2)_n\!-\!(CH_2-\underset{\underset{\displaystyle CH=CH_2}{|}}{CH})_n$$

无官能团的液体聚丁二烯由于含有不饱和键，可在加热升温的情况下以自动氧化的方法固化，也可以在室温下用加入金属干燥剂的方法固化。端基液体聚丁二烯具有良好的黏合性、相容性和弹性等物理性能，因此还广泛用于密封材料、胶黏剂、浇注制品。

② 液体丁腈橡胶　液体丁腈橡胶一般是由自由基聚合法或阴离子聚合法制备，工业上多用自由基聚合法制备。其结构式如下（X 为—H，—COOH，—OH，—SH，—NH_2 等基团）：

$$X\text{—}(CH_2\text{—}CH\text{=}CH\text{—}CH_2)_m\text{—}(CH_2\text{—}\underset{\displaystyle CN}{\underset{|}{CH}})_n\text{—}X$$

液体丁腈橡胶由于含有丙烯腈，因此具有很好的耐油性和极性，又具有流动性，可用于配制胶黏剂、导电胶和导热胶。经过氢化改性的液体丁腈橡胶具有更好的耐油性和更高的耐热性。端官能团的液体丁腈橡胶可用于橡胶制品、胶黏剂、封装材料，也可以用于耐低温、防腐、防水、电绝缘等特种涂料。以异氰酸酯为端基的丁腈液体橡胶在耐腐蚀聚氨酯弹性涂层、电子灌封及建筑防水涂料领域具有广阔市场。

③ 液体聚异戊二烯橡胶　液体聚异戊橡胶有液体天然橡胶（LNR）和合成的液体聚异戊二烯橡胶（LIR）两种，结构如下（X为—H，—OH，—COOH等基团）：

$$X\text{—}(CH_2\text{—}\overset{\displaystyle CH_3}{\overset{|}{C}}\text{=}CH\text{—}CH_2)_m\text{—}X$$

LIR具有低相对分子质量、低玻璃化温度、无色无味、透明、无残留的卤素等特点。因此可用于胶黏剂和密封材料，还广泛用于橡胶和树脂的改性材料。LIR可等量部分替代NR在轿车轮胎三角胶中应用，可降低门尼黏度，提高炭黑分散性，节省混炼能耗，改善加工性能，减少胎圈窝气现象，而成品轮胎的高速性能和耐久性能基本不变。

④ 液体硅橡胶（硅酮橡胶）　液体硅橡胶是相对分子质量较低的以硅氧烷（—R_2SiO—）为链节的聚合物，主要有液体硅橡胶（LSR）和室温硫化型硅橡胶（RTV）两种。

液体硅橡胶是很有发展前途的材料。它已广泛用于各种橡胶制品。因为其相对黏度低，具有快速分散和对玻璃及其他基质非黏性的特点，特别适合制造小件产品。同时它具有其他液体橡胶无可比拟的耐热性、耐寒性、耐天候老化性以及电绝缘性和耐化学药品性，还有良好的透气性、不收缩性、柔软性，加之加工使用也非常方便。众多的优点使得它在汽车、建筑、电子电力、医疗保健、机械工程等领域得到了广泛应用。

⑤ 液体乙丙橡胶　液体乙丙橡胶是低相对分子质量的乙烯-丙烯共聚物或乙烯-丙烯-共轭二烯三元共聚物。目前主要采用茂金属催化剂合成。

液体乙丙橡胶具有黏度低、耐老化性好的特点，现在除了用作橡胶和树脂的改性剂增塑剂和油品添加剂之外，又将其用于适合现场施工的喷涂型和涂覆型密封剂，并广泛用于制造室温硫化的防水膜片、密封垫片等。

⑥ 液体聚硫橡胶　液体聚硫橡胶（LPSR）为主链含单硫或多硫键，末端带有硫基（—SH）的低相对分子质量聚硫橡胶。LPSR分子中无不饱和键，链上有活性基团硫基（—SH），能与多种氯化物、过氧化物、氧化剂、二异氰酸酯等反应生成弹性的固体橡胶。

聚硫橡胶具有优越的耐油、耐溶剂、耐老化、抗冲击等性能，以及低透气率和优良的耐低温屈挠性，广泛用于胶黏剂、弹性密封胶。LPSR还可用作皮革的浸渍剂、印刷液辊、牙科印痕材料、丁腈橡胶硫化剂等。

⑦ 液体丁苯橡胶　液体丁苯橡胶可采取自由基聚合法或阴离子聚合法制得，目前有无活性官能团和带端羟基两种产品。

液体丁苯橡胶与某些通用橡胶的相容性好，可掺混使用，而且可添加填充剂和油品。由于混合物分散均匀，浇注流动性好，可用于多种橡胶制品、胶黏剂、封装材料等，也可用作橡胶和树脂的改性剂，还可用作耐低温和防腐防水等的特种材料。

⑧ 液体聚氨酯橡胶　液体聚氨酯橡胶通常是由低聚多元醇和多异氰酸酯制备成预聚体，然后加入扩链剂进行扩链，而后经浇注成型、加热硫化而形成最终产品，为综合物性最佳的

液体橡胶。

液体聚氨酯橡胶最大的用途是用作混入发泡剂。除此之外其他用途近年来也发展很快，除用于运动鞋、家具、家电之外，现还大量用来制造齿形带、节能带、胶管和各种慢速轮胎等。液体聚氨酯橡胶无溶剂型密封胶的良好材料，特别适用于提高混凝土抗冲击和耐磨、水轮机叶片抗气蚀、设备构件抗磨蚀、混凝土裂缝修补后抗疲劳强度。

⑨ 液体氯丁橡胶　液体氯丁橡胶（LCR）由 2-氯丁二烯乳液自由基聚合而得，一般来说两端无官能团。它的耐气候性好，具有难燃和易黏合的特点，同时也有一定的耐油性。它主要用在无溶剂型胶黏剂、防水涂膜材料、密封材料、浇注橡胶制品和高分子材料改性等领域。

⑩ 液体聚异丁烯和液体丁基橡胶　液体聚异丁烯是异丁烯单体的低分子液态均聚物，可用活性阳离子聚合法制备。由于高饱和度、长链大分子结构使液体聚异丁烯具有良好的吸震性，低气透性，低温柔软性等特点。较低相对分子质量的可用作密封胶、润滑油添加剂、聚合物改性剂；较高相对分子质量的广泛用于各种增黏材料填缝材料表面保护材料、改性添加材料和密封材料等领域。近些年来出现了以其为基料与异戊二烯共聚的液体丁基橡胶及其卤化改性物，用以代替液体聚异丁烯，使得它的用途不断扩大。

⑪ 液体氟橡胶　液体氟橡胶通常是用偏氟乙烯与六氟丙烯经自由基聚合制备。液体氟橡胶的耐热、耐高温、耐老化性能很好，和硅橡胶差不多，优于其他橡胶。另外它还具有耐化学药品、耐候性等各种特性。不过由于价格昂贵，目前主要用作氟橡胶的增塑剂，其他用途有待开发。

液体橡胶的主要用途大体可分为涂料、密封胶和胶黏剂；橡胶制品；非橡胶工业制品三类。液体橡胶应用优势主要在一类的涂料、密封胶和胶黏剂、粘接剂方面。由于不需溶剂，操作简单，环保节能，具有无可比拟的液体加工特点，发展前景看好。对于第一类在橡胶工业中制造橡胶制品，主要是液体聚氨酯橡胶，应用上从医用材料、制鞋材料、工业制品如齿形带、胶辊、安全件到慢速轮胎（实心胎、自行车胎、农工业轮胎等），又进一步扩展到电子信息领域，前景诱人。第二类用于橡胶、塑料改性以及非橡胶工业使用材料方面，特别是各种发泡体量大面广，无与伦比；其他在革用品、纸加工、纤维处理上，也都有较大发展潜力。

总的来说，液体橡胶除液体聚氨酯、液体硅橡胶发展速度很快，每年有 8%～10%的增长之外，近几年双烯类和烯烃类液体橡胶都已处于低潮态势，增速甚至低于 2.5%～3.5%的固态橡胶，生产和使用技术有待新的提高和突破。

8.2.7　天然胶与其他物质的共混改性

在新材料不断涌现的今天，加强对 NR 的共混改性研究，积极探索 NR 改性的新方法，对于扩大 NR 的应用并充分发挥其本身性能优势具有重要意义。

(1) 橡胶/橡胶共混

① 二元共混　NR/BR：NR/BR 共混物主要应用于轮胎领域，如载重车胎胎面胶和胎侧胶，也可作橡胶筛板。采用 NR/BR 并用体系可显著改善轮胎的耐磨耗性能和耐低温性能，同时还可提高胶料的弹性，使得轮胎在动负荷下具有较低的行驶温度，从而提高轮胎的使用寿命。

NR/SBR：NR/SBR 主要应用于轮胎及难燃钢缆运输带。在绿色轮胎的研究开发工作中，非常重要的方面就是成功地应用了离子聚合方法开发出的溶聚丁苯橡胶（SSBR）。将 SSBR 用于胎面 NR 复合体系后，在实现改善耐磨性和抗湿滑性的同时，可以显著地降低轮胎在运行中的生热，降低轮胎滚动阻力。

NR/EPDM：二元乙丙橡胶（EPDM）具有优异的耐热、耐臭氧及耐天候老化性能，但其硫化速率较慢，耐油性及粘接性能较差。天然橡胶（NR）属二烯类橡胶。因其含有大量双键，耐老化性极差。为了改善NR耐老化性能，将其与EPDM并用是一种简单易行的方法。由于两者不饱和度的差异而引起共硫化性差，采用热处理-动态硫化法，能有效地改善该并用胶的共硫化性和力学性能；在硫化体系不变的情况下，可用硫化曲线定性比较并用胶的共硫化程度。

NR/NBR：NBR是具有优良的抗湿滑性能及耐油性能的极性橡胶，广泛应用于轮胎胶料中。与NR并用后可以明显改善胎面胶的抗湿滑性能。利用酚醛树脂（PF）对NR/NBR共混物改性，研究线型PF与就地形成的交联PF对共混物性能的影响。结果表明改性后共混物可获得较好的抗湿滑性能。

NR/ENR：环氧化天然橡胶（ENR）由于在主链上具有极性环氧基团，因此它除了保留天然橡胶（NR）的某些性能外，还具有合成橡胶的一些特性，如良好的耐油性、较低的透气性、湿抓着性和滚动阻力，以及较高的拉伸强度。NR/ENR共混物的优点是硫化速度快、拉伸强度、拉断伸长率、撕裂强度和气密性均较好，粘接强度高，且具有较好的物理力学性能和易操作性，非常适用于无内胎轮胎的内衬层，也适用于自行车、手推车、摩托车和汽车的内胎。

NR/CR：CR与NR并用的目的在于提高胶料黏性、减小胶料收缩率或膨胀率，改善胶料压延、挤出和成型性能。CR/NR并用体系多用于制备要求耐气候老化性和耐油性好的橡胶制品或部件，如力车轮胎胎侧、胶管外层胶、橡胶水坝垫片胶和V带包布胶等。由于两者极性相差大，CR/NR并用体系一般采用共聚物作相溶剂来改善相容性。

CIIR/NR：CIIR与部分NR共混，可在不明显降低CIIR气密性的基础上，改进其与胎体的黏合性能，因而被广泛地用作无内胎轮胎的气密层胶料。

RIIR/NR：丁基再生胶（RIIR）是丁基硫化胶经再生裂解而生成的相对分子质量低的线型和小网状结构的塑性产物。RIIR与NR等二烯类橡胶的溶解度参数、不饱和度和极性相比有较大的差异。

NR/EUG：杜仲胶（EUG）是从其皮、叶、种子中提取的一种高分子材料，是天然橡胶的同分异构体。由于其自身的结晶行为，过去只是作硬质材料，用途有限。自20世纪80年代初，"反式聚异戊二烯硫化橡胶制法"的出现，使杜仲胶作为三阶段材料即热塑性、热弹性及橡胶型的应用得到了拓展。

NR/CPE135B：氯化聚乙烯（CPE）是聚乙烯通过氯取代反应而制成的无规生成物。研究表明，NR/CPE135B并用胶具有较高硬度、撕裂强度以及良好的耐老化性能，综合性能较好的并用胶在NR/CPE135B并用比为40/60时，并用胶的200%定伸应力、回弹性、硬度和耐热老化性能都较好。

② 三元共混　NR/BR/SBR：随着中国汽车工业的发展，对轮胎产品的质量和制造工艺有了更高的要求，因此在胎面胶配方中的生胶体系多采用天然橡胶（NR）与顺丁橡胶（BR）及丁苯橡胶（SBR）并用的方式。由于三者在分子链结构和活动能力上存在差异，并用时混合效果差，加工性能不好。研究表明，当脂肪烃树脂、芳香烃树脂、不饱和醇酸酯及皂类混合物之间的配比为3∶3∶1∶3时，制得的均匀分散剂THD可以改善胶料混合的均匀性，提高炭黑的分散效果，并且减小混炼能耗，增加了胶料的耐老化性能，对硫化胶的力学性能影响不大。

NR/NBR/ENR：研究对叔丁基酚醛树脂用量对 NR/NBR/环氧化天然橡胶（ENR）共混物动态力学性能的影响，结果表明，添加对叔丁基酚醛树脂的 NR/NBR/ENR 共混物有两个动态力学损耗峰（分别对应共混物的玻璃化转变温度 T_{g1} 和 T_{g2}）。通过调节对叔丁基酚醛树脂用量可以改变共混物在 0℃和 65℃附近的 tanδ 值，从而获得抗湿滑性能好、滚动损失小的新型胎面材料。

NR/BR/NBR：在 NR/BR 并用胶体系中加入适量的极性橡胶丁腈橡胶（NBR），同时对增强材料进行改性或者引入改善滚动阻力的增强材料，能够在不损害滚动阻力及耐磨性的前提下，较大幅度地提高胎面胶的湿抓着性，克服滚动阻力和湿抓着性之间的矛盾。

NR/EPDM/CR：将三者并用可提高 EPDM 的强度和低温屈挠性，改善 NR 的耐老化性能和耐介质性能，增强 CR 的综合性能和降低成本。

ENR/NR/BR：ENR，NR，高乙烯基顺丁橡胶（Hv-BR）三元共混物具有较好的减振性能、优异的力学性能及较高的低温应力保持率。

（2）树脂/NR 共混改性　PE/NR：HDPE 与天然胶共混，可显著提高其冲击性能。对于高密度聚乙烯/天然橡胶（HDPE/NR）材料的拉伸与压缩形变回复率、温度对拉伸形变回复率的影响及其力学性能，探讨形状记忆的原理，结果表明：HDPE/NR 型共混材料的形变回复率随 NR 用量增加而提高；拉伸形变回复率高于压缩形变回复率；屈服强度随 NR 用量增加而下降，拉断伸长率随 NR 用量增加而上升；冷拉伸-热回复的回复速率最快，回复率最高，形状记忆特性最好。

PP /NR：结果表明，采用牌号为 EPS -30R 的 PP，硫黄有效硫化体系、酚醛树脂硫化体系或 HVA-2 硫化体系制得的胶料性能较好，与 Vitacom 9001 的性能相近。在共混过程中先加入 EPDM，再加入硫化剂总用量的 50%，然后再加入 NR 后和余下的硫化剂分段共混，可制得性能良好的 NR/EPDM/PP 三元共混体系。

PVC/NR：聚氯乙烯（PVC）具有价格低、阻燃、耐溶剂、耐臭氧老化、化学稳定性好等优良性能，其产量在树脂中仅次于聚乙烯居第二位，但由于其硬制品抗冲击性较差，软制品的回弹性、耐低温性差等缺点限制了它的应用范围。PVC 与某些弹性体（NBR，NR）并用时，能大大改善胶料的耐磨耗性、抗撕裂性和拉伸性能。除此之外，它还能增加挤出胶料的光泽度，并提高其阻燃性。

NR/PS：天然橡胶（NR）与聚苯乙烯（PS）互不相容，在熔融状态下也不能混合在一起。为了促进各组分的均匀混合，以提高各相之间的相互作用。

8.2.8 氢化及氢氯化天然橡胶

（1）氢化天然橡胶　完全氢化的 NR 是一种乙烯与丙烯之比为 1∶1 的共聚物（EPM）。与采用齐格勒-纳塔（ Ziegler-Natta）催化剂制成的合成产品相比，H-NR 的乙烯与丙烯链节互相交替和头尾结合序列极其规整，因而具有高度结晶性。虽然从来没有直接测定过，但可以推测出 H-NR 的 T_g 在－50℃左右。NR 的氢化得到的是一种全新的材料，耐氧、耐臭氧老化性能以及耐酸碱腐蚀性能都非常好。

（2）氢氯化天然橡胶　根据马尔科夫尼科夫规则，可以将 HCl 加成到 NR 分子链上。该反应属同型聚合物反应，所以只引起轻微的环化。HCl-NR 可用通用化学式 $(C_5H_9Cl)_x$ 表示，是一种高度结晶性物质，熔点为 115℃，可用作涂料和包装的透明胶膜以及橡胶与金属之间的胶黏剂。NR 的氢氯化反应是在 10℃加压的条件下，在卤化物溶液中进行。也可以直接将 HCl 加入到对酸稳定的 NR 胶乳中进行氢氯化反应，然后用氯化钠或酒精使其凝固。

参考文献

[1] 赵艳芳，廖建和，廖双泉．特种橡胶制品，2006，27（1）：55-62.

[2] 李青山．天然橡胶的改性与功能化研究．化工时刊，2002，26（7）：13-16.

[3] 余和平，李思东．环氧化天然橡胶研究进展．橡胶工业，1998，45（4）：246.

[4] 杨磊，陈静．环氧化天然橡胶的特性与应用．中国橡胶，2000，376（16）：14-17.

[5] 董智贤．马来酸酐溶液法接枝改性天然橡胶的研究．弹性体，2004，14（5）：15-17.

[6] 王小萍．酚醛树脂改性 NR/NBR 共混物．合成橡胶工业，2000，23（5）：317-318.

[7] 余惠琴．稀土异戊橡胶改性天然橡胶的应用研究．特种橡胶制品，2006，27（3）：28-31.

[8] 赵艳芳．天然橡胶共混改性的研究概况．特种橡胶制品，2006，27（1）：55-61.

[9] 王小萍，贾德民．聚合物/无机物纳米复合材料用改性蒙脱土的制备方法．合成橡胶工业，2005，28（2）：145-147.

[10] Zhong Jieping, et al. Study on preparation of ehlorinated natural rubber from latex and its thermal stability. Appl Polym Sei, 1999, 73（12）：2863-2867.

[11] 宁凯军，王小萍，贾德民等．NBR 在 NR/BR 并用胶中的应用．橡胶工业，2001，48（11）：600.

[12] 张北龙．环氧化天然橡胶与高聚物共混的特性及应用．中国橡胶，6443，（7）：65-66.

[13] 游长江，谢铌铌，贾德民．环氧化天然橡胶共混物与复合材料．合成橡胶工业，2003，26（3）：633-639.

[14] 谭海生，王大鹏，汪志芬，陈鹰，李思东．AC/MMA 接枝改性天然胶乳的制备及性能研究．弹性体，2002，12（6）：32.

[15] 杨海笙．氯化天然橡胶生产技术与市场分析，合成橡胶与工业．2000，23（4）：210.

[16] 杰平，邓东华，孟刚等．用天然胶乳制备氯化天然橡胶的研究．热带农产品加工，1995，57（3）：1-7.

[17] 杜夕彦．丙烯酸酯液体橡胶的研制．西安：西北工业大学，2002.

[18] Phinyocheep P, Phetphaisit C W, DerouetD, et al. Chemical degradation of epoxidized natural rubber using periodic acid: Preparation of epoxidized liquid natural rubber. Journal of Applied PolymerScience, 2005, 95（4）：6-15.

[19] Okiemien F E, Akinlabi A K. Processing characteristicsand physicomechanical properties of natural rubber and liquid natural rubber blends. JournalofApplied PolymerScience, 2002, 85（8）：1070-1076.

[20] 吕海金，宋卓颐．液体乙丙橡胶改性 $PP/CaCO_3$ 体系的研究．塑料工业，2005，4（33）：21-22.

第9章　生　　漆

9.1　生漆的来源与组成

9.1.1　生漆的来源

中国是世界上产漆最多、用漆最多的国家，漆画具有悠久的历史。浙江余姚河姆渡发掘的朱漆碗，已有7000年的历史。河南信阳长台关出土的漆瑟，彩绘有狩猎乐舞和神怪龙蛇等形象的漆画，也有2000余年的历史。著名的还有湖南长沙马王堆出土的汉代漆棺上的漆画、山西大同司马金龙墓漆屏风画以及明清大量的屏风漆画等。

漆树原产中国，是中国重要的经济树种，既是天然涂料树和油料树，也是一种用材树。由漆树采割的生漆又名国漆、大漆，是中国著名的特产，产量占世界总产量的85%。栽培漆树，在历史上以中国为最早，已有几千年的历史。至今没有一种合成涂料在坚牢度、耐久性等主要性能超过它，因此，素有“涂料之王”的美称。生漆在中国的使用已有几千年的历史，明代对中国生漆工艺，作过积极的贡献。明王朝在内地建立了许多漆工厂，令其供奉于官局果园；宣宗派工匠去日本学“砂金漆”、“莳绘描金”等技法。隆庆年间（1567～1572年）杰出的漆工黄成，根据自己的实践总结了前人的经验，写成了《髹饰录》一书，是中国现仅存的一部论述生漆工艺的典籍。有人说中国的生漆工艺是“始于殷周，兴于唐汉，盛于明清”，这是具有充分历史依据的结论。

现在生漆的使用范围已扩大到国防、基建、化工、石油、矿山、纺织、造船、电器、轻工、农业、地下工程、航空事业和防原子辐射等领域。国产的红旗牌、东风牌轿车，车内的装饰设计采用传统的“嵌银上彩”、“宝石闪光”等装饰技法，显得高雅瑰丽，深具民族风格。某些化工厂的产品、半成品都是腐蚀性介质，工厂大气层中包含有大量腐蚀性气体，试用了多种人工涂料来保护生产设备，均不理想，改用生漆涂刷，十多年涂层牢固，提高了防腐蚀能力四五倍。纺织厂用生漆涂刷纺纱皮辊，防止了因转速高而造成皮辊发黏、变形、龟裂等现象。某油田油井管壁上经常结蜡，用生漆改性涂料涂刷后，70天未见结蜡，90天才发现附有少量蜡质，改变了过去每日停工一、两次清除结蜡的现象。所以有人把生漆称为“涂料之王”，它的多种特殊性能，是人工漆或其他天然树脂涂料无法比拟的。

9.1.2　生漆的性质

生漆为中国著名的特产，是天然树脂涂料之一。刚从漆树上采割的生漆，为乳白色乳胶状液体，当接触空气氧化后，表层乳白色逐渐转变为褐色、紫红色以至黑色。容器内的生漆静置后，往往呈现上中下层不同的情况，颜色是面黑、腰黄、底白；形态是上稀下稠；水分则是上少下多。此外，桶装生漆的表面易干燥氧化结成薄薄的一层漆皮（又名俺皮）。

生漆的品质性能，随生漆存放时间的延长而变化，新漆品质佳，性能好；陈漆（两年以后的漆）品质差，性能逐渐退化。生漆与木材表面的结合力特强。生漆内加入等量的瓷粉，与钢板间的结合力可达70kg/cm^2（1kg/cm^2＝0.1MPa）。

生漆漆膜密封性很强，其膜针孔很少，且优良的防渗透性能。生漆漆膜的耐磨性优于任何其他涂料，漆膜光泽越过标准样板达光电计118以上，使用几十年仍光亮如新，色泽持久。生漆漆膜具有较好的抗热性能。生漆漆膜几乎不溶于任何动、植物油和矿物油。生油漆膜在热水、沸水中长期浸泡或冷热交替不致变化，耐水防潮性能极好。生漆漆膜微溶或几乎不溶于任何强溶剂，如环己酮、丙酮、二甲苯、苯类、醇类、氯仿、醚类、酸类等。生漆漆膜对各种酸性、碱性或盐碱性的土壤部具有良好的耐腐蚀性能。生漆漆膜介电强度达 50～80kV/mm，即使长期浸泡在水中，其介电强度也大于 50kV/mm 以上，具有良好的绝缘性能。生漆漆膜还具有优良的耐化学物质腐蚀的性能。

9.1.3 生漆的组成

生膝的主要成分是漆酚、含氮物和树胶质，此外还含有一定量的水分和少量其他有机物质。生漆中各种成分的含量，随不同的漆树品种、生长环境、采割时期等有所差异。中国生漆中各种成分的含量一般如下：漆酚 40%～80%；含氮物 10%以下；树胶质 10%以下；水分 15%～30%；其他有机物质少量。

（1）漆酚　漆酚是生漆中的主要成分，它不溶于水，但溶于乙醇、乙醚、丙酮、二甲苯等多种有机溶剂及植物油中。它是几种具有不同饱和度脂肪烃取代基的邻苯二酚的混合物，其结构式因产地、树种的不同有以下数种：

OH
—OH
—R

OH
—OH
$C_{17}H_{35}$　异构体漆酚

$R_1=C_{15}H_{31}=-(CH_2)_{14}CH_3$（饱和漆酚，又叫氢化漆酚）

$R_2=C_{15}H_{29}=-(CH_2)_7CH:CH(CH_2)_5CH_3$（单烯漆酚）

$R_3=C_{15}H_{27}=-(CH_2)_7CH:CHCH_2CH:CH(CH_2)_2CH_3$（双烯漆酚）

$R_4=C_{15}H_{25}=-(CH_2)_7CH:CHCH_2CH:CHCH:CHCH_3$（三烯漆酚，含有共轭双键）

$R_5=C_{15}H_{25}=-(CH_2)_7CH:CHCH_2CH:CHCH_2CH:CH_2$（三烯漆酚）

$R_6=C_{17}H_{33}=-(CH_2)_9CH:CH(CH_2)_5CH_3$（$C_{17}$单烯漆酚）

$R_7=C_{17}H_{35}=-(CH_2)_{16}CH_3$（$C_{17}$饱和漆酚）

自然界生漆中的漆酚，都是由上述结构式中的数种以不同的比例混合存在的，而以其中一种结构式的漆酚所存在的生漆是没有的。一般来说，生漆中漆酚含量越高生漆质量越好。但确切地说，生漆中三烯漆酚（R_4）含量越多，则生漆的质量才越好。从该漆酚的化学结构可以看出，其侧链上具有独特的共轭双键结构，因此可以认为，生漆的干燥性能与其三烯漆酚（R_4）的含量有着极为密切的关系。中国生漆的漆酚由于主要为三烯漆酚（R_4），所以质量较其他国家好。

（2）漆酶　漆酶俗称生漆蛋白质、氧化酵素，存在于生漆的含氮物质，漆酶不溶于有机溶剂，也不溶于水，但溶于漆酚。漆酶能促进漆酚的氧化，使干燥结膜过程加快，所以它是生漆在常温干燥时不可缺少的天然有机催干剂。

漆酶是一种含铜的多元酚氧化酶，它能促进多元酚及多氨基苯的氧化，而不能促进一元酚类的氧化。从新漆中分离出来的漆酶呈蓝色，活性大；从陈漆或部分氧化了的生漆中分离出来的漆酶呈白色，活性低。这说明生漆的新陈和漆酶的颜色与活性大小有着密切的关系。漆酶含氮量为 6%～11%。漆酶的活性的大小与含铜量有关，活性大的漆酶中含铜约 0.21%。

（3）树胶质　树胶质是生漆中溶于水而不溶于有机溶剂的部分，它是属于多糖类物质，其内还有微量的钙、钾、铝、镁、钠、硅等元素。从生漆中分离出来的树胶质，呈黄白色透明状，且具有树胶清香味。树胶质经水解后，可从水解液中分离出 D-半乳糖、L-阿拉伯糖、D-木质核、D-鼠李糖、D-半乳糖醛酸、D-葡萄糖醛酸等。

（4）水分及其他有机物质　生漆中水分的多少不但与树种、产地环境有关，而且与采割技术有关。若割漆时切割过深切入木质部，其漆液含水量就多。一般说来，生漆中水分较少其质量较好，水分较多其质量较差。

生漆中其他有机物质的含量很少，其中油分约占1%。另外，还包含有极少量甘露醇、葡萄糖和乙酸等，这对于生漆质量没有显著的影响。

9.2 漆酚

9.2.1 漆酚的研究概况

生漆的主要成分包括漆酚、漆酶、糖蛋白（含氮物质）、多糖、水分及少量的其他有机物质和矿物质，已经可以分离、检测、鉴别。人们了解漆酚的组成和结构之后，为了提高生漆的综合性能，扩大其应用范围，相继以漆酚为起始原料合成出了漆酚缩甲醛清漆、漆酚金属衍生物、漆酚冠醚、漆酚钛螯合高聚物防腐蚀涂料等。

9.2.2 漆酚的结构

1907～1922年真岛等为漆酚结构研究奠定了基础，确定漆酚是邻苯二酚的衍生物，而且在其分子内有一定的不饱和度。杜予民等分别用反相液相色谱法和熔硅毛细管气液色谱法，分析了中国内地和日本产的几种生漆，直接分离出10余个漆酚组分，并用质谱、红外和核磁等确定了漆酚的结构。它们主要是3-羟基邻苯二酚。经过一个世纪的研究，特别是20世纪80年代后对漆酚的组成和结构研究取得了突破性进展。现在对漆酚的组成和结构有了清楚的认识。漆酚基本结构是：

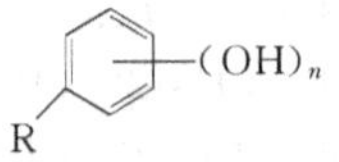

$(OH)_n$ R

其侧链基与羟基的相对位置有以下4种情况：

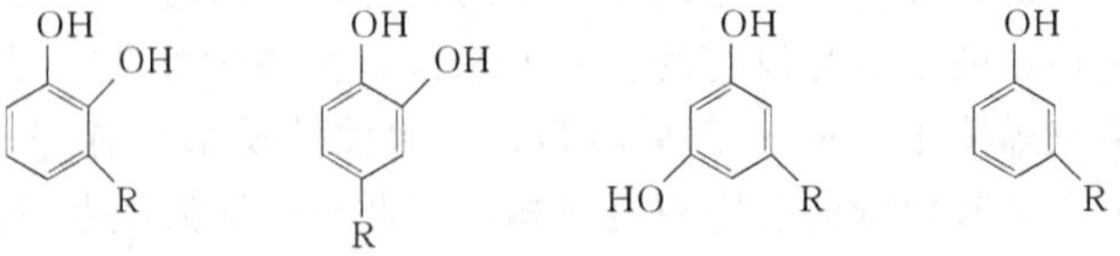

OH OH R　　OH OH R　　OH HO R　　OH R

不同地区和树种的漆酚结构有明显差异，主要体现在其长侧碳链基R结构上的差别。

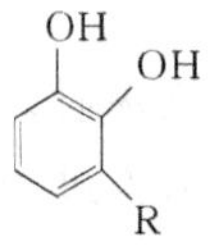

OH OH R

R_1：$(CH_2)_{14}—CH_3$

R_2：$(CH_2)_7—CH═CH—(CH_2)_5—CH_3$

R_3：$(CH_2)_7—CH═CH—CH_2—CH═CH—(CH_2)_3—CH_3$

R_4：$(CH_2)_7—CH═CH—CH_2—CH═CHCH═CH—CH_3$

由于生漆产地不同，自然环境差别较大，漆树品种繁多，所以生漆的成分复杂，漆酚侧链的组成和结构也有差异。要完全搞清漆酚的组成和结构，还有待于继续研究。

9.2.3 漆酚的性质

（1）漆酚的物理性质　漆酚系黏稠状液体，其中饱和漆酚是白色固体，熔点58～59℃，其余单烯、双烯、三烯漆酚均为淡黄色液体。漆酚不溶于水，溶于乙醇、乙醚、石油醚、甲醇、丙酮、四氯化碳、苯、二甲苯等有机溶剂及植物油中；沸点约210℃/0.4～0.5mmHg；相对密度 $d_4^{21.5}=0.9687$；丙酮萃取的漆酚相对分子质量为298.305。

（2）漆酚的化学性质　漆酚是带有饱和或不饱和的长侧碳链的邻苯二酚，这种特殊的结构赋予了漆酚特殊的化学性质。苯环上含有饱和或者不饱和的长侧碳链脂肪烃基使其具有脂肪烃的性质；苯环又赋予其芳香烃的性质；苯环上两个相邻的酚羟基使其具有酚类的性质。

漆酚的化学反应特点是：有的反应只发生在某一特定的基团，有的反应则非常复杂。漆酚的长侧碳链双键能分别与顺酐、苯乙烯、硫、氢等发生加成反应，并生成相应的衍生物；长侧碳链基自身也能发生相互加成或 Diels-Alder 型反应。此外，漆酚还能与醛、酸酐、酰氯、金属化合物、重氮盐和烯烃等反应。

9.3 漆酚类化合物及应用

9.3.1 漆酚化合物种类

（1）漆树漆酚

① 邻苯二酚结构漆酚（urushiol）

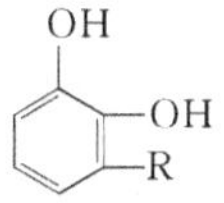

上述结构中 R 为带有 15 个 C 原子的不同饱和度的长侧链，可用 $C_{15}H_{31-2n}$（n 为 0、1、2、3）表示。当 $n=0$ 时为饱和漆酚，又叫氢化漆酚；当 n 为 1、2、3 时分别为单烯漆酚、双烯漆酚和三烯漆酚（含有共轭双键）。在漆酚总含量相同的情况下，生漆干燥成膜后的性能主要由双烯漆酚和三烯漆酚的相对含量来决定。近年来有关研究单位证明，R 侧链除 C_{15} 还有少量 C_{17} 结构。

② 单元酚结构漆酚（Cardanal 型）

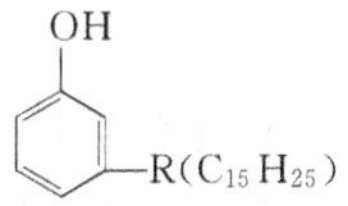

这种单元酚结构漆酚是中国科技工作者胡昌序等 20 世纪 80 年代初在国产漆中新发现的一个漆酚，在生漆所含漆酚总量中约占 6.7%。中国、日本、朝鲜种植的漆树 Toxicodendron Vernicif lum（StoRes）F. A. Barkley、木蜡树 Toxicondendron Sylvestre（Sieb. et Zucc.）O. Kuntze. 等所产漆液中的漆酚化合物主要是邻苯二酚结构漆酚（urushiol），只含有少量的单元酚结构漆酚（cardanal）。在美洲所产的毒常春藤和毒橡树汁液中也含有邻苯二酚结构漆酚，但侧链结构不同，它的三烯结构侧链中没有共轭双链而有末端双键。

（2）虫漆酚（laccol）

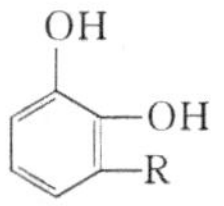

上述结构中长侧链 R 可为 $C_{17}H_{31}$、$C_{17}H_{33}$、$C_{17}H_{35}$。这种结构的漆酚类化合物主要存在于越南、中印半岛各国以及中国台湾地区所产的漆液中，主要来自 Holigarna arnottiana Hoor. f.、野漆树［Toxicodendron Succedaneumm（L）O. kuntze.］、安南漆树（Toxicodendron Succedaneumm Var. Dumortieri Kudo etMats.）、毒常春藤［Toxi. codendron radicans（L）O. Kuntze.］、肉托果（Senlecarpus Vemicif! ua Hay et kawa.）、特莱瓦里肉托果（Semecarpus travaria L.）等产漆植物。

（3）锡蔡酚

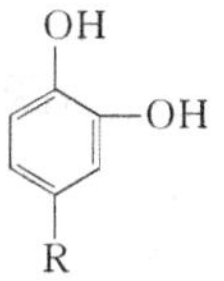

上述结构中 R 为 $C_{17}H_{31}$。这种漆酚类化合物主要存在于缅甸、泰国、柬埔寨、老挝等国所产漆液中，又称缅漆酚。当地人把它称作“莫里克”（Moreak）、“锡斯提”（This. ti）。这种漆酚主要来自柬埔寨漆树（Melanorrhosa laccifeva Pier.）、缅甸漆树（Melanorrhosa usitata Wall.）等产漆植物。

（4）腰果酚（Cardanl 型）和腰果二酚（Cardol 型）

① 腰果酚或银杏酚

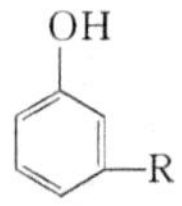

OH

R

② 腰果二酚或银杏二酚（强心酚）

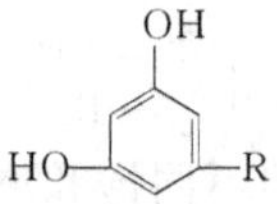

OH

HO R

上述两种结构中 R 均为 $C_{15}H_{31-2n}$（$n=0$、1、2、3）。这种结构的漆酚类化合物主要存在于腰果（槚如树，Anacardiumaccidenfale L）和银杏（Ginkgo binoba L.）的果壳液中。腰果起源于巴西，分布于印度、莫桑比克、马尔加什、坦桑尼亚、菲律宾等热带地区。近年来中国海南岛也大量引种栽培。腰果的果壳液是生漆的优良代用品，并可制得烘干漆、快干漆及酚醛树脂、聚酯涂料、环氧树脂涂料、水性涂料等。

9.3.2 酚类化合物的生物学功能

（1）植物体呼吸作用　使呼吸色素原转化为呼吸色素，合成有机物质并为植物体的生命活动提供能量。植物体内的有机物质除葡萄糖（单糖）可靠光合作用直接产生外，其他有机物质（包括多糖、脂肪、蛋白质等）都要以呼吸作用的中间产物为原料再经过一系列的复杂的生化过程而合成。图示如下：

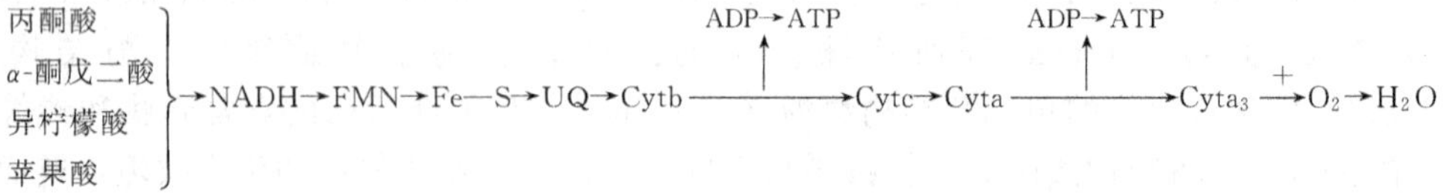

丙酮酸
α-酮戊二酸
异柠檬酸
苹果酸

$\rightarrow NADH \rightarrow FMN \rightarrow Fe{-}S \rightarrow UQ \rightarrow Cytb \xrightarrow{ADP \rightarrow ATP} Cytc \rightarrow Cyta \xrightarrow{ADP \rightarrow ATP} Cyta_3 \xrightarrow{+} O_2 \rightarrow H_2O$

多年来，普遍认为在呼吸作用中的电子可来自多种呼吸基质，而这些不同来源的电子都应集中在上述单一的线路上，由这个“链”统一传递到分子氧（抗 CN 呼吸例外）。这个“链”是由不需 O_2 的脱氢酶，中间传递体和末端氧化酶所组成。按末端氧化酶的种类不同，通常把它们分为 4 类。即：细胞色素化酶系统多酚氧化酶系统、黄酶系统和抗坏血酸氧化酶系统。漆树科植物能根据不同的生长期和不同的环境条件，选择适当的有机物转化途径和末端氧化酶系统。漆树科植物体内有大量的酚化合物可作为呼吸基质，起着传递氢的作用。漆酶属多酚氧化酶，在电子传递（能量转换或释放）中起着重要作用。多酚氧化酶系统是一种重要的末端氧化酶系统，它由不需氧的脱氢酶，中间传递体和多酚氧化酶所构成。如图所示：

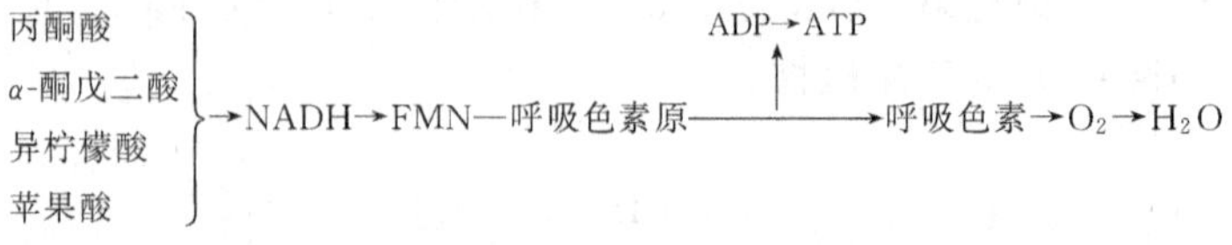

丙酮酸
α-酮戊二酸
异柠檬酸
苹果酸

$\rightarrow NADH \rightarrow FMN$—呼吸色素原 $\xrightarrow{ADP \rightarrow ATP}$ 呼吸色素 $\rightarrow O_2 \rightarrow H_2O$

漆树科植物体内有大量的漆酚类化合物及活跃的多酚氧化酶，它们在漆树呼吸代谢中的作用可能是特别重要的。也就是说，漆酚类化合物是在特殊环境中的呼吸基质，漆酶是电子传递链中的重要末端氧化酶。然而，人们对漆酚类化合物、漆酶在漆树科植物体内的功能及机理的研究还很不够，漆树的呼吸氧化过程，特别是呼吸途径是一个尚待展开深入研究的课题。

（2）漆树科植物生长的调节　漆树科植物生长发育过程受诸多因素的调节和控制。关于这种调节和控制通常认为有两种途径：一是化学信息系统，即植物内部的激素系统，另一种是物理因素，如磁场梯度、气体浓度梯度等。

（3）酚的抗逆功能

① 抗病作用　很多植物靠它本身产生抑制病原的化合物来对付微生物的侵害，这些化合物统称为植物防卫素。在植物细胞受伤后，这些化合物开始合成或合成量加大，漆酚或经氧化所得漆酚醌，都是有毒物质，它对自然界中的很多病原菌具有杀伤或抑制作用，也是漆树本身抗病防卫素。

② 抗虫作用　所谓抗虫作用是指通过某种作用机制抵制植食性昆虫对植物的危害。植物的抗虫性主要通过寄生形态和解剖、寄生产生的化学驱拒剂、寄生产生的化学引诱剂和寄生的营养状况来表现。

③ 抗盐害作用　当土壤含盐量超过一定限度时，多数植物的生长就会受阻，栽培植物在这种条件下产量就要下降甚至死亡。这种现象称为盐害。植物体内的酚类化合物可与高价金属离子反应生成络合物，也可能与某些阴离子作用生成无毒害物质，从而减轻盐害作用。

④ 增大树体营养空间　任何植物的生长都需要一定的营养空间。一种植物为了生存，就要“设法”排挤另一种植物，以获取更大的营养空间，获得更多的光照和养分。植物与植物之间的相互竞争作用通常是一种植物把它经过次生代谢作用而产生的次生物质（如酚、醌、萜类等）释放到环境中，抑制其他植物的发芽或生长，降低其竞争能力，这就是植物界的异株克生现象。可见，漆酚是一种很好的异株克生剂，能够增大漆树的营养空间，对漆树的生长发育是有利的。

9.3.3　漆酚类化合物的应用展望

漆酚类化合物特殊的化学结构决定了它能进行多种化学反应。它特有的性质和生物学功能决定了它离体后可为人类所需并可应用于许多领域。

（1）涂料领域中的应用　随着科学技术的进步，生漆经过改性还可制得色浅、无毒、易干、可喷涂的改性涂料。同时，用化学方式提取的漆酚类化合物经过加工还可制得烘干涂料、快干涂料、重防腐涂料以及酚醛树脂、聚酯涂料、环氧树脂涂料、醇酸树脂涂料、水性涂料等。

（2）在有机合成化工领域中的应用　可用漆酚类化合物为基体来制作离子选择电极；合成的漆酚冠醚可作为有机合成中的相转移催化剂；以漆酚为原始材料制得的漆酚锡螯合物的高聚体具有半导体性能等。可以预测，随着高分子化学和有机合成工艺的发展，漆酚类化合物在有机合成化工领域中的应用范围还将拓展。

（3）在医药领域中的应用　生漆经泡制所得干漆（主要成分是漆酚）可入药，在中国沿用历史悠久，最早载于《神龙草本经》列为上品。辛、温、有毒，具有消积杀虫、破瘀调经之功效。

（4）在农药领域中的应用　漆酚类化合物是一种很好的异株克生剂，同时它经氧化而成的醌型化合物具有抑菌、杀虫之功效，常有农民把漆树叶与煤油捣细制作“土农药”。可见，漆酚类化合物在有机农药方面具有较大的开发价值。

9.4 漆酚基聚合物

生漆膜具有特殊的物理力学性能和化学稳定性能，如漆膜坚硬而富有光泽，具有良好的耐腐蚀性能、绝缘性能和耐久性、独特的光亮性、抗有机溶剂性、耐热性；同时还具有良好的工艺性能、有效的光氧化降解特性、与木质的附着力强、漆膜的密封性好等优点。

但也存在一些缺点，如耐碱性、抗紫外线性较差、颜色偏深且单调等。作为涂料来说，生漆的这些缺点使它的应用受到很大的限制。漆酚是生漆的主要成膜物质，因此人们从生漆中提取出漆酚，再根据漆酚的化学性质，对漆酚进行改性，以适应各种需要。

9.4.1 漆酚基功能材料的研究与应用

漆酚的特殊结构赋予其多种性能与用途。例如，改性后的漆酚聚合物可改善冠醚的脂溶性和选择性，催化氧化反应、催化酯化反应、催化单体聚合以及用作金属离子的吸附剂、载体和生物培养基材等。

(1) 改善冠醚的脂溶性和选择性　漆酚的不饱和长侧碳链可改善冠醚的脂溶性。以漆酚为原料，可简便地合成具有良好脂溶性的饱和漆酚冠醚。用漆酚作为薄膜骨架制造硫氰酸离子选择性电极，该电极比用其他材料制成的电极更经久耐用。用漆酚冠醚制作的钾离子选择性电极，灵敏度比氨酶素及其他冠醚类电极高5～10倍，对钠、铵等离子的电位选择性系数也优于其他冠醚电极。

(2) 催化氧化反应　硫醇广泛存在于石油和天然气中，具有强烈的恶臭味，严重地污染环境，它存在于汽油中，对汽油的辛烷值、四乙基铅产生不利的影响，导致汽油的质量下降。负载Cu^{2+}、负载Co^{2+}的漆酚树脂、负载Cu^{2+}偶氮类漆酚树脂可催化氧化异丁硫醇。由漆酚与氢氧化钠反应生成漆酚钠，再与钴盐反应，在水相中制备得到漆酚钴螯合高聚物沉淀，它不溶于碱、水和有机溶剂，耐热性能较好，并具有催化氧化性能。

(3) 催化酯化反应　漆酚磺化树脂能催化乙酸和正戊醇的酯化反应，酯化反应能在比酯的沸点低得多的温度下平衡进行，反应速度快，副反应少，酯产率较高。但催化酯化反应一次后的树脂上—SO_3H基团已完全脱落，这表明漆酚磺化树脂在催化酯化反应中对热不稳定，—SO_3H基团容易脱落。由漆酚和四氯氧化钼反应制得的漆酚钼螯合物黑色沉淀，也可作为酯化反应的催化剂，并具有活性高，稳定性和选择性好，无副产物的特点，经10次重复使用，催化活性没有明显下降，平均收率达78.5%。

(4) 催化单体聚合反应　用漆酚与硼酸正丁酯合成的硼酸双漆酚酯或丁氧基硼酸漆酚酯都具有聚合性、荧光性和配合性等。先由硼酸漆酚酯聚合物与二乙烯三胺发生配聚反应生成含B-N配位键的配聚物，再与$CuCl \cdot H_2O$进一步反应而形成的高分子金属铜（Ⅱ）配合物，能与亚硫酸钠构成氧化还原体系，使甲基丙烯酸甲酯在水介质中发生无规聚合反应。

(5) 吸附金属离子　漆酚聚合物具有吸附金属离子的性能。漆酚-水杨酸接枝树脂能与Ag^{+}、Hg^{2+}、Cu^{2+}、Fe^{3+}、Al^{3+}、Ti^{3+}等许多金属离子络合，可用于金属离子的分离提纯和高分子催化剂的载体。

(6) 用作载体和生物培养基材　利用水辅助自组装的固体基板展开法和水面展开法制备的漆酚醛胺聚合物多孔膜具备了漆酚基聚合物优良的耐热，耐强酸、耐强碱等特性。

9.4.2 漆酚基涂料的研究与应用

(1) 有机物改性的漆酚涂料　曾维聪等人将漆酚与甲醛进行缩合反应制备漆酚缩甲醛清

漆，是中国生漆改性研究的一个重要进展。制得的清漆不致敏，能自干，可涂，可喷，可浸。他利用了漆酚苯环上的两个羟基的邻对位上发生的酚醛缩合反应。

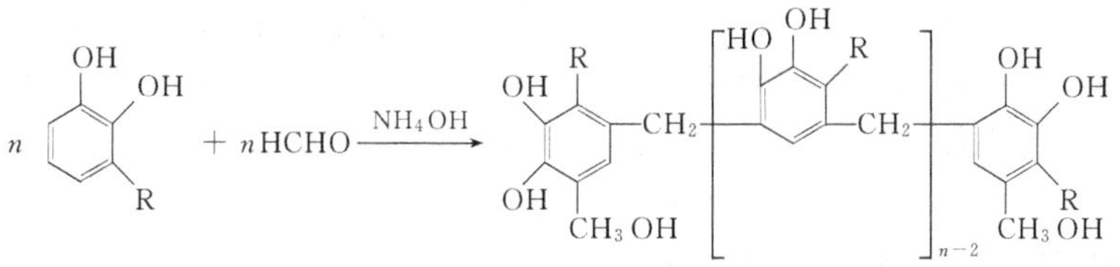

$$n\ \text{(OH, OH, R)} + n\text{HCHO} \xrightarrow{NH_4OH} \text{(R, OH, OH, }CH_3OH\text{)}-CH_2-\left[\text{(HO, OH, R)}-CH_2-\right]_{n-2}\text{(OH, OH, R, }CH_3OH\text{)}$$

漆酚缩甲醛聚合物中的醇羟基比较活泼，该聚合物与相对分子质量不同的树脂反应实现交联，最后加丁醇醚化封闭树脂中残存的羟甲基，得到丁醇醚化环氧树脂改性漆酚酚醛漆，可以延长涂料的存放时间。

利用有机物对生漆涂料改性得到的产品还有：漆酚缩糠醛漆、氧化漆酚酚醛漆、环氧E-12改性漆酚糠醛树脂、失水苹果酸酐树脂改性漆酚酚醛漆、漆酚聚酯、漆酚聚氨酯、漆酚氨基树脂和耐氨大漆等。

（2）金属化合物改性的漆酚涂料　利用酚羟基与金属的配位，可用金属化合物对漆酚涂料进行改性。这种改性后的涂料，在保持漆酚优异性能的基础上改善了耐溶剂性能和耐热性能。1000多年以前，中国民间漆艺工人就已经在生漆的加工过程中加入无机铁化合物，制得乌黑光亮，坚韧耐磨的黑推光漆，可算是最早的用金属盐改性生漆。

漆酚钛螯合高聚物防腐蚀涂料是利用生漆中的主要成分漆酚与钛化合物反应后研制成的具有优异防腐蚀性能的新型涂料。它对强酸、强碱、多种盐类和有机溶剂具有很高的化学稳定性和热稳定性，在许多化工、轻工、石化、发电、机械、海洋工程等部门大面积应用，效果很好，解决了以往重防腐蚀中难以解决的一些难题，延长了设备的使用寿命，节省了设备投资，改善了生产环境，取得了显著的经济效益、社会效益和环保效益。

（3）无机纳米杂化的漆酚涂料　用溶液缩聚法制得的漆酚缩甲醛聚合物具有许多优异的性质，是制备纳米杂化材料的较好基体，尤其是它在有机溶剂中的优异溶解性能，为杂化的进行提供了便利条件。例如，通过溶胶凝胶法制备漆酚甲醛缩聚物/多羟基聚丙烯酸树脂/SiO_2和漆酚甲醛缩聚物/多羟基聚丙烯酸树脂/TiO_2杂化材料；溶胶-聚合物共混法制备漆酚甲醛缩聚物/多羟基聚丙烯酸树脂/ZnO杂化材料。在杂化材料中有机与无机组分以较强的共价键相互作用，无机粒子在杂化材料中均匀分散，杂化材料具有较高的热稳定性、物理机械性能和抗化学介质腐蚀性能。其他的漆酚树脂/金属氧化物纳米杂化物同样具有类似的基本性能。

（4）漆酚基涂料的特性与应用　阻燃性能：带有羟基的苯环比苯更易于发生取代反应，用锑的化合物改性后的漆酚锑螯合物除具有较生漆高的耐热、耐强酸强碱的性能外，还具有阻燃性能，可望能成为一种新型的阻燃高分子材料。

磁性能：漆酚和稀土元素钕反应生成漆酚钕螯合高聚物是一种棕黑色沉淀，其耐热性能比生漆和传统的黑推光漆都高得多，并且具有磁性，有望成为具有优良耐热性能的有机高分子磁性材料。

导静电涂料：该涂料是由漆酚和甲醛缩聚后，再与环氧树脂进行反应，然后掺入导电微粒研制而成。它为石油化工防腐提供了一种比较理想的导静电涂料，并减少因静电而导致对国民经济和人民生命财产造成的危害。

耐沸水性能：以有机硅改性漆酚树脂为基料，底漆配以铁红-锌铬黄-磷酸锌为主体防锈颜料，面漆配以铬绿-云母所构成的复合涂层体系具有耐沸水及抗水蒸气渗透性。其应用范围可涉及环保业中的酸气回收装置、海水淡化过程的闪蒸设备、地热水利用的热交换器及冶金行业中多种排气管道等领域。

由上可见，由于漆酚的优良性能和广泛用途而备受国内外研究者关注，正不断地利用漆酚的结构特点对它进行改性。对漆酚的改性可以发挥漆酚的优点作为其他用途，并且可以改善其作为涂料的性能。然而，由漆酚合成自洁防污性涂料的研究，迄今未见报道。近年来，外墙涂料的耐污性和自清洁性已成为各国科学工作者关注和研究的热点。所以开展对漆酚耐沾污性能的研究，将能扩大漆酚的应用范围，并成为生漆研究的新亮点。

9.5 漆酚的改性

9.5.1 天然生漆与改性生漆的性能

生漆特有的结构决定了生漆可以作为天然防腐涂料。可以涂装金属、木材、混凝土、塑料等表面，而且具有优异的耐油、耐溶剂、耐磨、耐水等性能，尤其令人叹为观止的是其耐久性。天然生漆也存在着一些弊端，比如，天然生漆必须在特定的温度和湿度下才能进行干燥成膜、色深、耐碱性差、耐紫外性差、刺激皮肤，致使人体皮肤过敏、难以喷涂等。这些弊端都影响了生漆在现代工业中的应用及发展。若要使生漆在更广阔范围的应用，就必须进行生漆的改性。

生漆改性主要是经过多次严格地过滤，除去杂质，并在常温脱水活化，取其主要成分漆酚进行的化学改性，即得改性生漆。漆酚与醛的反应更重要的意义在于它是漆酚改性的一种有力手段，以醛产生的亚甲基为桥可将漆酚与其他活性基团连在一起，赋予生成物以独特的性质，可以改善生漆的各项弊端，可以直接使用，也可以作为改性生漆合成过程的中间体。某一改性生漆与天然生漆的性能见表 9-1 所列。

表 9-1 改性生漆与天然生漆的性能

项目	天然生漆	改性生漆	项目	天然生漆	改性生漆
分子质量	小(单体)	大(大分子)	外观形态	分层	均一液体
干燥性	慢	快	贮存性	易腐败变质	不易腐败变质
毒性	大	小	施工性	难以喷涂	可喷
含水量/%	10	30～40			

9.5.2 改性生漆的研究进展

长久以来，生漆一直简单的作为涂料使用，随着人类的进步和科技的发展，赋予了生漆更多的发展空间。

（1）用作优良的防腐涂料 在船舶、舰艇、海洋设施等应用方面，改性生漆发挥着更大的作用。欧美现在还采用镀铜、定期通过热水烫等措施，来防治蚌壳类水生物在船舶、舰艇、海洋石油开采平台设施的水下壳体表面寄生、繁殖，避免增大阻力和加剧壳体表面腐蚀。水性涂料具有不污染环境，价廉，不易粉化，施工方便等优点。但水性涂料在耐水性能、硬度、光泽度等性能上不如溶剂型涂料。反应性乳化剂能克服传统乳化剂对漆膜的耐水性、耐化学腐蚀性及膜的力学、光学性能的影响。随着纳米技术的发展。纳米涂料业同时应运而生。

（2）用作功能材料

① 改性漆酚树脂作为催化剂 研究人员利用 $FeCl_3$ 和 $SnCl_4$ 固载于漆酚聚合物上，制备而成的固体高分子催化剂——漆酚铁锡聚合物。该聚合物能催化醋酸正丁酯、丙烯酸正丁

酯、乙醇单乙醚醋酸酯及环己酮缩乙二醇等酯和缩酮的合成反应，克服传统催化剂硫酸、磷酸、苯磺酸等均相酸催化剂在有机化学合成中，特别是酯及缩酮（醛）的合成反应中存在的副反应多、催化剂与产物分离复杂及废酸易造成环境污染等缺点。

② 改性漆酚树脂作为吸附材料　高分子磁性微球是近年发展起来的一种新型功能材料。现已成功制备出具有核壳结构的漆酚缩甲醛磁性微球（Fe_3O_4-PUF），其具有良好耐热性和耐溶剂性，改善了目前开发出的磁性微球在使用过程中（特别是有机溶剂存在时），因外层包覆体不够稳定而失去部分磁性，或因磁性微球在不同溶剂和温度条件下溶胀、收缩或溶解而失去磁性的缺点。

③ 改性漆酚作为抗氧剂　植物多酚是一类具有抗氧化和自由基清除活性的物质，将漆酚氢化后制成饱和漆酚，再与叔丁醇反应，可望得到稳定性好的漆酚抗氧剂。该抗氧剂能利用邻苯二酚的酚羟基的氧化性，形成相对稳定的自由基，从而产生抗氧化作用。再与其他自由基偶合，可以清除自由基，阻断链式自由基氧化反应的活性物质。

④ 改性漆酚作为乳化剂　生漆是油包水（W/O）型乳液，可用有机溶剂对其进行稀释。但这给涂装、施工带来污染问题。如何能使生漆直接用水稀释，是尚未解决的问题。郑燕玉，胡炳环等利用漆酚、环氧氯丙烷和聚乙二醇制备出反应型漆酚基乳化剂，对生漆有着优异的乳化作用。借助乳化剂将（W/O）型的生漆，转变成水包油（O/W）型乳液，改善了生漆的涂装污染。

参 考 文 献

[1] 王世华等．差热分析．北京：北京师范大学出版社，1981：138-139.

[2] 廉鹏．生漆的化学组成及成膜机理．陕西师范大学学报（自然科学版），2006，32（6）：100-101.

[3] 张飞龙，田顺利．生漆成膜过程影响因素的研究．涂料工业，2002，5：11-15.

[4] 维聪．涂料工业生产技术经验．北京：科学出版社，1960：44-69.

[5] 胡炳环．新型漆酚钛螯合高聚物防腐蚀涂料中试研究．中国科学基金，1998，18（1）：17-22.

[6] 张中一．水性涂料的制备［D]．青岛：青岛大学，2005.

[7] 唐洁渊，高锋，章文贡．电化学聚合漆酚-锌金属螯合物合成及性质研究．功能高分子学报，2000，13（3）：293-296.

[8] 郭瑞，丁恩勇．纳米微晶纤维素胶体的流变性研究．高分子材料科学与工程，2006，22（5）：125-127.

[9] 张力，刘敬芹．有机硅改性丙烯酸酯乳液的流变性．应用化学，2003，20（3）：200-214.

[10] 吴培熙，张留城．聚合物共混改性．北京：中国轻工业出版社，1996：353-371.

[11] 何曼君，陈维孝，董西侠．高分子物理．上海：复旦大学出版社．2000：228-256.

[12] 罗正鸿，何腾云，蔺存国等．低表面能聚合物的聚合进展．高分子通报，2007，9：9-14.

[13] 甘景镐．生漆的化学．北京：科学出版社，1984：188-189.

[14] 甘景镐，甘纯玑，胡炳环．天然高分子化学．北京：高等教育出版社，1993：136-142.

[15] 黄玉强，华幼卿．聚烯烃/纳米 SiO_2 复合材料研究进展．化工新型材料，2003，31（7）：13-17.

[16] 甘景镐．如何从古老的国宝涂料转变新型的化工材料．中国生漆，1992，(1)：10-15.

[17] 赵一庆，薄颖生．生裱及漆树文献综述．陕西林业科技，2003，(1)：55-62.

[18] 李林．漆树树皮结构与树皮及生漆化学成分研究．西北大学生命科学学院，2008，(2)：16-20.

[19] 周光龙．浅论生漆质量及其保证．中国生漆，1991，(4)：25-27.

[20] 林金火．漆酚金属配合物的研究概况．中国生漆，1992，(3)：23-25.

[21] 曹金柱．中国生漆经营史初探．中国生漆，1983，2（3）：10-13.

[22] 怀松．日本漆工利用大漆的历史与现状．中国生漆，1987，3（2）：3-4.

[23] 杜予民．中国生漆化学研究与应用开发．涂料技术，1993，(1)：1-6.

[24] 海兰，曲荣君．巯基树脂对金属离子的吸附性能．离子交换与吸附，2005，21（3）：271-276.

[25] 治云，郑腾，谢必峰等．漆酶工业应用的研究进展．生物技术通讯，2005，15（4）：414-415.

[26] 林金火．漆酚金属配合物的研究概况．中国生漆，1992，11（3）：23-25.

第 10 章　木质素材料

1838 年法国化学家和植物学家 A・帕扬（A. Payen）用硝酸和碱处理木材，并用酒精和乙醚洗涤时得到一种纤维状的不溶解组分，称为纤维素；而被硝酸溶解的组分的含碳量比纤维素高，帕扬称之为“真正的木质材料 1”（the ture woody materia），后来又将此物质命名为结壳物质（the incrusting material）。1857 年 F. 舒尔策（F. Schulze）分离出了这种溶解的组分，并称之为“lignin”。lignin 是从木材的拉丁文“lighum”衍生而来，中文译为“木质素”，也叫“木质素”。

木质素作为植物体内普遍存在的一类高聚物，是支撑植物生长的主要物质，其同纤维素和半纤维素一起构成纤维素纤维。木质素是植物界中仅次于纤维素的最丰富、最重要的有机高聚物，广泛分布于具有维管束的羊齿类植物以上的高等植物之中，是裸子植物和被子植物所特有的化学成分。据估计，全世界由植物生长带来的木质素年“产量”高达 1500 亿吨。木质素和半纤维素一起作为细胞间质填充在细胞壁微细纤维之间，加固木质化组织的细胞壁，也存在于胞间层将相邻的纤维细胞黏结在一起。木质素在木材中的含量一般为 20%～40%，禾本科植物中木质素含量一般为 15%～25%。

木质素在木材中的分布是不均匀的，随树种、树龄和取样位置的不同，木质素的含量和组成都有差别，例如针叶材木质素含量高于阔叶材和禾本科植物。木材中大部分的木质素存在于次生壁而不是胞间层（图 10-1），但由于次生壁所占组织容积比胞间层大得多，因而 70%以上的木质素分布于次生壁中。

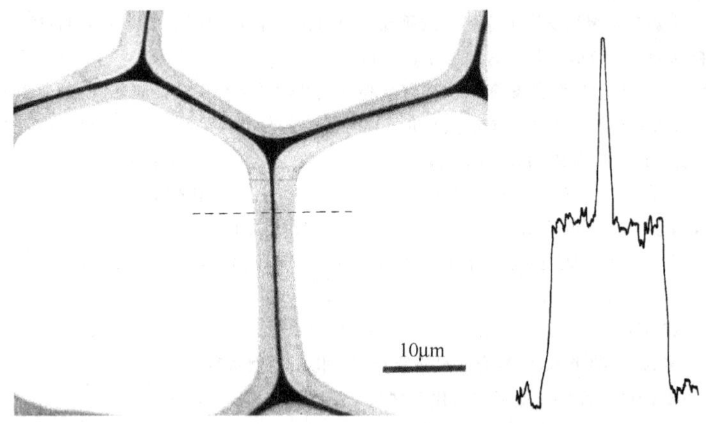

图 10-1　云杉早材管胞的木质素分布

木质素的来源丰富，而工业木质素一般为造纸工业副产物的衍生化产品，即制浆过程的衍生产品。其中，硫酸盐法制浆可衍生出硫酸盐木质素，亚硫酸盐法制浆可得到木质素磺酸盐。木质素磺酸盐已在制革、染料、石油、食品、化妆品、建筑等工业部门和农业部门，主要用作这些行业的原材料和添加剂。

同时还应看到，木质素是最复杂的天然高聚物之一。木质素化学结构的复杂性和不均一性，以及木质素在细胞壁中与聚糖之间的结合和物理缔合的特点，给木质素研究带来了很大的困难。传统的工业木质素产品，例如木质磺酸盐，是一类宽相对分子质量分布的高分子材料，无稳定的玻璃态转移温度，结构复杂，生物降解难，构成造纸工业的有机污染物，若不充分加以利用，排入水体，既造成环境污染又造成了资源浪费。制浆得到的木质素已经发生了缩合反应或降解反应，化学成分复杂，相对分子质量分布从几万到几百万，黏度低，分散度高，溶于水，加工性能差，几乎没有热塑性能，这些特性势必会限制木质素的开发和利用。

10.1　木质素的生物合成

对于木质素的研究始于 19 世纪 30 年代法国化学家和植物学家 A. Payen 对木质素存在的确认，20 世纪 30 年代 Ertdman 从天然的生源说出发，研究各种粉的氧化聚合作用，提出木质素是由松柏醇形式的苯基丙烷前驱物经酶作用脱氢而生成的。亚硫酸盐法制浆技术的工业化促进了对木质素蒸煮行为的研究，P. Klason 首先提出了木质素是由松柏醇构成的想法，接着由 K. Freudenberg 在碱性介质中用硝基苯氧化木质素得到大量香草醛，向人们展示了木质素具有芳香族性质的一面，直到酶脱氢聚合学说确立后才证明了 P. Klason 的松柏醇学说，从此，人们对木质素的研究发展到对木质素形成过程的酶学机制的研究。

1940～1970 年，K. Freudenberg 等对木质素的生物合成进行了全面研究。他们将从伞菌中分离出的漆酶加入到含有 0.5%松柏醇的磷酸盐缓冲液中，在 20℃条件下通入空气或氧气，数小时后产生白色的沉淀，生成松柏醇的脱氢聚合物（DHP），得率为 60%～70%，它与针叶材木质素的结构很相似，将松柏醇和芥子醇一起进行上述实验，则生成淡褐色的脱氢聚合物，其元素组成、化学性质和光谱性质都与阔叶材木质素相似。经比较发现，混合法 DHP 与滴加法 DHP 在化学结构与相对分子质量上都有很大的差别，后者接近于针叶材木质素，据此可推论木质素是由其前驱物在酶的作用下按照滴加法的方式脱氢聚合而成的。所谓“混合法”是将松柏醇溶液一次加入到含有过氧化氢酶的溶液；所谓“滴加法”是将松柏醇溶液在长时间内慢慢滴入酶溶液中。

葡萄糖经过莽草酸途径（shikimic acid pathway）和肉桂酸途径（cinnamic acid pathway）合成得到木质素的三种前驱物（图 10-2）。在莽草酸途径中，光合作用下由二氧化碳生成的葡萄糖先转化为此途径最重要的中间体——莽草酸，再经过莽草酸生成莽草酸途径的最终产物——苯基丙氨酸和酪氨酸，这是两种广泛存在于植物体中的氨基酸，又是肉桂酸途径的起始物。它们在各种酶的作用下，发生了脱氨、羟基化、甲基化和还原等一系列反应，最后合成了木质素的三种前驱物，即松柏醇、芥子醇和对香豆醇（对羟苯基丙烯醇）。

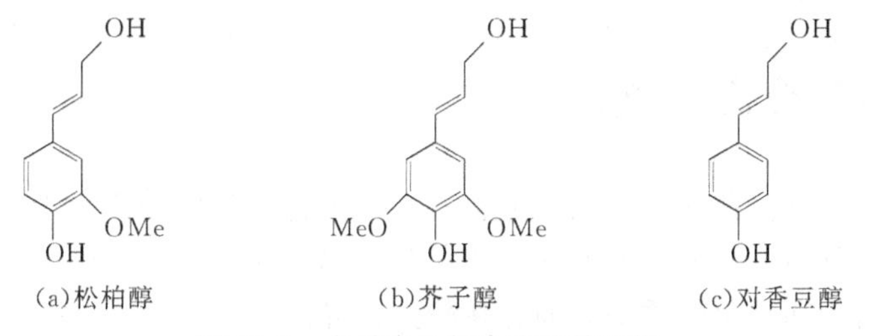

(a)松柏醇　(b)芥子醇　(c)对香豆醇

图 10-2　木质素生物合成的前驱物

通过采用 14C 示踪碳研究证明，在针、阔叶材木质素的合成中，只有 L-苯丙氨酸参加反应，而在草类木质素合成中，L-苯丙氨酸和酪氨酸都参加反应，由于不同植物中各合成阶段酶的功能和活性的差别以及基质的差异性，针叶材、阔叶材和禾本科植物中合成的木质素前驱物存在差别，这些不同最终导致针叶材、阔叶材和禾草类木质素结构的差别。

根据木质素生物合成的研究及对木质素进行化学分析，得出针叶材木质素是由其前驱物松柏醇脱氢聚合而成，阔叶材木质素是由松柏醇和芥子醇脱氢聚合而成，禾草类木质素是由松柏醇、芥子醇和对香豆醇的混合物脱氢聚合而成的结论。

松柏醇作为重要的木质素前驱物，其在植物体中的存在形式及输送过程引起人们的兴趣，松柏醇为难溶于水的物质，这必将造成其输送的困难。1968 年，K. K.Freudenberg 和 Neish 提出松柏醇是以松柏醇配糖体为输送体的，在到达植物细胞壁后，在 β-D-葡萄糖酶的作用下释放出松柏醇并在脱氢酶作用下生成木质素。

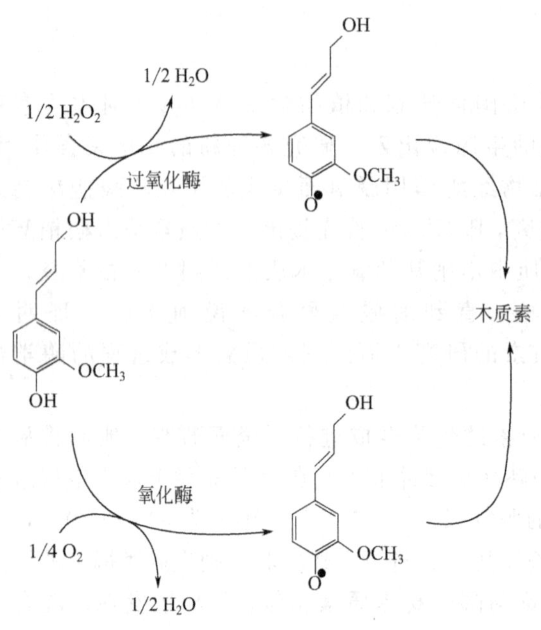

图 10-3 由松柏醇到木质素的聚合示意

木质素结构单元之间的聚合反应，主要是通过形成自由基，自由基之间结合形成二聚体的亚甲基醌结构，继而向亚甲基醌中加入 H_2O、木质素结构单元、糖等的加成反应完成的。即首先由在细胞壁上生成的过氧化氢及过氧化物酶的作用下，木质素结构单元被脱氢，生成酚游离基及其共振体，以松柏醇为例示于图 10-3 中。

这些自由基之间互相结合，或向其中加成 H_2O 或木质素结构单元，生成二聚体。这些木质素二聚体本身也进一步脱氢成为自由基，进而和别的自由基结合，反复地进行水和木质素结构单元的加成反应，木质素便高分子化。研究认为，在植物细胞壁中，木质素高分子的生成阶段，主要是向已经堆积木质素的生长末端依次供给木质素结构单元而结合下去。这样不断结合生长的木质素大分子，根据结合的木质素结构单元之间连接的键的形式，可形成链状高分子，但主要形成分为三次元的网状高分子。在细胞壁中木质素开始堆积之前，已形成了纤维素和半纤维素，因此，在木质素反应之初向亚甲基醌加成的是碳水化合物，这样便形成了木质素和碳水化合物之间的结合。木质素的生物合成过程和其他天然高分子化合物的生物合成过程相比，其突出特点是：自由基生成后，就与酶的作用无关了，自由基间可以任意结合成高分子；显示光学不活泼性；化学构造不规则。

10.2 木质素的分离与测定

木质素原本是一种白色或接近无色的物质，从植物材料中分离出来的木质素是很轻的粉状物质。然而，随分离方法的不同而变为灰黄到灰褐的颜色木质素因天然来源的不同及分离方法的差别而在结构和理化性质等方面存在较大差异。

为了研究木质素的结构，包括基本结构单元、单元间的连接键型、各种结构单元和键型在数量上的比例等应力求木质素处于原本木质素状态，即天然态木质素。对于造纸工业而言，测定木质素的含量还是评价造纸植物纤维原料的基本依据之一。

由于木质素具有复杂性并且容易受到温度、酸性试剂、有机溶剂或机械作用都会或多或少引起变化，不同的分离方法得到的木质素在性质上各具特征，因此分离木质素要在其之前注明分离方法、试剂名称或研究者名字。常用的分离方法与步骤如下。

① 粉碎试样　将风干木片或草片磨碎、过筛，取通过 40 目且不过 60 目部分（或其他目数），装入广口瓶内平衡水分。

② 预抽提　用惰性有机溶剂如乙醚、二氧乙环、苯、乙醇、丙酮及其混合物，脱出原料的有机溶剂抽出物。否则将会同木质素一起分离出来，给木质素样品带来不良影响。抽提完毕后要将有机溶剂除净，否则有机溶剂与木质素发生缩合反应引起木质素变化。抽提时温度不超过 60℃，否则高温下木质素与醇起反应而起变化。

木质素分离方法按其原理可分为两大类。

第一类：木质素作为残渣而分离。就是将无抽提物木材经水解除去聚糖（纤维素、半纤维素），木质素则以不溶性残渣分离出来。例如硫酸木质素、盐酸木质素。这种方法分离的木质素其结构已发生了变化。

第二类：木质素被溶解而分离。就是选用与木质素不起反应溶剂将木材中的木质素抽提出来或将木质素转变成可溶性的衍生物，再用适当溶剂抽提。例如 Brauns 木质素、纤维素分解酶木质素、Björkman 木质素、二氧六环木质素等。这种方法往往不能得到全部的木质素量。

10.2.1　可溶性木质素的分离

这一类木质素主要包括布劳斯（Brauns）天然木质素（BNL）、诺德（Nord）木质素、贝克曼木质素，即磨木木质素（MWL）和纤维素分解酶木质素（CEL），还有其他一些种类的木质素。

（1）BNL　过 100～200 目的木粉，依次用水和乙醚抽提，再用 95%的乙醇抽提，将溶液部分浓缩，并注入水，则沉淀出粗木质素。将粗木质素溶于二氧己环中，在乙醚中再沉淀而得到精制的 BNL。Brauns 认为此条件下木质素和试剂不起反应，木质素结构不发生变化，所以将该分离木质素称为“天然木质素”。BNL 的特点是得率低（只是 Klason 木质素的 8%～10%）、相对分子质量低；所以该“天然木质素”并非名副其实，实际与真正天然态的原本木质素有别。

（2）诺德木质素　用褐腐菌作用木粉，再用制 BNL 的方法制得木质素称为诺德木质素。

（3）贝克曼木质素——磨木木质素（MWL）　磨碎木粉，过 20 目筛，经有机溶剂抽提后，干燥。放在 lampen 磨中磨 2～3 天，介质为甲苯（三大素在其中均不润胀），成粉状，再在震动球磨机中磨 48h 成面状。用离心机除去甲苯，再用木质素溶剂（如二氧己环∶水＝9∶1）抽提，过滤，加水使木质素沉淀，分离可制得粗 MWL。将此粗木质素溶于 90%的 1,2-二氯乙烷和乙醇（2∶1）的混合液中，再注入乙醚使其沉淀。MWL 特点：得率只占总木质素的 50%（另 50%木质素与碳水化合物有连接用中性溶剂难于分离），为无灰分但有 2%～8%的糖，呈淡黄色粉状物，主要来源于次生壁。

（4）纤维素分解酶木质素（CEL）　纤维素酶解木质素（cellulolytic enzyme lignin）：方法与 MWL 相似，分离木质素性状两者也相似，只是在将振动球磨机磨过的木粉用纤维素和半纤维素酶处理，再进行其他步骤。张厚民认为 CEL 与 MWL 性状相似，只是得率比 MWL 高。可以认为 MWL 和 CEL 是目前最接近天然态木质素的分离木质素。

（5）二氧己环木质素和醇木质素　在含有少量无机酸的二氧己环或醇中加热脱脂木粉，木质素的结构单元之间的结合键会裂开，形成溶于这些溶媒的木质素衍生物。将残余木粉过滤，滤液浓缩之后注入水中，形成褐色的木质素沉淀得粗木质素。干燥后，溶于二氧己环或乙醇中，并使其在乙醚中再沉淀，得到精制木质素。其特点是由于二氧己环无羟基，所以认为二氧己环木质素与二氧己环没有结合。此方法简单、具有可溶性，常被采用。

（6）巯基乙酸木质素 木质素与巯基乙酸（$HSCH_2COOH$）反应，生成可溶于碱的木质素衍生物。其特点是收获率高，但含有结合的—SCH_2COOH 基。

（7）水溶助溶木质素 在水加入苯磺酸盐或苯甲酸盐，配成一定浓度的水溶液（40%～50%），与试样共煮，则能使试样中的木质素溶出，再加入水，溶出的木质素又沉淀出来，得到水溶助溶木质素。其特点是适于阔叶木及一年生植物。

（8）用无机试剂分离的木质素 包括碱木质素，无机试剂为 NaON；硫化木质素，无机试剂为 Na_2S；氯化木质素，无机试剂为 Cl_2；磺酸木质素，无机试剂为 Na_2SO_3、$MgSO_3$ 等。

（9）生物分离法 目前研究最多的是利用白腐菌脱木质素。20 世纪 70 年代确定了白腐菌在实验室条件下降解木质素的营养需求，1983 年，Tien 和 Kirk 及 GlennL 两个实验室都发现了木质素过氧化物酶（LiP），1984 年，Kuwahara 发现了锰过氧化酶（MnP），为木质素的微生物降解提供了充分的理论基础。除此之外还有漆酶、CDH 等酶类协同作用。20 世纪 90 年代展开了对以上酶系催化特征、分子生物学的研究，同时在生物制浆、生物漂白以及制浆废水的白腐菌处理等领域也蓬勃开展起来。白腐菌的酶系可以彻底降解木质素为水和 CO，主要为氧化反应。

10.2.2 不溶性木质素的分离

主要包括酸木质素硫酸木质素和盐酸木质素。其分离原理是无抽提物木粉用酸水解溶出试样中的聚糖（纤维素与半纤维素），所得残渣即为不溶性木质素，或称酸不溶木质素。

（1）硫酸木质素（Klason 木质素） 其特点是由于受到高浓强酸作用，木质素结构变化很大。广泛用作木质素的定量测定。

（2）盐酸木质素 分离方法是脱脂木粉中加入相对密度 1.215～1.225（浓度约 42%）的冷盐酸，2h 振动，加入冰水放置一夜，滤除木质素残渣。再加入 5%硫酸或水煮沸 5h，过滤、水洗、干燥。其特点是如用水煮沸，则结构变化少。

（3）过碘酸盐木质素 分离方法是木粉用 5%过碘酸盐（$Na_3H_2IO_6$）的水溶液，在 20℃、pH 为 4 条件下，将纤维素等的乙二醇结构氧化为二醛结构并用热水溶出，木质素作为残渣而滤出得到过碘酸盐木质素。其特点是除有少量木质素被氧化，结构有所改变外，其他变质较少。

（4）铜氨木质素 分离方法是铜氨溶液为纤维素的溶剂，无抽提物 1% H_2SO_4 煮沸，LCC 结合键断裂，冷铜氨溶液 4～5℃下抽提 4～5 次碳水化合物溶出残渣即为铜氨木质素。其特点是结构变化小，颜色比酸木质素淡，制备麻烦，应用不广泛。

以上为天然木质素的分离情况，纸浆中的木质素与制浆废液中木质素的分离比较困难，在此不做讨论，需要者可参阅有关造纸专业资料。

造纸工业中，由于排放大量污水所带来的环境污染问题已经引起了各国的关注，这也促进了木质素、纸浆高效分离技术的快速发展。有机溶剂具有良好的溶解性和易挥发性，利用有机溶剂提取原料中的木质素，达到纤维和木质素的彻底、高效分离，分离出的纤维素将直接作为造纸的纸浆，通过蒸馏可以回收大部分有机溶剂和提纯木质素。整个制浆过程有机溶剂可以循环利用，无废水或少量废水排放，形成一个封闭的循环系统，能够真正从源头上防止制浆造纸对环境的废水污染，是实现无污染或低污染的“绿色环保”制浆的有效技术途径，同时也是分离提取木质素、纯化木质素的有效途径。虽然有机溶剂分离木质素有许多优势和巨大的应用前景，但是有机溶剂制浆仍然需要高温高压，成本比较高，目前要真正实现工业化尚有许多技术困难，使其应用价值受到一定的限制。

除以上介绍的高效分离纤维素和木质素的方法外，酶解释放木质素、超临界萃取木质素、离子溶剂溶解纤维素抽提木质素、双水相萃取木质素等方法，由于分离条件温和、对木质素结构破坏较小、分离的木质素利用价值高等优点，得到了越来越广泛的重视。另外寻找能高效、单一、定向降解纤维素、半纤维素而不分解木质素的微生物和复合酶系，以及能单一、可控降解木质素而得到纤维素的微生物及其复合酶系是今后高效分离木质素、纤维素的发展方向之一。

10.2.3　木质素含量的测定

木质素的定量分析方法可分成三种：第一种方法是强酸或酶水解除去碳水化合物，使木质素成为沉淀而分离出来；第二种方法是使木质素溶解后用分光法测定；第二种方法是用氧化剂分解木质素并根据氧化剂消耗量来推测木质素的含量。

（1）Klason 木质素的测定法　木质素作为不溶物的定量方法包括木质化原料中碳水化合物成分的水解和溶解，木质化原料水解后的木质素残渣进行重量分析测定。在水解之前，用苯-醇抽提把那些有干扰的外来物质除去。多聚糖水解要用强无机酸来催化。最普遍实用的酸水解法用硫酸促进碳水化合物的水解。在这个处理中被分离的木质素被称为酸不溶木质素，一般称为 Klason 木质素（克拉森木质素）。在目前改进形式中，此法包括基本的两个步骤：用冷的（110～115℃）72%的硫酸在 20℃处理木质化原料一段时间，然后把硫酸稀释到 3.0%，煮沸完全水解，过滤所得的残渣即为 Klason 木质素。

上述步骤可用来测定纤维原料和所有等级的未漂浆中的酸不溶木质素。对半漂白浆，木质素含量应不低于 1%，以便提供足够的木质素（大约 20mg）来精确称量。这个方法不适合漂白浆，因为木质素的量太少而不能准确称量。

植物纤维原料的平均 Klason 木质素的含量顺序是：针叶材≥阔叶材≥非木材纤维；多年生植物的 Klason 木质素含量远大于一年生植物；针叶材的压应木的 Klason 木质素明显高于正常材；无论是硫酸盐法浆还是 TMP 机械浆，细小纤维的 Klason 木质素明显高于正常浆；而阔叶木的张紧木的 Klason 木质素则明显低于正常材。

（2）溶液中的木质素测定　溶解中的木质素来源于制浆废液很漂白废水，采用的分析方法非常简单。将样品蒸干并用测定固体原料中木质素的方法来测定残渣的木质素含量。当在制浆和漂白程中采用联机检测木质素浓度时，显然不能采用这种途径。由于这个或别的原因，直接分析溶液更易于测定溶解的木质素。

采用紫外（UV）吸收分光光度法可以测定亚硫酸盐和硫酸盐浆液以及排放水的木质素浓度。此测定方法与酸溶木质素的测定联系在一起。当采用这种分析方法时，最关键的一点是要选择合适的波长。Brownilng、Pearl 和 Goldschmid 探讨了在 205nm 和 280nm 下进行测量时，干扰物质（SO_2）和碳水化合物降解产物对吸光度的影响。低浓度使亚硫酸盐和硫酸盐浆液在 205nm 处的木质素的测量值限制在 5～10mg/L 的范围内。

第二种用于溶液中木质素测定的分光分析法是荧光分光光度法。当浓度小于要求的吸收光谱法的浓度值的 2～3 倍时，可以采用这种技术测定木质素。要获得高灵敏度，必须稀释制浆废液，为了使木质素浓度与荧光强度呈线式关系，需将制浆废液稀释 10^3～10^4 倍。由具体的实验得知，荧光光谱是一种监测亚硫酸盐和硫酸盐制浆脱木质素的方法。

第三种用于溶液中木质素测定的是近红外光谱法（NIR），近红外光谱的波长区域为780～2500nm。近红外光谱法主要用于浓度较高的黑液或红液的定量分析，也可以用于蒸煮过程、洗浆过程和漂白过程中木质素含量的在线测量。由于近红外光谱法的S/N可达105，测量精度较高，但是由于木质素在近红外区域的吸收信号基本上反映基团的合频和倍频振动，需要建立合适的数学模型来计算术素的浓度。

（3）基于氧化剂消耗量的木质素定量方法　此法用于未漂浆分析可以提供一个简单而且快速的应用于制浆过程，以质量控制为目的的估计残余木质素含量的方法。这个过程是基于纸浆中木质素消耗的氧化剂要远远高于纸浆中碳水化合物消耗的基本原理；氧化剂在仔细规定的条件下的消耗量可以作为纸浆中木质素浓度的一个量度标准。木质素浓度是通过每单位质量的纸浆所消耗的氧化剂的数量来测定的（如Roe氯价或者Kappa值）。这些数值可以转化为酸不溶木质素（Klason）或通过合适的、经验的转化因子使其转化为其他的木质素含量。

$$硫酸盐浆木质素含量（\%Klason 木质素）=Kappa 值\times 0.15$$

高锰酸钾值的测定是根据氧化剂的氧化原理，高锰酸钾氧化木质素，然而碳水化合物却相对稳定。虽然已经对这个基本过程做过许多改进，但是所有都是基于向纸浆试样的悬浮液中添加过量的0.1mol/L高锰酸钾并准确地确定反应完成时间，并对剩余的高锰酸钾进行滴定来测量高锰酸钾的消耗量。高锰酸钾值是测试条件下1g绝干浆所消耗的0.11L $KMnO_4$量。

高锰酸钾值还受纸浆试样的量和所用高锰酸钾的量的影响。因此，不管纸浆中木质素含量的高低，高锰酸钾-木质素关系的不连续性导致了每个试样质量和高锰酸钾容量之间的对应值的改变。这个问题已经根据Tasman和Berzins提出的方法得以解决，这个方法包括改变试样的量以确保加入的高锰酸钾的一半被消耗和校正实际被试样消耗的高锰酸钾的体积并使它相当于刚好是高锰酸钾用量的50%。为了区别其他的高锰酸钾测定，这个改进过程的测定值称为“Kappa值”。Kappa值测定方法已经被许多国家的制浆造纸技术组织定为标准方法。

10.3 木质素结构与性能

10.3.1 木质素的结构

木质素的分类及基本结构单元如下所述。

长期以来，研究者们习惯把植物中的木质素分为针叶材木质素、阔叶材木质素和禾本科木质素（有时也称为禾草类木质素），这样的分类法虽能反映大多数的针叶材、阔叶材和禾本科的木质素结构，但由于未考虑到双子叶植物的禾草类木质素以及针叶材、阔叶材中少数树种木质素结构的特殊性，故并不是一种严格的和满意的分类方法。

Gibbs等将植物中木质素按其结构分为两大类，即愈创木基木质素和愈创木基-紫丁香基木质素，简称愈创木基型（guaiacyl，G型）木质素和愈创木基-紫丁香基型（guaiacyl-syringyl，GS型）木质素。愈创木基木质素主要由松柏醇脱氢聚合而成，其结构均一。这类木质素在Maule反应中呈阴性，硝基苯氧化仅生成极少量（一般小于1.5%）的紫丁香醛，而对羟基苯甲醛的量在5%左右。大多数针叶材都属于愈创木基木质素，但也有少数例外，具有愈创木基-紫丁香基型木质素的结构特征，如罗汉松属中的一些树种等。愈创木基-紫丁香基型木质素是由松柏醇和芥子醇脱氢共聚而成。硝基苯氧化生成大量的紫丁香醛。大部分温带阔叶材及禾本科木质素都属于这一类型。温带阔叶材木质素硝基苯氧化产物中紫丁香醛占 20%～50%，对羟基苯甲醛含量极少，但也有例外，如刺桐和重阳木的木质素具有愈创木基木质素的特征。部分热带阔叶材木质素结构介于 G 型木质素与 OS 型木质素之间，更接近于 G 型木质素。禾本科木质素的硝基苯氧化产物中紫丁香醛的平均量低于阔叶材，而对羟基苯甲醛的含量则较高。

Nimz 根据木质素的^{13}C-NMR 的研究结果，认为禾本科木质素中有较多量呈醚键连接的对羟基苯丙烷单元（p-hydroxyphenyl propane，简称 H)，故把它分类为 GSH 型木质素。受压木的木质素中含有比正常针叶材高数倍的对羟基苯丙烷单元，故分类为 GSH 型木质素。

到目前为止，大多数研究者认为木质素的基本结构单元为苯丙烷结构，共有三种基本结构（非缩合型结构)，分别是愈疮木基丙烷、紫丁香基丙烷和对-羟基苯基丙烷，如图 10-4 所示。

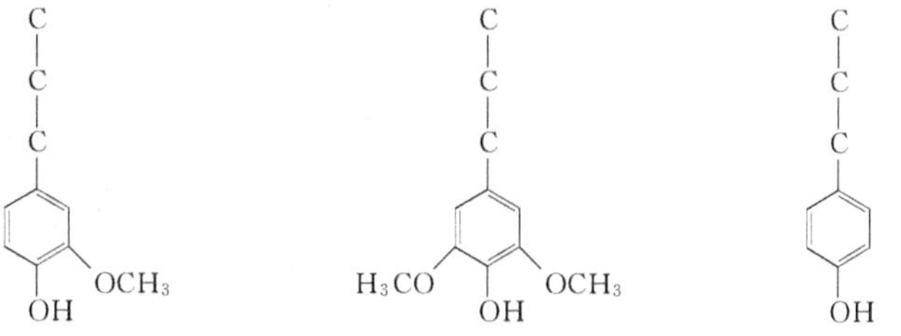

G型　　s型　　H型

图 10-4 木质素基本结构单元

木质素苯基丙烷间存在的两种连接形式：即醚键连接和碳碳键。醚键连接是木质素结构单元间主要的键，在木质素大分子中，大约有 60%～70%的苯丙烷单元以醚键形式连接到相邻的单元上；大约有 30%～40%的结构单元之间以碳碳键连接。木质素大分子中结构单元的连接部位可分为大致这样集中情形：一个结构单元的酚羟基和另一个结构单元的侧链之间；苯环与另一个结构单元的苯环或侧链之间；侧链与侧链之间。

由三种基本结构构成的木质素的一些基本“部件”如图 10-5 所示。

除以上木质素结构单元间的醚键连接外，在木质素结构单元内，大多数（90%～95%）都存在甲基-芳基醚键，即甲氧基连接到木质素的苯环上，如图 10-6 所示。

由此我们可以指出，木质素是由松柏醇基、紫丁香基和香豆醇基三种单体以 C—C 键和醚键等形式连接而成的，具有三维空间结构的聚酚类天然高分子物质。木质素的结构目前尚未找到有效的分析手段进行真实的表征，通过生物合成或化学降解并结合核磁共振波谱以及红外光谱和拉曼光谱等可以推导出一些天然木质素的结构模型，如图 10-7 所示。

根据植物来源不同可以将木质素分为：针叶林（gymnosperm）木质素，阔叶林（dicotyledonous angiosperm）木质素及草本（monocotyledonous）木质素。由于木质素本身在结构上具有庞大性和复杂性，在化学性质上具有极不稳定性等，使得迄今为止还没有一种方法能得到完整的天然木质素结构，而只能得到一些木质素的结构模型。这些结构模型只是木质素大分子的一部分，只是按照测定结果平均出来的一种假定结构，图 10-7 是 Orlandi 等所得到的软木木质素的结构模型。Boeriu 等利用红外光谱对各类木质素结构的功能基团进行了对比（表 10-1)，从表 10-1 可以看出，不同植物来源的木质素，甚至同种植物不同分离方法得到的木质素的功能基团都是不同的。

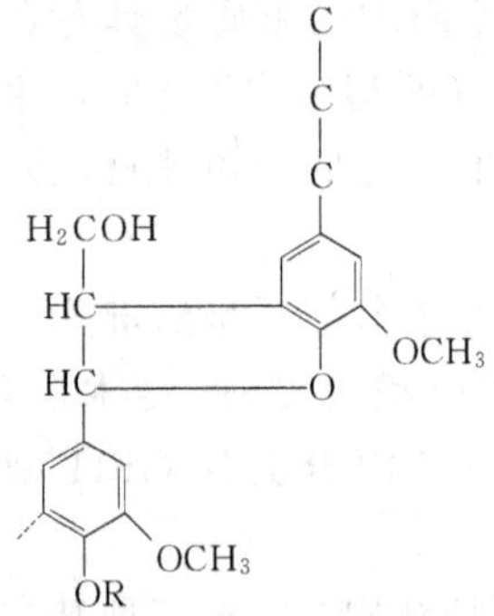

I
（苯基香豆满）
α-O-4（β-5）

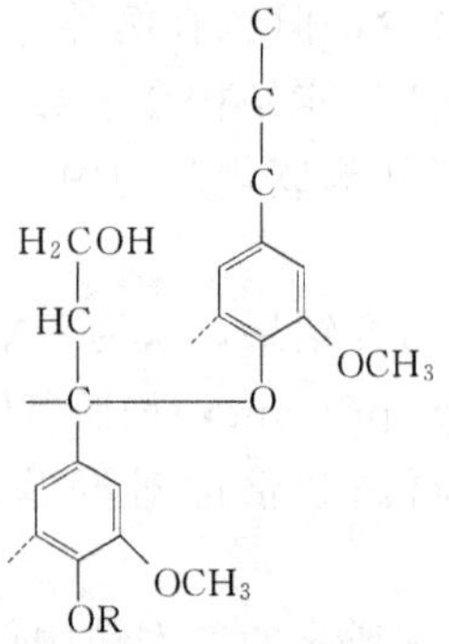

Ⅱ
α-O-4
α-烷基-芳基醚

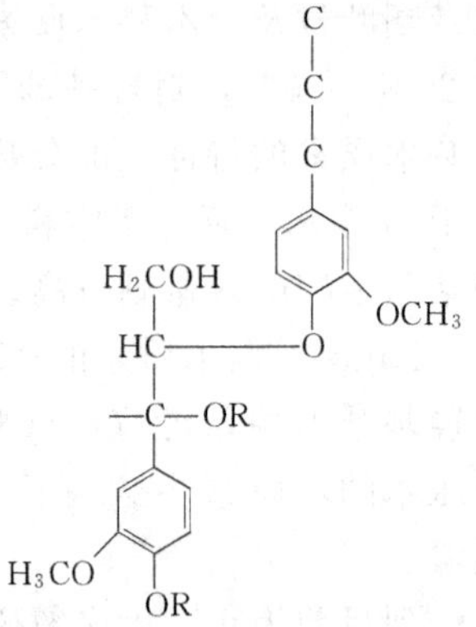

Ⅲ
β-O-4
β-烷基-芳基醚

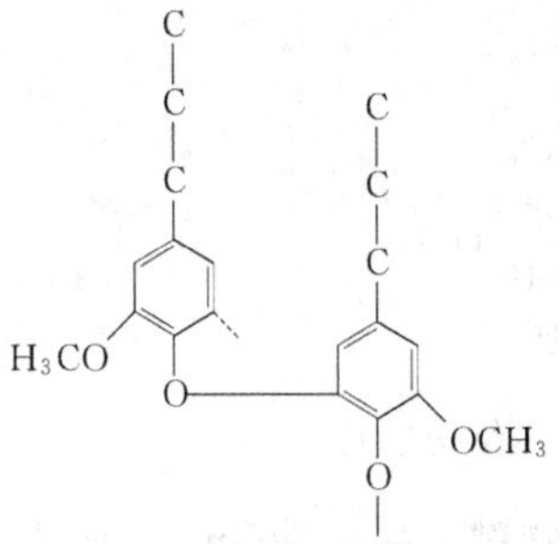

4-O-5
二芳基醚键连接

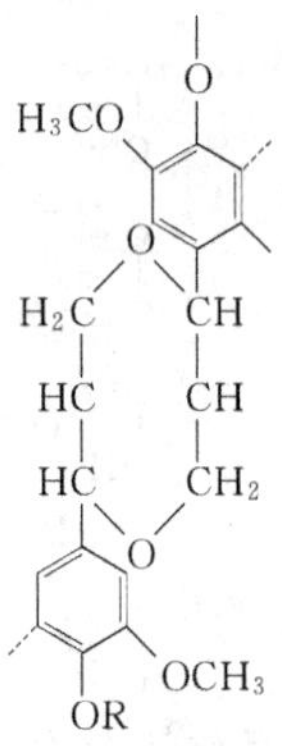

α-O-γ′
二烷基醚键连接

图 10-5 由基本结构单元构成木质素的结构部件

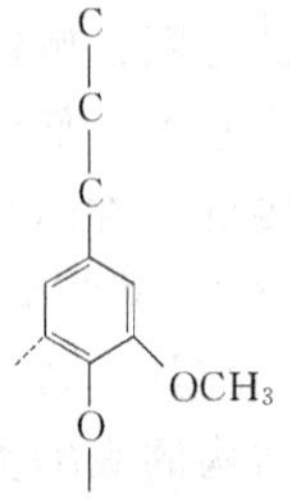

甲基-芳基醚键连接

图 10-6 木质素结构单元内部的连接

表 10-1 各种木质素结构特性

原料	木质素类型	羧基/(mmol/g)	酚羟基/(mmol/g)	总糖/%
麦草	碱木质素	2.1	2.43	—
亚麻	碱木质素	1.9	1.1	1.7
针叶木	木质素磺酸盐	3.5	1.1	1.3
针叶木	木质素	1.2	1.1	24.5
针叶木	碱木质素	—	—	1.77
阔叶木	有机溶剂木质素	0.78	2.4	0.32

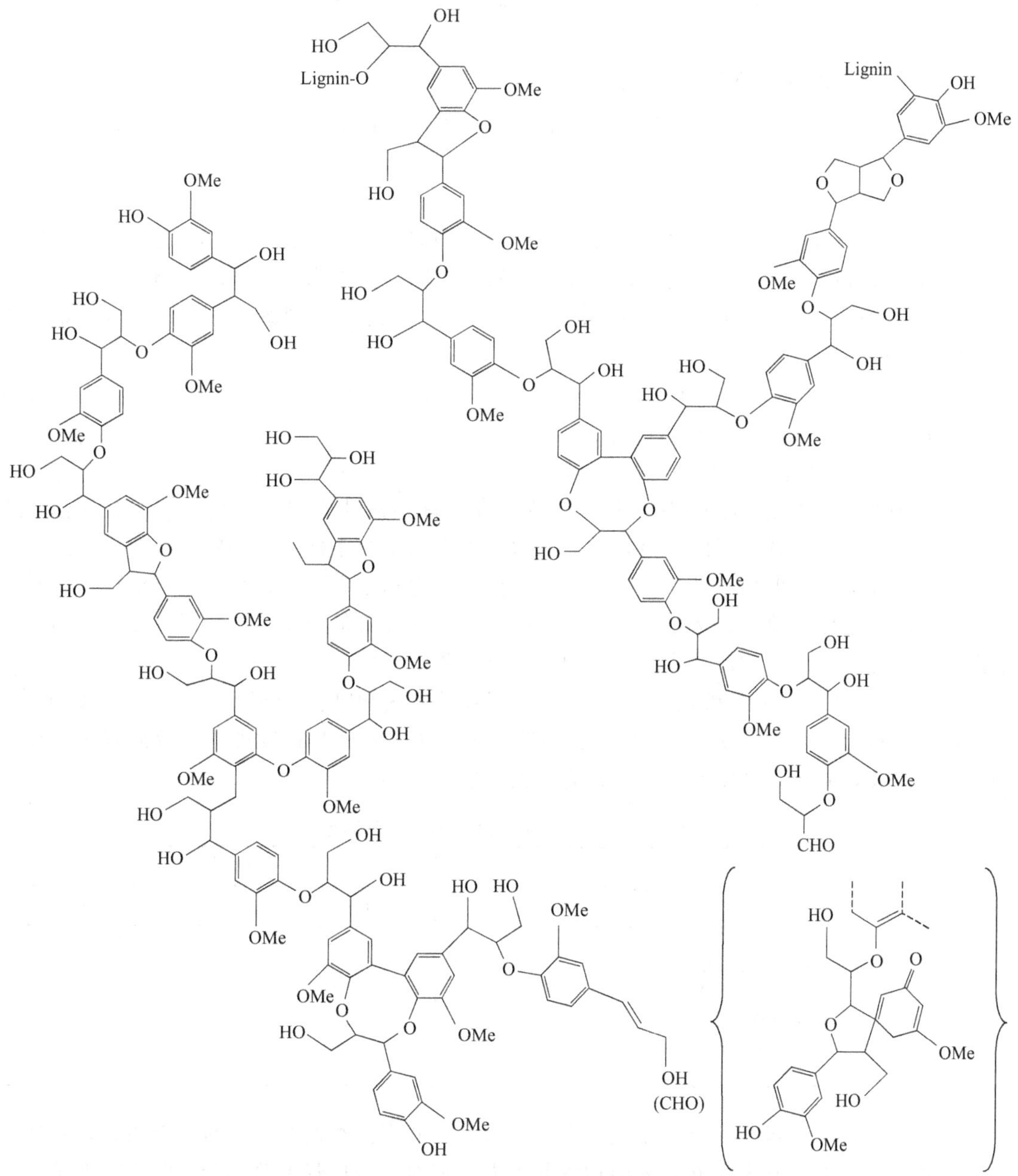

图 10-7　针叶材木质素的结构模型

在几乎所有的脱木质素工艺中，都包含天然木质素共价键的断裂，不同分离方法及分离条件得到的木质素，结构单元之间的连接键型、功能基团组成都有差异，从而使得木质素大分子各部位的化学反应性能很不均一。在木质素大分子中醚键易于裂开和参加化学反应，同时这些醚键的反应性能又受到木质素结构单元侧链的对位上游离酚羟基的极大影响，这些结构单元主要是酚型结构和非酚型结构。木质素酚型结构的苯环上存在游离羟基，它能通过诱导效应使其对位侧链上的 α-碳原子活化，因而 α 位上的反应性能特别强。非酚型结构中木质素结构上的酚羟基存在取代基，从而不能使 α 碳原子得到活化，所以比较稳定且反应活力较弱，即使 α 位上是醇羟基也比酚型结构的醇羟基反应性能低得多。因而，如何通过化学反应在木质素大分子上析出更多的酚羟基或尽量保护其游离酚羟基免于缩合作用，将有助于提高木质素的反应活性。

10.3.2 木质素的物理性质

木质素的物理性质，不但与植物的种类、构造、部位有关，而且也与分离提取方法有关。

（1）一般物理性质

① 颜色　原本木质素是一种白色或接近无色的物质，我们见到的木质素的颜色，是在分离、制备过程中造成的。随着分离、制备方法的不同，呈现出深浅不同的颜色。

② 相对密度　木质素的相对密度大约在 1.35～1.50 之间。制备方法不同的木质素，相对密度也不同。

③ 光学性质　木质素结构中没有不对称碳，所以没有光学活性。云杉铜铵木质素的折射率为 1.61，这就证明了木质素的芳香族性质。

④ 燃烧热　木质素的燃烧热值是比较高的。

⑤ 溶解度　木质素是一种聚集体，结构中存在许多极性基团，尤其是较多的羟基、造成了很强的分子内和分子间的氢键，因此原木木质素是不溶于任何溶剂的。分离木质素因发生了缩合或降解，许多物理性质改变了，溶解度性质也随之有改变，从而有可溶性木质素和不溶性木质素之分，前者是无定形结构，后者则是原料纤维的形态结构。对大多数分离木质素而言，最好的溶剂是在乙酸中的乙酰溴和六氟丙醇。

⑥ 熔点　原木木质素和大多数分离木质素为一种热塑性高分子物质，无确定的熔点，具有玻璃态转化温度（T_g），而且较高，当然，这种转化温度与植物种类、分离方法、相对分子质量有关，同时，其湿态和干态也有很大差别（表 10-2）。

表 10-2　各种分离木质素的玻璃化温度

树种	分离木质素	玻璃化温度	
		干燥状态	吸湿状态
云杉	高碘酸木质素	193	115(12.6)
云杉	高碘酸木质素		90(27.1)
云杉	二氧六环木质素(低相对分子质量)	127	72(7.1)
云杉	高碘酸木质素	146	92(7.2)
桦木	二氧六环木质素(低相对分子质量)	179	128(12.2)
针叶树	木质素磺酸盐	235	118(21.2)

（2）相对分子质量及相对分子质量分布　分离木质素的相对分子质量要低得多，一般是几千到几万，只有原本木质素，才能达到几十万。相对分子质量的高低与分离方法有关，如表 10-3 所列的云杉木质素，各种分离方法的相对分子质量有较大的差异。

表 10-3　云杉木质素不同分离法的相对分子质量

分离木质素	$\overline{M}_w$	$\overline{M}_n$	$\overline{M}_w/\overline{M}_n$
Brauns 天然木质素	2.8～5.7		
磨木木质素 1	20.6	8.0	2.6
磨木木质素 2	15.0	3.4	4.4
木质素磺酸	5.3～13.1		3.1
二氧六环木质素	4.3～8.5		3.1
甘蔗渣磨木木质素	17.8	24.5	7.28

表 10-3 所列的分散度（M_w/M_n）都大于 2，表明是三维网状结构，一般直链形结构的

分散度在 2 左右。甘蔗渣磨木木质素的分散性很大，远大于云杉木质素的分散度。

（3）黏合性　木质素具有芳香环以及高度交联的三维网状结构，在木质素的结构中含有酚羟基和甲氧基等，并且，在苯环的第五位碳都没有取代基，即苯环上有可反应交联的游离空位（酚羟基的邻、对位），可以进一步交联固化，这是木质素可以制胶的依据。利用木质素的制胶特性目前已经得到了木质素树脂、木质素-脲醛树脂、木质素-酚醛树脂、木质素-环氧树脂及木质素-聚氨酯等，广泛地运用于胶合板、刨花板、纤维板及各种人造板的生产中。为了生产出优良的胶合剂，通常可以对木质素进行改性。

（4）螯合性和迟效性　木质素结构中含有一定量的酚羟基和羧基等，它们使木质素具有较强的螯合性和胶体性能，从而为木质素制备螯合微肥提供了可能性。同时木质素是一种可以缓慢达到完全降解的天然高分子材料，因此通过在木质素结构中引入氮元素，然后利用木质素的缓慢降解，制成新型的缓释氮肥。但是，由于木质素本身含氮量较低，通常需要对木质素进行改性来提高其含氮量，其中主要采用的是氧化氨解法。目前利用其螯合性和迟效性，木质素已经作为螯合铁微肥、土壤改良剂、农药缓释剂等广泛用于农业生产中。

10.3.3　木质素的生物降解

木质素结构复杂，单元结构之间多为醚键和碳碳键，稳定不易降解。在植物体中，木质素是包裹在纤维素的外面的，因此对造纸制浆和纸浆的漂白来一个重要的问题。同时，对于木质素在自然界的降解，也是多年来木质素研究中的一个难题。

（1）木质素降解微生物的种类　在自然界中，能降解木质素并产生相应酶类的生物只占少数。木质素的完全降解是真菌、细菌及相应微生物群落共同作用的结果，其中真菌起着主要作用。降解木质素的真菌根据腐朽类型分为：白腐菌——使木材呈白色腐朽的真菌；褐腐菌——使木材呈褐色腐朽的真菌和软腐菌。

（2）木质素降解相关酶系　木质素的降解酶系是非常复杂的体系，目前对它的研究较多，认为最重要的木质素降解酶有 3 种：木质素过氧化物酶、锰过氧化物酶和漆酶。除此之外，还有芳醇氧化酶、乙二醛氧化酶、葡萄糖氧化酶、酚氧化酶、过氧化氢酶等都参与了木质素的降解或对其降解产生一定的影响。

（3）木质素生物降解的化学反应机制　目前，通过转基因技术究的热点。

（4）木质素降解在生产实际中的应用　木质素是人类可再生的纤维资源之一，使木质素转变为有用的物质，变废为宝，这将对中国的造纸工业、环境保护以及可持续发展等均具有深远的影响。

① 造纸工业上的应用　调控植物木质素的含量与组分，可以从源头——造纸原料入手治理造纸废水污染并降低造纸成本。通过木质素生物合成途径及其调控的研究进展，主要目的在于采用生物高技术手段，调节植物次生代谢过程，降低造纸原料植物的木质素含量或改变其组分，达到减轻造纸废水污染和降低造纸成本的目的。这是国际上研究的热点。

目前，在造纸工业上通常采取硫酸盐法（以氢氧化钠和硫酸钠使醚键断裂）和亚硫酸盐法（通过磺化反应使木质素变成水溶性物质）来除去木质素，使纤维素从木质素的“禁锢”中释放出来。

② 饲料工业　木质素分解酶或分解菌处理饲料可提高动物对饲料的消化率。目前，以木质素酶、纤维素酶和植酸酶等组成的饲料多酶复合添加剂已达到了商品化的程度。

③ 发酵与食品工业　木质纤维素中木质素的优先降解是制约纤维素进一步糖化和转化的关键，在食品工业如啤酒的生产中，可使用漆酶等进行沉淀和絮凝的脱除，使酒类得到澄清。

④ 生物肥料　秸秆转化为有机肥料的简单而行之有效的办法是秸秆就地还田。但是，还田秸秆在田间降解迟缓并带来了一系列的耕作问题，而解决这些问题的关键是加速秸秆的腐熟过程，因此，以白腐菌为代表的木质素降解微生物为这种快速腐熟提供了理论上的可能性。

10.4　木质素的化学改性

木质素是化学制浆过程中主要的污染源之一，若能开发利用，则是宝贵的资源。随着人们保护环境、合理利用资源意识的提高，木质素的利用也逐渐受到重视。由于木质素分子结构中含有一定数量的芳香基、醇羟基、羰基、酚羟基、甲氧基、羧基、醚键和共轭双键等活性基团，所以木质素可以进行氧化、还原、水解、醇解、酰化、烷基化、缩聚或接枝共聚等许多化学反应。所以，经过改性的木质素具有一定的功能高分子材料的特性，可以为人们的生产、生活服务。

10.4.1　木质素的胺化改性

胺化改性木质素时，是通过游离基型接枝反应在其大分子结构中引进活性伯胺、仲胺或叔胺基团，它们以醚键接枝到木质素分子上。通过改性，提高木质素的活性，可使之成为具有多种用途的工业用表面活性剂。

木质素分子中游离的醛基、酮基、磺酸基附近的氢比较活泼，可以进行 Mannich 反应。Mannich 反应是指胺类化合物与醛类和含有活泼氢原子的化合物进行缩合时，活泼氢原子被胺甲基取代的反应，可以表示如图 10-8（其中 Z 为吸电子基）。

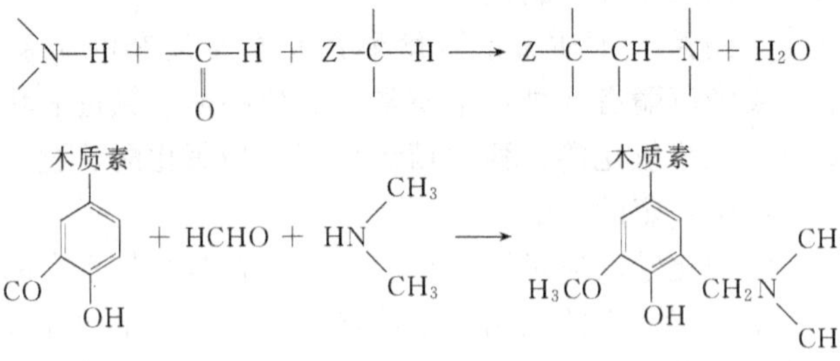

$$\rangle N-H + -\underset{\|}{C}(O)-H + Z-\overset{|}{\underset{|}{C}}-H \longrightarrow Z-\overset{|}{\underset{|}{C}}-\underset{|}{CH}-\overset{|}{\underset{|}{N}} + H_2O$$

$$\text{木质素}-C_6H_2(OCH_3)(OH) + HCHO + HN(CH_3)_2 \longrightarrow \text{木质素}-C_6H(OCH_3)(OH)CH_2N(CH_3)_2$$

图 10-8　木质素的胺化反应式

木质素进行 Mannich 反应时，其苯环上酚羟基的邻位和对位以及侧链上的羰基的 α 位上的氢原子较活泼，容易与醛和胺发生反应，从而生成木质素胺。按参与反应的胺基团的不同可分为伯胺型、仲胺与叔胺型木质素胺、季胺型木质素胺和多胺型木质素胺。利用木质素分子中的酚羟基对丙烯腈的亲核加成反应，碱木质素与丙烯腈反应能生成氰乙基木质素，然后再还原成伯胺型木质素胺。合成季胺型木质素胺的代表性反应是利用二甲胺、二乙胺、三甲胺、三乙胺或类似的胺反应生成叔胺中间体，而后再与木质素在碱性条件下反应制成叔胺型或季胺型木质素胺。多胺型木质素胺是木质素中的醇羟基与多胺中的氨基通过亲核取代，高压脱水而形成木质素胺的。

在木质素进行胺化改性时，参与反应的醛类和胺类物质的投料量取决于木质素中酚羟基的含量。一般是原料木质素量的 1～3 倍，醛类与胺类的投料比的增加会导致木质素的交联，而胺甲基化的反应程度取决于胺的 pK_a 值，pK_a 值越接近于 7，取代程度越大，产物的氮含量越高。

10.4.2　木质素的环氧化改性

木质素与环氧乙烷的共聚反应，早在 20 世纪 60 年代已有报道。Glasser 将硫酸盐木质素与环氧丙烷共聚，生成的新产物可用作热固性工程塑料的预聚物。木质素与环氧丙烷在有催化剂存在的条件下加热可以直接反应得到环氧化木质素（图 10-9）。木质素磺酸与环氧氯丙烷发生环氧化反应的过程中，木质素磺酸的酚羟基与环氧氯丙烷反应，造成酚羟基含量降低的同时烷基醚键的含量增加，而磺酸基团被酚环取代。木质素经环氧化改性后得到的木质素环氧树脂具有较好的绝缘性、力学性能以及黏合效果等，可以应用于电气工业。

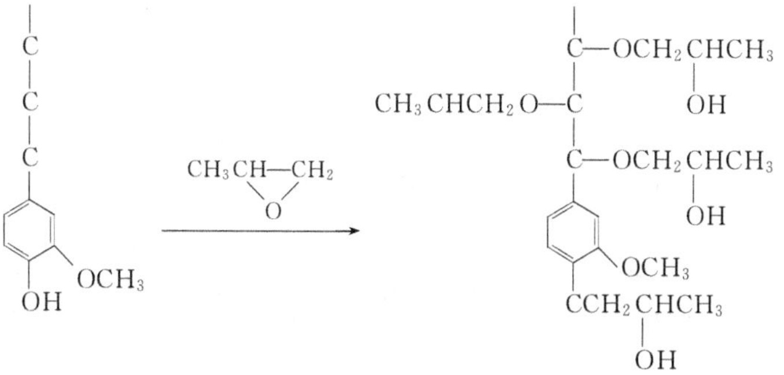

图 10-9　木质素的环氧化反应

10.4.3　木质素的酚化改性

木质素磺酸盐的酚化主要采用甲酚-硫酸法，此法简单、温和、易控制、改性效果良好，磺酸基几乎可被全部脱去，生成酚木质素。该反应属于选择性酚化反应，在木质素苯环的 α-碳原子上引入酚基，使木质素结构及反应的复杂性得到简化。赵斌元等研究了间甲酚-硫酸法改性木质素磺酸钠的改性工艺及效果，并得出木质素的磺酸基被间甲酚完全取代，甲氧基几乎全部断裂，主链上的醚键亦有部分断裂；酚化改性反应显示，酚羟基含量提高了约 2 倍。

木质素的酚化改性对其进一步改性提供了良好的反应活性，如木质素在进行环氧化改性时，为了提高反应效率往往需先进行酚化改性以增加木质素的酚羟基含量。

10.4.4　木质素的羟甲基化改性

在碱催化作用下，木质素能与甲醛进行加成反应，使木质素羟甲基化，形成羟甲基化木质素。以愈创木基结构单元与甲醛在碱性条件下反应为例，其反应方程式如图 10-10 所示。

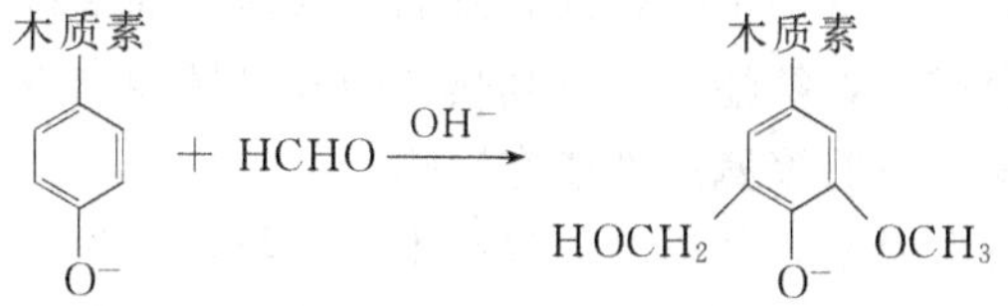

图 10-10　木质素的羟甲基化改性反应

长期以来，碱木质素的催化羟甲基化都是在均相催化体系中进行。这种体系通过 OH^- 首先夺去酚羟基的氢，促使氧上的富电子离域到苯环上，形成共振系统，从而达到活化酚羟基邻、对位的目的。但此种体系不仅存在产物难以分离的缺陷，更在于由于碱液的难以处理而存在二次污染环境的问题。周强等在实验室合成了既能催化反应又能促使碱木质素在特定位断键的复合型固相催化剂，并以四氢呋喃为溶剂溶解碱木质素，随后加入羟甲基化试剂——甲醛，建立起了多相催化反应体系。通过对不同催化反应体系、不同原料的比较，不仅表明多相催化反应体系的有效性，从多相改性产品的气息及熔程来看，此复合型固体催化剂更具有催化及诱导断键双重功能。

10.4.5　木质素氧化改性

木质素磺酸盐具有较强的还原性，可与多种氧化剂如过氧化氢、重铬酸盐、过硫酸铵反应。木质素磺酸盐在几种氧化剂存在下的降解或聚合均导致酚羟基减少，且在其发生降解时伴随着羰基的增加。以木质素磺酸钙愈创木基单元为例，反应方程式如图 10-11 所示。

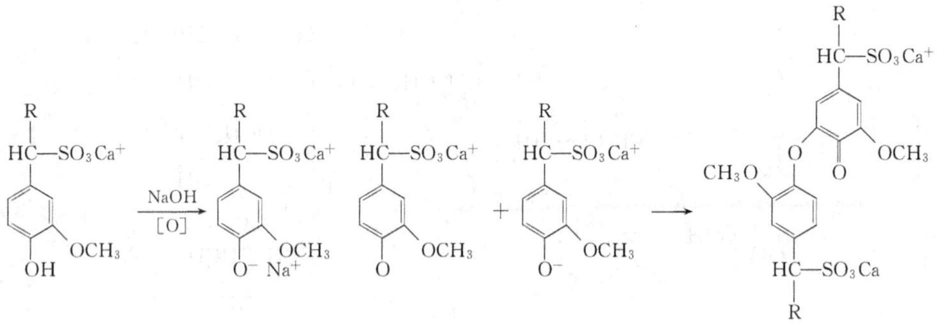

图 10-11　木质素磺酸钙氧化改性反应式

同时，很多研究者利用电化学氧化木质素。Davydov 等发现在碱性溶液中，用 Pt 电极氧化木质素磺酸盐，可脱除芳环上的甲氧基形成酚羟基，并引入了—COOH，提高了酸度。邓国华等发现用 PbO_2 为阳电极氧化木质素磺酸钠，—COOH 含量升高，—OCH_3 含量降低，苯环结构被破坏，氧化过程中有聚合和降解反应发生，相对分子质量随着电解电量增大而有一个从上升到降低的过程。薛建军等研究草类木质素在膜助电解时的电化学氧化作用。其结果表明，膜助电解对黑液中的有机物具有一定的氧化作用，能使木质素中的芳环被氧化而打开；同时木质素的氧化作用与施加的电压、阳极的电极材料等因素有关。

10.4.6　木质素的聚酯化改性

木质素含有酚羟基和醇羟基，它们可以与异氰酸酯进行反应，因此有可能利用木质素替代聚合多元醇用于生产聚氨酯。Glasser 利用木质素与马来酸酐反应生成共聚物，再与环氧丙烷进行烷氧基化，生成多元醇结构的共聚物，这种产物进一步与二异氰酸酯反应，便合成出性能良好的聚氨酯甲酸酯，可用于制造黏合剂、泡沫塑料以及涂料等。木质素与环氧丙烷反应后，增加了醇羟基，而且增加了带羟基侧链的柔软性。刘全校等利用改性木质素取代部分聚乙二醇与异氰酸酯合成了聚氨酯，并对其热性能和机械性能进行了研究。结果表明，异氰酸酯指数和改性木质素含量对聚氨酯性能有影响。

以木质素为原料制备聚氨酯，关键在于提高木质素与异氰酸酯之间的反应程度，而提高木质素在聚氨酯中的反应活性，主要集中在如何提高醇羟基的数量。用甲醛改性木质素（羟甲基化），可以明显改善木质素与聚氨酯之间的接枝反应。有研究人员用环氧丙烷对木质素进行改性，然后将羟丙基化木质素和二异氰酸酯溶于四氢呋喃中，加入一定量的催化剂，然后浇注成膜，在室温下放置 15min，挥发掉部分溶剂，再在真空烘箱中熟化 3h，可以得到聚氨酯薄膜。

木质素是大自然赋予人类的天然高分子材料。已如前述，木质素高分子结构中含有大量活性基团，这些基团可以发生许多化学反应，这些化学反应有赋予了天然高分子许多非固有的、优秀的性能。例如，木质素可与其他一些化合物在一定条件下合成树脂，从而在工业中得到崭新的应用。早在 20 世纪初，就有人利用木质素制备胶黏剂。20 世纪 40 年代发明了酚醛树脂和脲醛树脂之后，由于它们的性能好、经济合理，因而迅速得到推广和应用，于是木质素制胶黏剂的研究就停了下来，直到 1973 年发生了世界性石油危机后。石油价格上涨，石油化工原料紧张，这样才又唤起人们对木质素利用研究的重视。

10.5　木质素基共聚高分子材料

10.5.1　木质素基酚醛树脂

（1）共缩聚法合成木质素基酚醛树脂　这是一类木质素与小分子单体（甲醛）共聚改性的例子。木质素的结构单元上既有酚羟基又有醛基，因此在合成木质素—酚醛树脂时，木质素既可用作酚与甲醛反应，又可用作醛与苯酚反应，既可节约甲醛，又可节约苯酚。国内外在这方面做了不少工作，如木质素与苯酚先在碱性条件下反应，反应的中间体再与甲醛反应；或者木质素先与苯酚在酸性条件下反应，所得中间体再与甲醛在碱性条件下反应。

（2）木质素与酚醛树脂反应　用苯酚和甲醛在碱性催化剂存在下制备甲阶酚醛树脂，然后再加入木质素与之反应，也能得到性能较好的胶黏剂。

甲阶酚醛树脂与木质素的化学亲和性较好，具有与木质素交联共聚的反应活性。一定配比的苯酚、甲醛及氢氧化钠的水溶液在 90～95℃搅拌反应 1.5h，瓶中的液体变浑浊后，加入碱木质素，并在该温度下继续反应，不断取样测定其恩格勒黏度，达到 0.1～0.5Pa・s，即可冷至室温，成为待用的胶黏剂。用这种胶黏剂生产胶合板，各项性能达到并超过了Ⅰ类胶的水平（GB 738—75），如胶合强度达到 3.10MPa，含水率 9.46%，成本比酚醛树脂胶降低 33%。由于这种胶中含有木质素，木质素能吸收游离的甲醛，所以本产品无毒，加入固化剂后，可用于地板涂料、木器家具冷黏合、防腐漆等方面。硫酸盐法造纸黑液提取的碱木质素可代替酚醛树脂中 50%的酚或 50%的醛，原料配比举例如表 10-4～表 10-6。

表 10-4　酚醛树脂配方　　单位：质量份

原料	原酚醛树脂配方	加木质素配方
苯酚	100	223
甲醛	27.5	20
硫酸	1.5	1.5
碱木质素	—	50

表 10-5　用以上树脂生产胶木粉的配方　　单位：质量份

原料	原配方	加木质素配方
树脂	43.5	30
木粉	43.5	43.6
六亚甲基四胺	6.5	4.5
无锡红土	4.4	4.4
MgO	0.9	0.9
硬脂酸	0.4	0.4
染料	1.4	1.4

注：其中有 13.5 份酚醛树脂。

（3）直接用木质素与酚醛树脂混合　木质素与甲阶酚醛树脂共缩聚制备的胶黏剂，其性能略次于木质素与苯酚、甲醛反应的产物，但木质索的用量却要多一些。直接用木质素与酚醛树脂在研磨混合机中混合，也能制备胶黏剂，显然，木质素在其中起的是填充剂的作用，尽管如此，这种胶黏剂也具有较好的性能。

表 10-6 胶木粉成品的性能

物理力学性能	原胶木粉	木质素胶木粉
冲击强度/MPa	>0.39	0.52
抗弯强度/MPa	>53.9	66.94
收缩率/%	—	0.78
水分及挥发分/%	<4	3.0
耐热性(100℃)/h	—	正常
相对密度	<1.5	1.4
流通性/cm	—	160

10.5.2 木质素基聚氨酯

木质素的芳香环和侧链上具有羟基，可被看做是一种多元醇。Glasser 等用木质素与马来酸酐反应生成共聚物，再与 1,2-环氧丙烷进行烷氧基化，生成多元醇结构的共聚物，这种产物进一步与二异氰酸酯反应，便合成出性能良好的聚氨基甲酸酯，简称聚氨酯，可用于制造黏合剂、泡沫塑料、涂料等。

木质素丙氧基化后增加了醇羟基，而且增加了带羟基侧链的柔软性，再与二异氰酸酯反应，同样制得了性能良好的聚氨酯。这样既减少了反应步骤，又提高了木质素在最终产品中所占的相对密度，降低了成本。木质素有很好的耐日光老化性能，尤其是能吸收紫外线，用它生产的聚氨酯涂料，尤其是外墙涂料，恐怕也会有很强的耐老化性能，是值得进一步研究和开发的技术。

10.6 木质素基共混高分子材料

10.6.1 木质素共混聚烯烃

与木质素共混的合成高分子材料主要有聚乙烯、聚丙烯和聚氯乙烯等。现有的聚烯烃塑料绝大多数是通过石油等不可再生的资源生产出的合成高聚物材料，产品难以降解，在浪费资源的同时又造成对环境的污染。因而，利用工业木质素与聚烯烃等塑料共混制备可降解塑料，无论从综合治理水污染、白色污染，还是节省石油等不可再生资源方面考虑，都使得木质素的研究开发成为世界各国特别是发达国家的一项热点课题。

(1) 木质素/聚烯烃复合材料的研究进展现状　聚烯烃的力学性能、电性能和化学性能良好且均衡，广泛应用于工业生产和日常生活的各个领域，但其阻燃性、耐应力开裂性较弱，尤其使用上限温度不高，因此若用到工程方面或某些特殊用途中，就必须进行改性。另外，由于聚烯烃极难降解，使用后埋在土中，300 年都不能完全降解，对环境造成极大污染。利用木质素的特性将其与聚烯烃进行共混，可以在提高聚烯烃某些性能的同时制备可部分降解的复合材料。

① 聚烯烃的改性　增加聚烯烃的极性可以改善聚烯烃与木质素的共混相容性。通过化学反应将某些极性单体接枝到聚烯烃链上，可以增加聚烯烃的极性，从而增加其与木质素的共混相容性。

② 木质素的改性　木质素的酚羟基能与环氧烷烃反应。在碱催化、加压情况下木质素可与环氧乙烷共聚，所得产物水溶性提高，表面活性也有所增强；与环氧丙烷共聚后，则亲

油性有所改善。碱木质素与氯代烷烃、溴代烷烃反应可以引入烷基链，提高亲油性。在木质素的结构单元中，酚羟基的邻、对位以及侧链羰基上的 α 位上均有较活泼的氧原子，此类氢原子容易与甲醛、脂肪胺发生曼尼希反应，生成木质素胺，从而得以显著提高木质素的表面活性。

③ 添加增容剂　以邻苯二甲酸二辛酯（DOP）为主增塑剂，甘油为辅助增塑剂，与木质素尽可能地混合均匀后，再与 PE 树脂充分混合，造粒后挤出吹塑成膜，随复合增塑剂中 DOP 用量的提高，复合薄膜的力学性能有所提高。

（2）木质素/聚烯烃复合材料的共混工艺　国内有人研究了木质素填充 LDPE、EVA 对复合物性能的影响。其采用的共混工艺是将粉状的工业高纯木质素经干燥后按一定的配比分别与 LDPE、EVA 预混合后，经同向双螺杆造粒机造粒后冷却切粒、烘干，然后在单螺杆吹膜机中吹塑成膜，从而测试薄膜的各项性能。

以木质素和 LDPE 为原料，将木质素按未造粒、造粒添加不同配比的增塑剂、不同用量的偶联剂和光增敏剂后，与 LDPE 充分混合均匀；利用两段式螺杆挤出机经过 2～3 次塑化，挤出成圆形条料，经自然冷却后切粒；再经挤出吹塑可以制备出一系列木质素质量分数为 0～40%、厚度为 0.15～0.45mm 的棕色半透明至黑色透明的复合薄膜。

（3）木质素/聚烯烃复合材料的性能及应用

① 农业上的应用　木质素/聚烯烃复合材料除了具有可降解特性以外，还具有较好的力学性能，因此可用来制作薄膜，在农业上和社会生活中均有着重要的应用。

② 工业中的应用　木质素/聚烯烃复合材料除了具有良好的力学性能以外，还具有较好的热学性能，随着木质素用量的提高热稳定性也相应地提高。木质素/聚烯烃复合材料还可用作阻燃材料和电器绝缘材料。将木质素、聚二甲基硅氧烷（PDS）与乙烯类聚合物和某些共聚物弹性体共混还可以制备出耐久性极佳的新型密封剂。

③ 生理生化领域中的应用　由于木质素可用作酶的保存稳定剂，诱导肿瘤坏死因子，抗逆转录病毒，对基质转移蛋白酶 MMPs 的抑制，抗癌抗诱变，因此木质素与聚烯烃复合材料还口，作为医用功能材料。

④ 其他领域的应用　木质素能提高 PP 的热降解温度，延长燃烧时间，并能降低 PP 燃烧过程中的热分解速率和质量损失，因此木质素与聚烯烃的复合材料还可用作阻燃材料。将木质素与聚丙烯熔融共混还可以制备空心光纤，其中木质素在持续热转变过程中由热塑性转变为热同性材料，木质素与 PP 之间产生了分子间相互作用，使得 PP/木质素复合材料的性能得到较大的提高。

10.6.2　木质素增强橡胶

（1）共沉工艺　制备橡胶/木质素共沉胶通常是先将木质素溶解于碱液后，加入橡胶胶乳内，在加热和搅拌下，将上述混合液注入酸溶液中。木质素对橡胶的增强特性受几个因素的影响，如木质素碱溶液的浓度、橡胶胶乳的浓度、酸溶液的浓度、混合时的温度、配合剂加入的顺序和共沉时的搅拌速率等。此外木质素沉淀温度和颗粒尺寸也会影响其增强性能。纯化后的木质素增强丁苯橡胶（SBR）的拉伸强度对木质素离析时的沉淀温度是十分敏感的。共沉工艺使木质素对多种橡胶具有良好的增强能力，例如天然胶乳、丁腈胶乳和氯丁胶乳与木质素共沉，其硫化胶拉伸强度与填充炭黑时相当。木质素碱液与丙烯腈-2-羟丙基甲基丙烯酸酯共聚物乳液共沉，可使硫化胶的拉伸强度达到 29MPa，扯断伸长率为 490%。但共沉工艺过于复杂，缓慢的过滤和干燥速率严重限制了它的应用，而胶乳和造纸黑液昂贵的运输费更使其失去了商业上的竞争力。

（2）干混工艺　木质素干粉混入橡胶中没有增强效果的主要原因是木质素在橡胶中难以分散。传统的机械方法如粉碎和研磨对改善木质素的增强作用收效甚微，只能破坏木质素的二次附聚体，得到与沉淀阶段形成的原始粒子大致相当的粗糙粒子，进一步减小粒径几乎不可能。

（3）湿混工艺　湿混工艺是指将从黑液沉淀析出的木质素保留一定比例的水分，利用木质素粒子和水之间的氢键作用削弱木质素粒子自身的氢键作用，阻止混炼过程中木质素粒子黏结，从而达到良好分散的目的。混炼过程能除去90%以上的水分，随后的停放可将水分降至1%左右。湿混工艺给橡胶混炼带来了不便，又需要一定时间的存放以除去残余的水分，而且也并非对所有的橡胶都起作用，例如用于天然橡胶时，引起定伸强度、拉伸强度和撕裂强度下降，破坏了天然橡胶的结晶性能。

（4）纯化工艺　木质素中含有较多的杂质，如未经提纯的甘蔗渣硫酸盐木质素中，杂质质量分数高达10%，其主要成分为萜烯类、松香酸类、游离及皂化的脂肪酸类树脂等。非木质素组分的存在不但对木质素聚集状态具有较大影响，还使得木质素粒子在混炼过程中的黏结程度加剧。

（5）动态热处理工艺　动态热处理工艺是将橡胶/木质素混炼胶在加入硫黄、促进剂前，在100℃以上的混炼机上热炼，其效果首先在NBR/木质素耐油材料的制备过程中被观察到，后来又陆续在SBR/木质素和BIIR/木质素等体系中获得了证实。一般认为，木质素的最佳脱水状态是木质素颗粒表面开始“熔融”的状态，对应的温度称为湿熔点，此时木质素粒子的黏结与解黏达到平衡，最利于在剪切力作用下的均匀分散。纯木质素的湿熔点在93℃左右：甲醛改性后升至100℃左右，温度过低不能破坏木质素在沉淀和干燥过程中形成的附聚体，而温度过高粒子的自黏倾向加剧，不利于分散。

（6）化学改性技术　在增强橡胶应用领域，木质素的改性主要集中在功能化改性方面，以甲醛改性木质素的研究最为充分，甲醛改性木质素也称为羟甲基化木质素。Peng等研究了木质素羟甲基化动力学，发现羟甲基化的程度取决于木质素每个C^9单元上反应活性点的数目。与苯酚相比，木质素羟甲基化的反应活化能低，在较低的温度下就能达到完全羟甲基化。

（7）木质素作为橡胶增强剂的优点　通过适当的改性和加工，木质素在NBR、SBR、BIIR及天然橡胶等橡胶中已达到或明显超过炭黑的增强水平。此外，木质素填充橡胶还具有许多明显的优势。木质素在橡胶中可以大量填充。以NBR为例，其填充量达200份（质量）时仍具有优良的综合性能，而炭黑在橡胶中的最佳填充量一般为50份。

木质素的相对密度为1.33～1.45，炭黑的相对密度为1.89，填充木质素可比填充相同质量的炭黑大幅度节省生胶；而以相同体积填充时，木质素又会使制品轻得多。另外，木质素混炼胶加工性能好，节省软化剂用量，避免了加工过程的污染。在模型制品中，用与炭黑混炼胶相同的模具硫化时，木质素填充橡胶表面具有诱人的光亮，是炭黑混炼胶无法比拟的；用硫黄改性的木质素作橡胶硫化剂还可以防止喷硫，加快硫化速率，改善硫化胶的生热性和制品的外观质量。

木质素填充橡胶的耐磨性明显优于高耐磨炉黑混炼胶的。木质素增强橡胶外胎的耐磨性能比炭黑增强橡胶标准轮胎的提高15%，还能增加轮胎中帘线与橡胶之间的黏接稳定性。木质素对橡胶的硫化速率也有较大影响，填充36份木质素的顺丁橡胶的正硫化降低到未填充顺丁橡胶的1/3以下，使NBR 18、NBR 26、NBR 40的正硫化均降低到8min左右，但也使某些橡胶如SBR天然橡胶的正硫化延长。吴向东等认为木质素分子上的活泼酚羟基，一方面能活化促进剂，缩短焦烧；另一方面又能与交联剂分解产物反应，生成稳定的化合物，致使促进剂的有效浓度和交联速率降低。若用木质素作为天然橡胶的填料，应减少它与胶料中所含促进剂反应的可能性。

木质素中含有较多的抗氧活性酚羟基，可捕获热氧老化过程中生成的游离基，终止链反应，填充后可显著提高橡胶的耐老化性。从甘蔗渣中提取的木质素可作为顺丁橡胶的光稳定剂，加入二辛基对苯二胺能进一步强化其效果。

10.6.3　木质素共混聚酯/聚醚

木质素具有热塑性，利用低相对分子质量的聚酯或聚醚增塑可制备出力学性能优良的共混材料。将结构和拉伸行为与聚苯乙烯相似的烷基化牛皮纸木质素与脂肪族聚酯共混，组分间具有很好的相容性，木质素聚集形成扁球形超分子微区，聚酯作为增塑剂提高了伸长率。值得注意的是，聚酯上的羰基与木质素上的羟基之间形成的氢键强度适中是发挥聚酯增塑作用的最佳条件，因为适中的强度有利于增强聚酯-扁球状木质素超分子微区联系，相互作用太强将破坏超分子微区的结构，反而有损于材料的综合性能。以马来酸酐接枝的聚己内酯作为增容剂，反应挤出制备的聚己内酯/木质素共混材料具有较高的杨氏模量和较强的界面黏合，在40%（质量）的木质素添加量时断裂伸长率超过500%，此时高含量的木质素作为无毒的生物稳定剂，可提高复合材料在户外的使用寿命。

值得注意的是，在其他体系中木质素分子上的形成分子间氢键能力较差的酚羟基却能与聚氧化乙烯（PEO）链上的氧形成较强的氢键，由此形成相容材料。该体系中PEO互作用破坏了木质素的超分子结构。少量木质素作为成核剂增加了PEO结晶微区的数目，当木质素含量偏高时PEO结晶度和晶区尺寸下降。这类材料中木质素的侧链还具有内增塑剂的作用，同时PEO赋予了材料优良的热变形性质。PEO增塑的木质素，使伸长率从约0.6%±0.1%增加到19.7%±3.7%，在强度和伸长率方面均优于纯PEO。

10.6.4　木质素与其他天然高分子材料共混

尽管木质素是较稳定的芳香族高分子，但它依然具有可生物降解性。将它与其他天然高分子共混，可以得到具有良好生物降解性能的复合材料，且可以达到性能方面的互补。目前已有木质素与淀粉、纤维素、聚乳酸、大豆蛋白等原料制备复合材料的报道。

聚乳酸（PLA）具备良好的生物相容性和降解性，是一种优良的天然高分子材料，木质素可与其直接共混。Li等将木质素填充聚乳酸，木质素的质量分数最高可达20%，两组分间具有较强的分子间氢键结合，虽然拉伸强度和断裂伸长率有所降低，但杨氏模量保持恒定，同时木质素的存在可加速聚乳酸的热降解。木质素也可以作为碳源以较高比例用于聚乳酸的膨胀阻燃体系。Reti等以硫酸盐木质素取代季戊四醇作为碳源，与多磷酸铵（酸源）协同使用，构成膨胀阻燃体系，与聚乳酸共混制备复合材料，对其阻燃性能进行了评价，证实了木质素作为碳源在阻燃型聚乳酸材料中应用的可行性，并对复合材料中各组分的比例进行了优化。结果表明，当聚乳酸、多磷酸铵、木质素质量比为60∶25∶15时，复合材料的有限氧指数（LOI）高于32%，阻燃性能可以满足商业需求。

大豆蛋白塑料是一种可完全生物降解的天然产物填料，具有成本低、易加工、性能稳定、耐水性好等特点，而且使用后可用来增肥土壤或加工成动物饲料达到再利用。Huang等对硫酸盐木质素和大豆蛋白塑料的共混体系进行了研究，通过二苯基甲烷二异氰酸酯实现了原位增容，组分间形成共聚和交联结构，提高了材料的伸长率。由碱木质素衍生化的羟丙基化木质素凭借其伸展的支链，能够与大豆蛋白基质产生联系和更强的相互作用，添加质量分数 2%的羟丙基化木质素，使大豆蛋白材料在保持伸长率的情况下拉伸强度提高了 1.3 倍。氧化丙烯支链的空间排斥提供了可与其他聚合物链互穿的空间，利用戊二醛交联羟丙基木质素填充大豆蛋白质料，直径约 50nm 的羟丙基木质素微区均匀分布在大豆蛋白基质中，提高了复合材料的拉伸强度。

与极性高分子塑料类似，木质素与聚乳酸、大豆蛋白等生物质塑料或聚酯的复合材料可依靠组分间的氢键作用达到较好的界面结合，也可以通过原位增容等手段达到更好的效果，但木质素的化学结构和聚集态结构，如提取方式、基团含量、相对分子质量等仍是决定复合材料性能的关键。

10.7 木质素基高分子新材料的应用前景

生物质转化是国际生物质产业发展的重要方向，石化资源的枯竭、环境污染成为了生物质高分子材料发展的驱动力。中国对生物质基高分子新材料的研究开发给予了大力的支持，国家“八五”计划～“十一五”计划及国家中长期科学和技术发展规划（2006—2020 年）均将其列为重点科技攻关项目，生物质基高分子材料研究趋于活跃，并已开发生产了数种生物质基高分子新材料。

绿色植物利用叶绿素通过光合作用将 CO_2 和 H_2O 转化为葡萄糖，并把光能储存在其中，然后进一步把葡萄糖聚合淀粉、纤维素、半纤维素、木质素等构成植物本身的物质。作为植物生物质的主要成分——木质素和纤维素每年以约 1500 亿吨的速度再生，如以能量换算相当于石油产量的 15～20 倍。显然，如果这部分资源得到好的利用，人类相当于拥有一个取之不尽的资源宝库。

木质素是苯丙烷单体的无定形高分子。工业木质素主要来源于造纸工业，是一种宽相对分子质量分布的热塑性天然大分子材料，无稳定的玻璃化温度。木质素由于其结构复杂，生物降解难，是造纸工业主要的有机污染物，若不加以充分利用，就会造成大量的资源浪费和严重的环境污染。工业木质素由于发生了缩合或降解，成分复杂，相对分子质量分布从几百到几万；黏度低，分散度高，溶于水，加工性能差，几乎没有热塑性能，这些特性限制了工业木质素产品的开发利用。

10.7.1 木质素对改性高分子新材料性能的影响

木质素与聚合物共混，组分间的相容性对材料性能十分重要，例如相容性的提高有助于发挥木质素增强的聚合物抗氧化性能。木质素化学结构（如官能基的类型和数目、星型或超支化结构）通常导致其聚集微区尺寸和分布的不同以及组分间的相互作用强度，进而影响与其他组分的相容性。同时，聚合物组分的极性和结构也是相容性的影响因素之一，溶解度参数仅发生很小的改变（$\Delta\delta=1cal/cm^3$）就能观测到共混体系中杂相形态向均一形态的转变，通常木质素与极性聚合物的相容性较好，但低相对分子质量木质素能与极性或非极性的基质均较好地相容，并且具有增塑的作用。

木质素分子上众多活性基团能与其他聚合物形成分子间氢键，是组分间相容的主要驱动力。即使对于不相容体系，组分间强的氢键可强行复合木质素与其他聚合物，如木质素可在与其共混不相容的 PVA 相中与 PVA 分子形成氢键。在复合材料中的木质素通常通过酚羟基与相邻的甲氧基的分子内氢键以及羟基、甲氧基、羰基、羧基等极性基团的分子间相互作用而自聚集，显示出超分子的特征，导致材料呈两相结构。但是，自聚集形成的超分子微区非但没有损害材料性能，还对材料的增强起着重要作用。因此，在平衡材料强度和韧性以及加工的流动性方面，需要考虑在聚合物组分与木质素氢键作用破坏木质素超分子结构并实现增塑效果的同时，可保留适量木质素刚性超分子微区对材料强度的贡献。基于该思路，将烷基化和丙烯酸化木质素与低 T_g 聚合物共混，随聚合物含量的增加组分间相互作用增强，木质素超分子结构逐渐破坏，低 T_g 聚合物显示出增塑作用，材料强度降低、伸长率增加。由此可见，对超分子微区形成的促进和抑制，可在一定程度上调控材料强度和伸长率之间的平衡。

通常木质素的众多活性基团被包裹在球形核（三维致密网络结构）内，球形粒子的表面活性点太少，因此反应活性点太少并且与其他组分的相互作用太弱。因此，可通过对木质素分子进行衍生化，使球形核能够伸出长臂形成类似星型结构的分子，由此增强或充分发挥活性基团的物理作用或化学反应能力。值得注意的是，星型结构分子可与组分间反应形成的网络结构，实现材料的同步增强增韧，如硝化木质素与聚氨酯预聚物形成的大星型接枝互穿网络结构。此外，通过对星型分子的聚合物臂的性质和组成的选择，可望直接得到性能优良的木质素核增强且聚合物臂增塑的结构材料。

10.7.2　提高木质素基高分子材料性能

木质素是一种与工程塑料极为相似的，具有高抗冲强度且耐热的热塑性高分子，与其他聚合物复合后可以提高流动性和加工性能。但是，木质素分子由于酚羟基易形成分子内氢键而趋于团聚，导致在材料改性方面的难度，经化学修饰制备核多臂结构的星型结构或将木质素的球型结构转变为线型结构，可望扩展木质素的应用范围。

木质素的生物可降解性是其在高分子材料领域应用的主要动力之一。虽然木质素在正常状况下降解速率极为缓慢，但是可以通过添加某些小分子或使用特定的菌种（常见如白腐菌）加速这一过程，因此可以在一定程度上实现其降解周期的可控。研究证明木质素基高分子材料的生物降解性随着木质素含量的增加而提高，这也是希望木质素高含量填充的原因之一。

木质素是一种优良的橡胶、聚烯烃等的填充增强材料。与通常使用的炭黑或其他无机增强材料相比，木质素最大的优势就在于具有大量多种类型的活性官能基，可通过化学修饰实现不同的物理性质，因此如何通过对木质素结构的控制优化材料性能是该领域的重要科学问题。目前发现通过构筑特殊网络结构、形成星型结构的共聚物以及调控分子间相互作用强度，均能造成材料性能的明显改善。此外，降低经济成本也是广泛研究木质素作为填充材料的重要原因，目前材料中木质素的含量最高可达 85%（质量）。阻燃和耐热是高分子材料发展的新趋势。木质素分子中紫丁香基苯环上的甲氧基对羟基形成空间位阻结构，该受阻酚结构可以捕获热氧老化过程中生成的自由基而终止链反应，进而提高材料的热氧稳定性。同时，该受阻酚结构对自由基的捕获还使其成为光稳定剂，增强材料对紫外线辐射的耐受。

木质素与结晶聚合物复合，表现出明显的成核剂性能。通过对木质素粒子对聚 3-羟基叔丁酯结晶行为的研究发现，木质素的添加使球晶生长速率加快，但对晶体结构和结晶度完全没有影响。木质素或其酯化衍生物对材料中结晶性聚合物组分结晶度的提高，使材料在室温下的模量明显增加。

10.7.3　木质素基高分子新材料存在的问题与发展

木质素存在于植物纤维中，不仅来源广阔，而且是可再生资源。由于每年经造纸行业产生的工业木质素数量极大，木质素经化学改性后，已初显其在各方面的利用价值，但利用率仍太低，直接应用木质素仍然存在较大的阻碍。目前存在的问题表现在以下几个方面。

（1）熔融塑化加工困难 由于生物质高分子存在分子内和分子间的各种相互作用，从而可以形成晶态、非晶态、取向态、液晶态、多相态和织态等聚集态结构。生物质高分子含有大量的羟基和其他极性基团，很容易形成分子内和分子间氢键，从而引起分子链堆积，并阻碍其链段和分子链运动。因此，其玻璃化温度和熔融温度十分高，以至在达到它们之前，木质素、纤维素等就已经热分解了，其耐热性较合成高分子材料要高，且不能直接用于熔融加工。这些限制了生物质的热塑改性和工程化加工和应用开发。

（2）共混、共聚相容性差 生物质基高分子材料相容性差，使得生物质在高分子材料中仅充当增强剂或填充剂，填充率较低，生物质含量约20%～50%。这对于数量巨大的生物质资源利用意义不大。而且木质素、纤维素等生物质高分子材料含有大量的羟基和其他极性基团，很容易形成分子内和分子间氢键，从而引起分子链堆积，并阻碍其链段和分子链运动，必须进行改性后才有应用价值。其中共混、共聚改性可以充分利用生物质高分子通过较简单的方法得到更好或更独特的新材料。但生物质高分子材料共混、共聚改性的难点是相容性差，仅有10%左右的生物质高分子材料具有应用价值。

（3）工程化、产业化技术水平低 近年来，生物质基高分子材料及产品的研究和开发虽有一定的突破，在可控性、降解性、实用性等方面均取得了较好的进展。目前有些产品已进入实用化阶段，为解决日趋枯竭的石油资源问题及环境污染问题发挥了一定作用，其前景十分广阔。但至今大规模工程化、产业化推广应用的技术和产品较少，与日益剧增的巨大市场需要量相差甚远。特别是木质素、纤维素等生物质基高分子材料的制备往往需要特殊的热塑改性、共混、共聚和成型加工设备和工艺，导致产品价格过高，降低了生物质基高分子新材料和产品的竞争性。

目前，在天然大分子领域，国内外关于木质素的专利有数百个，国外非常注重木质素的应用和基础研究，而中国在高纯度木质素分离研究和木质素热塑性材料应用方面的基础理论研究还基本上处于空白。西南科技大学罗学刚等科技工作者在国家科研项目的支持下，已研究开发出环境友好的天然木质素热塑性材料，在挤塑、吹塑、注塑和发泡过程中具有优良的高温拉伸性能和力学性能，可以广泛用于化工、农膜、机电、建材、包装和环保等加工领域。充分利用中国丰富宝贵的木质素资源，开展高纯木质素的提取与产业化应用研究，对于开发纯度高、相对分子质量大、热塑性好，热成型产品强度高的高纯木质素热塑性材料具有非常重要的意义。

参考文献

[1] 蒋挺大．木质素．北京：化学工业出版社，2001.

[2] 储富强，洪建国．木质素在高分子领域中的应用．林产化学与工业，2003，23（3）：88-92.

[3] 陶用珍，管映亭．木质素的化学结构及其应用．纤维素科学与技术，2003，11（1）：42-55.

[4] 洪树楠，刘明华，范娟等．木质素吸附剂研究现状及进展．造纸科学与技术，2004，23（2）：38-43.

[5] 苏寿承．木质素的化学结构和利用．浙江林学院学报，1990，7（1）：87-96.

[6] 谢宝东，邱学青，王卫星．木质素改性与木质素水煤浆添加剂．造纸科学与技术，2003，22（6）：120-124.

[7] 杨淑惠．植物纤维化学．第3版．北京：中国轻工业出版社，2001.

[8] 王璐，黄峰，高培基等．杂色云芝分泌的具有螯合铁离子活性的低相对分子质量成分在木质素生物降解中作用机制的研究．中国科学C辑：生命科学，2008，38（3）：173-179.

[9] 冀珍芳，石淑兰．木质素的微生物降解．广西轻工业，2002，15（1）：4-5.

[10] 张建军，罗勤慧．木质素酶及其化学模拟的研究进展．化学通报，2001，59（8）：470-477.

[11] 赵红霞，杨建军，詹勇．白腐真菌在秸秆作物资源开发中的研究．饲料工业，2002，23（11）：40-42.

[12] 戈进杰．生物降解高分子材料及其应用．北京：化学工业出版社，2002.

[13] 岳萱，乔卫红，申凯华等．曼希尼反应与木质素的改性．精细化工，2001，18（11）：670-673.
[14] 王海洋，陈克利．木质素的氢解及其合成环氧树脂探索．化工时刊，2004，18（3）：27-30.
[15] 周强，陈昌华，陈中豪．碱木质素的多相催化羟甲基化．中国造纸学报，2000，15：120-122.
[16] 薛建军，钟飞．木质素电氧化的影响因素研究．林产化学与工业，2002，22（3）：37-40.
[17] 刘育红，席丹．以木质素为原料合成聚氨酯的研究进展．聚氨酯工业，2003，18（3）：5-7.
[18] 黎先发，罗学刚．木质素-醋酸乙烯酯共聚物共混物流变特性研究．塑料，2005，34（5）：71-76.
[19] 傅旭．化工产品手册·树脂与塑料．北京：化学工业出版社，2005：3.
[20] 张俐娜，薛奇，莫志深等．高分子物理近代研究方法．武汉：武汉大学出版社，2003：205-249.
[21] 许园，曾少娟，周洪峰等．木质素与聚对苯二甲酸丁二酯的共混及相容性研究．纤维素科学与技术，2007，15（1）：36-39.
[22] 刘德启．草浆造纸黑液改性制备木质素酚醛树脂结合剂．耐火材料，2000，34（6）：337-339.
[23] 陈国符．植物纤维化学．第 2 版．北京：轻工业出版社，1992.
[24] 詹怀宇．纤维化学与物理．北京：科学出版社．2005：226-235．
[25] 宝东，邱学青，王卫星．术质素改性与木质素水煤浆添加剂．造纸科学与技术，2003，22（6）：120-124.
[26] 杨淑惠．植物纤维化学．北京：中国轻工业出版社，2005，118-119.
[27] 陈嘉川，谢益民，李彦春等．天然高分子科学．北京：科学出版社，2008.
[28] ［日］中野準三．木质素化学——应用与基础．北京：中国轻工业出版社，1998.

第 11 章　天然无机高分子化合物

11.1　碳及其化合物

11.1.1　单质碳的形式

最常见的两种单质是高硬度的金刚石和柔软滑腻的石墨，它们晶体结构和键型都不同。金刚石每个碳都是四面体 4 配位结合，类似脂肪族化合物；石墨每个碳都是三角形 3 配位键，可以看作无限个苯环聚合起来。

图 11-1　石墨

常温下单质碳的化学性质比较稳定，不溶于水、稀酸、稀碱和有机溶剂。

(1) 石墨（graphite）　石墨（图 11-1），是一种矿物名称，是一种深灰色有金属光泽而不透明的细鳞片状固体。质软，有滑腻感，具有优良的导电性能。石墨中碳原子以平面层状结构键合在一起，层与层之间键合比较脆弱，因此层与层之间容易被滑动而分开。有滑感，能导电。化学性质不活泼，具有耐腐蚀性。主要性质见表 11-1。

表 11-1　石墨的主要性质

化学成分	密度/(g/cm^3)	莫氏硬度	形 状	晶系	颜　色	光 泽	条 痕
C	2.1～2.3	1～2	六角板状鳞片状	六方	铁黑钢灰	金属光泽	光亮黑色

① 石墨的结构特征　石墨的化学成分为 C。属六方和三方晶系，晶体呈六方板状或片状，集合体为鳞片状。铁黑色，条痕呈光亮的黑色。密度 2.25g/cm^3。

石墨的化学成分是碳。碳是多晶固体，有金刚石晶格和石墨晶格两种结构类型。石墨是两向大分子层状结构（图 11-2）。每一个平面中的碳原子都以 SP_2 杂化形成三个等性 σ 键而彼此连接成正六角形。无数的正六角形又连接成一个平面层，其中 C-C 键长为 1.415Å，是典型的共价键，有很强的结合力。在层与层之间，C-C 距离为 3.354Å，比二倍碳原子的共价半径还大。按分子轨道理论，碳原子的第四个电子组成 π 键。π 电子属整个层间碳原子所共有，它们比较自由，具有半金属型自由电子的性质，容易流动和失去。石墨的各向异性就是由这种微观结构决定的。由 F. London 色散能公式：$E=-3\alpha^2/(4\gamma^6 h\nu_0)$（式中，$E$ 是色散能；γ 是原子间的距离；ν_0 是频率；α 是极化率；h 是普朗克常数）。可以推算出层与层之间碳原子的结合力大约为 4～10kJ/mol，比平面层中正常 C-C 键能小得多，所以，石墨的层与层之间的碳原子，彼此的结合力是比较弱的。因此，石墨的微观结构决定它具有下述两个特征：

第一，有一些可以向水平方向无限发展的大分子平面层（图 11-3）。处在平面层内部的碳原子，彼此间有很大的化学结合力，而处在平面层边缘上的碳原子，存在着未配对的电子，具有不饱和力场，活性较大，所以石墨的边缘区域是一个化学反应比较活泼的区域。

第二，在层与层之间存在较大的孔隙，较自由的 π 电子以及较弱的结合力，这给其他物质的原子、分子或离子侵入层隙之间形成新的化合物创造了良好条件，因此，石墨分子层与层之间也是一个化学反应活泼的区域。

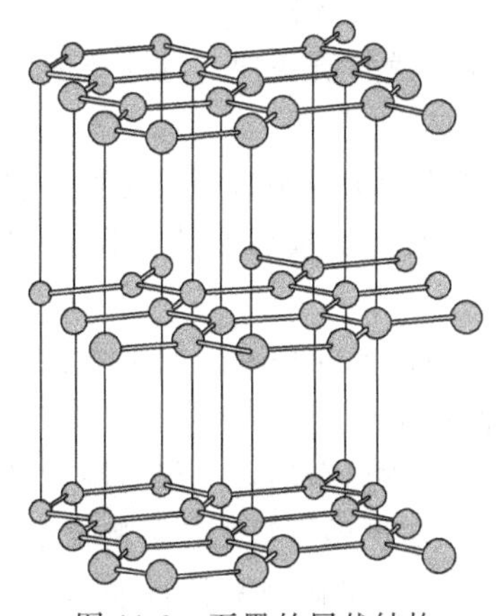

图 11-2　石墨的层状结构

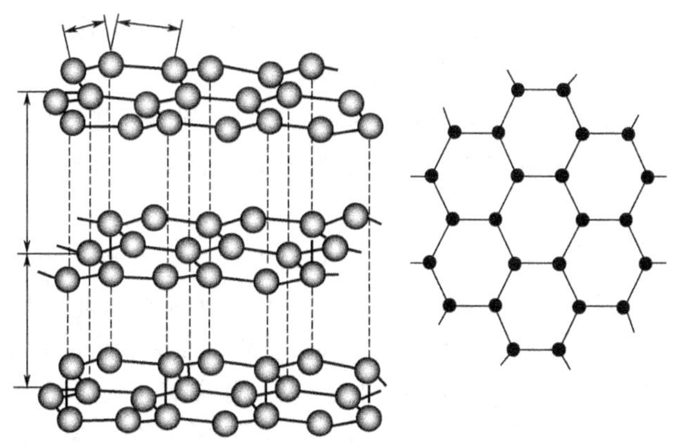

图 11-3　石墨大分子平面层俯视图

② 工艺特性及主要用途　石墨有如下工艺特性。

a. 耐高温性　石墨的熔点为 (3850±50)℃，沸点为 4250℃，即使经超高电弧灼烧，重量的损失很小，热膨胀系数也很小。石墨强度随温度提高而加强，在 2000℃时，石墨强度提高 1 倍。

b. 导电、导热性　石墨的导电性比一般非金属矿高 1 倍。导热性超过钢、铁、铅等金属材料。热导率随温度升高而降低，甚至在极高的温度下，石墨呈绝热体。

c. 润滑性　石墨的润滑性能取决于石墨鳞片的大小，鳞片越大，摩擦系数越小，润滑性能越好。

d. 化学稳定性　石墨在常温下有良好的化学稳定性，能耐酸、耐碱和耐有机溶剂的腐蚀。

e. 可塑性　石墨的韧性很好，可碾成很薄的薄片。

f. 抗热震性　石墨在高温下使用时能经受住温度的剧烈变化而不致破坏，温度突变时，石墨的体积变化不大，不会产生裂纹。

主要用途如下。

由于石墨具有上述特殊性能，所以在冶金、机械、石油、化工、核工业、国防等领域得到广泛的应用。

a. 耐火材料　在冶金工业中，用石墨制造石墨坩埚、作钢锭的保护剂、作冶炼炉内衬的镁碳砖。

b. 导电材料　在电器工业中，广泛采用石墨作电极、电刷、电棒、炭管以及电视机显像管的涂料等。

c. 耐磨材料　在许多机械设备中，用石墨作耐磨和润滑材料，可以在－200～2000℃温度范围内以 100m/s 的速度滑动，不用或少用润滑油。

d. 密封材料　用柔性石墨作离心泵、水轮机、汽轮机和输送腐蚀介质设备的活塞环垫圈、密封圈等。

e. 耐腐蚀材料　用石墨制作器皿、管道和设备，可耐各种腐蚀性气体和液体的腐蚀，广泛用于石油、化工、湿法冶金等部门。

f. 隔热、耐高温、防辐射材料　石墨可作为核反应堆中中子减速剂以及火箭的喷嘴、导弹的鼻锥、宇航设备零件、隔热材料、防射线材料等。

③ 石墨矿床类型及其分布

a. 矿床的成因类型　硅质沉积变质岩中浸染状鳞片石墨矿床：世界石墨产量的大部分

来自像石英云母片岩、长石石英岩或云母石英岩和片麻岩之类的硅质沉积变质岩中。

煤或富碳沉积物变质形成的矿床：该类矿床的石墨几乎都是微晶质变种。世界非晶质石墨矿床大部分是来自这类矿床。

充填断裂裂隙和洞穴的脉状矿床：脉状石墨矿床是独特的围岩裂隙或洞穴的填充物，它的独特的层状或带状。在较薄的矿脉中的石墨呈密集的束状、粒状、长板状垂直于脉壁定向排列。

大理岩中接触交代或热液矿床：石墨富集在硅化碳酸盐岩中，有的是明显的接触交代矿床，有的则是典型的热液矿床。这类矿床矿石品位很低，规模较小。

浸染在大理岩中的鳞片石墨矿床，这类矿床的石墨可能来源于含碳杂质，一般石墨含量不到岩石的1%，有的局部可达5%。此类矿床构造复杂，变化大，对世界石墨生产影响较小。

b. 矿床的工业类型　工业上将石墨矿石分为晶质（鳞片状）石墨矿石和隐晶质（土状）石墨矿石两大类，晶质石墨矿又可分为鳞片状和致密状两种。中国石墨矿石以鳞片状晶质类型为主，其次为隐晶质类型，致密状晶质石墨只见于新疆托克布拉等个别矿床，工业意义不大。

c. 矿床的分布情况　中国石墨矿床分布在黑龙江、湖南、山东、内蒙古、吉林等省或自治区，黑龙江省石墨储量居全国第一。全国年产万吨以上的石墨矿有黑龙江柳毛、山东南壁、湖南鲁矿和吉林盘石等矿山。

④ 石墨矿床的主要工业指标　由于石墨矿石类型不同，工业要求也不同，晶质鳞片石墨因可选性好，对原矿品位要求低，一般在2.5%以上就可达到工业品位。而隐晶质石墨由于可选性差，对原矿品位要求较高，一般要求大于65%～80%就可以直接利用。

目前，中国石墨矿床一般工业要求见表11-2。

表11-2　石墨矿石工业要求

矿石类型	边界品位/%	工业品位/%	富矿品位/%	可采厚度/m	夹石剔除厚度/m
晶质石差	2.5	3～5	≥5	1	1
隐晶质石差	60	65～80	≥80	0.4～0.6	0.2～0.05

⑤ 石墨矿石的物质组成　鳞片状石墨矿石结晶较好，晶体粒径大于1mm，一般为0.05～1.5mm，大的可达5～10mm，多呈集合体。矿石品位较低，一般为3%～13.5%。伴生的矿物有云母、长石、石英、透闪石、透辉石、石榴石和少量硫铁矿、方解石等，有时还伴有金红石、钒云母等有用组分。

稳晶质石墨矿石一般呈微晶集合体，晶体粒径小于1μm，只有在电子显微镜下才能观察到其晶形。矿石呈灰墨色、钢灰色，一般光泽暗淡，具有致密状、土状及层状、页片状构造。隐晶石墨的工艺性能不如鳞片石墨，工业应用范围也较小，矿石品位一般都较高，但矿石可选性差。矿物成分以石墨为主，伴生有红柱石、水云母、绢云母及少量黄铁矿、电气石、褐铁矿、方解石等。品位一般为60%～80%、灰分为15%～22%、挥发分为1%～2%、水分为2%～7%。

⑥ 开发利用现状和发展趋势　中国石墨资源丰富，储量居世界第一，经过40多年的努力开发，已建成了黑龙江柳毛，吉林磐石，内蒙古兴和，山东南墅、北墅，湖南鲁矿等主要生产石墨基地和一大批遍布中国各地的中小石墨矿，具备了相当规模的石墨原料生产工业基础，据国家建材局信息局统计，1994年中国石墨产量达95.23万吨，其中，鳞片石墨产量达19.27万吨，中商情报网（http：//www.askci.com）统计数据显示2010年中国石墨及碳素制品产量为20955773t。在石墨原料及石墨制品的生产与加工方面也有了长足的进展，

现在不仅能生产初级原料产品，而且还能生产具有相当国际水平的彩电管石墨乳、GRT 节能减磨添加剂系列产品，可膨胀石墨、石墨板材、石墨密封件和石墨耐火材料等，部分石墨制品已打入国际市场。新的应用领域不断扩大，新工艺、新设备不断出现。现在全国有全民、集体、乡镇石墨采选及加工制品等大小企业 300 多家，生产能力 2100 万吨。

中国石墨的生产技术水平还很低，现有的生产还不稳定，要使中国石墨工业具有现代化水平，发展成为外国型工业体系还需要做出相当努力需要投入相当多的人力，物力与财力。

目前，中国还应积极发展深加工工业，使石墨在深加工过程中增值。石墨产品的价值，随着含碳量的增加而提高。一般含碳量为 85%～88%时，其纯度每提高 1%，石墨增值 100～120 元/t；含碳量为 92%～95%，每提高 1%增值 200～250 元/t；加工胶体石墨（为煅烧石墨乳），每吨实现的利润是高碳石墨的 280%，而显像管石墨乳利润可提高 8 倍。因此，加快深加工产品的研制、开发、才能增强企业竞争力，提高行业的整体水平，提高中国石墨产品在国际市场上的地位。

此外，还要认真贯彻执行《矿产资源法》，保护国有资源，严禁采富弃贫，乱采滥伐严重破坏和浪费矿产资源的事件发生，确保中国石墨行业健康有序地发展。

中国石墨及其制品在国际市场上有较高的威望，中国的鳞片石墨质量好而享誉世界，而中国石墨的加工水平却低于日本、美国、西欧等工业发达国家。目前，仅靠出卖原料换汇，而一些石墨深加工产品仍需进口，因此，中国要加强深加工石墨制品的研制，石墨企业要大力开发高档石墨产品，提高产品质量，积极开拓国内外市场。

石墨烯如图 11-4 所示。

图 11-4　石墨烯（graphene，即单层石墨）

（2）金刚石（diamond）　最为坚固的一种碳结构，其中的碳原子以晶体结构的形式排列，每一个碳原子与另外 4 个碳原子紧密键合，成空间网状结构（图 11-5），最终形成了一种硬度大、活性差的固体。金刚石的熔点超过 3500℃，相当于某些恒星表面温度。

图 11-5　金刚石结构

主要作用：装饰品、切割金属材料等。

（3）富勒烯（fullerene，C60、C72 等）　1985 年由美国得克萨斯州赖斯大学的科学家发现。富勒烯中的碳原子是以球状穹顶的结构键合在一起（图 11-6）。

（4）其他碳结构

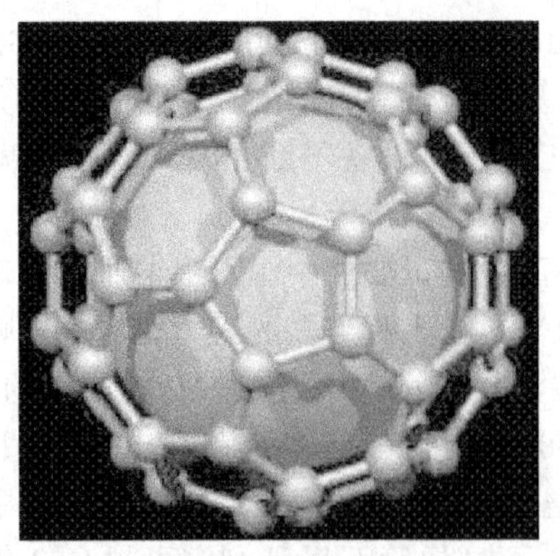

图 11-6 富勒烯 C60

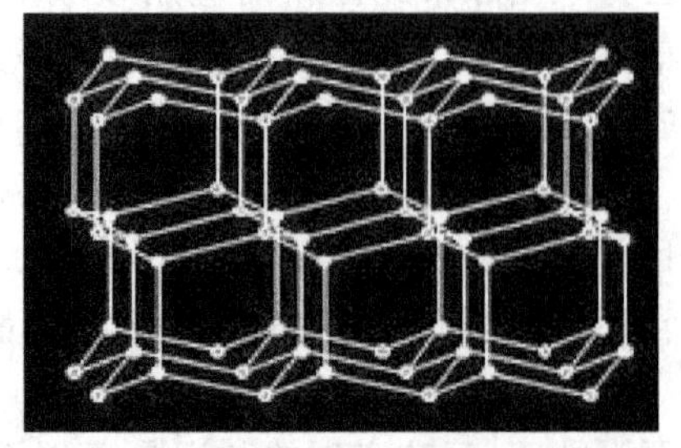

图 11-7 六方金刚石

① 六方金刚石（lonsdaleite） 与金刚石有相同的键型，但原子以六边形排列，也被称为六角金刚石（图 11-7）。

② 碳纳米管（carbon nanotube） 具有典型的层状中空结构特征（图 11-8）。

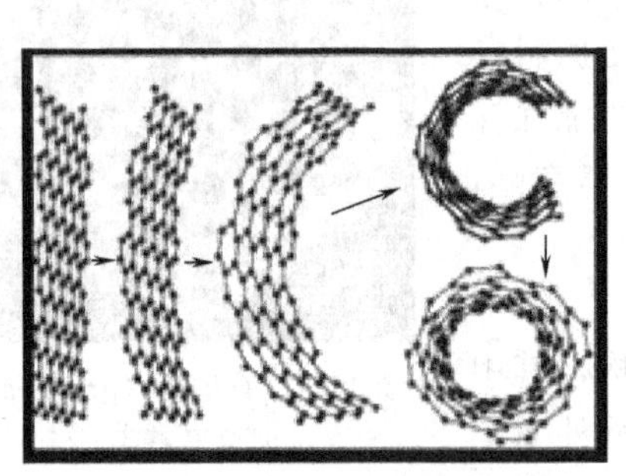

图 11-8 单层石墨和碳纳米管

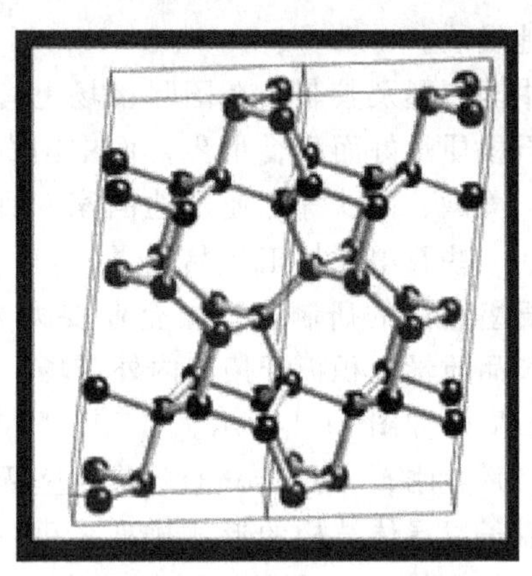

图 11-9 单斜超硬碳（M-碳）

③ 单斜超硬碳（M-carbon） 低温后石墨高压相，具有单斜结构，其硬度接近金刚石（图 11-9）。

④ 无定形碳（amorphous） 不是真的异形体，内部结构是石墨。

⑤ 赵石墨（chaoite） 也即蜡石，石墨与陨石碰撞时产生，具有六边形图案的原子排列。

⑥ 汞黝矿结构（schwarzite） 由于有七边形的出现，六边形层被扭曲到“负曲率”鞍形中的假想结构。

⑦ 纤维碳（filamentous carbon） 小片堆成长链而形成的纤维。

⑧ 碳气凝胶（carbon aerogels） 密度极小的多孔结构，类似于熟知的硅气凝胶。

⑨ 碳纳米泡沫（carbon nanofoam） 蛛网状，有分形结构，密度是碳气凝胶的百分之一，有铁磁性。

11.1.2 碳元素的化合物

碳的化合物中，只有以下化合物属于无机物。

碳的氧化物、硫化物：一氧化碳（CO）、二氧化碳（CO_2）、二硫化碳（CS_2）、碳酸盐、碳酸氢盐、氰一系列拟卤素及其拟卤化物、拟卤酸盐：氰（$(CN)_2$）、氧氰，硫氰。

其他含碳化合物都是有机化合物。由于碳原子形成的键都比较稳定，有机化合物中碳的个数、排列以及取代基的种类、位置都具有高度的随意性，因此造成了有机物数量极其繁多这一现象，目前人类发现的化合物中有机物占绝大多数。

分布碳存在于自然界中（如以金刚石和石墨形式），是煤、石油、沥青、石灰石和其他碳酸盐以及一切有机化合物的最主要的成分，在地壳中的含量约 0.027%（不同分析方式，计算含量有差异），地壳中含量最高的元素依次为：O 46.6%；Si 27.7%；Al 8.1%。

11.2　硅氧聚合物

11.2.1　辉石

辉石是一种硅存在的重要岩石形态，主要存在于火成岩和变质岩中，是由硅分子链组成的单斜方系或正交晶系的晶体，主要成分为 $XY(Si,Al)_2O_6$，其中 X 代表钙、钠、镁和 2 价铁，也有一些锌、锰和锂等种类的离子。Y 代表较小的离子如氯、铝、3 价铁、钒、钪等。

辉石族（pyroxene）一般特点：辉石族矿物属于链状结构硅酸盐。辉石族矿物是最主要的造岩矿物之一，顽火辉石和紫苏辉石是正辉石亚族中最常见的矿物。它们既可是岩浆结晶作用的产物，也可是变质作用的产物。辉石可以结晶成正交晶系或单斜晶系，因此可以进一步分为两个亚族：正辉石亚族（顽火辉石、古铜辉石、紫苏辉石、正铁辉石）和斜辉石亚族（透辉石、钙铁辉石、普通辉石、霓石、霓辉石、硬玉、锂辉石）。斜亚族已经单独介绍了透辉石，这里主要以正亚族为例（图 11-10）。

图 11-10　普通辉石的形态

辉石族矿物的一般化学式可以用 $W_{1-p}(X,Y)_{1+p}Z_2O_6$ 表示。其中，$W=Ca^{2+}$，Na^{+}；$X=Mg^{2+}$，Fe^{2+}，Mn^{2+}，Ni^{2+}，Li^{+}；$Y=Al^{3+}$，Fe^{3+}，Cr^{3+}，Ti^{3+}；$Z=Si^{4+}$，Al^{3+}。正辉石亚族的化学组成比较简单，其中 $p\approx1$，即无较大的阳离子存在，Al^{3+}、Fe^{3+} 等三价离子也极少，Z 中也仅 Si^{4+} 而已；但在斜辉石亚族中，就比较复杂：p 的变化自 0 到 1，X 及 Y 的组分均广泛地存在着类质同象置换现象，由于 W 及 X、Y 的变化，相应地需要有部分的 Si^{4+} 被 Al^{3+} 所取代，使斜辉石中出现了铝硅酸盐分子。

正辉石亚族是由顽火辉石 $Mg_2[Si_2O_6]$ 和正铁辉石 $Fe_2[Si_2O_6]$ 两个端员组分构成的完全类质同象系列，其中间成员为古铜辉石和紫苏辉石。$Fe_2[Si_2O_6]$ 分子含量 10%以下者为顽火辉石，10%～30%为古铜辉石，30%～50%为紫苏辉石，50%以上为正铁辉石。

11.2.2　闪石

闪石是常见的硅酸盐矿物，它是构成很多岩石的主要成他或次要成分，人们把这类矿物称为造岩矿物（图 11-11、图 11-12）。

闪石的晶体一般为细长的针状和纤维状，颜色根据所含成分可以是白色或绿色。闪石是一类矿物的总称，根据化学成分的不同，它们分为很多种，如直闪石、透闪石、普通角闪石、蓝闪石、钠闪石、钠铁闪石等等。

化学通式为 $A_{0\sim1}X_{2\sim3}Y_5[Z_8O_{22}](OH,F,O)_2$、晶体属正交晶系（斜方晶系）或单斜晶系的一族双链状结构硅酸盐矿物的总称。式中 A 为 Na、Ca、K、H_3O^{+}；X 为 Ca、Na、K、Li，还有 Mg、Fe、Mn 等；Y 为 Mg、Fe、Mn、Al、Ti 等；Z 主要为 Si，Al 可替代 Si，但 Al 含量

不超过Z阳离子总数的1/4。根据成分中X阳离子中Na和Ca的含量，可以将闪石族矿物划分为四个亚族；再根据Si原子数，Mg/(MgFe）和其他阳离子数，划分为不同的矿物种。代表性的矿物有直闪石、透闪石-阳起石、普通角闪石、蓝闪石、钠闪石、钠铁闪石等。闪石族矿物大多数为单斜晶系，当X阳离子是半径较小的Li、Mg、Fe时，属正交（斜方）晶系，如直闪石 $(Mg,Fe)_7[Si_8O_{22}](OH)_2$。莫氏硬度5.5～6。相对密度2.85～3.60。

图 11-11 闪石 1

图 11-12 闪石 2

闪石是火成岩和变质岩的主要造岩矿物。富含镁铁的闪石，如直闪石，主要产于区域变质岩中；在片岩中镁铁闪石常与普通角闪石、斜长石共生。富含钙的闪石广泛分布于火成岩、接触变质岩、区域变质岩中，如花岗岩与灰岩接触带中的透闪石，中酸性火成岩和区域变质岩中的普通角闪石。富含钠的闪石，主要产于钠质岩石形成的变质岩中；碱性火成岩或受钠质交代的岩石中，常见钠铁闪石与霓石共生。

11.2.3 滑石

滑石，亦名画石、液石、脱石、冷石、番石、共石。

滑石是一种常见的硅酸盐矿物，它非常软并且具有滑腻的手感（图11-13）。人们曾选出10个矿物来表示10个硬度级别，称为摩斯硬度，在这10个级别中，第一个就是滑石。柔软的滑石可以代替粉笔画出白色的痕迹。滑石一般呈块状、叶片状、纤维状或放射状，颜色为白色、灰白色，并且会因含有其他杂质而带各种颜色。滑石的用途很多，如作耐火材料、造纸、橡胶的填料、绝缘材料、润滑剂、农药吸收剂、皮革涂料、化妆材料及雕刻用料等等。滑石是已知最软的矿物，其莫氏硬度为1。用指甲可以在滑石上留下划痕。

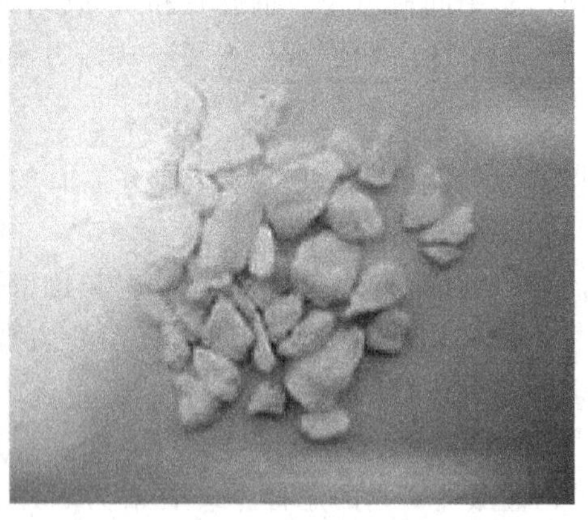

图 11-13 滑石

河南省方城县的独树镇区北部伏牛山余脉浅山丘陵地带，已探明的滑石贮量达 800 万吨，是全国最大的滑石加工生产基地。滑石是一种重要的陶瓷原料，它用于陶瓷坯料和釉料中，作为化工料引入釉中，起降温、改善釉面粗糙度的作用。

滑石化学组成为 $Mg_3[Si_4O_{10}](OH)_2$，晶体属三斜晶系的层状结构硅酸盐矿物。假六方片状单晶少见，一般为致密块状、叶片状、纤维状或放射状集合体。白色或各种浅色，条痕常为白色，脂肪光泽（块状）或珍珠光泽（片状集合体），半透明。莫氏硬度 1，相对密度 2.6～2.8。一组极完全解理，薄片具挠性。有滑感，绝热及绝缘性强。

11.2.4　云母

云母（mica）是分布最广的造岩矿物，钾、铝、镁、铁、锂等层状结构铝硅酸盐的总称（图 11-14）。云母普遍存在多型性，其中属单斜晶系者常见，其次为三方晶系，其余少见。云母族矿物中最常见的矿物种有黑云母、白云母、金云母、锂云母、绢云母等。云母通常呈假六方或菱形的板状、片状、柱状晶形。颜色随化学成分的变化而异，主要随 Fe 含量的增多而变深。白云母无色透明或呈浅色；黑云母为黑至深褐、暗绿等色；金云母呈黄色、棕色、绿色或无色；锂云母呈淡紫色、玫瑰红色至灰色。玻璃光泽，解理面上呈珍珠光泽。莫氏硬度一般为 2～3.5，相对密度 2.7～3.5。平行底面的解理极完全。白云母是分有很广的造岩矿物之一，在三大岩类中均有产出。泥质岩石在低级区域变质过程中可以形成绢云母，变质程度稍高时，成为白云母。酸性岩浆结晶晚期以及伟晶作用阶段，均有大量白云母生成。由高温至中低温的蚀变作用过程中，也能生成。所谓云英岩化是高温蚀变作用之一，能形成大量白云母。所谓绢云母化作用是中低温蚀变作用之一，能形成大量绢云母。白云母风化破碎成极细的鳞片，既可以成为碎屑沉积物中的碎屑，也可以是泥质岩的矿物成分之一。

图 11-14　云母

白云母和金云母具有良好的电绝缘性和不导热、抗酸、抗碱和耐压性能，因而被广泛用来制作电子、电气工业上的绝缘材料。云母碎片和粉末用作填料等。锂云母还是提取锂的主要矿物原料。

白云母的化学式为 $KAl_2(AlSi_3O_{10})(OH)_2$，其中 SiO_2 45.2%、Al_2O_3 38.5%、K_2O 11.8%、H_2O 4.5%，此外，含少量 Na、Ca、Mg、Ti、Cr、Mn、Fe 和 F 等。金云母的化学式为 $KMg_3(AlSi_3O_{10})(F,OH)_2$，其中 K_2O_7 约 10.3%、MgO 为 21.4%～29.4%、Al_2O_3 为 10.8%～17%、SiO_2 为 38.7%～45%、H_2O 为 0.3%～4.5%，含少量 Fe、Ti、Mn、Na 和 F 等。

11.2.5　黏土

黏土是一种含水铝硅酸盐产物，是由地壳中含长石类岩石经过长期风化和地质的作用而生成的，在自然界中分布广泛，种类繁多，藏量丰富，是一种宝贵的天然资源（图 11-15）。

黏土具有颗粒细、可塑性强、结合性好，触变性过度，收缩适宜，耐火度高等工艺性能，因而，黏土是成为瓷器的基础。它主要有瓷土、陶土和耐火土黏土等三类，据矿物的结构与组成的不同，陶瓷工业所用黏土中的主要黏土矿物有高岭石类、蒙脱石类和伊利石（水云母）等三种，另外还有较少见的水铝石。

黏土矿物的主体化学成分是硅铝氧化物和水，其特征是与适量水结合可调成柔可绕指的软泥，具有可塑性，将塑性成形的泥团烧后会变成具有一定湿度的坚硬烧结体。正是由于这种特性使它与人类生活发生了联系。从久远的制瓷经历数万年的发展直到今天，仍是制瓷胎的最基本的原料。

图 11-15 黏土

黏土在引进制瓷胎体过程中起了重要的作用：是黏土的可塑性使陶瓷坯泥赖以成形的基础；是黏土使注浆泥料与釉料具有悬浮性与稳定性；黏土一般呈细分散颗粒，同时具有结合性；黏土的出现使其成为陶瓷坯体烧结时的主体，形成瓷器中莫来石晶体的主要来源。

11.2.6 纤蛇纹石

纤蛇纹石又叫温石棉，它是蛇纹石的变种，属镁硅酸盐矿物（图 11-16）。石棉有着很重要的作用，纤蛇纹石是最重要的石棉矿物。纤蛇纹石的纤维强度比其他石棉都要好。单根纤维呈白色有丝般光泽，而聚集在一起的纤蛇纹石一般显出绿色或浅黄色。纤蛇纹石的纤维像弹簧那样螺旋状卷起来，在电子显微镜下可见一个空心管状的纤维。纤蛇纹石的纤维长度可超过 15cm。

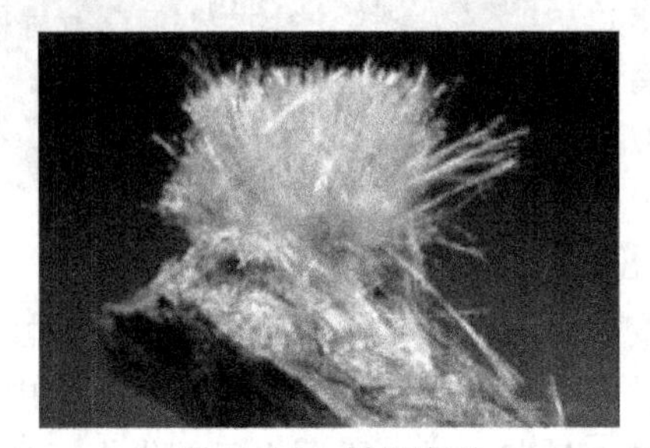

图 11-16 纤蛇纹石

图 11-17 水镁石/氢氧镁石

11.2.7 水镁石

水镁石的理论晶体化学组成：MgO 69.12%，H_2O 30.88%。常有 Fe、Mn、Zn、Ni 等杂质以类质同象存在（图 11-17）。其中 MnO 可达 18%，FeO 可达 10%，ZnO 可达 4%；可形成铁水镁石（FeO≥10%）、锰水镁石（MnO≥18%）、锌水镁石（ZnO≥4%）、锰锌水镁石（MnO 18.11%，ZnO 3.67%）、镍水镁石（NiO≥4%）等变种。

11.2.8 石英

石英是由二氧化硅组成的矿物，半透明或不透明的晶体，一般乳白色，质地坚硬（图 11-18）。广义的石英还包括高温石英（*b*-石英）。石英块又名硅石，主要是生产石英砂（又称硅砂）的原料，也是石英耐火材料和烧制硅铁的原料。

石英化学式为 SiO_2，天然石英石的主要成分为石英，常含有少量杂质成分如 Al_2O_3、IMO、CaO、MgO 等。它有多种类型。日用陶瓷原料所用的有脉石英、石英砂、石英岩、砂岩、硅石、蛋白石、硅藻土等，水稻外壳灰也富含 SiO_2。石英外观常呈白色、乳白色、灰白半透明状态，莫氏硬度为 7，断面具玻璃光泽或脂肪光泽，相对密度因晶型而异，变动于 2.22～2.65 之间。跟普通砂子、水晶是“同出娘胎”的一种物质。当二氧化硅结晶完美时就是水晶；二氧化硅胶化脱水后就是玛瑙；二氧化硅含水的胶体凝固后就成为蛋白石；二氧化硅晶粒小于几微米时，就组成玉髓、燧石、次生石英岩。

石英按品质可分为普通石英砂、精制石英砂、高纯石英砂、熔融石英砂。

图 11-18　石英

11.2.9　蛋白石

蛋白石作为宝石，英文名为 Opal，中文音译为欧珀（图 11-19）。化学成分为 $SiO_2 \cdot nH_2O$ 的非晶质或超显微隐晶质矿物，含水量一般为 3%～10%，最高达 20%以上，属吸附水性质，但也有少量以（$OH)^-$ 形式存在，晶系属非晶质体，折射率 1.37～1.47，硬度5.5～6.5，密度 2.15～2.23g/cm^3。

蛋白石是天然的硬化的二氧化硅胶凝体，含 5%～10%的水分。蛋白石与多数宝石不同，属于非晶质，会由于宝石中的水分流失，逐渐变干并出现裂缝。蛋白石在矿物学中属蛋白石学，是具有变彩效应的宝石，是一种含水的非晶质的二氧化硅。内部具球粒结构，集合体多呈葡萄状、钟乳状。底色呈黑色、乳白色、浅黄色、橘红色等。半透明至微透明。玻璃光泽、珍珠光泽、蛋白光泽。具变彩效应。性脆，易干裂，贝壳状断口。在长波紫外线照射下，不同种类的蛋白石发出不同颜色的荧光。

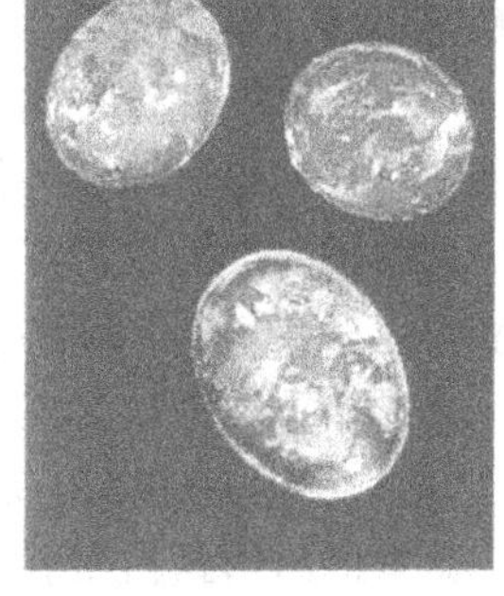
图 11-19　蛋白石

有两个变种：贵蛋白石和普通蛋白石。贵蛋白石会因观看角度不同而显示颜色闪光（虹彩），它的虹彩由其结构——极小的二氧化硅球体规律的排列——绕射光线造成的，圆珠越大，颜色范围也越宽，所以贵蛋白石有若干种不同颜色。

蛋白石因颜色、光泽独特而名。其彩虹般绚丽耀目的光芒多彩似马赛克，充满了神秘性，是其他宝石无可比拟的。

虽然名为蛋白石，却非单一色调，如果仅仅是白色，倒反而没有价值了。透明、红色、黄色色系，在澳洲多为乳白、蓝色色系，其中有一种色泽似孔雀羽毛般深浓的，称为黑色蛋白石，非常美丽，价格因此特别高。

蛋白石是含有硅酸成分的宝石，能绽放出如彩虹般的光辉，价位颇高。蛋白石经电子显微观察的结果，可发现内部含有二氧化碳的粒子，整整齐齐密密地排列着，粒子空隙中含有水，当光线射入后，就会分解成七种颜色，呈现出彩虹般美丽耀人的光芒。

在古代国人十分喜爱蛋白石，特别是明清期间，视它为宫廷珍宝。在扫描电子显微镜下有些蛋白石表现出是由直径在 150～300nm 范围内的等大球体所组成，而球体本身又是由放射状排列的一些最小可达 1nm 的刃状晶体所构成，各等大球体在三维空间成规则的最紧密堆积，水则充填于空隙中。

蛋白石通常成肉冻状块体或葡萄状、钟乳状皮壳产出。玻璃光泽，但多少带树脂光泽，有的还呈柔和的淡蓝色调的所谓蛋白光。贝壳状断口。莫氏硬度 5～6，相对密度 1.99～2.25。硬度、相对密度以及折射率均随水含量的减少而增高。蛋白石颜色多样，并因而构成不涩的变种。普通蛋白石无色或白色，含杂质时可呈浅的灰、黄、蓝、棕、红等色。其中呈乳白色的称为乳蛋白石；蜜黄色而具树脂光泽的称为脂光蛋白石；具深灰或蓝至黑色体色的黑蛋白石罕见，是珍贵的宝石。作为宝石的其他主要变种有：火蛋白石，具强烈的橙、红等反射色；贵蛋白石，呈红、橙、绿、蓝等晶亮闪烁的变彩，已可由人工方法合成。此外，木蛋白石是被蛋白石所石化的树木化石，即具有木质纤维假象的蛋白石。色泽鲜艳的蛋白石自古以来即被用作宝石和装饰品。山东曲阜西夏新石器时代遗址出土过嫩绿色蛋白石手镯。宝石业中，按色泽分为闪山石（闪山云）、欧珀、勒子石、玉滴石等（见宝石矿物）。蛋白石形成于地表或近地表富水的地质条件下，存在于各类岩石空洞和裂隙中，尤以火山岩中和热泉活动地区常见。蛋白石在第三纪及近代的海洋沉积物中也常见。蛋白石暴露于干热的大气中时，可逐渐脱水而失去光泽，并最终变成石髓，其间不经过任何成分一定的水合物阶段。宝石级蛋白石的重要产地有：澳大利亚的昆士兰和新南威尔士、墨西哥、洪都拉斯、匈牙利、日本、新西兰、美国的内华达和爱达荷等。根据颜色特征和光学效应，天然欧珀分为白蛋白石（白欧珀）、黑蛋白石（黑欧珀）和火蛋白石（火欧珀）三个种类。蛋白石分布在充填沉积岩中的孔洞或火成岩中的矿脈，形成石笋或钟乳石，并在化石木、动物硬壳和骨骸中取代有机物。澳洲自 19 世纪以来一直是蛋白石的主要产地。其他还有捷克、美国、巴西、墨西哥和南非。

在质地极其优良的蛋白石上，可以看见红宝石的火焰、紫水晶般的色彩、祖母绿般的绿海，五彩缤纷，浑然一体，美不胜收。欧珀透明至微透明，呈玻璃光泽，显现多种颜色，有灰、黑、白、褐、粉红、橙及无色等，为非晶质体。蛋白石的品质评价依据为底色、变彩、坚固性以及切割、琢磨的完美性。必须放在阴凉处保存。因为蛋石内含有大量水分，在太阳下或强光下暴露太久就会脱水。护理方法是在水里或甜杏油里浸泡 2 天，就会复原如初。

① 人们一直在用斯洛克姆石——一种坚硬的人造玻璃仿制蛋白石。1973 年，吉尔森在实验室造出仿蛋白石。

② 蛋白石对佩戴者的影响：能激发灵感、想象力，带来突破性、跃进式的思想与观念，是有专才、天才型人士们的宝石。强化个人能力与才华，有果断执行能力，能聚财及招财。招来客人，商户必备。

③ 星座与蛋白石：巨蟹座 Cancer（6 月 22 日～7 月 22 日）由于巨蟹的想象力丰富，蛋白石能使这些想象力发挥功用，使巨蟹的想象不光是想象。狮子座 Leo（7 月 23 日～8 月 22 日）能使狮子的才华能有效地发挥，使成果具有建设性。天秤座 Libra（9 月 23 日～10 月 22 日）天秤座的人天生就有优秀的理解能力及艺术鉴赏力，蛋白石能帮助天秤将这些优点发挥至极致。水瓶座 Aquarius（1 月 20 日～2 月 19 日）天才型的星座，就要配天才型的水晶，蛋白石正能使水瓶的创造力发挥极致。对于 10 月份出生的人，蛋白石是他们的幸运宝石。

11.2.10 电气石

电气石（tourmaline，托玛琳）出现在公元 644 年，唐太宗征西时得到的用来刻制名戳，称之为“碧玺”，托玛琳化学成分比较复杂，是一种以含硼为主，还含铝、钠、铁、镁、锂等元素的硅酸岩矿物。托玛琳最早发现于斯里兰卡，人们注意到这种宝石在受热时会带上电荷，这种现象称为热释电效应，故得名电气石（图 11-20）。

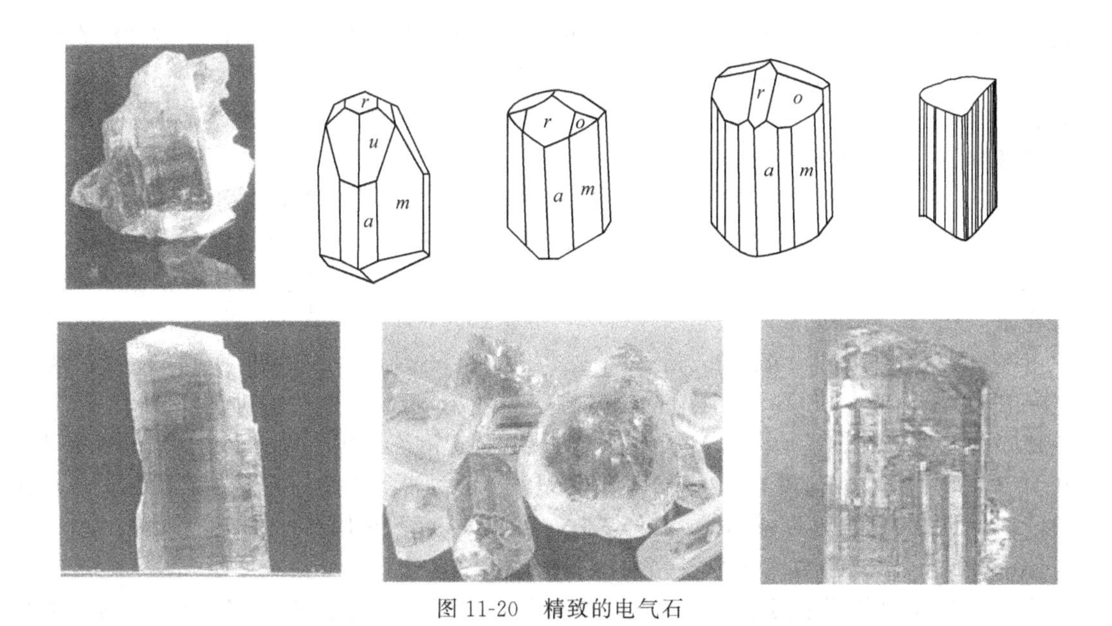

图 11-20　精致的电气石

中国在公元 644 年唐太宗征西时得到了这种宝石，并将它刻制成印章。托玛琳俗名电气石，也叫“碧玺”，是火山爆发后形成的一种天然生化陶瓷，是一种宝贵的矿物资源。托玛琳的英文名为：“tourmaline”，意为“红玉骨髓（sui）”、“混合宝石”。这种天然硅酸盐类矿物，16 世纪初就与钻石、红宝石一样受到珍视。清朝时把“托玛琳”称为“碧玺”，琢刻而成的莲花重达 1056.25g（三十六两八钱），价值白银 75 万两。在中国的一些历史文献中也有将“托玛琳”称为吡硒、碧霞希、碎邪金等，但多称为“碧玺”。传说碧玺的来历是在 1703 年，荷兰的阿姆斯特丹有几个小孩玩着荷兰航海者带回的石头，并且发现这些石头除了在阳光底下出现的奇异色彩外，更惊讶于这些石头有一种能吸引或排斥轻物体如灰尘或草屑的力量，因此，荷兰人把他叫做吸灰石。一直到 1768 年，瑞典著名科学家林内斯发现了碧玺还具有压电性和热电性，这就是电气石名称的由来。一直到现在，碧玺还常在科学上被用于发光强度与压力变化的测定，在第二次世界大战时期，是唯一可以判定核爆压力的物质，现在则被广泛运用于光学产业。在 1880 年，居里夫妇揭开了这种宝石的秘密，既晶体两端都带有正、负电核，表面流动着 0.06mA 的微电流，因此就有了“电气石”这个学名。1986 年，日本科研人员发现，电气石被粉碎得越细，所释放的能量越大。他们将粉碎的电气石晶体同化学纤维结合在一起制成的纤维，称为“梦”的纤维，并将其应用于保健领域。1989 年，一支由 Heitor Barbosa 率领的宝石探勘团队，于巴西东北方的帕拉依巴省发现了一种具有鲜艳土耳其石蓝的碧玺。这宝石的鲜艳蓝绿色闪耀出电光石火般的霓光立刻引起了当时宝石界的轰动。而在 2000 年中，宝石探勘团队亦相继于莫桑比克、尼日利亚发现帕拉依巴 · 碧玺的新矿脉。这样的发现致使宝石界最具名望的 LMHC（Laboratory Manual Harmonization Committee）于 2007 年，宣布这种从巴西、莫桑比克及尼日利亚开采出来含铜的碧玺，正式定名为帕拉依巴碧玺。换句话说，依照科学鉴定观点，只要成分内含有一定的铜元素，即为帕拉依巴碧玺，并不限于巴西帕拉依巴省出来的碧玺才可称为帕拉依巴碧玺。而持产地主义观点的宝石商及收藏者，则仍视巴西帕拉依巴地区所出产之含铜锰电气石，为唯一可被称为帕拉依巴的电气石。

电气石现在被广泛地应用到保健行业，现在也出现在了很多电气石汗蒸房，这样的汗蒸房把汗蒸和电气石的作用都发挥到了极致。电气石能够用永久的产生微电流，这种电流和人体神经的电流类似，这样就可以起到促使血液循环、顺畅的作用，另外电气石还能释放负离子，这些负离子能够调节人体离子平衡，身心放松，活化细胞，提高自愈率等很多作用，并能抑制身体的氧化和除异味的功效。

电气石中还含有各种天然矿物质，人们在和电气石接触时，或在这样的房间汗蒸时，借着电气石微弱电流的作用，这些人体所需的矿物质就会很容易被吸收，达到补充人体微量元素作用。

另外电气石还能释放远红外线，渗透到身体深层部位，温暖细胞，促进血液循环，促进新陈代谢。

电气石（tourmaline）$Na(Mg,Fe,Mn,Li,Al)_3Al_6[Si_6O_{18}][BO_3]_3(OH,F)_4$ 或与成通式：$NaR_3Al_6[Si_6O_{18}][BO_3]_3(OH,F)_4$。

即除硅氧骨干外，还有［BO_3］络阴离子团。其中 Na^+ 可局部被 K^+ 和 Ca^{2+} 代替，$(OH)^-$ 可被 F^- 代替，但没有 Al^{3+} 代替 Si^{4+} 现象。R 位置类质同象广泛，主要有 4 个成员成分，即：镁电气石（Dravite），R＝Mg；黑电气石（Schorl），R＝Fe；锂电气石（Elbaite），R＝Li＋Al；钠锰电气石（Tsilaisit），R＝Mn。

镁电气石-黑电气石之间以及黑电气石-锂电气石之间形成两个完全类质同象系列，镁电气石和锂电气石之间为不完全的类质同象。Fe^{3+} 或 Cr^{3+} 也可以进入 R 的位置，铬电气石中 Cr_2O_3 可达 10.86％。电气石理化性能指标见表 11-3～表 11-5 所列。

表 11-3 纤维状电气石化学成分 单位：％

SiO_2	TiO_2	CeO	K_2O	LiO	Al_2O_3	B_2O_3
41.56	0.26	0.52	0.14	1.87	26.30	9.33
MgO	Na_2O	Fe_2O_3	FeO	MnO	P_2O_5	
0.55	1.20	12.19	5.85	0.04	0.22	

表 11-4 聚晶体状电气石化学成分 单位：％

Al_2O_3	SiO_2	Fe_2O_3	B_2O_3	MgO	CaO	K_2O	Na_2O
35.42	35.25	14.70	11.15	0.18	0.078	0.028	0.85

表 11-5 单晶体状电气石化学成分 单位：％

SiO_2	B_2O_3	Al_2O_3	Fe_2O_3	MnO	MgO	CaO
40.02	8.32	41.41	0.48	1.20	0.26	0.41
Na_2O	Li_2O	Rb_2O	F	H_2O^+	TiO_2	
1.90	0.85	0.02	1.22	4.30	0.016	

11.2.11 合成无机高分子材料结构

聚磷酸：$HO-\overset{\overset{O}{\|}}{\underset{\underset{OM}{|}}{P}}-OH + HO-\overset{\overset{O}{\|}}{\underset{\underset{OM}{|}}{P}}-OH \xrightarrow[\triangle]{-H_2O} H\!\left[O-\overset{\overset{O}{\|}}{\underset{\underset{OM}{|}}{P}}\right]_n\!OH$

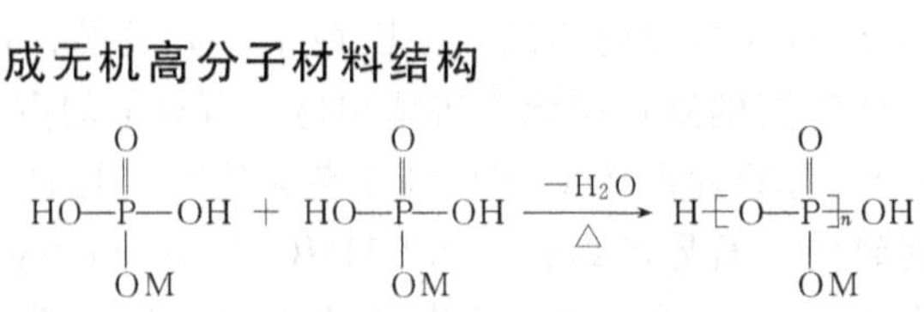

聚硅氧烷：$HO-\overset{\overset{OM}{|}}{\underset{\underset{OM}{|}}{Si}}-OH + HO-\overset{\overset{OM}{|}}{\underset{\underset{OM}{|}}{Si}}-OH \xrightarrow[\triangle]{-H_2O} H\!\left[O-\overset{\overset{OM}{|}}{\underset{\underset{OM}{|}}{Si}}\right]_n\!OH$

聚硫：n $\begin{matrix} S-S-S \\ | \quad\quad | \\ S \quad\quad S \\ | \quad\quad | \\ S-S-S \end{matrix} \xrightarrow{\triangle} \left[S-S\right]_n$

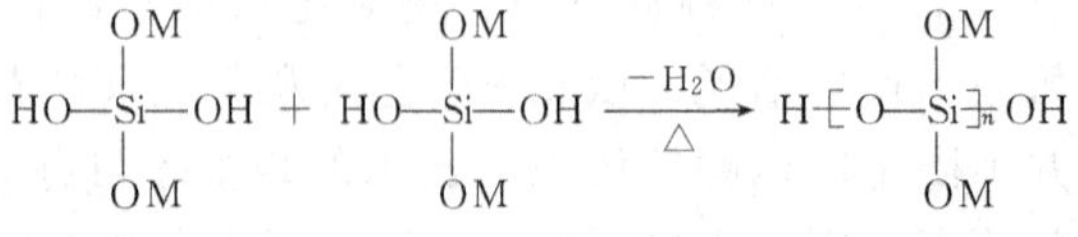

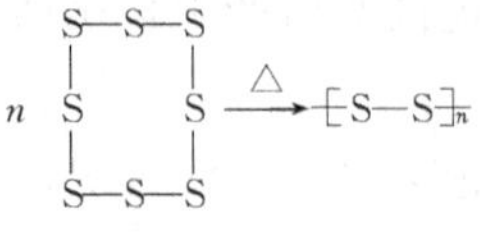

第12章　天然高分子材料的循环利用

12.1　环境与材料

资源、环境、人口是当今人类社会发展面临的三大主要问题。人们在创造空前巨大的物质财富和前所未有的文明社会的同时，也在不断破坏全球性的自然环境，资源枯竭、环境恶化正对人类社会生存和社会经济稳定高速发展造成严重威胁。在现代文明社会，人类既期望获得大量高性能或高功能的各种材料，又迫切要求有一个良好的生存环境，以提高人类的生存质量，并使文明社会可持续发展。从资源、能源和环境的角度出发，材料的提取、制备、生产、使用、再生和废弃的过程，实际上是一个资源消耗和能源消耗及环境污染的过程。材料一方面推动着人类社会的物质文明；另一方面又大量消耗资源和能源，并在生产、使用和废弃过程中排放大量的污染物，污染环境和恶化人类赖以生存的空间，显然材料及其产品生产是导致能源短缺、资源过度消耗乃至枯竭和环境污染的主要原因之一。因此，现实要求人类从环境保护的角度出发，重新认识和评价人类过去的材料研究、材料开发、材料使用和材料回收。

12.1.1　环境材料的概念与特点

环境材料（ecomaterials）又称环境意识材料（environmental conscious materials，ECM）或生态材料（ecological materials)，是同时具有满意的使用性能和优良的环境协调性，或者是能够改善环境的材料。即指那些具有良好使用性能或功能，并对资源和能源消耗少，对生态与环境污染小，有利于人类健康，再生利用率高或可降解循环利用，在制备、使用、废弃直至再生循环利用的整个过程中，都与环境协调共存的一大类材料。因此，环境材料是赋予传统结构材料、功能材料以特别优异的环境协调性的材料，通过材料工作者在环境意识指导下开发新型材料或改进、改造传统材料来获得。

根据定义，环境材料应具有三个明显的特征：其一是良好的使用性能；其二是具有较高的资源利用率；其三是对生态环境无副作用。

12.1.2　环境材料与传统材料的对比分析

环境材料与传统材料相比，既有区别也存在联系，表现在主要内涵、研究重点、评价指标体系和材料选择原则等方面。

传统材料的研究重点为单纯追求高性能或多功能、高附加值的各种材料，甚至不惜以资源和能源为代价而开发新材料，忽视人类生存环境；环境材料的研究重点则是通过研究材料对自然环境的作用以及自然环境对这种作用的反应和行为，寻求材料的性能与材料的环境负荷之间合理的平衡点，以开发性能或功能良好且环境负荷小、再循环利用率高的材料。环境材料按照环境问题的内涵进行材料的革新，从而使传统材料更加完善。因此，利用环境意识，一方面可以改造传统材料，使其与环境有良好的协调性；另一方面，在开发新材料时，注重其与环境的协调性，采用低消耗、低污染、高产出、高功能、高再生的指导原则来开发和制备各种新材料。

对于材料的评价指标体系而言，传统材料的判据仅由质量判据、经济判据、时间判据构成，传统材料的优劣采用功能性和经济性这种传统的二维指标进行综合评价；而环境材料的判据则由质量判据、经济判据、时间判据、资源判据、能源判据、环境判据构成，既具有材料的共性判据，又具有环境材料所特别强调的环境判据。环境材料的优劣则按照新的三维指标，即功能性、经济性、环境性对其进行综合评价。

产品设计时，传统材料的原则主要考虑到材料的功能、性能、应用场合等，同样较少考虑对环境的影响。因此，传统产品设计中所用材料种类繁多，很少考虑材料的加工过程及其对环境的影响，所用材料很少考虑报废后的回收处理问题，有时根本没有考虑所用材料本身的生产过程，其结果是在产品的制造、消费过程中造成不同程度的环境污染。

环境材料产品设计的选材原则首先考虑性能优良、环境负荷小的材料，一是尽可能使用自然界中可循环的材料，二是尽可能少地使用自然界中不可循环的材料，最大限度地利用材料资源和节约能源，选择和使用材料的原则主要有以下几个方面。

(1) 少用短缺或稀有的原材料，多用废料、余料或回收材料作为原材料，尽量寻找短缺或稀有原材料的代用材料，以有效提高产品的可靠性和使用寿命。

(2) 尽量减少产品中的材料种类，以利于产品废弃后的有效回收。

(3) 优先采用可再利用或再循环的材料。

(4) 尽量采用相容性好的材料，不采用难于回收或无法回收的材料。

(5) 尽可能选用废弃后能自然分解并为自然界吸收的材料。

(6) 尽量选用环境兼容性涂层材料。

(7) 尽量少用或不用有毒有害的原材料。

除此之外，传统材料的发展是一代一代进行的。环境材料则不像其他材料，其研究与发展不是阶段性的，它应当贯穿于人类社会的全过程中，且贯穿于人类开发、使用、制造、再生材料的整个过程中，即环境材料本身应该而且是可持续发展的。

12.2 环境材料的评价

材料的环境负荷评价体系与方法是环境材料的重要研究内容，其研究与应用有助于人们客观地评价材料，为发展新材料和改造传统材料提供新的思路。环境材料的评价方法实质可以分为两类：一类是用于材料开发生产过程的评价，其过程程序比较复杂，如生命周期评价(life cycle assessment，LCA)；另一类是面向消费者的环境材料评价系统，具有普及性、广泛性，如“材料的再生循环利用度的评价及表示系统”等。

12.2.1 材料的 LCA 评价

定量评价材料的环境性能是环境材料开发研制和评价的重要内容。材料的 LCA 主要是对材料系统从原材料获取阶段开始到最终废弃出来的全过程中的环境影响（资源、能源、排放物）进行综合评估，即为材料的寿命全程评价。从环境的角度对材料的制造、使用和回收等工艺进行优化选择和设计，是研究环境材料的一个重要工具，也是一种评价材料在整个寿命周期中所造成的环境影响的重要方法。

LCA 的具体构成为编目分析（Inventory analy-sis）、损害评价（Impact assessment）、解释（Interpreta-tion），简称 3I。针对某一过程应用 LCA 方法，建立其数学模型的方法目前较流行的有输入输出法、加权因子法及线性规划法等。

(1) 输入输出法　输入输出法是针对某一产品或材料的生产工艺过程进行 LCA 评价

时，主要考虑资源和能源的输入量，以及该过程完成后的产品和废弃物的输出量，从而求得定量的环境影响数据。该方法由于有定量的指标和量化的单位，含义比较明确，对于一般的材料工艺过程应用相对较多。

（2）加权因子法 加权因子法是针对某一产品或过程的资源、能源、产量和废弃物等诸因素定义一个归一化的因子，用加权平均的方法求得该事件的环境负荷大小。

（3）线性规划法 线性规划法是系统分析中最常用的评价技术，以研究在一定限制条件下如何达到最有效的目的。

线性规划的数学形式如下。

求 $x_j(j=1,2,3,\cdots,n)$，使之满足约束条件：

$$\sum a_0 x_j \leqslant 6i(i=1,2,3,\cdots,m)$$

与 $x_j \geqslant 0$ （$j=1,2,3,\cdots,n$）

并且使目标函数：

$f=\sum C_i X_j$ 达到最大值或最小值。

对于环境材料而言，其质量判据、经济判据、时间判据、资源判据、能源判据和环境判据中某一判据为目标函数，另一些判据为约束条件，则会形成一系列线性规划问题。因此，线性规划法在结合输入输出法和加权因子法的基础上，可通过一线性函数来描述某一产品或工艺过程的环境影响。

泛环境函数法：前面所述的 LCA 方法的应用多针对单一的目标，如能源评价、二氧化碳评价等，缺乏综合性和系统性。由于评价材料对环境的影响必须包括三个基本内容，即能源评价、资源评价和环境评价，因而必须要求发展一种将三个评价内容统一于一体的综合型的评价方法。

泛环境函数法即为资源、能源和环境影响的综合评价方法，是对材料在某过程或全过程中的资源消耗、能源消耗以及污染物排放对生态环境的干扰和危害的综合程度的衡量。

泛环境函数的通用数学表达式为：

$$\mathrm{ELF}=f(R,E,P)$$

式中，ELF 为泛环境函数，其值称为泛环境负荷；R 为材料的资源消耗因子，$R=y_1(a_i)$，a_i 表示各种资源消耗量的叠加；E 为材料的能源消耗因子，$E=y_2(b_j)$，b_j 表示各种能源消耗量的叠加；P 为三废排放污染因子，$P=y_3(C_k)$，C_k 表示各种三废排放量的叠加。

泛环境函数 ELF 有许多数学上的处理方法，其思路主要有两大类。第一类是借助不同的数学方法归纳和处理，最终给出某一因子的具体值，如某一材料的 LCA-SO_x 值或 LCA-能耗值。第二类是利用各种数理方法（加合模型和乘积模型）最终给出某一材料的 ELF 具体值，这正成为目前环境材料评价的研究热点和主要发展方向。

12.2.2 材料再生循环利用度的评价及表示系统

材料再生循环评价方法是最终由消费者直接对材料环境属性进行判断的方法，其表示系统是面向消费者的普及型环境材料评价系统。对消费者而言，这应该是一种易懂、具体的评价方法，该系统由以下三部分构成。

① 可以再生循环利用的原材料，一般只表示产品中可再生循环利用的最主要的材料。

② 再生循环利用方法的表示，在产品上或产品使用说明书中给消费者以具体的指导，使现有的回收方法更明确和统一，以便于将产品回收到指定的地方，从而有效地实施再生循环利用。

③ 再生循环利用度是以分数和星级评价方式来表示材料可再生循环利用的程度，其计

算方法是首先打出某种产品的每种构成材料采用各种不同资源化方法时的再生循环利用度分数，然后归一化地确定选择各种材料分别应采用的资源化方法，并得到每种材料相应的再生利用度分数，最后将此分数与构成材料的比率相乘后再累加起来。

再生循环利用度分数 $EA=\sum E_j \times X_i/100$

式中，X 为构成材料在产品中所占比率，%；E_i 为每种构成材料的再生循环利用度分数。

材料再生循环评价方法采用简单易懂的方法将生产者和消费者紧密联系起来，使全人类都共同关注环境问题，这对于环境材料的研究应用具有极大的推动作用。

12.2.3 环境材料设计的原则

传统的材料设计以消耗大量能源和资源，产生大量废弃物为代价来获得材料的高性能、高产量及低成本。对于环境材料的设计，不仅考虑材料的各种性能要求，而且要顾及材料对环境的影响。因此，环境材料设计强调在保持材料的性能指标基本不变的前提下，最大限度地利用材料资源和节约能源，应遵循以下的几条基本原则：

① 尽量采用地球储量丰富的元素或物质；

② 尽量采用对环境影响小的元素；

③ 尽量降低材料的含量；

④ 尽量减少元素种类；

⑤ 尽量采用同类元素或物质作为复合强化的第二相材料；

⑥ 原则上不添加目前尚不能精炼脱除的元素。

环境材料的设计思路是在追求材料高性能化的同时强调材料的多用化，是对传统材料所追求的多元化和专用化思路的更新和发展。采用以能源换资源的战略，充分利用热处理方式来调整材料的性能，已成功地用于环境材料设计。日本研制出的合金其元素种类最少、能满足多用途需要的超级通用合金（如 Fe-Mn-Si-C 系钢）就是一类典型的环境材料。

从环境材料角度出发，材料的生态化改造、“超净、超细、均质”的高性能材料和高强度长寿命材料的开发、“零排放、零废弃”和固体废物综合利用，是目前材料领域的研究热点。材料的循环再生设计是环境材料设计的基础和指导原则，对于金属材料而言，其易于循环再生的基本原则是减少合金元素而保持高性能、以调整显微组织作为加入合金元素的替代方法来获得所需性能、再生过程中易于分离和无二次污染。对于复合材料而言，其易于循环再生的基本原则是用单一组分代替多相组分、废弃后易于分解或降解、可多次重复循环使用。

环境材料是文明社会可持续发展的必然选择。减少环境污染，保护生态环境，不断研制性能优良、环境负荷小的新材料，并将传统材料“进化”成为环境材料，是材料工作者所应肩负的重要使命。人们预测 21 世纪的材料应是具有先进性、环境协调性和舒适性三个特点的材料。尽管目前的环境材料研究主要还局限于材料的回收和重复利用工艺技术、环境净化材料、减少三废的技术和工艺、减少环境污染的代替材料、可降解材料等方面，但环境保护和安全问题已日益成为材料选择和使用的关键因素。更新材料研制的传统思维模式，大力发展环境材料，开发环境协调产品，是保持企业竞争优势并赢得市场的根本措施，是消除绿色贸易壁垒的最有效途径，是自然、经济与社会复合系统的持续、稳定、健康发展的重要基础。相信一个完全由环境材料制成的环境协调产品的时代将不是梦想。

12.3 高分子材料的再生循环

高分子材料自 20 世纪问世以来，因具有质量轻，加工方便，产品美观实用等特点，颇受人们青睐，广泛应用于各行各业。随着塑料制品消费量的不断增长，塑料废物也迅速增加，对环境的影响日趋突出。塑料废物的处理也成为全球性的问题。况且，高分子材料的原料是石油和天然气，都是不可再生的资源。近年来，石油原料的有效开采储量迅速下降，能源价格不断上升，更加速了废旧高分子材料的资源化进程。

20 世纪 70 年代初，美国就开始研究塑料对环境的污染问题，制止乱丢废弃物，积极处置废物。他们采取的措施主要是减少来源、回收利用、焚烧作为能源利用、填埋等。西欧国家对固体废物的管理采取一致行动，目标一体化，但也考虑各自的地理环境、人口、工业生产能力、国民的生活习惯等因素。德国焚烧技术较为完善；英国仍以填埋为主，约占其城市固体弃物的 8%；但是，现在欧洲最重要的发展趋势是塑料原料的回收和再利用。意大利塑料废物的回收利用工作十分活跃，除了回收利用本国的废弃聚乙烯制品外，还从其他国家如德国、法国进口大量的塑料废物进行回收。日本是亚洲塑料废物回收利用工作做得较好的国家之一，日本塑料废物的收集、分类、处理、利用都已系列化、工业化。

中国有关部门已将废旧塑料资源化列入议事日程：国家科委已将废旧塑料资源化列入科技攻关项目；环保局将废弃塑料列为 21 世纪在环保领域要控制的重点之一，指出必须强化管理，依靠科技进步搞好回收利用；国家经委等部门也将塑料弃物的综合利用列入重点课题；有关部门还多次主持召开了废旧塑料资源化的经验交流会和学术讨论会。

12.3.1 高分子材料循环利用技术

常见的高分子材料有：塑料、橡胶、合成纤维和复合材料等。表 12-1 显示了这些材料的消耗量。据此可见，它们的循环回收利用已迫在眉睫。

表 12-1 高分子材料消耗情况　　单位：万吨

项　目	2000 年世界消耗量	2000 年中国消耗量	2010 年中国消耗量
塑料	18250～19760	800	1600
橡胶	180	450	
合成纤维			1000
复合纤维		22	40

为了净化环境，以前人们通常将废塑料进行填埋或焚烧处理。但是填埋会造成耕地减少和地下水污染；焚烧使大气中二氧化碳、二氧化硫、氯化物、氨氧化物等有害物质的含量增加，而且采用这两种处理方法都会造成资源浪费。中国 1996 年 4 月 1 日实施的《固体废弃物污染环境防治法》所遵循的主要原则也是实行：减量化、资源化和无害化”。废旧高分子材料资源化是处理废旧高分子材料，保护环境的有效途径。无论是从环境科学的原理着眼，还是从环保和节约资源的角度看，废塑料资源化不仅可以消除环境污染，而且可以获得宝贵的资源和能源，产生明显的环境效益。循环利用大致可分为两种方法：物理循环利用和化学循环利用（也有学者从中分出能量循环，即将高分子废料直接制成固体燃料，或先液化成油类，再制成液体燃料）。

12.3.2 物理循环技术

物理回收循环利用技术主要是指简单再生利用和复合再生利用（或改性再生）。简单再生系指回收的废旧塑料制品经过分类、清洗、破碎、造粒后直接进行成型加工。如聚氯乙烯废旧硬质板材、型材等硬制品经过上述处理后可直接挤出板材，用于建筑物中的电线护管。

这类再生利用的工艺路线比较简单，且可直接处理和成型。因为未采取其他改性技术，再生制品的性能欠佳，一般只作档次较低的塑料制品。

改性再生利用指将再生料通过机械共混或化学接枝进行改性。如增韧、增强并用，复合活性粒子填充的共混改性，或交联、接枝、氯化等化学改性，使再生制品的力学性能得到改善或提高，可以做档次较高的再生制品，这类改性再生利用的工艺路线较复杂，有的需要特定的机械设备。

12.3.3 塑木技术

使用木粉或植物纤维高份额填充聚乙烯和聚丙烯树脂，同时添加部分增容及改性剂经挤出、压制或挤压成型为板材，可替代相应的天然木制品，除具有木材制品的特性外，还具有强度高、防腐、防虫、防湿、使用寿命长、可重复使用、阻燃等优点。

近年来国内外塑木板材制品的技术开发和应用发展迅速。木粉填充改性塑料国外早已开始研究，但高份额的木粉填充则是近几年才有较大发展。在日本，有名的“爱因木”就是该产品；加拿大的协德公司也已开发出类似的塑料制品；奥地利辛辛那提公司及PPT模具公司开发出各种塑木板材制品；中国唐山塑料研究所、国防科技大学、广东工业大学等在早些时候在低份额木粉改性填充树脂体系中进行塑木产品专用设备的开发。此外，无锡、杭州及安徽等地也有企业和个人进行这方面的研究。

目前，塑木板材主要使用在如下场合：公园、建筑材料、隔音材料、包装材料、围墙以及各种垫板广告地板等。比利时先进回收技术公司将混杂塑料合金化，生产出塑料木材，制成栅栏、跳板、公园座椅、道路标志等；日本一家公司利用废旧聚苯乙烯泡沫塑料制造低成本的消音材料，收到良好的消音效果。目前它已被用作发电站隔音设施的墙壁、天花板以及高速公路的隔音墙等。

12.3.4 土工材料化

土工材料只要求某些物理性能和化学性能的技术指标，因此利用废塑料生产土工制品的经济效益和社会效益较好。例如利用废PP或HEPE加工成降低地表水位的盲沟或防止滑坡塌方的土工格栅；用废PP制土筋等。美国得克萨斯州大学采用黄砂、石子、液态物如固化剂为原料制成的混凝土；日本一家公司利用废塑料制成园艺用新型培养土。黄玉惠等将废旧塑料改性制成附加值高的高效水泥减水增强剂对水泥减水率高于19%，并可将水泥的最终强度提高40%，可广泛用于水坝、桥梁和高楼等大型土建工程。用废橡胶可以制成人工渔礁、水土保持材料、缓冲材料和铁路路基。在许多国家，废车胎用来作山区或沙岸、堤坝的水土保持材料。将水土易流失的斜面修出一定的坡面，再将废胎平铺于坡面上。在土质松软的地段，每1～7条平铺的废胎竖直埋入一条轮胎加固，在废胎腔内填土，植入树草等。

12.3.5 化学循环利用

化学循环利用是近年来对废旧高分子资源化研究的最为活跃的发展趋势。它的二次污染也是比较小的或可以避免的。化学循环一般都有裂解过程，产生气体、液体和固体残留物，它们都可加以适当的利用。总的来说，化学循环既可节省和利用资源，又可消除或减轻高分子材料对环境的不利影响。

12.3.6 油化技术

废塑料油化技术有热解法、热解—催化裂解法、催化热解法三种基本方法。废塑料催化裂解制燃料油技术在世界范围内已有成功的先例，德国、美国、日本等国均建有大规模的工厂；在中国的北京、西安、广州等城市也建立了一些小规模的废塑料油化工厂。日本已建成多条连续裂解生产线，可连续地将烯烃类废塑料高温催化裂解成汽油等；Zimmennan 等也研制出一种快速使聚烯烃废塑料裂解成汽油的设备，可高效率地将聚烯烃裂解成低相对分子质量的烃类燃料油；中国石油大学、中国科学院大连化学物理研究所、山西煤炭化学研究所等开展烯烃类塑料热裂解催化剂的研究，并在催化裂解聚乙烯（PE）、聚丙烯（PP）等回收汽油领域取得一定的进展。

油化技术的优势：废塑料催化裂解制取汽油、柴油技术，原料来源广泛，生产安全、污染少、技术可靠，具有较高的社会效益和经济效益，市场前景广阔。

12.3.7　焦化、液化技术

采用煤与废塑料共焦化的想法，目的是利用现有焦炉处理设备在生产合格焦的同时处理大量废塑料，从而也避免了已有治理方法的不足。Collin 等将废塑料先与煤焦油沥青共热解制得所谓的活性沥青，再将其与煤共焦化，所得焦炭性质得到改善；Ishigrno 等将废塑料加入焦炉底部，上面再盖上焦煤共同炼焦；李东涛、田福军等已进行了单一的八一焦煤与塑料树脂的共焦化。

通过煤和废塑料共处理液化制取液态燃料，利用废塑料中的富含的氢，降低煤液化的氢耗量，使废塑料得以资源化利用，同时改善煤液化反应的条件，降低粹化油的生产成本，这对合理有效利用煤炭资源，变“脏”资源为“洁”资源，改善人类生活环境都具有积极意义。国外学者 Hadekw. Miurak 和 Palmer. S. R 等在 20 世纪 90 年代初期已开始了共液化的理论性研究；中国研究者赵鸣、田福军等在这方面都做了大量的工作，同时也取得了可喜的成果。

12.3.8　超临界流体技术

超临界水、二氧化碳、甲醇、乙醇等都是超临界流体的代表。水是自然界最重要的溶剂，在超临界状态下具有许多独特的性质，用超临界水（SCW）作为化学反应的介质已受到人们的广泛重视和研究。尤其是它可以使废塑料发生降解或分解，从而回收有价值的产品如单体等，同时也解决了能源、二氧化碳和二次污染等环境问题。因此超临界水特别适宜于环境良好化学工艺过程的开发。

用超临界水进行废塑料的化学回收，其目的主要是为了避免结焦现象，提高液化产物的产率，循环回收或作为燃料。近年来，日本、美国等在这方面都进行了大量的研究，并获得了一定的成果。陈克宇等于 1998 年进行了超临界水中聚苯乙烯泡沫降解初步实验；守谷武彦等于 1999 年研究了在 SCW 中反应温度、时间、水/PE 对 PE 热解的影响；东北电力和三菱重工于 1996～1998 年进行了利用超临界水技术的初步试验，取得了明显的突破。Dakurada hideo Kimura Kazuaki 等于 1997 年研究了废塑料在超临界水中的液化过程，开发了废塑料在超临界水中油化新工艺，并进行了 PE、PP 的中试验。Watanabe 等于 1998 年用聚乙烯和正十六烷在 SCW 和氯气（0.1MPa）中进行了实验；徐建华等废塑料（PE、PP，PS）的降解回收工艺；最近日本专利报道了 PP 在超临界流体中，用 Cr_2O_3-Al_2O_3 作催化剂，可获得含 54%丙烯和 11%乙烯的产品；美国专利报道了用超临界水部分选择性的氧化废塑料回收单体和其他有用的低相对摩尔质量有机物的工艺过程。废塑料在超临界水中降解与传统裂解工艺比较如表 12-2 所示。

表 12-2　废塑料在超临界水中降解与传统裂解工艺比较

反应条件	超临界水技术	热裂解技术
温度/K	673～773	673～723
压强/MPa	25～30	0.1
耗时/min	2	30
转化率/%	80～99	80～90

用SCW进行废塑料的降解有以下优点：由于采用水为介质和热裂解技术对废塑料分解进行低分子油化，因而成本低；可以避免热分解时发生的炭化现象，油化率提高；反应在密闭系统中进行，不污染环境；反应速度快，效率高。

高分子材料资源化虽然是解决高分子材料的成效方法之一，但是实际上也存在许多问题，例如再生料的性能不如原始材料；再生过程如化学循环的代价很高，缺乏市场竞争力；有的废旧高分子材料杂质多，不易除去，或各种混合材料不易分离等。

然而，充分利用资源和减少环境污染是高分子材料资源化的最终目的，具有广阔的前景。今后，高分子资源化的工作主要集中在下列几个方面：材料循环的研究，即分离技术开发、加工技术开发、应用产品开发等；化学循环的研究，包括解聚和裂解两方面工作的深入；开发新型可循环高分子材料或高分子材料的新型循环技术；研究合适的方法和设备来降低现有的回收技术成本；研究价廉质优的高效裂解催化剂和简化裂解设备，降低回收成本。当然，废旧高分子材料资源化工作是一项系统工程，需要各个方面的协作，如国家政策、公众意识等。

12.4 再生纸的循环利用

当今世界，废纸回收利用在减少污染、改善环境、节约资源与能源方面产生了巨大的经济效益与环境效益，是实现造纸工业可持续发展以及社会可持续发展的一个重要的方面，因此有人称之为“城市的森林”工业。世界上发达国家对废纸的回收利用，不论在规模上还是技术上都已经具有相当高的水平，废纸的回收利用与林纸一体化已逐步成为现代造纸工业的两大发展趋势。

据中新网报道，一份公布的环保报告指出，产能庞大的中国废纸回收业挽救了地球上许多森林，使它们免遭毁灭的命运。仅在去年，中国利用废纸而不是天然树木造纸，挽救了5400万吨木材。在过去10年，中国的废纸进口量上升了4倍，成为全世界最大的废纸进口国。

12.4.1 中国废纸回收利用现状

从表12-3中可以看出，中国废纸浆用量从2001年的1310万吨上升到2007年的4017万吨，六年增长了207%，废纸浆中进口废纸所占的比例明显增长。2007年进口废纸2256万吨，占全年废纸消耗量的45%，而2001年进口废纸量占当年废纸消耗量的38%，六年增加了7个百分点，从另一角度反映出中国对废纸的进口依赖性提高。

表12-3 2001～2007年中国废纸回收利用统计

年 度	纸浆总消费量/万吨	废纸回收量/万吨	废纸回收率/%	废纸浆用量/万吨	废纸浆利用率/%	废纸进口/万吨
2001	2980	1013	27.5	1310	44	624
2002	3470	1338	30.3	1620	47	687
2003	3910	1462	30.4	1920	49.1	938
2004	4455	1651	30.4	2305	51.7	1230
2005	5200	1809	30.5	2810	54	1703
2006	5992	2263	34.3	3380	56.4	1962
2007	6769	2765	37.9	4017	59.3	2256

中国国内废纸的消耗量在废纸浆总量中仍占有主要地位，但总体上呈现下降趋势。尽管国内2007年废纸的回收率比2001年有了一定幅度的提高，达到37%，但仍低于47.7%的

世界平均水平，更是远远低于发达国家的 70%左右水平。例如德国的废纸回收率已超过 70%，日本的回收利用率为 73%，芬兰城市里的旧报纸、杂志等回收率接近 100%，这些数据也说明中国的废纸回收利用存在巨大潜力。从表中还可以看到，2002～2005 年，国内造纸行业不景气导致废纸的回收率停滞不前。

毋庸置疑，国内造纸行业进口废纸的主要原因是进口废纸质量好于国内废纸。因进口废纸中木浆的比例高且非木材纤维含量较低，从而得到青睐；国内废纸在回收的过程中仍存在着种种问题。

12.4.2　国内废纸回收过程中存在的问题

由于中国地域辽阔，区域经济发展状况存在一定程度差异，国内废纸在回收时存在货源的收集、分类、资金、组织管理等环节不完善，尚未建立统一的废纸回收分类质量标准和检查测试方法。许多国家对废纸都有统一的标准，如美国有 51 种，日本有 25 种，欧洲有 5 组 57 种，按品种分选达标，购销按标准执行。中国的废纸分类和质量标准大约分为 11 类，目前尚未正式执行。各种废纸混杂在一起，到了企业，也只能作为低档原料处理。

对进口废纸的依赖性程度高。据报道，2007 年中国造纸行业废纸浆利用率已经达到 59%，其中进口废纸浆利用率为 26.7%，远高于木浆利用率 22%和非木材利用率 19%，国内废纸回收率仅为 38%，还远远低于世界平均水平。

据海关方面统计，2007 年 1～10 月，中国已累计进口废纸 1896 万吨，价值高达 33 亿美元，分别比 2006 年同期增长 18.3% 和 48.8%。在废纸的平均价格方面，2007 年进口废纸的平均价格为 179.2 美元/t，较 2006 年上涨 28%。尽管如此，2007 年进口废纸的热度仍然不减。

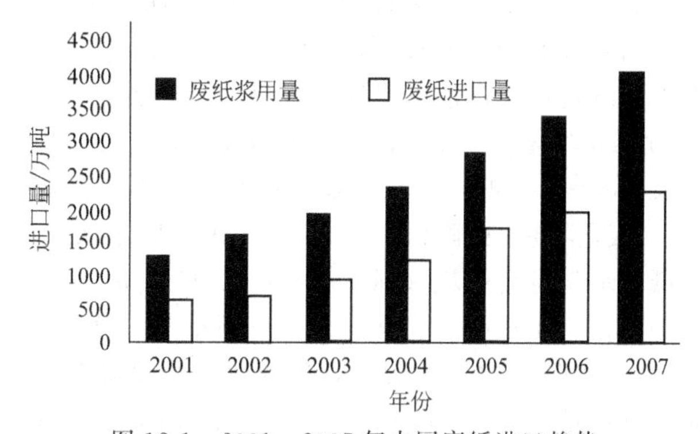

图 12-1　2001～2007 年中国废纸进口趋势

由图 12-1 可见，中国近几年来废纸进口逐年增长，但进口废纸快速增长绝非偶然，而是国内外的相关经济因素综合作用的结果。

国内对纸纤维的供需矛盾突出。中国对废纸的需求属于引致需求，是由国内对纸类产品的消费所派生。由于国内对纸类产品的消费旺盛，刺激了造纸行业对造纸纤维的需求。但国内对造纸纤维的供给十分有限，供需矛盾突出。废纸是造纸纤维的重要来源，因而成为中国大量进口的商品之一。尤其是国内大型造纸加工项目日渐增多，对进口废纸的依赖性增强。以广东某企业为例，该企业纸产品年产量在国内排名位居前列，其所需造纸原料全为进口废纸，造纸设备也全部是进口的。由于外商投资企业进口设备对废纸的分类要求严格，因此它们所用造纸原料 90%以上依赖进口。

还有关税优惠，进口纸和纸制品必须按照 2%～5%的税率征收关税，而纸浆和废纸的进口关税为零，这一政策在一定程度上也刺激了国外废纸的进口。

废纸的回收利用产业化水平低，虽然中国废纸利用率（利用量/产量）高达 59%，但废纸回收率（回收量/消费量）却低于 38%。中国造纸的废纸原料的进口依赖度逐年上升，国内废纸的回收率却没有改善，而且回收的废纸也大量被技术落后的小企业加工成纸板、卫生纸等低档次产品，没有发挥废纸的资源价值，还带来严重的二次污染。

产业化水平低的根源在于废纸再生产业扶持政策缺乏力度，但产业基础差也是一个重要制约因素。当前国内废纸回收利用的一个重要瓶颈是废纸原料无论在品质还是规模上都难以满足造纸企业的要求。中国各地仅简单地将废纸分为书刊杂志、报纸、纸板、纸袋、白纸边等有限的几种，缺乏统一标准，而且以散装的形式从废旧物资集散市场向外运输。而国际上标准化的商品打包废纸已经成为大宗贸易商品。美国的废纸分类标准已经高达50种，加之中国造纸原料草浆、木浆混杂，废纸的原料纤维成分也难以与国外木浆废纸相比。

在缺乏行业标准和统一监管的情况下，中国废纸回收体系十分散乱，难以出现有实力的大型废纸供货商。国内废纸的混杂和小批量运输，难以满足造纸企业大规模生产的需要。为追求稳定的供货渠道和原料品质，大中型造纸企业采用进口废纸作为原料实为必然。

12.4.3 中国废纸回收利用可行性分析

中国是世界废纸最大的进口国和消费国，2007年废纸浆消耗量达4017万吨（相当于5021万吨废纸），其中进口废纸1805万吨（相当于2256万吨）。但是，中国的废纸回收利用率较低，与世界的平均水平还有很大距离，这也反映出中国废纸回收有着巨大的潜力。与此同时，伴随着中国经济的快速发展和纸张消费量的提高，废纸的需求量还将进一步的增加。因此，中国的废纸回收利用存在一定的可行性。

“十一五”中国造纸行业生产消费将保持平稳增长，纸及纸板总产量将年均增长4.6%，资源消耗不断降低，污染排放明显下降。中国纸及纸板的生产量和消费量均居世界第一位，随着世界经济格局的重大调整和中国经济社会转型的明显加速，中国造纸工业发展面临的资源、能源和环境的约束日益突显，亟须加快结构调整。由国家发展改革委、工业和信息化部、国家林业局共同编制的《造纸工业发展“十二五”规划》近日印发。“十二五”期间，中国造纸行业生产消费将保持平稳增长。预计2015年全国纸及纸板消费量11470万吨，比2010年年均增长4.6%；纸及纸板总产能为13000万吨左右，总产量达到11600万吨，年均增长4.6%。同时，造纸工业的产品结构不断优化、产业集中度不断提升、装备水平逐步提高、资源消耗不断降低。到2015年末，吨纸浆、纸及纸板的平均取水量将减少18%；吨纸及纸板平均综合能耗（标准煤）由2010年的0.68t降至0.53t，比2010年降低22%。通过管理减排、工程减排、结构减排三项措施，实现主要污染物化学需氧量（COD）排放总量比2010年降低10%～12%，氨氮排放总量降低10%。此外，“十二五”期间，全国淘汰落后造纸产能1000万吨以上，加大废纸回收和利用力度，使中国造纸工业废纸利用率由71.5%提高至72.1%。

（1）社会可行性

① 国家产业政策调整。在政策上、资金上支持造纸企业扩大废纸回收利用；2007年6月，国务院发布了《节能减排综合性工作方案》。《方案》指出，应加大造纸、酒精、味精、柠檬酸等行业落后生产能力淘汰力度，其中造纸行业主要淘汰年产3.4万吨以下草浆生产装置、年产1.7万吨以下化学制浆生产线、排放不达标的年产1万吨以下以废纸为原料的纸厂。其中2007年淘汰230万吨，“十五”期间淘汰落后生产能力650万吨。

② 由于污染严重与水资源不足，不少造纸企业的草浆生产线改用废纸；并且利用原木造浆的传统造纸消耗大量木材、破坏生态，并造成严重的污染。因此，利用废纸的“城市森林”已经和造林、造纸一体化的“林浆纸一体化”一起，成为现代造纸业的两大发展趋势。城市造纸同时还起到消纳城市垃圾的作用，体现“城市生产，城市消纳”的精神和可持续发展精神。

（2）经济可行性

① 废纸具有广泛的再生用途。纸张的原料主要为木材、草、芦苇、竹等植物纤维，废

纸又被称为“二次纤维”，最主要的用途还是纤维回用生产再生纸产品。根据纤维成分的不同，按纸种进行对应循环利用才能最大程度发挥废纸资源价值。

② 废纸回收商机巨大。国际再生局（BIR）最新统计表明，未来三年中，亚洲对废纸的需求增加 1100 万吨。资源信息系统（RISI）大卫·克拉普指出，中国对废纸的需求将是旺盛上升趋势。据统计，2003～2004 年中国废纸市场缺口约 450 万吨，除进口废纸外，提高国内废纸回收率是纸业发展的关键所在。

③ 造纸企业投资少、见效快，市场空间大，经济效益好。

（3）技术可行性

① 造纸工业纤维原料结构调整。原国家 2009 年 2 月经贸委发布了《废纸回收利用“十五”发展规划以及具体政策和措施》；中国造纸协会提出“充分利用废纸资源是调整造纸原料结构的重点”，要求造纸企业加快增加废纸用量，提高废纸回收利用率。

② 由于国内出版印刷、包装装潢业的蓬勃发展以及外贸出口的迅速增加，推动了造纸工业的快速发展，造纸企业原生纸浆供应不足，需用废纸来满足市场的需求。

③ 废纸处理工艺与技术装备不仅成熟可靠，而且有了新的发展。以广州造纸有限公司、中华纸业有限公司和南平造纸厂为代表的企业，分别从国外引进脱墨生产线或主体设备，采用浮选一洗涤综合法，处理旧报纸和旧杂志纸。广州造纸厂和南平造纸厂，以再生浆配新闻纸。而宁波中华纸业股份有限公司则使用废纸再生浆作为芯浆和底层浆，生产涂布白纸板，均取得了较好效果。

④ 研制开发的新型废纸专用化学品，大大有利于废纸造纸质量的提高和成本的降低。国内的设备厂家和化学品生产、研究单位，通过合作攻关，在设备性能、化学品质上也取得了很好效果。如杭州轻工研究所与浙江新市造纸厂合作开发了小型废纸处理工艺及废纸脱墨系统。辽阳造纸机械厂和福建轻工机械厂研究的废纸处理装备已形成配套系列，成功地投入生产。山东的一些造纸机械厂也生产了不同类型的脱墨设备，已有厂家购进使用。还有福建造纸所、杭州化工研究所、天津科技大学等单位研究开发的各类脱墨剂，也得到了用户认可。

中国废纸回收利用的发展前景如下。

2008 年 9 月 22 日，由全国工商联纸业商会主办的“首届中国纸业发展论坛”在北京香格里拉饭店召开。玖龙纸业总裁张茵发言，“我从废纸的角度来看，可能在五年或者十年甚至三年前，大家都对原料，对资源循环型的废纸来讲，大家都认为是一个瓶颈，但是走到今天，我们的废纸原料并不是一个瓶颈，可以说废纸可以变成资源也可以变成垃圾。就拿玖龙来看，两年前，我们在国内只收购 50％的废纸料，逐步已经加大到在国内收购废纸 25％～20％的幅度，我相信在明年一定会超过 30％。”由此可看出中国废纸回收利用产业显现出良好的发展态势，产业前景一片光明。

由于经济发展带来的强劲需求，中国造纸业快速发展，据专家预测，2020 年中国纸张需求将成倍增长，高达近 1 亿吨。当前已经出现造纸原料全面紧张，国际废纸价格也一路上涨的局面。由于木材稀缺问题难以在短期内解决，废纸原料紧缺还将在很长时间内继续存在。在此情况下，国内废纸资源价值上升，一旦扶持政策、行业标准、技术等问题得到解决，国内废纸再生利用产业势必成为一个新兴的投资热点。

对于未来而言，造纸业就是一把达摩克利斯之剑。用废纸作原料造新纸，可以大大减少木浆消耗和污染物排放，生产每吨纸品还可节约 400kg 煤、400 度电和 300t 水。目前，我国已是世界上纸和纸制品消费第二大国，国际纸贸易的最大净进口国，而且纸消费量还在迅速增长。因此，把造纸建设成一个循环产业，对于中国的可持续发展和国民经济的安全运行，意义非同一般。在机遇与挑战面前，中国的废纸回收利用将朝着更好的方向发展，前景光明。

12.5 可降解高分子材料

当前高分子材料的应用日益广泛，塑料是应用最广泛的高分子材料。塑料以其质轻、防水、耐腐蚀、强度大等优良的性能受到人们的青睐。然而，塑料产品其原料主要来源于石化资源，而石化资源的形成过程需经历千百万年，因此可视为不可再生资源。中国塑料制品年总产量超过1500万吨，居世界第二位，其用途已渗透到国民经济各部门以及人民生活的各个领域，然而大量废弃的塑料因为其不可降解性而带来了“白色污染”，严重污染着环境和危害着人们的健康，继而威胁着全球可持续发展。在这种严峻形势下，人们不得不重新审视自己的社会经济行为，认识到通过高消耗追求经济数量增长和“先污染后治理”的传统发展模式已不再适应当今和未来发展的要求，而必须努力寻求一条经济、社会、环境和资源相互协调的、既能满足当代人的需求而又不对后代人需求的能力构成危害的可持续发展的道路。由此可见，开发可降解高分子材料、寻找新的环境友好高分子材料来代替不可降解塑料已是当务之急。

可降解高分子材料是指在使用后的特定环境条件下，在一些环境因素如光、氧、风、水、微生物、昆虫以及机械力等因素作用下，使其化学结构能在较短时间内发生明显变化，从而引起物性下降，最终被环境所吸纳的高分子材料。根据降解机理的不同，降解高分子材料可分为光降解高分子材料、生物降解高分子材料、光/生物降解高分子材料、氧化降解高分子材料、复合降解高分子材料等，其中生物降解高分子材料是指在自然界的微生物或在人体及动物体内的组织细胞、酶和体液的作用下，使其化学结构发生变化，致使其相对分子质量下降及性能发生变化的高分子材料。起生物降解作用的微生物主要包括真菌或藻类，其作用机理主要可分为三类。

① 生物物理作用，由于生物细胞增长而使聚合物组分水解、电离或质子化而发生机械性破坏，分裂成低聚物碎片。

② 生物化学作用，微生物对聚合物作用而产生新物质（CH_4，CO_2 和 H_2O）。

③ 酶直接作用，被微生物侵蚀部分导致塑料分裂或氧化崩裂。但生物降解并非单一机理，是复杂的生物物理、生物化学协同作用，并同时伴有相互促进的物理、化学过程。目前世界主要生产降解塑料的国家有美国、日本、德国、意大利、加拿大、以色列等国，品种有光降解、光/生物降解、崩坏性生物降解、完全生物降解塑料等。其中，生物降解塑料在可降解塑料中最具发展前途。

生物降解高分子材料的应用广泛，在包装、餐饮业、一次性日用杂品、药物缓释体系、医学临床、医疗器材等诸多领域都有广阔的应用前景，所以开发生物降解高分子材料已成为世界范围的研究热点。

12.5.1 可生物降解高分子材料的种类

生物降解高分子材料是一种在使用期间性能优良，而使用后又可迅速地被酶或微生物促进降解，生成的小分子物质能被机体吸收并排出体外的一类高分子材料。生物可降解高分子材料按其降解特性可分为完全生物降解高分子材料和生物破坏性高分子材料。按其来源可分为天然高分子材料、微生物合成高分子材料、化学合成高分子材料、掺混型高分子材料等。

目前已研究开发的生物降解聚合物主要有天然高分子、微生物合成高分子和人工合成高分子三大类。

天然高分子型是利用淀粉、纤维素、木质素、甲壳素、蛋白质等天然高分子材料制备的生物降解材料。这类物质来源丰富，可完全生物降解，而且产物安全无毒性，因而日益受到重视。但是其热学、力学性能差，成型加工困难，不能满足工程材料的各种性能要求，因此需通过改性才能得到具有使用价值的可生物降解材料。

淀粉是目前使用最广泛的一类可完全生物降解的多糖类天然高分子。它具有原料来源广泛、价格低廉、易生物降解等优点，在生物降解材料领域占有重要的地位。但淀粉的加工性能很差，无法单独作为塑料材料使用，目前主要是以添加的方式来使用，一些产品已实现商品化。

纤维素的结构特点和淀粉相似，由于醚键的存在使纤维素具有良好的生物降解性。但大量极性基团和氢键的存在使其熔点比分解温度高，所以无法进行加工成型。因此以纤维素为基质的共混型生物降解塑料具有良好的发展前景。纤维素通过接枝或共聚反应将其他高分子或单体结合到纤维素分子上，可以大大改善纤维素的性质。结果表明，醋酸纤维素聚氨酯材料具有较高的力学性能，可加工成型，生物降解性能也比较适当。纤维素及其衍生物同样也是重要的生物降解原料，它们在石油开采、造纸业、印刷业、农业、高吸水性材料以及粘接剂方面均有广泛的应用。近几年，利用纤维素和淀粉制各种发泡材料也有着较多的研究。

木质素与纤维素共生于植物中，它是酚类化合物，通常不能被生物降解。但通过预处理，可使其被纤维素酶酶解。木质素可作为填充剂用于淀粉膜中，起增强作用。

甲壳素是自然界中大量存在的唯一的氨基多糖，是虾蟹等甲壳动物或昆虫外壳和菌类细胞壁的主要成分，产量仅次于纤维素，可生物降解，也可在体内降解并有抗菌作用。基于甲壳素-壳聚糖的可生物降解的新型材料是近年来研究的热点之一。甲壳素不溶于水、普通有机溶剂、稀酸和稀碱，溶解于某些特殊的溶剂中，溶于浓无机酸并有降解作用，与浓氢氧化钠作用发生脱乙酰化反应。脱乙酰基后的壳聚糖易溶于甲酸、乙酸、水杨酸等有机酸和无机酸中，脱乙酰度在 50%左右的壳聚糖能溶于水，也可化学改性壳聚糖合成水溶性的壳聚糖衍生物。甲壳素/壳聚糖的结构与纤维素十分相似，由于羟基、乙酰基、氨基的存在，可发生交联、接枝、酰化、醚化、酯化、羧甲基化、烷基化等反应。对甲壳素/壳聚糖进行改性可赋予其不同的特性，因此应用领域十分广泛。壳聚糖可以和其他高分子材料共混制备生物降解材料，例如壳聚糖的醋酸水溶液、聚乙烯醇水溶液、第三组分（甘油）按一定比例混合，流延在平板模具上，经干燥除去溶剂得到生物降解塑料薄膜。壳聚糖还可与纤维素或淀粉共混制造完全生物降解复合材料。甲壳素的衍生物应用也十分广泛，例如 Szoland 采用高氯酸作催化剂、丁酸酐处理甲壳素生成丁酸酐化甲壳素，其 20%～22%的丙酮溶液经干纺得到性能良好的纤维，用于医用缝合线，具有良好的生物相容性和生物降解性。壳聚糖及其衍生物溶解性好，生物黏附性强，对透明层分泌的蛋白酶及刷状缘膜结合的酶有较强的抑制作用，这些特性使壳聚糖类衍生物在肽类药物经口给药方面成为极有价值的一类辅料。壳聚糖及其衍生物是一种十分丰富的自然资源，近年来国际上十分重视对它们的研究和开发应用，由于它们具有可生物降解性和良好的生物相容性、成膜性，以及本身具有一定的疗效等特点，是一种极有潜力的新型药物制剂辅料。随着对壳聚糖及其衍生物研究的不断深入，尤其是改性为水溶性材料后，作为新型辅料的开发利用，无疑将导致剂型的不断改变，并进一步推动药物制剂的发展。

作为材料使用的天然蛋白质往往是不溶、不熔的，它们是多种的 α-氨基酸的规则排列的特殊的多肽共聚物。要合成蛋白质并非容易，要在特定酶的作用下进行。蛋白质的降解主要是肽键的水解反应所引起的。英国 Clemson 大学正在研究从玉米、麦子、大豆等提取蛋白质膜，他们发现麦子蛋白质膜具有优异的气体阻隔性。用作可食用的涂层，可保护水果、蔬菜，延长其贮存期。可溶性蛋白质在一定温度（如 140℃）下可交联，人们用其与纤维素一起制造生物降解复合材料。纤维蛋白单体在凝血酶作用下聚合成立体网状结构的纤维蛋白凝胶，纤维蛋白凝胶来源于自身血液，可避免免疫原性问题，是一种较为理想的细胞外基质材料。

12.5.2 人工合成可降解高分子材料

人工合成型是在分子结构中引入某一易被微生物或酶分解的基团而制备的生物降解材料，大多数引入的是酯基结构。现在研究开发较多的生物降解高分子材料有脂肪族聚酯类、聚乙烯醇、聚酰胺、聚氨酯及聚氨基酸等。其中产量最大、用途最广的是脂肪族聚酯类，如聚乳酸（聚羟基丙酸）、聚羟基丁酸、聚羟基戊酸等。这类聚酯由于酯键易水解，而主链又柔，易被自然界中的微生物或动植物体内的酶分解或代谢，最后变成 CO_2 和水。

(1) 聚乳酸（PLA） 聚乳酸是一种典型的完全生物降解性高分子材料，有关聚乳酸的研究一直是生物降解性高分子材料研究领域的热点。聚乳酸也称为聚丙交酯，聚乳酸纤维以玉米等为原料（国内也称玉米纤维），原料来源充分而且可以再生。聚乳酸类生物可降解塑料属于合成直链脂肪族聚酯，具有较高的使用强度、良好的生物相容性、降解性及生物吸收性。已广泛应用于医疗、药学、农业、包装等领域中替代传统材料。PLA 是结晶的刚性聚合物，强度高，但耐水性差，在水体系中可以分解，在人体内的降解具有与酶无关的特征，而在土壤、海水中也能接受微生物多酶的作用。目前，合成聚乳酸的方法主要有直接法和间接法两种。直接法合成聚乳酸是在脱水剂的存在下，乳酸分子间受热脱水，直接缩聚成低聚物，然后在继续升温，低相对分子质量的聚乳酸扩链成更高相对分子质量的聚乳酸。近 20 年来聚乳酸直接缩聚合成方法的研究工作有了较大的突破，研究表明使用高沸点溶剂可以有效降低反应体系的黏度，加入有机碱类，促使丙交酯的分解，从而有利于形成高相对分子质量的聚乳酸。间接合成聚乳酸主要是为了得到高相对分子质量的聚乳酸，一般是先将乳酸齐聚成低相对分子质量的聚乳酸，然后在高温高真空下裂解成乳酸的环状的二聚体丙交酯，粗丙交酯经过分离纯化，在引发剂的存在下开环聚合得到高相对分子质量的聚乳酸。聚乳酸的应用主要表现在生态学和生物医学两个方面。聚乳酸在生态学上的应用是作为环境友好的完全生物降解塑料取代在塑料工业中广泛应用的生物稳定的通用塑料，聚乳酸塑料在工农业生产领域应用广泛，由于聚乳酸塑料韧性好，故适合加工成高附加值的薄膜，聚乳酸塑料还可用作林业木材、水产用材和土壤、沙漠绿化的保水材料。然而乳酸类聚合物的表面疏水性强，这极大影响了其生物降解性能以及控释系统的释药行为，对其进行化学修饰具有重要意义。聚乳酸的热稳定性和韧性较差，可通过与其他单体的共聚来改变其性能，还能有效降低产品成本。如通过含有部分交联结构的共聚酯、丙交酯-己内酸酯 CCL 共聚物、丙交酯-聚氨基酸、蛋白质共聚物及与多糖物质接枝等。聚乳酸作为医用生物可吸收高分子材料是目前生物降解高分子材料最活跃的研究领域，聚乳酸在生物医学上的应用主要表现在缝合线、药物控释载体、骨科内固定材料、组织工程支架等方面。但是，聚乳酸在生物医学实际应用上还存在一些问题，如聚乳酸及其共聚物材料制品的强度需进一步提高，生产成本需进一步下降，需解决植入后期反应和并发症问题等等。而且 PLA 很低的断裂伸长率（纯的 PLA 断裂伸长率仅为 6%）和较高的模量阻碍了其在很多方面的应用。PLA 经常和淀粉共混以增强其可降解性能并降低成本，但是这种共混产物脆性太大。一些公司已开发出聚乳酸产品并获得使用，如日本岛津制作所三井东压化学公司生产的 PLA 聚合物以 Lacty 产品投入市场。

（2）聚己内酯（PCL）　PCL 和 PLA 一样也是线形的脂肪族聚酯，高相对分子质量的 PCL 几乎都是由 ε-己内酸酯单体开环聚合而成的。聚己内酯是具有良好药物通透性能的高分子材料，在医学领域已经有广泛的应用，所以对 PCL 的研究也很多。阳离子、阴离子和配位离子型催化剂都可以引发聚合。由于 PCL 的结晶性比较强，生物降解速度慢，而且是疏水性高分子，所以其控释效果也有欠缺，仅靠调节其相对分子质量及其分布来控制降解速率有一定的局限性，因此对 PCL 进行改性的研究也很广泛。

PCL 是一种半晶型的高聚物，结晶度约为 45%，聚己内酯的外观特征很像中密度聚乙烯，乳白色且具有蜡质感。其重复的结构单元上有五个非极性的亚甲基—CH_2—和一个极性的酯基—COO—，分子链中的 C—C 键和 C—O 键能够自由旋转，这样的结构使得 PCL 具有很好的柔性和加工性，可以挤出、注塑、拉丝、吹膜等。它的力学性能和聚烯烃类似，拉伸强度 12～30MPa，断裂延伸率 300%～600%。酯基的存在也使它具有较好的生物降解性能和生物相容性。在土壤中许多微生物的作用下缓慢降解，12 个月会失去 95%，但在空气中存放一年观察不到降解，可用于农膜、肥料、药物的控制释放包衣等。此外，PCL 的结构特点也使得它可以和许多的聚合物进行共聚和共混。PCL 与其他聚酯嵌段和接枝共聚，形成具有多组分微相分离结构特征的聚合物。例如 PCL 与聚乙二醇或四氢呋喃共聚生成两亲嵌段共聚物，用于改善共混体系的界面性能，使本来不能共混的两组分形成均匀的多相共混体系，赋予材料特殊的物理、力学性能。而且研究发现，随着聚乙二醇含量的增加，共聚物的结晶性下降，降解速率加快。

（3）聚乙二醇　聚乙二醇（PEG）也称作聚乙二醇醚或聚环氧乙烷，是一类常见的水溶性高分子。它易溶于水和一些普通的有机溶剂。早在 1962 年使用 PEG 共混物制造的生物降解高分子材料可以用作标签、试样包装，也可制成模压件、泡沫、胶黏剂等。聚乙二醇的降解性能取决于摩尔质量，摩尔质量较高的降解不佳。聚乙二醇的耗氧代谢作用机理已较清楚：首先，被氧化成乙醛和一元羧酸，再进一步进行解聚。但其厌氧代谢作用机理不明确，已提出的许多机理还有待研究确证。

（4）聚丁二酸丁二醇酯　聚丁二酸丁二醇酯（PBS）由丁二酸和丁二醇经缩聚而成，根据相对分子质量的高低和相对分子质量分布的不同，结晶度在 30%～45%之间。PBS 随相对分子质量和链结构的不同，其力学、加工性能相应变化，其制品的物理机械性能和可加工性能都很优良，PBS 适用于传统的熔体加工工艺进行挤出、注塑和吹塑并可以在包覆膜和包装薄膜和包装袋等方面有很多应用。日本催化剂公司、三菱瓦斯化学公司把碳酸盐（酯）（接引入 PBS)，开发成功耐水可降解性塑料。但是其熔体强度低，给传统包装材料的片材挤出和真空吸塑成型带来很大的困难，成为制约其大规模应用的主要技术瓶颈。

（5）聚乙醇酸　聚乙醇酸的熔点为 22～226℃，玻璃化温度为 36℃，它几乎在所有的有机溶剂中都不溶，在苯酚和二氯苯酚混合溶液（10/7）或三氯乙酸中能溶解。聚乙醇酸是一种线形脂肪族聚酯，结晶度高，力学性能好。聚乙醇酸具有良好的生物降解性，降解速度不仅与聚合物的相对分子质量、结晶度、熔点等有关，更重要的是受结晶形态及外界环境的影响，这使得对聚乙醇酸的准确降解速度的评价受到影响。

（6）聚酸酐　聚酸酐是一类新型的医用高分子材料，分子中含有的酸酐键具有不稳定性，能水解成羧酸，具有生物降解特性，是一类新的可生物降解高分子材料。由于其优良的生物相容性和表面溶蚀性，在医学领域正得到愈来愈广泛的应用。一般可将聚酸酐分为脂肪族聚酸酐、芳香族聚酸酐、杂环族聚酸酐、聚酰酸酐、聚酰胺酸酐、可交联的酸酐、含磷聚酸酐等。一般芳香族聚合物的降解速率慢于脂肪族聚合物。同系物中，随着主链上碳链的增长，聚合物降解速率减慢。由于聚酸酐对生物体具有良好的相容性，降解过程只发生在材料的表面。用作医药材料（如药物载体材料、组织替代材料）可在药物释放完后降解成小分子参与代谢或直接排出体外。人们针对这些因素对聚合物进行改性，开发出新的聚酸酐高分子材料，以实现理想的释药行为。

参 考 文 献

[1] 刘江龙．环境材料导论．北京：冶金工业出版社，1999.

[2] 山本良一编著．环境材料．王天民译．北京：化学工业出版社，1997.

[3] 刘志晦，刘光复．绿色设计．北京：机械工业出版社，1999.

[4] 刘江龙等．与环境协调的材料及其发展．环境科学进展，1995，3（4）：14-16.

[5] 王秀峰．绿色材料．科技导报，1994，9：12-14.

[6] 金宗哲，方锐．“绿色材料”的新发展．材料导报，1997，11（5）：7-10.

[7] 宋守许，刘志峰．绿色产品设计的材料选择．机械科学与技术，1996，15（1）：40-44.

[8] 刘江龙等．钢铁材料的泛环境负荷及其环境经济损益分析．环境科学进展，1998，6（4）：64-68.

[9] Rosy W C，Navin-Chandra D，Kurfess T，et al. A sys-tematic metrology of material selection with environmental consideratLons. IEEE，1994：252-257.

[10] Weule H. Life-cycle analvsis elemenL for future producus and manufacturing technology. Annals of the ORP，1993，42（1）：181-184.

[11] Ciovanni Azzone，Giuliano Noci. Introducing effective en-vironmetrics of support “green” product design. Engi_neering Design & Auromation，1998，4（1）：69-81.

[12] 王天民．生态环境材料．天津：天津大学出版社，2000.

[13] 黄玉惠，廖兵，丛广民等．CN. 1163914A，1998.

[14] Zimmerman Heiz. DE. 19630135. 1998.

[15] 程水源．废塑料裂解生产原料油的研究．环境污染治理技术与设备，2002，2，3（2）.

[16] 田永淑．废塑料催化裂解催化剂及应用．中国资源综合利用，2001，7.

[17] 李稳宏．废塑料降解工艺过程催化剂的应用研究．石油化工，2000，29.

[18] Lahiguro，Hiroki，Mastsumura，et al，JP，09132782，1997-5-20.

[19] LI Dcng-carbanization of coking coal with chefeTent waste plasbcs，Joumal of Fuel Chemistry and Technology，2001. 2，29（1）.

[20] 田福军．煤与废塑料共焦化基础研究．燃料化学学报，1999，2，27（1）.

[21] 赵鸣．高挥发烟煤和富氢态氢固态废弃物共液化的研究．煤炭转化，2001，7，24（3）.

[22] Chen Keyu，Wang Hejuan，Tao Wei，et al. Emironmental Science and Tecbnology，1998（3）.

[23] Hideo Sakurada，KazukiKimma，HimtoshHorizoe，et al. Mitsubish I Juko Giho，1997，34（3）.

[24] KazuakiKimuma，Satoru Sagita，Kuzuto Kobayabsi，et al. Mitsubiahi Juko Ciho. 1997，34（6）.

[25] Masaki Eiuima，Wataru Matsubara，Kaxuto Kibayashi. JP，1067991，1998.

[26] Takuya Yoshida，Akio Honcli，Isao，Ohkochi，et al. JP. Ju38126，1999.

[27] 严海宁．废纸的回收与利用．河南科技，2006（9）：22.

[28] 孙秀武，吴宗华．中国造纸产能增长与废纸回收及需求．造纸化学品，2004（3）：55.

[29] 印中华，田明华，宋维明．中国大量进口废纸问题分析．林业经济，2008（4）：46.

[30] 张坤．循环经济理论及实践．北京中国环境科学出版社，2003：87.

[31] 顾民达．论中国造纸工业废纸回收与应用．上海造纸，2005（3）：36.

[32] 沈臻煌，陈哲庆，赵涛等．高级废纸回收技术的改良与应用．国际纸业，2008（2）：9-14.